绿色建筑施工与管理

（2016）

湖南省土木建筑学会
杨承惄　　　陈浩　主编

中国建材工业出版社

图书在版编目（CIP）数据

绿色建筑施工与管理. 2016/杨承惄，陈浩主编.
—北京：中国建材工业出版社，2016.5
ISBN 978-7-5160-1417-2

Ⅰ. ①绿… Ⅱ. ①杨… ②陈… Ⅲ. ①生态建筑—施
工管理—文集 Ⅳ. ①TU18-53

中国版本图书馆 CIP 数据核字（2016）第 070817 号

内 容 简 介

本书汇编了建筑科技，特别是绿色施工技术与项目管理方面的优秀论文。内容
涉及土木建筑工程有关综述、理论与应用，地基基础及其处理，绿色施工技术与施
工组织，建筑经济与项目管理等，反映了绿色施工新技术与工程管理的最新进展。
本书可供相关专业高校师生、建筑业科技及管理人员参考。

绿色建筑施工与管理（2016）

湖南省土木建筑学会
杨承惄　　　陈浩　　主编

出版发行：中国建材工业出版社
地　　址：北京市海淀区三里河路 1 号
邮　　编：100044
经　　销：全国各地新华书店
印　　刷：北京鑫正大印刷有限公司
开　　本：787mm×1092mm　　1/16
印　　张：26.5
字　　数：761 千字
版　　次：2016 年 5 月第 1 版
印　　次：2016 年 5 月第 1 次
定　　价：98.00 元

本社网址：www.jccbs.com.cn　　微信公众号：zgjcgycbs
广告经营许可证号：京海工商广字第 8293 号
本书如出现印装质量问题，由我社市场营销部负责调换。联系电话：(010)88386906

编 委 会

前　言

　　今年是我国"十三五"规划开局之年，作为国民经济支柱产业的建筑业将坚持绿色发展、创新发展的战略要求，这是贯彻国家可持续发展的重大举措。

　　一年来，湖南建筑施工企业审时度势，在绿色施工、技术创新上取得了丰硕的成果，积累了丰富的经验。在绿色施工方面，湖南省建筑工程集团、中国建筑第五工程局、中国建筑第五工程局三公司等一大批特级企业在绿色建筑施工中节地、节水、节材、节能和环境保护等方面做出了重大的贡献。在技术创新方面，湖南立信建材实业有限公司自主研发钢网箱技术及混凝土空腔楼盖技术通过了住房与城乡建设部组织的专家评估，其中钢网箱技术达到了国际领先水平。湖南省第一工程有限公司承载的梅溪湖大桥施工由于桥型设计新颖、湖心岛螺旋梯杆件多变，该公司利用 BIM 技术实现了信息化施工，并应用机器人和计算机解决了国内最大的螺旋梯施工中杆件放线的技术难题等。

　　本书是湖南省土木建筑学会施工专业学术委员会 2016 年学术年会暨学术交流会征集论文中的优秀论文，全书分：

　　第一篇：综述、理论与应用；

　　第二篇：地基基础及其处理；

　　第三篇：绿色施工技术与施工组织；

　　第四篇：建筑经济与工程项目管理。

　　湖南省建筑施工专业学术委员会殷切期望全省建筑施工企业及百万建筑湘军坚持科学发展观，以企业为主体、创新为主线，与高等院校、科研院所实现产、学、研三结合，对传统建筑技术加以传承与发扬，特别是对现代建筑技术，如深基坑支护技术、深基坑混凝土自防水技术、大体积混凝土温控技术、清水镜面混凝土技术、大面积混凝土无缝施工技术及混凝土空腔楼盖等推广普及，立足国内，走出国门，步入世界，争创辉煌。让我们同舟共济，努力建设资源节约型和环境友好型社会，为全面步入小康社会而努力奋斗！

主　编

2016 年 4 月

目 录

第四篇　建筑经济与工程项目管理

中国建材工业出版社
China Building Materials Press

| 我们提供 |

图书出版、图书广告宣传、企业/个人定向出版、设计业务、企业内刊等外包、代选代购图书、团体用书、会议、培训，其他深度合作等优质高效服务。

| 编 辑 部 | | 出版咨询 | | 市场销售 | | 门市销售 |
| 010-88386119 | | 010-68343948 | | 010-68001605 | | 010-88386906 |

邮箱：jccbs-zbs@163.com   网址：www.jccbs.com.cn

发展出版传媒   服务经济建设

传播科技进步   满足社会需求

第一篇

综述、理论与应用

建筑行业转型发展中设备管理创新模式的探讨

——湖南建工绿色建筑与绿色施工设备管理的创新之路

陈　浩　唐福强

（湖南省建筑工程集团总公司，长沙　410004）

摘　要： 建筑行业设备管理从无到有，从计划设备到市场租赁及融资租赁，从单一的设备主体到多元主体，从单纯施工过程的工程机械技术管理到绿色建筑全程的实体设备的要素管理，从单一的安全行为监督管理到设备工程多主体全方位品质服务管理；建筑业设备，作为建筑全寿命周期之"重器"，要求依法治"器"、互联网＋"器"、落实多方主体责任体系，打造新秩序。

关键词： 绿色建筑；建筑工业化；建筑设备要素市场化；建筑业转型发展；（湖南建工）设备管理创新之路。

1　建筑行业设备管理的简单历史回顾

建筑业设备管理事业随建筑工程生产力发展水平而上。1949 年以前，鲜有工程机械制造业，按劳分配与手工劳动管理的时代早已过去。1961 年组建国家工程机械局，谋划施工机械化发展。但计划经济时代，基本属于施工企业自有设备管理，各企业存在专业设备管理的常设机构与特种作业劳务人员的随同专业管理。

改革开放以来，市场经济充分发育，特种劳务与设备要素从企业计划到市场分工，建筑设备租赁市场趋势成形。主机的产权租赁、操作、服务、工程目的分离，面对多方设备主体，原粗放式管理必然回归法制设备的新常态。

在"创新驱动，依法治国"背景下，行政上将"建筑起重机械设备安装质量检验检测的资质管理制度"取消，但没有放弃多方责任主体"自检报告"的应尽职责，建立了强制委托"第三方专业监检"并赋予第三方行政汇报义务的法制责任形式，同时，补充企业信用评级、行业确认的自律与监督机制；面对设备管理的风险及市场化发育条件下的复杂环境，既不能取消与放弃，又不能单靠检验资质的管理去解决检测过程中的持续结果，新形势下强化法制主体责任意识的创新设备管理模式无疑是正确的方向。因此，施工企业的设备管理体系的法治化重构工作成为必然的选择。

2　全行业转型发展背景下的建筑业设备管理模式探讨

2.1　建筑工业化背景下的节能设备管理

建筑业设备工程的专业特点：涵盖密集的资本、牵涉特种劳务、专业的技术、专业的管理需求，覆盖诸多要素。如建筑起重机械的吊装设备与机电一体化安装工程的实体装备为现代工业化建筑之重器。节能创新技术，绿色建筑创新设计，驱动建筑工业化，反制建筑业机电工程的设计、制造、选择、租赁、安装、检测、使用与监管，节能设备全程专业管理。

2.2　建筑项目法人制，建筑要素市场化背景下的建筑设备全寿命周期管理。

社会的价值体系已经重构，"资本、技术、管理、土地、劳务"五大平行的价值与分配体系，改变了"按劳分配"的单行历史，设备管理在价值链上存在突出的比重。建筑业设备的要素管理，不应该随着该要素的市场化而淡化，相反，应当上位管理，对关键的要素要强调法制化的专业管理。

2.3　"PPP"建设投资模式背景下的建筑设备管理

"物有所值"为核心评价标准的"PPP"建融模式下的企业与项目管理，追求的目标是"融资置换＋专业管理"的高效组合。"PPP"驱动建筑企业设计总承包模式下全寿命周期管理；建筑品质与生态文明，倒逼绿色建筑；绿色建筑倒追建筑工业化，倒逼绿色施工；绿色建筑与绿色施工倒追建筑施工机械化，倒逼建筑行业机电设备工程创新管理模式，项目与公司大宗材料和大型设备集中采购与管控成为必然的优先选择模式。

2.4　建筑承发包模式创新背景下的建筑设备管理

建筑施工总承包与建筑工程设计总承包模式下的设备管理，应关注项目的分包采购和专业设备公司购置采购的优化管理，并注重于使用中的价值形态成本管理与间接效益的安全监督管理，总包企业对专业分包与专业采购尽职主体责任。

2.5　制造业强国战略背景下建筑装备问题导向及供应侧管理

2.5.1　从《中国制造2025》关于创新能力建设评定指标看供需两侧管理方向，见表1。

表1　《中国制造2025》创新能力建设评定指标

类别	指标	2013年	2015年	2020年	2025年
创新能力	规模以上制造业研发经费内部支出占主营业务收入比重（％）	0.88	0.95	1.26	1.68
	规模以上制造业每亿元主营业务收入有效发明专利数（件/亿）	0.36	0.44	0.70	1.10

2.5.2　从制造业拳头产品性能看建筑装备问题导向及供应侧管理价值取向（表2）

表2　国内代表性厂家的拳头产品性能与价值管理取向一览表

单位展品	最大荷载	底盘	U臂结构	品质提升创新点
徐工 XCT130	Gmax＝130t	五桥优化	六节臂 Lmax＝89m	深耕臂架与智控技术
中联 QY80V542	Gmax＝90t	318/168tm	五节臂 Lmax＝66m	反传统超标吨位实力
三一 STC750A	Gmax＝75t	挂配13T	五节臂 Lmax＝64.5m	增进中长臂吊装能力
四通 STSQ8A	Gmax＝8t	油电两用	六节臂 Lmax＝31m	放大小吨位吊机工况
中企已备制造力	2000t	专制	三一全轮转向技术	大吨位国际领先

从表2分析：拳头产品不再是单一的追求"粗大"，而以"精巧智能超值服务"为新的追求，用"问题需求"为设计与制造导向，以品质为特色，"问题需求"来源于使用方"问题管理"，从需求侧入手，倒逼有效性供给。"从实践中来、到实践中去"。

来源：两年一届的中国（北京2015）国际工程机械展览会（BICES）从展会看有效性供给（全写：Beijing International Construction Machinery Exhibition & Seminar）会展上长沙市的口号：长沙经开区"力量之都"打出一口号："世界工程机械看中国，中国工程机械看长沙"。

国家创新了制造业的发展理念，诞生了建筑装备制造业的供应侧前置管理的需求。

制造业是国民经济的主体，是立国之本、兴国之器、强国之基。18世纪中叶开启工业文明以来，世界强国的兴衰史和中华民族的奋斗史一再证明，没有强大的制造业，就没有国家和民族的强盛。打造具有国际竞争力的制造业，是我国提升综合国力、保障国家安全、建设世界强国的必由之路。

国务院印发《中国制造2025》，2015年5月19日，经李克强总理签批，部署全面推进实施制造强国战略。这是我国实施制造强国战略第一个十年的行动纲领。《中国制造2025》提出，坚持"创新驱动、质量为先、绿色发展、结构优化、人才为本"的基本方针，坚持"市场主导、政府引导，立足当前、着眼长远，整体推进、重点突破，自主发展、开放合作"的基本原则，通过"三步走"实现制造强国的战略目标：第一步，到2025年迈入制造强国行列；第二步，到2035年我国制造业整体达到世界制造强国阵营中等水平；第三步，到新中国成立一百年时，我制造业大国地位更加巩固，综合实力进入世界制造强国前列。

李克强总理在《政府工作报告》中正式提出实施"中国制造2025"。马凯副总理参加"两会"湖南代表团讨论时，首次就实施"中国制造2025"战略作全面解读，并指出湖南在贯彻中国制造2025、加快制造业发展方面有基础、有特色、有优势、有潜力，希望湖南借着大力推进制造强国建设东风，加快发展装备制造业。2015年11月2日，家毫省长主持召开省政府常务会议，审议并原则通过《湖南省贯彻〈中国制造2025〉建设制造强省五年行动计划（2016—2020）》。

建筑业设备前置管理的理念，已非施工过程中单一的采购与安全成本上位管理。设备管理的两个源头———使用问题的需求源头与供应侧制造业问题的源头，其中，装备制造业供应侧源头管理目标和任务是实现中国制造向中国创造的转变，中国速度向中国质量的转变，中国产品向中国品牌的转变，完成中国制造由大变强的战略任务。

为此，中国建筑业设备管理使用中的问题导向，倒逼中国创造业的前进步伐，倒逼装备质量与服务产品质量，诞生中国建筑设备物理工程与信息工程融合的信息物理系统（CPS）新常态。"低碳化"发展理念在美国的对外战略是要发展中国家"去工业化"方向，弱化我们国家和民族的自生实力，而我们的"低碳绿色标准"绝不能简单地"去工业化"，相反，应当推进工业化制造业的强国之梦，贯彻到建筑行业的创新设备管理理念，即是机械化、信息化与智能建筑行业设备全寿命周期的节能管理，过去相对拔尖的设备管理树名"红旗设备管理"，现在的创新正位叫"互联＋绿色＋专业"的建筑设备管理。值得一提的是，美国的绿色攻略与中国的绿色理念，有如"狼和羊"的故事。美国"狼工业"维持高碳消费与长期吃肉，带剑经商的习惯，事实或企图都在布局与贱买中国的低端战略产品，好比"狼"在吃"羊"，若将中国的绿色理念定位为全民族旅游业和农副产业，从而放弃与弱化民族的重工业与制造业体系，民族工业坠落"绿色圈套"，成为"绿色奶业"，势将重工业污染因噎废食。好在我们的战略定义在建筑工业化进程中多考虑绿色标准，加强绿色装备的前置管理。

从需求侧看供应侧环节的管理延伸：设备的管理是基本要求，设备的优化管理则牵涉工艺提升与反向制造管理。国家制造业创新能力的提升思路，以企业为主体完善、以市场为导向、"政产学研用"相结合的制造业创新体系。机械化、信息化、智能化制深度融合，已成为同业管理共同认可及追求的目标。

2.6 行业创新法治体系背景下的建筑业设备依法管理

全面（依宪）依法治国下的顶层设计，社会主义市场经济又是法治经济。建筑行业的关键设备要素管理应当是依法管理。《设备管理条例》全称为《全民所有制工业交通企业设备管理条例》，1987年7月28日国家政府发布。算是我国第一个设备管理工作的重要法规，也是新中国成立以来设备管理工作的经验总结和重要发展。《设备管理条例》主要针对"全民所有制"工业交通企业，仍属计划经济体制的格局，强调设备综合管理，五个结合原则，向设备管理要经济效益等方面，为我国各所有制的工业企业，在向市场经济体制转换中以及设备管理工作走向现代化打下基础。"法制设备"的第一个里程碑事件——《锅炉压力容器安全监察暂行条例》1982年2月6日发布；《特种设备安全监察条例》国务院令373号发布，2003年6月1日执行的，更加注重安全效益与和谐社会；《中华人民共和国特种设备安全法》2013年6月29日中华人民共和国主席令第4号公布，分总则，生产、经营、使用，检验、检测，监督管理，事故应急救援与调查处理，法律责任，附则共7章101条，自2014年1月1日起实施；《特种设备目录》与目录管理制度，根据《中华人民共和国特种设备安全法》、《特种设备安全监察条例》的规定，质检总局2014年10月30日公布执行，《关于公布＜特种设备目录＞的通知》（国质检锅〔2004〕31号）和《关于增补特种设备目录的通知》（国质检特〔2010〕22号）予以废止。新修订的《特种设备目录》共分锅炉、压力容器、压力管道、压力管道元件、电梯、起重机械、客运索道、大型游乐设施、场（厂）内专用机动车辆、安全附件十大种类，相比此前的目录，新目录设备定义和范围趋于合理，类别和品种进一步合并和减少，特种设备监管的针对性和有效性明显提高。设备管理法治体系的创新，已经定义了建筑业设备的强制管理目标，实施差别化管理原则，质量、效益、安全监管只是建筑行业设备管理的目的和落足点。

2.7 信息化建设智慧型城市建设背景下的建筑业设备信息化管理

建机供应侧代表性企业：徐工"路之家（2015）"——"互联网＋路工机械"覆盖"购机、租机、配件、工艺互动、二手机"的业务构想，只差与客户企业管理的对接口，但已为机械工程数据化奠定了基础条件。

浙江乌镇举行的"第二届世界互联网大会（2015）"披露，自1969年的"互联网之父"——罗伯特．卡恩首次实现电脑连机，到未来中国，即有20亿手机互通，汽车的智控，再到300亿……500亿的设备互联，为创新设备的管理体系插上了腾飞的翅膀，要考虑网络主权与依法治网的问题，网络空间的安全管理问题，将成为最大的设备管理安全课题；智能设备行业的充分竞争与竞合的选择也将成为最大的整合课题。互联网的发展，为建筑行业设备的全程管理与全方位主体责任管理体系的建设，带来了宝贵的工具。

3 湖南省代表性施工企业——"湖南建工"的设备管理之路

3.1 工业化建工下的节能设备管理

建筑工业化节点事件，看建筑工业化发展中湖南建工的设备技术管理探索之路。

湖南建工有当地最早历史信誉的"机械化吊装公司"——"吊装湘军"，拥有目前广泛采用并充分节约成本的运梁车移梁吊梁技术；当地最早的"商品混凝土工业化生产线"；机械化双液注浆关键技术入选2015年中国建设工程施工技术创新成果奖；"逆做法建造技术"使硬质岩区大型应用项目成功推进；"标准化钢构与建筑PC生产线"正在如火如荼的建设中；"工具式桅杆起重机技术"正在超高层建设及新的领域内发挥关键作用。湖南建工不断地充实绿色施工的技术支撑的新内涵。

3.2 信息化建工下的数据设备管理

3.2.1 建筑市场信息化管理上台阶

国家联动"数据一个库、监管一张网、管理一条线"。国家"四库一平台"（企业资格数据库、注册人员数据库、工程项目数据库、正负诚信数据库，加国家一体化联动平台）全部指向企业管理的关键数据。企业诞生了工具设备管理的崭新标准，《湖南建工电子电器设备管理办法》促力企业数据大平台建设。

3.2.2 建筑企业与项目经营信息化管理上档次

借助于"5DBIM"平台和新的数字化工具，从专业应用到普遍推广，从演示应用到深入的工装技术开发，湖南建工通过测量机器人设备，结合"BIM"反馈技术，率先实现对复杂钢结构的安装误差与数据反馈误差自动弥补，这一技术，可修正应用中的关键偏差，是BIM技术应用中的重要改进。湖南建工借助5DBIM技术，着手建立典型设备工程数据库，可对工业化建筑的装备流程与配置，大型土石方工程的装备流程与控制实现优化，为绿色施工装备管理技术赋予新内涵。

3.2.3 行业应急装备管理与企业安全生产设备的基础管理

智慧型城市、数字化湖南、信息化战略背景下的建筑行业智能设备管理。安全生产、应急管理、能源管理为目标的工程机械数据管理，特种设备与特种作业人员的强制管理，指向智能化设备与物联网平台技术管理。

第12届中日韩亚洲起重机安全论坛（BICES2015）之主题为"自然灾害（主要是台风、地震）中的起重机安全"。会议期间韩国起重机委员会代表丘文熙介绍在韩国超强台风"鸣蝉"风灾中倾履的塔机47台；广西南宁设协胡浪副秘书长介绍了41年来最大台风"（2014.7.19）15级威马逊"毁损情况及警示，灾害登陆海口文昌毁损塔机达117台，过境广西432.11万人受灾，因灾死亡10人，直接经济损失138.4亿元。警示中涉及起重机械前期设计制造、使用工艺、应急拆除的抗震与防台风标准。据了解，2015强台风"彩虹"造成湛江市建筑工地124台塔式起重机受损倒塌，32台施工电梯受损，21台物料提升机受损。调研组实地查看了塔吊受损情况，听取拆卸施工单位的拆除方案，要求塔吊拆卸施工单位在拆除过程中，要全程录像，做好灾害事故的分析总结。2015年11月4日至6日，广东省住建厅党组成员、总工程师陈天翼率领的专题调研组，对湛江市建筑、市政、园林、燃气等行业防灾减灾和抢险工作查缺补漏开展专题调研，为做好全省强台风等极端天气防灾减灾工作提出具体措施。

湖南建工力推大型设备集中管控以及区域建筑设备行业应急基地与区域平台建设。湖南建工的特种作业与应急装备水平首屈一指，来源于超高层内爬式塔吊屋顶及空中安拆与应急事件的客观需要。传统的汽车起重机，塔式缩微的屋面起重机对付超高层屋顶塔机安拆，吊装能力存在很大的局限性，而我集团率先升级的新型桅杆起重机恰巧解决了难题弥补了上述缺憾！桅杆起重机的组合使用原理，恰巧成就了我国超高、跨线、跨水、跨谷桥梁建设，湖南的路工品牌，矮寨大桥是桅杆缆索组合吊设备工程的名片。2014年与2015年南方的风灾应急事件，工具式桅杆起重机技术发挥了极大的应急支撑作用。我集团认为安全的预防管理与方案管理、应急装备的研发与技术管理是一般设备安全行为管理的更高境界。

3.3　品质化建工下的设备管理

建筑质量回归，创优经济与企业品牌建设背景下工艺设备管理。围绕建筑业十项新技术应用中工艺装备技术而展开；围绕机电安装工程质量创优而深入标准化管理；湖南建工将施工设备的新技术应用及安全管理以及工装设备的质量控制作为企业工程创优、专业发展、诚信业绩建设的基础工作，提放突出地位。

中建协租赁分会南京会议（2015），关注"老龄塔机、施工升降机报废制度"问题，意味着建筑业施工主机的传统报废机制将要实现"创新"，使用10～20年主机平均折旧的审计、考评与核算机制也应随机而变了。建工海外工程设备的折旧与国内不一样。

设备的折旧管理参数见表3。

表3　某审计案例折旧管理参数

固定资产类别	折旧年限（年）	预计残值率（%）	年折旧率（%）
房屋及建筑物	30	3	3.23
机器设备	20	3	4.85
运输设备	10—15	3	6.47—9.70
办公设备及其他	10	3	9.70

审计案例的"合理"假设下，房屋及建筑物50年产权寿命变成30年折旧上限还比较接近"残酷背离的现实"；机器设备还按20年平均折旧，则导致2/3的后设备周期带病工作和亏损经营；由此说明，折旧与评估应由专业鉴定说了算，财务与审计的应用假设条件变了，而他们的方法与假设未变或变反了。

3.4　标准化建工下的设备管理

3.4.1　创新绿色建筑标准，推进绿色工艺与装备施工概念，不断充实技术内涵。

湖南建工引导绿色施工国家行业标准，根据《建筑工程绿色施工评价标准》（GB/T 50640）、《建筑工程绿色施工规范》（GB/T 50905）制成《湖南建工集团项目绿色施工标准化管理手册》，对于节能设备使用管理，根据国家及当地定期公布的《建设事业推广应用和限制禁止使用技术公告》、《全国建设行业科技成果推广项目》，湖南建工当作绿色目标的重要实质降耗参数来源，在设备使用上重点关注：降低一次性投入，节约运行中水、电、油耗资源，优先采用风、光、地热能无公害资源设备。湖南建工建设项目的设备管理文化目标是："绿色建工装备与绿色施工设备"。

3.4.2　专业化施工设备租赁公司与专业化安装公司的发展与管理探索。

湖南建工建筑施工设备专业公司的发展目标是："打造省内领先、国内一流的集成租赁服务商"。专业公司的业务管理模式："建筑租赁＋专业服务"，"互联网＋传统租赁"，"集成租赁＋上市融资租赁"，"应急管理＋社会服务"等。专业设备的项目管理模式：项目设备由市场租赁与自有并存，互联环境下的多方主体的自律评价与新型权责管理体系下的标准化的设备流程管理。专业化安装公司探索工艺标准化，工具轻型智能化，运营管理信息化等。

总之，适逢"供给侧投资结构优化期"、"经济增长调速减档期"、"债转股PPP金投革新期"、

"营改增税制适应期"、"依法治企标准化管理建设期"、"建筑市场四库—平台联动期"的建筑业大背景"新常态"，建筑设备与设备工程要素管理，应是全方位，全寿命周期，又突出重点的管理意识。建筑设备管理有太多的发挥空间。建筑集团企业应分门别类，适应社会转型，抓实设备管理，应注重专业管理、标准化管理、集中采购管理、价值形态管理、依法管理、使用操作等安全行为管理的重心理该下移。让行政监督，企业监管从诸于传统被动式安全监管等形为模式中解放出来，干创新管理，推动事业的事。

绿色结构工程之现浇混凝土空心楼盖

成志荣 王群雄

（湘潭市规划建筑设计院，湘潭 411100）

摘 要：本文以绿色结构工程为主题，针对混凝土结构如何提高其绿色性能，从结构工程的角度出发，介绍了现浇混凝土空心楼盖的基本概念和力学特点；讨论了现浇混凝土空心楼盖的结构分析方法，并阐述了现浇混凝土空心楼盖的基本优势以及在工程中的实际应用，为空心楼盖在工程中的应用和推广提供参考价值。

关键词：绿色结构工程；现浇混凝土空心楼盖；结构分析方法；工程应用

1 引言

近年来，环境保护被提到了重要的议事日程，绿色工程被人们越来越重视。结构工程对环境的污染和影响日益严重，已经到了不得不重视的程度。作为一个结构工程师，应当考虑结构工程的可持续性。绿色结构是一个相对的概念，它取决于建筑结构体系。

目前，工程中应用最广泛的建筑结构体系是混凝土结构，混凝土结构至今已有150多年的历史，是伴随着水泥和钢铁工业的发展而发展起来的。这种结构对自然资源的耗费和自然环境的破坏也与日俱增：混凝土重要成分水泥的大量生产使用，向大气中排放大量的 CO_2 污染了环境；钢筋混凝土结构废弃和拆除后，埋入地下的水泥混凝土块、水泥灰砂等，给大自然留下了大量的不可降解的物质；混凝土离不开砂、石骨料，砂、石的过度开采，破坏了自然环境和生态环境。如果不考虑以上几个方面的影响就称不上是绿色建筑。

那么，如何从结构工程师的角度解决这些问题，提高混凝土结构的绿色性能呢？

答案是，采用更加合理的结构体系及构件形式。现浇混凝土空心楼盖不但可以节省混凝土，而且降低了结构自重，减少了施工工作量，还将改善结构的保温、隔热、隔声等性能等。因此，现浇混凝土空心楼盖作为一个主要方向被积极发展和应用。

2 现浇混凝土空心楼盖概述

2.1 现浇混凝土空心楼盖的基本概念

现浇混凝土空心楼盖是由现浇混凝土空心楼板和支承梁（或暗梁）等水平构件形成的楼盖结构，也叫现浇无梁空心楼盖，是安装芯模产品后现浇而成的空心无明梁楼盖。现浇混凝土空心楼盖，包括钢筋、混凝土、芯模，芯模埋置在钢筋混凝土中，其特征在于芯模内填充有轻质材料。

根据内模的不同，现浇混凝土空心楼盖可分为两类：以筒体、筒芯为内模的现浇混凝土空心楼板和以块体、箱体为内模的现浇混凝土空心楼板。目前，在国内很多柱网跨度较大的公共建筑和住宅建筑中，已大量采用了这两种空心楼板。

现浇混凝土空心楼板：采用内置或外露填充体，经现场浇筑混凝土形成的空腔楼板。

填充体：永久埋置于现浇混凝土楼板中，置换部分混凝土以达到减轻结构自重的物体。按形状和成型方式可分为：管状成型的填充管、棒状成型的填充棒、箱状成型的填充箱、块状成型的填充块和板状成型的填充板等。

2.2 现浇混凝土空心楼盖的力学特点

现浇混凝土空心楼盖不同于密肋楼板或井式楼板，主要体现在以下两个方面：

（1）几何构造方面

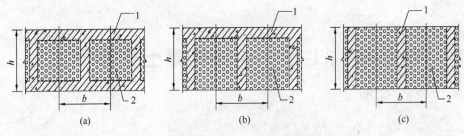

图1　现浇混凝土空心楼板截面示意图

（a）内置填充体空心板；（b）单面外露填充体空心板；（c）双面外露填充体空心板

1—混凝土；2—填充体

与密肋楼板及井式楼板相比，现浇混凝土空心楼盖中肋间板的跨度较小，肋的间距是密肋楼板肋间距的1/2～1/3，是井式楼板梁间距的1/4～1/7；肋的截面尺寸较小，肋在节点间的跨度也较小。由于这些构造特点，现浇混凝土空心楼盖的肋间板刚度与肋刚度之比要比密肋楼板和井式楼板的大得多。根据前人研究成果，当梁的刚度与板的刚度之比大于3.0时，可以认为梁是板的刚性支承。因此，在井式楼板中，梁是板的刚性支承，在中小跨度的密肋楼板中，密肋梁是近于刚性的，梁与板之间存在支承关系，认为荷载—板—梁的传力途径是合理的。在现浇混凝土空心楼盖中肋和板不存在支承关系，两者作为一个整体协同工作。

（2）受力与变形性能方面

由于几何构造特点的不同，现浇混凝土空心楼盖和密肋楼板及井式楼板的受力特点也不同。在密肋楼板和井式楼板中，荷载是首先通过梁肋间板的弯曲变形传递给梁，梁再把这些板传来的荷载传递到支座，由于肋间板的跨厚比大，肋间板有明显的局部弯曲，肋间板的变形与梁的变形不一致，梁是板的支座，梁的弯曲仅能带动一部分的肋间板。又由于梁的跨度大，可简化为杆件，并能忽略节点的影响。这样，就可把密肋楼板或井式楼板看成是具有T形截面的交叉梁系。但是现浇混凝土空心楼盖则不同，上部实心板的相对厚度较大，$t/h=0.2\sim0.3$，而且肋很密，所以是一种用肋加强的板。在竖向荷载作用下，它的受力特性是与四边支承板相仿的，板下的交叉肋起着加劲肋的作用。

总之，现浇混凝土空心楼盖是以平板弯曲为主的"带肋的板"，而密肋楼板和井式楼板则是以交叉梁系弯曲为主的"带板的梁系"。这种"带板的梁系"，当板与梁的弯曲刚度相差愈大时，板中的剪力滞后现象愈严重，板内的应力分布愈不均匀。

3　现浇混凝土空心楼盖的结构分析方法

现浇混凝土空心楼盖是一种典型的构造各向异性体，即基本材料是各向同性体，但由于内模的存在以及空心板配筋情况的影响，使板在整体受力上呈现各向异性，是一种非各向同性板。因此，在这种情况下，必须在计算中将这种板的各向异性的性能考虑进去，这样才可以得到分析计算和实际结构性能之间的合理一致性。

进行空心楼盖内力分析时，按支承条件不同，需分别采用不同的方法。由墙或刚性梁支承的边支撑楼板，包括剪力墙结构及刚度较大的框架结构，当空心楼板顺筒、横筒两个方向的弹性刚度相差不超过10%，可忽略空心板的各向异性，取与普通实心板相同的内力分析方法；由柱支承的沿柱轴线无梁或带柔性梁的楼板，包括无梁板柱结构及梁刚度较小的框架结构，在竖向均布荷载作用下可采用拟梁法、直接设计法或等代框架法等进行内力分析，而水平荷载、地震作用下则采用等代框架法分析。

3.1　拟板法

现浇混凝土空心楼盖的顶板和底板都是连续的整体，但是中间的肋却不是连续的整体，这样就造成了整板的受力变成了一个空心受力，所以研究者们采用了拟板法进行分析。把中间不连续的肋看成是正交各向异形连续板，整板相当于连续板，把连续板当做弹性板进行力学性能分析，建立出相应的应力应变关系、几何协调以及受力平衡方程，根据简化的方程，运用三角级数的方法来求出板各个位置上的应力、内力以及位移。通常有两种拟板法，一种称为普通拟板法，一种为拟夹层板法，拟夹层板法的计算精度比普通的拟板法要高。普通拟板法不考虑横向的剪切变形，它的求解方法与一般的实心板是一样的，而拟夹层板法则需要考虑夹心层的剪切变形，它的求解就像中间有一块夹心层。

首先对板进行定义，也就是四个垂直平面和两个平行面围成了平板，两个平行平面之间的高度即为板的厚度，将把这块板平分的那个平面称作为中面。再又对板进行了细分，如果板的厚度远小于中间平面尺寸，则称该板为薄板，反之，则称之为厚板。

对薄板进行受力分析，把施加在薄板上的荷载分解成两个方向的荷载，一个是垂直于薄板中面的纵向荷载，会使薄板产生弯曲应力和弯曲变形，内力值可以依据薄板弯曲问题进行计算分析。另一个荷载则是平行于中面的荷载作用，该荷载会使薄板产生平面静力问题，采用平面问题分析方法对其进行计算。

薄板中间平面在竖向产生的弯曲变形即为薄板的挠度。薄板体系有着很强的抗弯刚度，它所发生的挠度变形比较小，会远小于板的厚度。在实际应用中，可以利用薄板小挠度变形的理论去计算分析空心楼盖的受力性能。在利用该小挠度变形理论时，须作以下几种假设：

（1）忽略在垂直中面方向上产生的应变；

（2）忽略在中面内的点在平行中面方向上的位移；

（3）忽略垂直中面方向的法应力对薄板产生的挠度变形。

总之，拟板法是把现浇空心楼盖两个方向不同的等效成实心板，它依据的是要保证板在两个方向上截面抗剪刚度和抗弯刚度是相同的，即等刚度原则。拟板法可在整体上分析楼盖各种受力性能。

3.2 拟梁法

拟梁法适用于承受竖向荷载的结构，这种方法把整个楼盖折算成纵横两个方向的井字梁，适用于电算。从宏观的角度来说，即把现浇混凝土空心楼盖看做一个交叉梁系，直接将柱支承现浇混凝土楼盖等效代替为交叉梁系的简化内力计算方法。在楼板空心部分的抗弯刚度计算方面，内模为箱时，可以按照实际的截面进行计算。在裂缝和挠度计算方面，当空心楼盖的结构设计中采用适宜的构件配筋特性、周边约束条件、构件跨高比等条件下，并且有可靠的工程实例或者试验时，可不作裂缝宽度和挠度验算。

3.3 直接设计法

直接设计法是比较细化的经验系数法，适用于手算；一般适用于柱支承板楼盖结构中，它是将柱支承板楼盖的两个方向的静力弯矩在该楼盖的控制截面处按照求得的弯矩系数直接进行内力分配。这种方法有时也称为弯矩系数法，它是在弹性理论的基础上进行分析的。

应用该方法时，需满足一定的适用条件：

（1）要满足楼盖体系的每个方向至少连续跨为三跨；

（2）要求在同一个方向两个相邻跨度差小于较长跨度的1/3；

（3）楼盖区格应为矩形，并且任一区格板中，长边与短边之比小于等于2；

（4）在任一方向上，柱子偏离柱中心线的偏移距离不大于该方向跨度的1/10；

（5）楼盖体系在纵横两个方向分别计算，并且这两个方向都按全部的竖向荷载考虑；

（6）可变荷载标准值与永久荷载标准值比值小于等于2；

（7）在柔性支承楼盖中，相互垂直的两个方向的梁应满足：$0.2 \leqslant \dfrac{\alpha_1 l_2^2}{\alpha_2 l_1^2} \leqslant 5.0$。式中：$l_1$ 和 l_2 分别为板计算方向的跨度和垂直于计算方向的跨度，即柱中心线间的距离；a_1 为板计算方向梁与板的截面抗弯刚度比值；a_2 为垂直于计算方向的梁与板的截面抗弯刚度比值。

楼盖计算方向与垂直于计算方向的梁与板的截面抗弯刚度的比值下式计算：

$$\alpha = \frac{E_{cb} I_b}{E_{cs} I_s}$$

式中：E_{cb}和E_{cs}分别为梁和板的混凝土弹性模量；I_b和I_s分别为梁和板的截面抗弯惯性矩。

直接设计法概念清晰，满足一定的板系理论，按照无梁楼盖的相关规定对楼盖进行内力分配，先将楼盖结构在两个方向划分为柱上板带和跨中板带，而柱上板带是柱轴线两侧各自板的1/4宽度，跨中板带是板中剩余的1/2板带宽度。

3.4　等代框架法

等代框架法适用于不规则楼盖承受竖向荷载和承受水平荷载的结构中，适用于电算。在柱支承筒芯现浇混凝土空心楼盖中，等代框架法也是把结构划分为柱上板带和跨中板带。划分板带后，分别求解顺筒和横筒方向的截面刚度折算系数。

柱上板带翼缘部分和跨中的板带分别按等刚度原则折算，折算成等厚度的矩形截面。然后将折算后跨中板带截面按次梁输入模型中，把柱上板带的折算截面按框架梁输入模型中，对结构体系进行配筋计算。计算出的跨中次梁的配筋即为实际跨中板带的配筋值，且均匀的布置在跨中板带宽度范围内。而计算出的框架梁的配筋量即为柱上板带的配筋，柱上板带的钢筋分配是70%布置在暗梁内，其余钢筋则均匀的布置在整个柱上板带范围内，但不应该小于跨中板带的配筋。

4　现浇混凝土空心楼盖的工程应用

现浇混凝土空心楼盖结构因具有减轻自重，降低地震作用、提高隔热隔声性能、可降低总体造价，改善使用功能等优点，广泛应用在住宅、办公楼、图书馆教学楼、停车库等各类建筑中。同时，在现代公共建筑中，由于使用功能的需要，大跨度、大开间的结构越来越多，很多工程要求结构工程师进行设计时，在保证净空的前提下要尽量压缩结构部分的高度，同时水平构件的重量要轻，若采用普通混凝土梁板，一是跨度受限制，二是构件本身截面比较高，在保证相同高度净空的前提下，显然普通混凝土梁板结构要求的层高要高。空心板结构既能提供大空间，又能减轻结构自重，结构效果十分理想。

湘潭市规划建筑设计院紧跟时代步伐和设计潮流，在工程设计过程中，充分发挥现浇混凝土空心楼盖结构的力学特点和应用优势，设计出了大量的优秀作品并在实际工程中得到了体现：图2湘潭市建鑫城市广场；图3湘潭市华隆步步高购物广场；图4湖南省第三工程有限公司综合办公大楼。均为由我院设计且具有代表性的现浇混凝土空心楼盖结构在实际工程中的应用实例。

图2　湘潭市建鑫城市广场　　图3　湘潭市华隆步步高购物广场　　图4　湖南省第三工程有限公司
综合办公大楼

参考文献：

[1] 尚守平，杜运兴. 绿色结构工程[M]. 北京：中国建筑工业出版社，2003.

[2] 邱则有. 现浇混凝土空心楼盖[M]. 北京：中国建筑工业出版社，2007.

[3] 中华人民共和国行业标准. JGJ/T 268—2012. 现浇混凝土空心楼盖技术规程[S]. 北京：中国建筑工业出版社，2012.

建筑业创优经济与建筑工程设备供应侧前置管理

唐福强

（湖南省建筑工程集团总公司，长沙　41000）

摘　要：建筑工程的创优，直接引导建筑经济的市场竞争力。建筑工程设备是建筑企业生产经营的技术物质基础，更是生产满足市场需求的优秀产品的关键手段，建筑材料设备工艺与管理技术引导着建筑企业的生存和发展。管理好设备是建筑企业举足轻重的大事。特别在市场经济环境下，建筑企业设备管理的方法理念有了新的拓展。建筑企业（尤其是大型集团化企业）现代化设备的特征：专业化、高速化、精密化、自动连续化、标准工具化以及技术应用的综合化和法律约束严格化的要求，供应模式与总分包模式的变化要求，对加强设备管理的重要性、必要性和紧迫性，提出了新的理念、模式、措施和方法，以及工程创优的借助与关联性，建筑工程创优是项目生产工艺、质量、安全、成本、管理方式的全面创优，供给侧优采优供前置设备管理则是建筑生命的根本保证。"全员参与的生产保全——TPM"属于设备管理基本成型的世界规则，设备要素的优采优供的前置管理创新则属于时代的进步。现代企业的当务之急是建立重心在生产现场的"设备管家制"，建筑企业设备贯标与合规管理的目标、机构、职能定位应当依法审视，设备管理的重心必需下移；解放领导，设备管理领导者应专职专业地做好设备的前置采购管理、投资成控管理、协同运营资产管理，才能不辱设备管理的历史使命。

关键词：建筑业创优经济；建筑工程设备；供应侧前置管理；中国式TPM——创新设备管理模式

1　建筑工程经济是创优经济

　　企业工程创优成果与招投标经营业绩评价直接挂钩，优胜劣汰的社会竞争机制，行来已久并将延续。建筑实体的十个分部分项工程，六个分部为安装设备工程，安装工程设备及设备工程品质的优劣直接影响建筑运行功能与使用寿命。安全创优则是全员健康职业安全的根本保证，也是业绩创优的经济原动力，施工工艺与施工装备原始供应选择乃安全创优的关键环节。

　　国家工程质量两年行动计划与方案，应势而生，向质量求效益，向质量要民生。质量创优与示范，最终实现项目的项项件件合格，这才是创优经济的真实追求。建筑工程的创优，直接引导建筑经济的市场竞争力。

2　关于建筑企业的建筑工程设备与设备工程

　　《施工企业安全生产管理规范》（GB 50656—2011）规定："施工企业"是指从事土木工程、建筑工程、线路管道和设备安装工程及装修工程的新建、扩建、改建和拆除等有关活动的企业；"施工企业动力设备管理部门（或岗位）负责施工临时用电及机具设备的安全管理"；"施工企业施工设施、设备和劳动防护用品的安全管理应包括购置、租赁、装拆、验收、检测、使用、保养、维修、改造和报废等内容"；其中安全管理的"购置、租赁、……、改造和报废"环节，圈定了"施工设施、工程设备和劳动防护用品"为安全要素供应前后置周期管理的要求。

　　《建筑工程施工质量验收统一标准》（GB 50300—2013）规定："建筑工程"是指通过对各类房屋建筑及其附属设施的建造和与其配套线路、管道、设备等的安装所形成的工程实体。其中分为主体建造过程与配套设备安装的过程。建造过程施工设备规范上分为普设与特设、机具与安防用品等；"建筑的10个分部分项中"有60%的分部工程涉及配套安装工程实体设备——"建筑的给排水及采暖、通风与空调、建筑电气、智能建筑、建筑节能、电梯"；如此 6 个分部的设备安装工程及设备直接关系建筑产品的投资质量风险、工程创优与使用寿命。

建筑工程设备分建筑工程施工设备与建筑工程的安装设备，统归于设备工程或机电工程；目前建筑工程的施工设备相对于项目多数源于租赁，相对于设备租赁与设备施工专业公司则源于自有与采购，它们的管理都注重于安全管理，而后者更应注重于供应侧的采购质量与固定资产投入的成控管理；建筑工程的安装设备相对于企业及投资项目对应新的发承包政策更倾向于总包方的投资采购并运行管理，它们的管理则注重于供应侧质量管理与设备采购的前后置投资成控管理；施工设备的专业安装及工程设备的投资采购管理既是整个建筑行业企业设备管理的核心基础，也是建筑工程质量与安全创优的要素支撑，建筑工程的设备要素对于工程质量、安全、投资成控的管理比重，毫不疑问，均属权重地位，然而，过去的项目承包管理模式下，投资主体的分散，投资要素的市场化，使其设备管理的要素地位分散与下放，甚至荡然无存，随着投资与总包模式的改变，企业的 PPP 项目公司控股模式下，不得不回顾与回归关键设备要素的管理模式问题。

3　关于建筑企业的建筑工程设备的供应侧前置管理

3.1　建筑企业工程项目的基础性资源供给侧与改进需求

建筑企业管理制度性供给：着力完善市场体系，降低交易成本、提高与回归经济效益，如投资"PPP"股份制、工程总承包模式、新的"项目管理办法"等。

建筑企业施工技术供给：集中攻克工程项目关键科技领域，提高科技进步贡献率，技术资源要素与分配要素的确认等。

建筑企业的劳务供给：通过提升劳务教育培训质量、改善人才使用环境，消减劳动力结构性错配，提高劳动生产率等。

建筑企业的装备供给：比如综合模架创新超高层升降作业平台等，正所谓"工欲善其事、必先利其器"，好的装备是保证先进生产力的基础，而如何管好用好装备、做好"装备保障"工作，极具必要性和紧迫感，建立完善的"设备管家制"可解建筑企业专业设备公司的当务之急。

建筑企业的安装工程设备的项目供给：前置招投标采购与安装工程分包的方案比选、专业采购与专业验收等，无不关系设备的供应侧前置管理。

3.2　建筑工程设备的供应侧前置管理改进需求

3.2.1　创新的建筑工艺模式需求。建筑工业化必然颠覆建筑的现场传统制造工艺，工业化 PC 构件生产线，工厂化系列安装工程设备，项目现场的机械化吊装作业，拼装的工具化设备等，都必须对工业化设计模式负责，必须对工装匹配，工艺与装备没有现成，必须做足设备供应侧的前置创新与研究功夫，劲往前推。

3.2.2　绿色建筑节能模式需求。建筑安防标准化及绿色施工指引，有着广泛的供应侧改进需求，安防用品有待提升安全性能和周转率，降低劳动强度，有着安防装备供应侧优化与改进的根本需求。

3.2.3　建筑工程大型化模式需求。如超高层升降作业平台，内外架支模升降机电一体化，已不再是原规范中的分割式装备，有结构与施工设计一体化的施工装备前期管控策划的严重需求，这是典型的建筑工程设备的供应侧前置管理需求。

3.2.4　建筑管理现代化模式需求。建筑业粗放式管理向精细化动态管理过度，硬装备＋物联网软装备（如设备黑匣子、GPS 控制器等）、岗位 APP、项目 BIM、企业 ERP 等云数据获取、传输、整合、分析与应用工具的诞生，这些现代化软性装备及工具的创新应用，更是当前建筑工程装备管理工具置前考虑的要务。

建筑业的发展，非传统工艺的建筑工程设备要素的供应管理带来建筑装备供应侧前置管理的严重需求。

4　中国式 TPM——创新设备管理模式与设备管理体系建设

4.1　设备管理 TPM 模式

TPM 是 Total Productive Maintenance 第一个字母的缩写，本意是"全员参与的生产保全"，也翻译为"全员维护"，即通过员工素质与设备效率的提高，使企业的体质得到根本改善。TPM起源于20世纪50年代的美国，最初称事后保全，经过预防保全、改良保全、保全预防、生产保全的变迁。60年代传到日本，1971年基本形成现在世界公认的TPM。80年代起，韩国等亚洲国家、美洲国家、欧洲国家相继开始导入TPM活动。

在我国，沿用的"红旗设备竞赛"也称"五好"设备竞赛，它是60年代大庆油田总结出来的设备管理中一项成功经验，这项经验很快就推广到全国，对当时提高设备管理水平起了很大的作用，对建筑业的机械设备管理更为显著，如北京市建筑工程总公司机务系统，由于开展了"红旗设备竞赛"活动，使机械设备完好率一直稳定在90％以上。到90年代，我国一些企业开始推进TPM活动。工程项目管理与要素管理市场化以来，装备来源多样化，设备要素管理到现在赋予了中国式TPM新的含义。

TPM通则中所谓的"设备基层管理三位一体化"，是指设备操作、专职点检和项目或专业公司设备工程技术管理人员将设备维护、维修、使用三者有机的结合起来，构成设备管理的整个体系。从"设备全寿命周期管理"的要求来看：企业的设备经历了前期的规划制作或直接优化采购、中期的优化使用创利周期和后期的报废回收时期（租赁设备的租赁方没有报废回收环节除外）。在"全寿命周期管理"的中期，企业的设备管理，大致还可细分为四个阶段，即：H（管家组织）、M（维护）、R（维修）和O（停产检修）。

如H阶段，企业在市场经济环境下，当务之急的事，就是要尽快地建立企业现有产品作业设备的装备保障的组织制度——专职管家制。强制性条文及"中设［2014］28号"文件明确提出"三位一体基层设备管理机构"。行业的理解就是企业要建立自己的三位一体"设备管家体系"。

"三位一体基层设备管理体系"的首要职责就是"维护和点检"。首先，必须维护（或保养、保全，两者含义与维护相近，保全的含义可能更广些，还要维修）设备，即正确使用、开展5S活动、确保设备使用环境清洁及防尘和防湿等，更重要的是设备"润滑"；其次，在确保正常使用的前提下，还要查找设备的隐患和潜在的故障（或曰专项设备检查或重点检查），以免突发事件的发生，这就是"点检"。"中设［2014］28号"文件将其归纳为"预知状态、超前管理"。可见，企业的"设备资产管家体系"应成为查找企业产品作业设备隐患的专家、管家和再委托方与受托方体系，企业"三位一体基层设备管理体系"则成为直接责任方与当事人主体、责无旁贷的受托方。建筑企业项目设备管理（涵盖大宗材料货物和特种劳务技术分包服务管理）是生产"产品"的经济载体，如何确保产品源源不断，保证企业盈利，企业项目上的"装备保障"是很重要的一环。

近年建筑机械租赁行业硬性驱动的"大型租赁企业（租、安、维、操）一体化"强制性政策原则支撑也在于此。

4.2　中国式TPM——创新设备管理模式的问题

任何一个企业的设备管理，首先要解决的是该企业设备管理的认识问题、组织机构问题以及目标定位问题。现在社会上各咨询或软件公司推荐的很多好的管理模块，必须是在企业实施改革和解决了设备基层管理问题之后，在企业产品作业线上形成三位一体的设备管家体系并实施应尽责任的同时，才可能纳入程序管理。所以，企业领导和企业的设备管理工作者，一定要弄清楚资产委托方与管理承托方这两者之间的相互关系。

相对于政府和企业管理者代表，传统行政的处室机构与安全专项检查制度已严重偏离市场轨迹。行政"巡检"制度被行业重新评价，是一种没有责任制的行为，基本上实施的都是领导管设备，领导整天忙于施工方案、制订与监管施工计划、勤于检查过程，而当事主体的"应属管家"则忙于应付，浮于事外，也所谓建筑企业项目业务"贯标"的"两张皮"。

行政上部或外部的安全监督检查（包括专项检验与督查）通过标准的创新立法已经上位于国家意志层面的执法检查。行政内部的企业设备管理模式应当及时跟进，重心下移，保足岗位配置，落实基层主体责任，设备管理基层组织三位一体化，打造基层相关主体各方利责共联的设备管家制的基础工作格局，管理者代表则专做环境规则与委托监管的事，前置管理与殿后管理的事。

4.3　建筑集团企业设备管理体系的建设方案

当前公认的集团企业设备管理 TPM 组织结构最佳的选择模式是：来自于建筑集团企业设立信息化服务中心——由成控部门提取相应设备要素资源数据——由管理者代表归口实施"设备的资产管理"——由管家制执行层行使操控职责；建筑集团企业执行层的各级子公司、设备专业公司、二、三级经营单位与项目，共建设备运行维护云服务中心及设备润滑管理和检测（点检）技术服务中心，对应于"项目现场管理中三位一体设备管家体系"中的"安装、操作、维护与点检"责任的落实；共建设备安装维修技术中心，协助"企业内外设备检修单位"的安装、修复和协同工作。明确企业主体责任者代表项目负责人的职责——点检中巡检、日检、月检、季检、抽检等事务都属于各级子公司与项目共建主体产业链的最基本的责任。

所以，在市场经济环境下，要提升企业的设备管理方式，除了要有设备的行政管理外，还须要求企业设备管理的重心下移，解放领导，管理者代表的设备领导者由专业者专职地做好设备的成控管理与资产管理。将企业里的"直接利益共同体基层操控者"组合起来，建立企业产品（建筑业即工程项目）作业线上的"三位一体的基层设备管理机构"。即：企业产品（建筑业即工程项目）作业线上的"设备管家体系"，让处于生产一线、最了解设备状态的三位一体的精英们来实施管理，并赋予责权利相结合的机制，从而充分调动基层员工的能动性，承担应尽的直接责任，形成"设备资产者代表和设备管家体系"两个积极性和谐发展的局面。

4.4　建筑设备管理的模式及管理重心为什么要做改变

建筑施工设备对建筑企业项目而言，要素资源与主体资格发生了实质改变，项目多半是承租主体，出租方是相对独立的分包实体，建筑企业管理角度与责任体系发生了根本性转移。

建筑集团的施工设备专业公司在改制背景下，亦多数成为相对独立的经济实体，集团对设备专业公司的管理，更重要的是资产性的专业管理，过去的安全管理重心变为基层专业公司的重点职责，设备专业公司的安全运行与效益指标才是集团各种性质的统计项目的考核指标。

建筑企业工程项目的实体设备，如民建的水暖、电梯、消防等安装设备，工业建筑的各种复杂的生产线设备的安装管理，优采优供，品质管理，才是最重要的专业管理：一是作为项目管理技术之不足的重要弥补，二是作为"目标管理项目的配套资源管理中心"，三是作为项目交工前，建筑实体设备是某些工业建筑比重最大的国有资产，而不是过去项目管理历史上的"项目承包者的蛋糕"。

房建、市政、路桥等，海内外的项目的工程设备，专业性强制政策要求不尽相同，设备折旧制度的要求不一，法制基础都不一样，集团设备管理中心共性的资产及安全指标管理（成控管理）必须实施全专业全域覆盖，个性的设备项目及专业安全技术管理模式与方案必须成系统的备案、审批及统一标准集中颁布。

集团的设备管理中心应是集团项目及设备专业公司资产管理者代表的归口管理中心，集中优采优供成控管理中心，资产法制与安全法制依法监管的专业监督与监定中心。

总之，建筑业发展，建筑工艺与装备的发展，建筑施工设备与建筑工程设备供应模式的改变，包括供给侧主体、品质要求与技术复杂程度及法制环境的改变，要求对供给侧前置优化管理；行政监管上位于执法检查；企业强化主体责任，依法治企，要素管理的上层规划代表，直接管理的重心下移，设备管理工作概不例外；创优的经济驱动，全员参与的设备要素的安全管理，执行层管家式基础管理模式，借创新供给侧管理的东风，建设和改善集团设备管理体系，以实现建筑与设备工程安全受控，工程创优，工程效益回归，投资见效的现实需求。

参考文献：

[1]　《中华人民共和国特种设备安全法》(2015)
[2]　《工程项目创优管理办法》(2015)
[3]　《企业资产管理办法》(2013)
[4]　《中设[2014]28 号》
[5]　企业"贯标"与"合规"管理手册(2015)

绿色施工技术在八方小区项目中的实际应用

陈立新　余　鑫

（湖南长大建设集团股份有限公司，长沙　410009）

摘　要：绿色施工理念的提出与推进，正是施工行业为适应这种经济建设改革发展的需要而提出的基本对策。本文详细的阐述了绿色施工"四节一环保"中比较有特色的一些实际应用；深入总结了绿色施工产生的社会影响。

关键词：绿色施工；四节一环保；节约；环境保护

我国施工行业全面能力提升的主动力源于这种经济体制改革的推进，绿色施工的提出与推进，正是施工行业为适应这种经济建设改革发展的需要而提出的基本对策，绿色施工作为建筑全寿命周期中的一个重要阶段，是实现建筑领域资源节约和节能减排的关键环节。绿色施工是指工程建设中，在保证质量、安全等基本要求的前提下，通过科学管理和技术进步，最大限度地节约资源并减少对环境负面影响的施工活动，实现节能、节地、节水、节材和环境保护（"四节一环保"）。实施绿色施工，应依据因地制宜的原则，贯彻执行国家、行业和地方相关的技术经济政策。

1　工程概况

八方小区二期 B 区建安工程第二标段位于长沙市岳麓区，即茶子山路南侧，观沙路以西。项目由三栋高层建筑以及相应的地下室组成，项目占地面积约为 1.9 万 m^2，总建筑面积为：121737.82m^2。

本工程施工场地狭窄、紧凑，北向毗邻茶子山中路，八方小区二期工程由六个施工标段组成，项目采用围挡施工后，可利用临时场地极少，因此对施工组织及场地布置要求极高。项目北侧为市政主干道，污水排放直通市政干道，对排污防油要求较高；项目北侧为长郡双语实验中学和旭辉藏郡住宅小区，并且已开学和入住，因此对于施工防尘、防噪声、防光污染要求较高。

2　工程绿色施工中的特点

2.1　工程中对水资源的节约利用

项目在办公区以及施工区内安装废水回收重复利用装置。将所收集的雨水、废水储存在沉淀池中，再由水泵抽出用于施工用水、洒水降尘、卫生间排污、进出车辆清洗等。对于卫生间排污用水，项目安装了手动冲洗阀，实现了一水冲多厕的节水方式（图1）。经计算，项目平均每月节约用水 14 吨，极大地节约了工程中的水资源。

2.2　工程中对能源的节约利用

项目在生活区配电箱内安装定时供电设备（图2），实现了非休息时间生活区宿舍内断电，防止农民工工友疏忽忘记关电器造成的电能浪费。

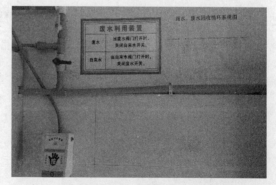

图 1　卫生间手动冲洗阀（废水回收系统图）

厨浴用热水采用空气能热水器，空气能热水器把空气中的低温热量吸收进来，经过氟介质汽化，然后通过压缩机压缩后升温增压，再通过换热器转化给水加热，压缩后的高温热能以此来加热水温（图3）。空气能热水器具有高效节能的特点，制造相同的热水量，是电热水器的 4～6 倍，其年平均热效比是电加热的 4 倍，利用能效高。经计算，项目平均每月节约用电 7000 多度。极大的节约了工程中的电能资源。

图 2　配电箱定时供电设备　　　　图 3　空气能热水器

厨房燃气采用生物柴油作为燃料使用，生物柴油是生物质能的一种，其在物理性质上与石化柴油接近，但化学组成不同。①生物柴油具有优良的环保性：燃烧生物柴油二氧化硫和硫化物的排放量可降低约 30％，有毒的有机物排放量仅为 10％，二氧化碳和一氧化碳的排放量仅为 10％；②具有良好的安全性：生物柴油不属于危险燃料，在运输、储存、使用等方面的优点明显；③具有可再生性：生物柴油是一种可再生能源，其资源不会像石油、煤炭那样会枯竭。④具有经济性：据统计，生物柴油制备成本的 75％是原料成本，而提炼生物柴油的原料主要由油料作物或者地沟油组成。

2.3　工程中对于材料损耗的减少

项目施工中对于剪力墙螺栓套管的材料使用，采用了新型锥形 PVC 螺栓套管（图 4），该套管使用便捷，可以轻易凿出，重复利用率可达 90％以上，在节约材料的同时也提高了产品的质量。

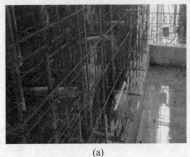

(a)　　　　　　　　　　　　(b)

图 4　新型锥形 PVC 螺栓套管

2.4　工程中土地资源的节约利用

项目的生活区、办公区均采用双层轻质活动板房搭设，设立地点为甲方后期开发土地；对于施工区所需要的原材料堆放和加工场地，项目充分利用了地下室顶板作为原材料堆放和加工区（图 5），同时在地下室顶板上搭设电动车停放棚（图 6），地下室负一层作为机动车停放区域，临时设施占地

图 5　地下室顶板上的原材料堆放和加工区　　　图 6　地下室顶板电动车停放棚

面积有效利用率大于90%。在节约土地的同时保障了职工的人身和财产安全。

2.5　工程中的环境保护措施

施工区内所有的裸露的土堆、料堆都使用废旧的安全网进行覆盖遮挡（图7）；采用废旧的模板、木方及聚苯乙烯泡沫板搭设输送泵隔音降噪棚（图8），噪音控制效果极为明显。

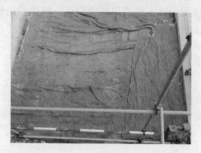 

图7　裸露土方采用安全网覆盖　　　　　图8　输送泵降噪棚

项目施工时，对于混凝土输送泵管道的清洗，本项目采用直径为160mm的PVC管作为混凝土输送泵管清洗通道（图9），将清洗管道产生的废水导入单独的隔离沉淀池中，避免因洗管造成的污染。

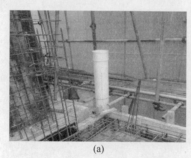 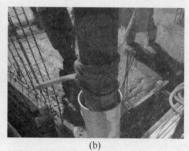

(a)　　　　　　　　　　　　　(b)

图9　混凝土输送泵管清洗通道

由于生活区热水供应系统采用空气能热水器，空气能热水器的工作是通过介质换热，因此其不需要电加热元件与水直接接触，避免了电热水器漏电的危险，也防止了燃气热水器有可能爆炸和中毒的危险，更有效控制了燃气热水器排放废气造成的空气污染。

3　绿色施工实施过程中的管理和控制

在项目成立之初，就在公司的领导下成立项目绿色施工组织机构，对绿色施工的全过程（施工组织、方案编制及交底、绿色施工、资料收集等）进行专人管理；

组织项目管理成员人员认真学习绿色施工技术，根据项目特点，制定切实可行的绿色施工专项方案；

大力宣传绿色施工，对进场的施工班组灌输绿色施工理念，做好各项绿色施工技术交底，利用项目部农民工学校培训机会，全员参与和学习绿色施工技术；

根据绿色施工组织方案，按照PDCA管理原则，对项目绿色施工全过程进行检查、纠偏、改进等，并分阶段（基础、主体、装饰）对绿色施工进行评价。

4　结语

建筑工程要以创建绿色示范工程为目标，从成立之初就要对施工各阶段进行有效管理。八方小区项目通过采取绿色施工技术措施，不仅施工成本（如施工用电、施工用水、材料损耗等）相比以往大幅下降，而且还得到了质监站、甲方、监理等上级主管部门的领导多次表扬，项目的部分绿色施工经验在行业内刊上进行多次报道，本项目也被立项列为"第五批全国建筑业绿色施工示范工程"和

2015 年湖南省绿色施工示范工程项目，目前已通过了湖南省绿色施工示范工程项目的中间验收。

　　21 世纪是"绿色文明"的世纪，作为建筑施工企业，开展环保绿色施工是时代的发展要求，可以清楚的认识到，绿色施工还有许多可以提高的地方，特别是在优选项中涉及的方面还需要不断的探索和实践中去完善。我们将持续加强全过程施工控制，改革生产工艺，合理利用资源，运用科学现场管理方法，来减少资源的浪费和污染物的排放，保证现场施工和环境相协调，为城市营造更多真正融合环境保护、亲和、自然、舒适、健康、安全与一体的精品工程，为建设资源节约型、环境友好型社会贡献自己一份绵薄的力量。

参考文献：

［1］　肖绪文，冯大阔．建筑工程绿色施工现状分析及推进建议［J］．施工技术，2013，42（1）：12-15.

［2］　李惠玲，李军，钟钦．新视角下的我国建筑工程绿色施工对策［J］．沈阳建筑大学学报：社会科学版，2011（3）：307-310.

干熄焦提升机介绍与施工经验之谈

申中银　肖增

（湖南省工业设备安装有限公司，株州　412000）

摘　要：通过介绍干熄焦提升机与提升机控制系统，加深对提升机的了解和认识，对提升机检修及技术上进一步改造具有指导和借鉴意义。

关键词：提升机；提升机电机；控制系统

近期，国内频频出现的雾霾天气，将中国的环境问题推到了舆论的风口浪尖之上。在冶金生产流程里，干熄焦设备（CDQ）为焦化厂的节能环保做出了重大贡献，同时被业内人士认为是提高焦炭质量、改善环境效果较好的重要技术。干熄焦（CDQ）是代替传统湿熄焦的一项新技术，干熄焦采用惰性气体冷却炽热焦炭，并回收余热产生蒸汽的节能技术，该技术可节约用水、减少大气污染物排放、能够回收大量红焦显热并产生中高压蒸汽、有效提高能源利用率，同时提高焦炭质量、扩大炼焦煤适应性、降低炼铁工序能耗，最终实现企业的节能减排。这些年，实现绿色可持续发展成为钢铁乃至各行业转变发展方式的重中之重，随着节能环保要求不断提高，近几年干熄焦市场发展比较快，目前在大中型钢厂干熄焦占有建设率已经达到 85％左右。国内一些干熄焦项目在实际建设和运行中也出现了一些问题，成为目前干熄焦市场健康发展的障碍，主要表现为应用技术不过关和经济效益低于预期。而干熄焦提升机就是干熄焦生产的关键设备之一。

1　提升机的基本介绍

1.1　设备描述

2014 年 4 月份，四川省煤焦化集团有限公司 1♯5.5m 焦炉配套建设的 125t/h 干熄焦工程已正常投产，其配套提升机为 1 台 2 层结构的桥式起重机，主要由车架、提升机构、行走机构、吊具、吊装装置、焦罐盖、润滑系统、安全保护装置、检修用电动葫芦、机械室、机械室内检修用手动葫芦、操作室、挠性电缆小车等组成。其额定起重量约为 67.5t（焦炭 22.5t、焦罐约 45t）、提升重量约 93.5t（含吊具、焦罐盖，重量约 26t）。

1.2　工作流程

本起重机专用于搬运需要干熄的红焦（约 1050 度）到干熄槽，它将送至提升塔下方装满红焦的焦罐垂直提升至塔顶，再沿轨道水平运行到干熄塔处，准确对位后，将焦罐下放至干熄槽料斗上。继续下落，焦罐底部闸门自动打开，将红焦装进干熄槽，装入完成后将空罐提起，底部闸门自动闭合，延时后将焦罐垂直提升至上限，起重机沿轨道返回到提升塔处，将焦罐垂直下放至下部待机位，接到指令后将焦罐放置在电机车上，吊具继续下落直至吊钩完全打开，准备下一个工作循环，整个过程由计算机程序自动控制，必要时也可人工手动操作。

2　提升机电机不同形式的配置

国内目前常用的有两种不同配置的提升机：双主电机配置和单主电机配一个应急电机的配置。

2.1　双主电机

起升机构采用双电机通过行星减速机驱动双卷筒的形式。正常状态下，两个电机同时工作，驱动卷筒。当其中一台电机出现故障或者控制电机的调速系统出现故障时，另外一台电机仍可全速运行，在不过载的状态下驱动卷筒，以 1/2 的运行速度升降载荷，进行故障状态下的正常运行。起升机构采用两台变频专用电动机驱动，单独供电；一台电机由一套变频调速控制装置控制。两套调速装置均可独立工作。

平移机构采用与起升机构相同的形式。

双主电机配置的提升机优点是采用的 PLC 的 IO 进行控制，可靠性高，精简了控制系统，当一台电机出现故障无法运行时，另一台电机可以长时间的稳定运行，最大程度的保证了生产。缺点是成本较高，而且如果 PLC 系统出现故障时，提升机会无法运行。

2.2 主电机及应急电机

起升机构采用单电机＋紧急电机通过减速机驱动双卷筒的形式。正常状态下，主电机工作，驱动卷筒。当主电机出现故障或者控制电机的调速系统出现故障时，紧急电机投入运行，在不过载的状态下驱动卷筒，进行故障状态下的正常运行完成当前的工作流程。起升机构采用一台变频专用电机驱动，一台电机由一套变频调速装置控制。

平移机构采用与起升机构相同的形式。

单主电机及应急点击配置的提升机优点是成本较低，应急系统不经过 PLC，通过按钮控制电机上端接触器的吸合来实现电机的启停，可以保证 PLC 系统故障时提升机可以完成当前的工作流程。缺点是应急系统只能完成故障时当前的一个工艺循环，无法长时间运行。当主电机出现故障的时候，只能停产检修。

本项目采用的是双主电机和应急电机的配置。

3 提升机控制系统与网络的组成

提升机的电气设备有提升机的供配电，提升机构，运行机构的传动控制以及照明讯号，通讯等组成。其中各机构的传动控制设备是由 PLC 网络控制变频控制系统来完成提升机的整体工艺流程的。

3.1 提升机的 CPU 网络

CPU 网络采用罗克韦尔的 1754-L61 为控制器，整体通讯网络由 CPU 模块，以太网模块，C 网模块，冗余模块等构成。由于信号传输距离远，采用了中继器和光电转换器来实现信号，信号远程传输时衰减量小，保证了信号的最大真实性。整体的控制系统信号传输稳定，抗干扰能力强，从而保证了提升机的稳定运行。

3.2 提升机的变频控制系统

提升机采用的西门子的 S120 变频控制系统，由两个整流柜，一个提升逆变单元，一个运行逆变单元，一个 CU320-2DP 控制单元，两个 SMC30 编码器转换模块组成。

由于提升机的安全性能要求高，对于电网电压的质量和制动性能要求比较苛刻，因此本项目采用的有源整流装置。有源整流装置为受控的整流/回馈装置（整流和回馈均采用 IGBT 元件），它产生可调节的直流母线电压。所连接的逆变装置不会受到电网电压的影响，电网电压在允许的范围的波动不会影响到输出侧。可以有效的抑制电网电压波动对提升机的影响，滤除高次谐波。通过有源回馈将制动产生的能量回馈到电网中，不仅提高了制动性能，而且实现了能量的有源再生。

有源整流装置通过 DRIVE-CLIQ 与 CU320-2DP 控制单元中间进行通讯。

逆变装置是一个采用 IGBT 技术的自换流逆变器，它将直流母线电压转变成频率和电压可调的电源。两个逆变装置通过直流母排相互连接，这样能量可以在逆变装置之间相互转移。

CU320-2DP 控制单元可以对每台逆变进行协调控制，所需数据均保存在控制单元中，不需要实时数据交换。避免了之前通过现场总线交换数据时所需要的复杂硬件和配置。在控制单元内建立内部轴间连接，并可利用 STARTER 调试工具对每个逆变单元进行配置。

SMC30 编码器转换器模块是用于对电机轴端绝对值编码器信号进入变频器进行的一个信号转换。由于提升机的稳定性要求高，因此起升和运行都需要采用闭环控制。编码器的脉冲信号经过光电转换以后通过光纤进行传输，传输以后经过光电转换经过编码器转换模块进入变频器，从而实现变频器对现场实际运行速度的一个信号采集。

4 提升机的安全保护装置

由于提升机对安全系数要求比较高，采用了比较多的安全保护，本项目提升机采用的保护主要有：

（1）旋转限位，旋转限位主要用于吊钩打开，炉下停止，井上停止等位置的连锁保护。当提升机在运行到这些位置的时候，如果正常的 U 型限位开关失去作用，旋转限位投入，实现对提升机的一个过限位保护，控制提升机的停车。当旋转限位起作用以后，需要对故障进行复位才能重新运行提升机。

（2）超速。超速开关是提升机的一个重要保护限位，主要是为了防止提升机在意外状况下出现"溜罐"而设置的一个连锁保护，当超速开关起作用的时候，提升机会紧急抱闸，并且需要故障复位才能重新运行。

（3）重锤。重锤保护是提升机在起升上部的一个极限位保护。

（4）运行极限位。运行极限位是在运行井侧和炉侧设置的两个极限位运行保护共有两个。

5　提升机不同的操作模式及不同模式的应用与注意事项

本项目提升机配置的操作模式主要有：

（1）手动模式。手动模式状态下需要由专业的操作者在提升机司机室通过主令进行操作，当APS（液压装置）夹紧以后，提升机可以从吊钩打开位置提升焦罐；当转入装置打开的时候，提升机可以在炉侧完成装焦。手动模式在没有故障的情况下，在任何位置都可以手动运行。

（2）自动模式。自动模式是提升机自身的一个自动运行模式。需要操作者在司机室内通过按钮进行操作。当提升机在吊钩打开的位置时，发出"自动往"的指令，提升机自动运行到炉侧上限，再次发出"自动往"的指令，提升机自动完成装焦；装焦完成以后，发出"自动复"的指令，提升机自动返回到井侧，然后下降到待机位置，再次发出"自动复"的指令，提升机自动下降到吊钩打开的位置，等待下一次循环。自动模式只能在"自动"命令发出的位置才能自动运行。

（3）联动模式。联动模式下提升机司机室不需要有人，全程通过计算机程序自动控制。当提升机在运行过程中故障停车时，通过手动操作将提升机运行至吊钩打开、炉侧上限、井侧上限、炉侧下限等位置以后才能再次开始联动运行。

（4）换钢丝绳模式。换钢丝绳模式下提升机只能以正常运行时的最低速上升和下降，全程没有位置限位连锁保护，主要用户更换钢丝绳的操作。

（5）应急模式。应急模式是在主电机出现故障无法运行的情况下，通过应急模式投入应急电机，完成当前的工艺流程。应急模式下提升机全程低速运行，没有位置的限位连锁保护。应急电机只能完成当前一个流程的循环，不能长时间运行。

6　提升机操作与日常维护注意事项

操作者在操作室应该听从中控室人员的指挥，除非现场出现紧急情况，操作员才可以根据具体情况采取相应措施。

调试时的超载只是一项检测操作，并且是在做了各种准备的情况下进行的，因此并不意味着在提升机正常作业的时候也可超载使用，当各机构发生超载情况时应及时停止作业，待故障处理完，情况正常后才能继续作业。

当机构安全限位松动以后，应马上请求技术人员对事故进行处理，查明故障原因，在故障消除以后才可以通过安装在各机构控制柜内的旁路开关将故障信号旁路，重新启动电源，向相反方向运行故障机构，退出安全限位动作区域，之后将旁路开关复位，恢复正常使用。

司机操作时应时刻注意不正常的噪音、振动和发热等反常现象，此类现象一旦发生，应立即停止操作，待查明原因再做相应的处理或者操作。

提升机上限位开关起安全保护作用，手动模式司机操作时不允许单纯靠限位开关来控制机构的动作，应在机构到达终点之前停止动作。在机构进入减速区后，也应主动将手柄恢复到低速位置，以免因减速失灵而造成故障停车。

安全装置在任何情况下提升机司机都必须注意报警系统的情况，以免损坏设备，提升机运行前司机必须发出声光报警信号。

提升机即使采用自动操作，中控人员也必须认真观察运行情况。

发生故障时的处理方法，当提升机有异常情况时（例如不正常的噪音，非正常状况等），操作员应在本循环操作结束后通知维修人员查明原因，确定是电气问题还是机械问题并及时进行处理。

如有下列状况提升机操作者必须立刻向上级主管汇报，由维修人员进行处理：钢丝绳损坏；钢丝绳脱离滑轮、钢丝绳在卷筒上错位、钢丝绳卡主、钢丝绳表面有损坏的痕迹。

7 结束语

本项目配置的干熄焦提升机，完全能满足干熄焦生产工艺的要求，且节能环保、能源利用率高、安全系数高、性能稳定、便于维护和操作，相信在未来干熄焦市场上会有广阔的应用，并值得推广。

基于ANSYS的多层楼板联合承载分析

谭添仁

（湖南省第五工程有限公司，长沙 410000）

摘 要： 在建筑工程施工过程中，为确保施工层混凝土浇筑时支模体系安全，施工单位常采用下部楼层支撑体系不拆除的方法来共同承载上部的施工荷载，但多层结构楼板联合承载时每层楼板分担多少荷载呢？本文利用ANSYS有限元分析软件对整个混凝土结构和支撑架进行了近似建模，并结合了简单的实验及其它文献中的实验数据进行分析，得出了在特定条件下多层楼板联合承载时荷载分配比，同时进一步分析了多个因素对该分配比值的影响。通过对此问题的分析研究，可以为转换层中高大支模施工方案的选择提供一定的参考价值和借鉴意义。

关键词： ANSYS；多层模板支撑体系；扣件式钢管支模架；荷载分配；高大支模

随着国内经济的迅猛发展，城市变化日新月异，其中不乏一些宏伟、高耸的建筑，这些建筑结构中常常涉及到施工难度较大的大跨度空间、大截面梁等结构。为了确保工程质量和施工安全，施工单位经常会采取多层楼板联合承载的方式，但困扰工程技术人员的问题是：（1）到底采取几层楼板共同承载？（2）哪一层楼板承受的荷载最大？到目前为止，国内有不少相关的资料和文献，也有人对此问题进行了荷载监测实验和利用有限元软件建模分析，但大多是对某一特定工程进行研究分析，不适用于其它工程。因此，本文中笔者将从常规求解方法出发，利用ANSYS有限元软件建模，并结合一些简单的实验和已有文献中的实验数据进行分析，先得出特定工程实例中的多层楼板联合承载时荷载分配比，再进一步分析楼板之间的支模架以及结构体系的一些参数（弹性模量、截面尺寸、结构跨度）对荷载分配情况的影响，从而得出结论，为工程技术人员编制高大支模方案提供一定的参考。

1 常规求解方法分析

在工程施工过程中，由于条件限制，我们在考虑多层楼板联合承载的问题时常常先假定楼板间支模架刚度无穷大（不发生变形），然后利用各楼板的变形挠度相等，最后得出各层楼板承担的荷载与其刚度成正比。其中，均布荷载作用下的梁跨中最大挠度公式为 $Y = 5qL^4/384EI$，因为 $Y_1 = Y_2$，所以 $q_1/q_2 = E_1 I_1/E_2 I_2 \cdot L_2^4/L_1^4$，由此可见荷载分配大小与刚度（$EI$）成正比，与跨度（$L$）成反比。

然而，当楼板间支模架承担荷载时，支架一定会产生变形，各层楼板的挠度也就不相同，上层楼板的挠度一定大于下层楼板的挠度，也就是说上层楼板实际承担的荷载比用常规方法求解得到的荷载偏大。

那么每层楼板分配多少荷载？楼板间的支撑架发生多大的变形？为了得到更接近实际情况的答案，笔者借用ANSYS有限元软件对模拟工程进行近似建模来寻求答案。

2 ANSYS建模求解

2.1 工程概况

模拟工程为三层钢筋混凝土结构楼板和两层扣件式钢管支模架共同承载上部传下来的荷载。为了使计算结果偏于安全，结构楼板采用大跨度、小截面、刚度较小的结构形式。结构柱截面为600mm×600mm，柱子中心距为7.2m，结构梁截面为300mm×600mm，结构板厚为120mm，混凝土强度等级均为C30，层高均为3.3m。考虑到长沙地区扣件式钢管脚手架基本上只有ϕ48mm×2.8mm

的规格，本文也采用此规格进行模拟。联合承载体系示意图见图1。第1层结构层混凝土龄期为28d，第2层结构层混凝土龄期为14d，第3层结构层为7d。施工层传递下来的荷载直接作用在第3层结构楼板上，等效为10kN/m² 的板上均布荷载和15kN/m的梁上均布荷载。楼板间支撑架立杆纵横间距为900mm，梁底增设一排硬支撑，并设三排纵横水平杆将立杆全部连接起来。

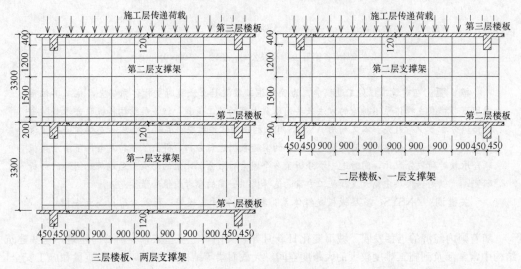

图1　联合承载体系示意图

2.2　在 ANSYS 中建模

2.2.1　单元选择及参数设置

钢筋混凝土结构采用 Solid185 单元进行模拟，扣件式钢管脚手架采用 Beam188 单元进行模拟。钢管的连接扣件为半刚性连接点，为了更真实的模拟扣件的半刚性特性，笔者将立杆和纵横杆在连接点处不共用节点（使用三个重合点），利用 UX、UY、UZ 耦合来实现钢管在连接点上位移的联动。同时使用 Combination14 单元来分别模拟连接点三个方向的转动联动，在实常数中设置弹簧单元的 K 值为19867（参考文献[1]实验结论中扣件拧紧力矩为40N·m时的扣件的扭转刚度为 19.867kN·m/rad）。材料属性设置时使用文献[2]中的结论来设置常温下不同龄期的混凝土的弹性模量。混凝土泊松比为 0.2，密度设为 2510kg/m³；钢管弹性模量设为 2.06×10^{11} Pa，泊松比设为 0.3，密度为 7850kg/m³。

2.2.2　建模

将 CAD 中建好的模型导入 ANSYS（图2），并赋予材料属性，进行网格划分。然后在钢管连接

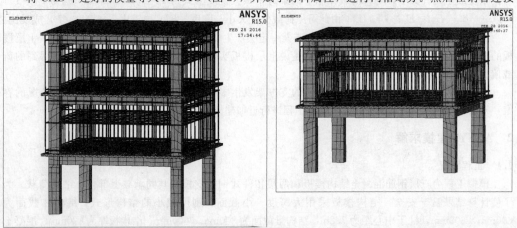

图2　ANSYS 模型

处进行位移耦合和创建弹簧单元来共同模拟扣件的半刚性力学特性。钢管支撑架和混凝土楼板之间的相互作用采用接触对进行模拟。

2.3 在 ANSYS 中求解

2.3.1 线性屈曲分析

施加完约束和荷载后，首先进行静力分析，分析选项设置为小变形，并打开预应力，进行求解。再进行屈曲分析，求解后保存计算结果。

利用线性屈曲分析得到的结果可以为模型附加一个初始缺陷值，来模拟材料弯曲或缺陷所造成的计算结果偏差，这样可以使计算结果更接近实际。

2.3.2 非线性屈曲分析

考虑材料非线性。笔者在线性屈曲分析计算完成后，分别为混凝土和钢管材料设置屈服强度，钢管支撑架屈服强度设为 $2.05 \times 10^8 \, \text{Pa}$，混凝土屈服强度取不同龄期抗压强度值（参考文献[2]的实验结论）。为了安全起见，切线模量均设为 0。

查询线性屈曲分析结果中位移最大值，以 $L/1000$ 为控制准则，除以位移最大值得到缩放系数，设置位移初始缺陷。

考虑几何非线性。此时分析选项应设为大变形，并用弧长法进行非线性屈曲求解。

3 荷载分配情况分析

3.1 三层楼板、两层支撑架联合承载（图 3）

（1）在未施加施工荷载（支撑体系仅承受自重）时。支座反力（整个支撑体系合外力）为 1294.4kN；对一、二层钢管支撑架进行受力积分求和，得到二层支撑架所有立杆轴向合力 $\sum F_z$ 为 90.313kN，一层支撑架所有立杆轴向合力 $\sum F_z$ 为 87.229kN。

（2）在第三层楼板上施加施工荷载时。支座反力为 2333.7kN；对一、二层钢管支撑架进行受力积分求和，得到二层支撑架所有立杆轴向合力 $\sum F_z$ 为 637.721kN，一层支撑架所有立杆轴向合力 $\sum F_z$ 为 344.732kN。

经过对荷载施加前后计算结果对比分析可知：整个支撑体系荷载增加 1039.3kN；二层支架增加荷载 547.408kN，一层支架增加荷载 257.503kN。由此可知一、二、三层楼板承担增加的荷载分别为 257.503kN、289.905kN、491.892kN。

由此可得三层楼板、两层支撑架联合承载体系荷载分配比为：47.3%（三层楼板）：27.9%（二层楼板）：24.8（一层楼板）。

3.2 二层楼板、一层支撑架联合承载（图 4）

（1）未施加施工荷载时。支座反力为 868.36kN；对钢管支撑架进行受力积分求和，得到支撑架所有立杆轴向合力 $\sum F_z$ 为 75.117kN。

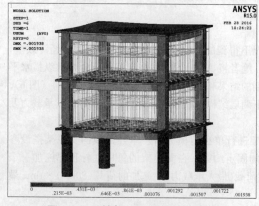

图 3 三层楼板、两层支撑架联合
承载体系变形云图

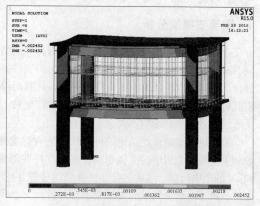

图 4 二层楼板、一层支撑架联合
承载体系变形云图

（2）施加施工荷载时。支座反力为1907.6kN；对钢管支撑架进行受力积分求和，得到支撑架所有立杆轴向合力$\sum F_z$为547.32kN。

经过对荷载施加前后计算结果对比分析可知：整个支撑体系荷载增加1039.24kN；支撑架增加荷载472.203kN。由此可知二、三层楼板承担增加的荷载分别为472.203kN、567.037kN。

由此可得二层楼板、一层支撑架联合承载体系荷载分配比为：54.6％（三层楼板）：45.4％（二层楼板）。

通过上述数据笔者推测：离施工层越远的楼板承担的荷载应该越小。为了验证这一推测的正确性，笔者对四层楼板、三层支撑架联合承载体系（图5）进行建模分析，得到的数据如下：

（1）在未施加施工荷载时。支座反力为1766.3kN；对一、二、三层钢管支撑架（本文此处特指最下面的支架为一层支架，往上分别为二、三层支架）进行受力积分求和，得到三层支撑架所有立杆轴向合力$\sum F_z$为109.056kN，二层支撑架所有立杆轴向合力$\sum F_z$为137.438kN，一层支撑架所有立杆轴向合力$\sum Fz$为133.266kN。

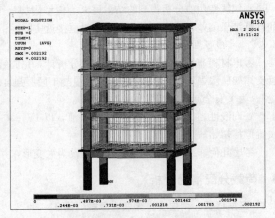

图5 四层楼板、三层支撑架联合承载体系变形云图

（2）在第四层楼板（本文此处特指最上面的楼板为四层楼板，往下分别为三、二、一层楼板）上施加施工荷载时。支座反力为2805.5kN；对一、二、三层钢管支撑架进行受力积分求和，得到三层支撑架所有立杆轴向合力$\sum F_z$为691.951kN，二层支撑架所有立杆轴向合力$\sum F_z$为476.873kN，一层支撑架所有立杆轴向合力$\sum F_z$为289.654kN。

经过对荷载施加前后计算结果对比分析可知：整个支撑体系荷载增加1039.2kN；三层支架增加荷载582.895kN，二层支架增加荷载339.435kN，一层支架增加荷载156.3885kN。由此可知一、二、三、四层楼板承担增加的荷载分别为156.388kN、183.047kN、243.46kN、456.305kN。

由此可得三层楼板、两层支撑架联合承载体系荷载分配比为：43.9％（四层楼板）：23.4％（三层楼板）：17.6％（二层楼板）：15.1％（一层楼板）。

对比三层楼板联合承载体系和四层楼板联合承载体系可知：在三层楼板联合承载的基础上再增加一层楼板所能分担的荷载较小，且不能有效分担最上面一层楼板（承担荷载最多的楼板）所承受的荷载，因此经济性较差。由此可见，根据工程实际情况选择两层楼板或三层楼板共同承载最经济。

4 钢管支撑架分析

上述结论是在支撑架纵横水平杆都未拆除的情况下得到的，但施工过程中为了更大的经济效益，同时减少支架重量，纵横杆能否拆除？为得到答案，笔者将ANSYS模型中支撑架下面两排纵横水平杆全部去除，仅保留最上面一排水平杆，计算后得到的结果和未拆除水平杆的结果几乎相同（图6）。由此可知：当混凝土结构浇筑完成后，支模架被上下两层结构板顶紧，立杆稳定性很好，其承载力及变形情况受水平杆影响不大。

为了进一步验证此结论的可靠性，笔者对支撑架进行单独建模分析。单独建模的支撑架搭设参数和上述模拟工程中的支架相同。每根立杆底部施加固定约束，在支模架的每根立杆顶部施加一个80kN的集中荷载，然后进行非线性屈曲分析。极限荷载（最大承载力）=施加的荷载（80kN）×time最大值。以下对四种情况的支撑架进行分析：

（1）施工层支模架（图7）。直接施加荷载后计算得到time最大值为0.3246，即该支模架承载极限为每根立杆施加25.968kN的荷载，此时的最大挠度为0.1004m。

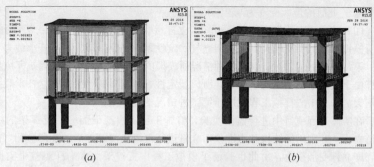

(a) *(b)*

图 6 拆除支架水平杆后变形云图

（2）施工层支模架，同时去除上面两排水平杆，仅保留最下面一排水平杆（图 8）。施加约束后计算得到 time 最大值为 0.0653，即该支撑架承载极限为每根立杆施加 5.23kN 的荷载，此时的最大挠度为 0.1833m。

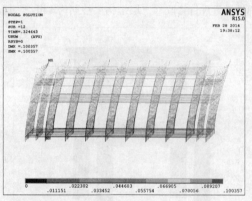

图 7 施工层支模架极限荷载变形图

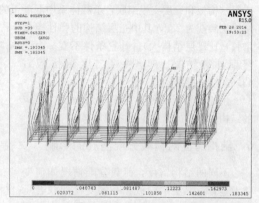

图 8 施工层支模架（拆除上面两排水平杆）极限荷载变形图

（3）模拟工程中由于支撑架上下层混凝土结构已浇筑完成，钢管支撑架被上下两层结构板顶紧，立杆顶部的水平位移很小（图 9）。这种情况可以通过对每根立杆顶部施加 U_x 和 U_y 两个方向的约束来模拟。施加约束后计算得到 time 最大值为 0.796，即该支撑架承载极限为每根立杆施加 63.68kN 的荷载，此时的最大挠度为 0.0065m。

（4）对每根立杆顶部施加 U_x 和 U_y 两个方向的约束，同时去除上面两排水平杆，仅保留最下面一排水平杆（图 10）。施加约束后计算得到 time 最大值为 0.472，即该支撑架承载极限为每根立杆施

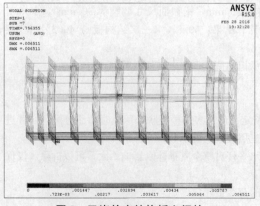

图 9 已浇筑完结构板之间的支撑架极限荷载变形图（1）

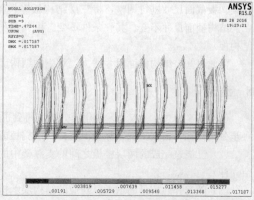

图 10 已浇筑完结构板之间的支撑架极限荷载变形图（2）

加 37.76kN 的荷载，此时的最大挠度为 0.0172m。

通过对上述四种情况的支撑架进行分析可知，立杆承载力分析分两种情况：第一种是上述（1）、（2）两种情况所模拟的施工层支模架，该支架立杆稳定性差，支架变形大，立杆承载力和变形情况受水平杆影响大；第二种是上述（3）、（4）两种情况所模拟的上下两层结构板已浇筑完成后的支撑架体系，该支架立杆由于被上下两层结构板顶紧，所以稳定性好，支架变形很小，立杆承载力和变形情况受水平杆影响不大。本文中的模拟工程就属于第二种情况的支撑架。

同时，笔者在实际工程项目中进行监测实验，将施工层支模架下面一层支撑架的纵横水平杆全部拆除，仅保留立杆，并利用经纬仪和水准仪对立杆进行混凝土浇筑前后的变形监测，前后两次观测结果相差很小，即立杆变形很小，由此也验证了模拟工程中支撑架的水平杆对整个支撑体系影响不大，可以拆除。

5　弹性模量对荷载分配情况的影响

随着混凝土龄期的增长，其弹性模量也随之增长，那么荷载分配情况会发生怎样的变化？笔者对二层结构板和一层支模架联合承载体系中混凝土的弹性模量进行修改（三层结构层龄期为 14d，二层结构层龄期为 28d，其中三层结构的弹性模量增长量比二层结构大），其它条件不变。由此得到计算结果：56.4%（三层结构板）；43.6%（二层结构板）。

由此可知：随着弹性模量的增大，对应的结构层承担的荷载也随之增加。

6　结构跨度对荷载分配情况的影响

不同的结构跨度，荷载分配情况如何变化？笔者对二层结构板和一层支模架联合承载体系的结构跨度进行调整，将柱的中心距调为 4.5m，其它条件不变。由此得到计算结果：71.1%（三层结构板）；28.9%（二层结构板）。

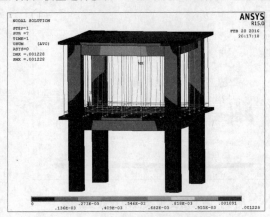

图 11　减小结构跨度后承载体系变形图

由此可知：结构跨度减小，上层的结构板承担的荷载增加，下层结构板反之（图 11）。

7　结构截面尺寸对荷载分配情况的影响

结构截面尺寸不同，荷载分配情况又如何变化？笔者对二层结构板和一层支模架联合承载体系的梁、板截面尺寸进行调整，将三层结构板厚调整为 300mm，梁截面尺寸调整为 300mm×780mm，二层结构截面尺寸不变。其它条件不变。由此得到计算结果：59.8%（三层结构板）；40.2%（二层结构板）。

由此可知：结构截面尺寸增大，对应的结构层承担的荷载也随之增加（图 12）。

8　结论

（1）本文通过在 ANSYS 中建模分析，得到了特定条件下多层楼板联合承载时荷载分配比，并进一步分析得知，根据工程实际情况选择两层楼板或三层楼板共同承载最为经济。

（2）已浇筑完成的两层楼板之间的支撑架中的水平杆对整个支撑体系影响不大，可以拆除（仅保留立杆）。

（3）随着弹性模量的增大，对应的结构层承担的荷载也随之增加。

（4）结构跨度减小，上层的结构板承担的荷载增加，下层结构板反之。

（5）结构截面尺寸增大，对应的结构层承担的荷载也随之增加。

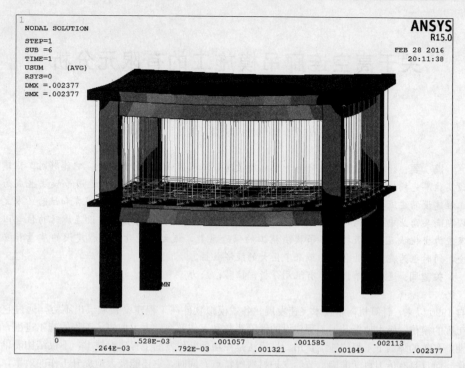

图 12　增大结构截面尺寸后承载体系变形图

以上结论仅为工程技术人员提供参考，不同工程应根据实际情况建模分析。

9　展望

高大支模问题常常是工程中的重点、难点，其方案的选择既直接影响工程的质量、安全，又牵涉到经济性，因此要准确把握。通过本文的分析研究，笔者认为支撑体系从上到下全部不拆的方法是不可取的，而根据实际情况保留一层或二层支撑架最为经济。工程施工技术人员应和图纸设计人员进行沟通，需通过调整结构截面尺寸、跨度、刚度等方法来调节多层楼板之间的荷载分配比，如果出现承载力不够还需提高配筋率和混凝土强度等级等方法来增强结构承载力。而在施工方面，我们可以通过将大截面梁分多次浇筑来减少施工荷载，以确保浇筑混凝土时支撑架和下部承载结构安全。这样从设计和施工两方面来制定既安全又经济的施工方案。

参考文献

[1] 陈志华，陆征然，王小盾．钢管脚手架直角扣件刚度的数值模拟分析及试验研究[J]．土木工程学报，2010，43[9]：100-108.

[2] 杨伟军，王艳．混凝土早龄期的抗压强度与弹性模量的历时变化模型[J]．中外公路，2007，27[6]：149-152.

[3] 赵挺生，蔡明桥等．混凝土建筑结构施工设计[M]．北京：中国建筑工业出版社，2004，1-25.

[4] 糜嘉平．建筑模板与脚手架研究及应用[M]．北京：中国建筑工业出版社，2001，18-51.

[5] 赵挺生，赵伟等．高层混凝土结构施工阶段安全性分析的简化模型[J]．建筑结构，2002，32(3)：10-12.

[6] 袁雪霞，金伟良，鲁征，等．扣件式钢管支模架稳定承载能力研究[J]．土木工程学报，2006，39(5)：43-50.

[7] JGJ 130—2011．建筑施工扣件式钢管脚手架安全技术规范[S]．北京：中国建筑工业出版社，2011.

[8] 陈安英，郭正兴，扣件式钢管高大支模架坍塌事故分析[J]．建筑技术，2008，39(12)：93-96.

[9] 胡新六．建筑工程倒塌案例分析与对策[M]．北京：机械工程出版社，2004.

关于高空连廊吊模施工的有限元分析

彭江华

（湖南望新建设集团股份有限公司，长沙 410000）

摘　要： 计算机技术被越来越多的应用于建筑工程领域，且愈加先进，它能够对工程建设实施事先模拟，以有效提升其保险性。在实施大跨度高空连廊建设时运用吊模法也成为工程建设的主流，但因其还是一项初步应用的技术，还需要进一步的深入探究和试验。本文以湖南某商业中心为例，运用 ANSYS 系统有限元分析了其应用吊模法建设连廊时的位移以及应力变化状况，有效提升了吊模法施工的保险系数，极大地提升了工程建设的质量和安全，同时也为施工企业和社会带来了巨大的经济效益。

关键词： 连廊；吊模法；有限元分析；位移；应力

自 1990 以来，计算机网络技术飞速发展，各式模拟软件在工程建设领域层出不穷，通过它们事先对工程的模仿，极大地提升了工程建设的保险系数和工作效率，大大加快了工程的施工进度，缩短了工期，有效的降低了工程的施工费用。吊模法是一项最新研发的工程建设技术，不仅结构简单、易于操作，而且具有传力科学准确、节约支护材料等特点；同时，它还能极大地提升工作的效率，降低工程造价，在现阶段的高层建筑连廊施工中得到了极为广泛的应用。利用计算机模拟系统对吊模法实施位移及应力分析，可以有效提升其保险系数，有利于巩固其理论和方法，能有效促进其更为全面的发展和应用。二者相互融合，能极大地降低工程建设的总体造价。

1　施工方案

湖南某商业中心主楼工程主体为框筒结构，地上部分为两栋 21 层独立塔楼，在两塔楼 17～19 层位置设置高空连廊，连廊使用 4 榀型钢混凝土桁架，由四个跨度 30m 的单片桁架构成。其平面尺寸为 30.5m×33.7m，建筑面积约 3043m²，17 层主梁梁底面离地面距离为 74.15m。

因落地脚手架模板支撑系统所需要的人力、物力资源较大，且操作不便，对于该工程的连廊施工不太适合，所以在对工程施工时使用吊模法。它是一种相对独立的模板设计形式，现阶段还未形成专业的技术体系，在进行施工时没有可以参考的技术标准和要求，也没有相关的实施规范和设计规则。所以，这一设计系统必然要通过科学准确的分析和计算，并科学分析其设计的合理性。

本工程应用 17～19 层的钢结构桁架系统来承受荷载，在每一层的钢桁架上设置距离为 1.500m 的热轧 H 型钢 H600×200×9×14，采用每一层布设的热轧 H 型钢对其实施吊模，将吊杆锚固于热轧 H 型钢上，让荷载均匀地分布在每一层的钢桁架上，防止上方荷载汇集传递到下部结构。

每榀桁架内部和两榀桁架之间安装临时斜支撑，其质量约为 200t，安装设置图如图 1 所示。吊杆使用直径为 18mm 的四级钢，其吊点在桁架位置的距离为 1.5m，在 H 型钢方向的距离为 1.0m，其吊模的主龙骨使用 12♯槽钢，距离为 1.0m；模板的背楞使用规格为 40mm×90mm 木料方，距离为 0.15m，模板材质为 17mm 厚的覆膜木模板，其底板的标高由螺帽的松紧来控制，拉杆选用规格为 $\phi25$ 的 PVC 管，它能反复使用，同时也方便底层模板的拆除。

在施工时桁架不仅要承受现浇混凝土的重量和风荷载以及施工荷载作用，同时还要承受桁架、附加的 H 型钢和临时斜支撑的重力作用等，因此，这就必须要科学合理的来设计其支撑体系。此外，M～P 两轴线间的附加 H 型钢跨度为 18m，这样就导致其中间位置处拥有较大的挠度。所以，就必须要科学精确的来对钢骨混凝土结构连廊实施全过程模拟探究，仔细的监测其建设过程中的形变和应

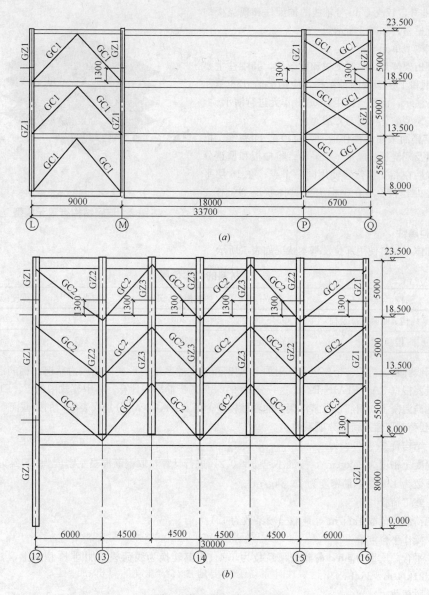

图 1　临时斜支撑布置图

力变化情况，以有效确保工程建设的质量和安全。

2　有限元分析

2.1　施工模拟的理论基础

ANSYS 有限元软件中的单元"生死"法能够全面地演示出工程施工的整体过程，其具体的方法为：一次性构建体系较为全面的有限元模型，采用将整体刚度矩阵和一个较小数的乘积将其它的单元"杀死"，并非是完全将其从内部清除，之后再根据工程建设的程序将其一步一步的"激活"，激活后的单元刚度、质量以及荷载等均会变成初期的数值，之后再按照相应的程序对其增设荷载，就能有效地跟踪探究工程建设过程中结构的形变及应力变化情况。

2.2　模型简介

通过 ANSYS 有限元软件来实施连廊桁架型钢结构、临时支撑和主楼 16 层上部的 9 号、11 号、

12 号、16 号、17 号、19 号轴线的框架柱和现浇板构建有限元模型，如图 2 所示。

（1）模型单元

连廊桁架体系、临时支撑和框架柱，其中柱主要为 H 型钢和十字型钢两种结构，应用 Beam188 单元对其进行演示，混凝土使用 Shell63 单元进行演示。

（2）模型简化依据与方法

17 层楼面采用吊模作业时，可以把 H 型钢、桁架型钢以及现浇板看成是一个平面；将楼板和型钢分成单元以后在相交接位置使用同一个点；在 16 层平面型钢柱处相接。其在坐标上的具体状况如上图 2 所示。

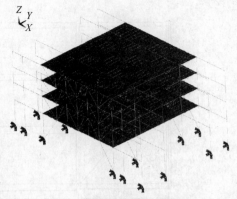

图 2　连廊结构有限元模型

2.3　材料属性

连廊体系材料使用部位及基本状况如表 1 所示。

表 1　材料的力学性质

结构部位	材料	弹性模量（GPa）	泊松比	重度（kN/m³）
连廊桁架结构、临时支撑及柱	Q345 钢	200	0.3	76.3
楼板	钢筋混凝土	30.4	0.167	25.2

运用线弹性分析校核桁架体系、附加 H 型钢和斜支撑系统的形变以及应力状况。钢筋混凝土的弹性模量要根据 EA＝E1A1＋E2A2 这一公式和 0.2% 的配筋率来计算，其中算式中的 E、E1、E2 分别表示钢筋混凝土、钢筋以及素混凝土的弹性模量；而 A、A1、A2 分别代表它们的横截面面积。

2.4　主要荷载取值及荷载分项系数

（1）结构自重

素混凝土密度为 25kg/m³，按最小配筋率 0.2% 进行计算，取钢筋混凝土密度为 25.2kg/m³。荷载分项系数为 1.35。钢筋密度为 76.3kg/m³。

（2）施工荷载

按照荷载规范取 4kN/m²，荷载分项系数为 1.4。

（3）操作平台重量

操作平台总质量为 40t，荷载分项系数为 1.4。将其转换为线荷载 q 加到 H 型钢上，$q＝1.4×40×9.8/21kN/m＝26.1kN/m$。

（4）风荷载

基本风压取 $w＝0.50kN/m²$，将 h_w 作为线均布荷载加到 $y＝0$ 平面桁架结构上，h 为型钢高度。荷载分项系数为 1.4。

2.5　计算工况

结合工程实际，得到连廊结构施工的 4 种计算工况，如表 2 所示。

表 2　连廊结构计算工况

工况	施工过程	荷载组合
1	连廊第 17 层灌筑混凝土	自重＋操作平台重量＋17 层施工荷载＋风荷载
2	连廊第 18 层灌筑混凝土	自重（包括 17 层混凝土）＋18 层施工荷载＋风荷载
3	连廊第 19 层灌筑混凝土	自重（包括 17，18 层混凝土）＋19 层施工荷载＋风荷载
4	连廊顶层灌筑混凝土	自重（包括 17～19 层混凝土）＋顶层施工荷载＋风荷载

3　计算结果分析

根据以上计算模型和参数，对连廊结构的 4 种计算工况进行了计算，求出了连廊结构的位移和应力。

3.1　工况 1

工况 1 作用下连廊结构的位移及应力如图 3 所示。

由图 3 可知：

（1）位移分析：桁架结构除 17 层外竖向位移均小于 1cm，17 层热轧 H 型钢跨中处竖向位移最大，达到 5.4cm，满足使用要求。风荷载作用下最大水平位移为 1.2cm。

（2）应力分析：最大拉应力位于 12～13、15～16 轴之间的临时斜支撑，为 54.0MPa；最大压应力位于 16 层与 17 层之间的 M 轴、P 轴与 13 轴、16 轴交叉点的竖向支撑处，为 36.7MPa。最大拉应力与压应力远小于 Q345 钢的屈服强度与抗压强度，结构是安全的。

3.2　工况 2

工况 2 作用下连廊结构的位移及应力如图 4 所示。由图 4 可知：

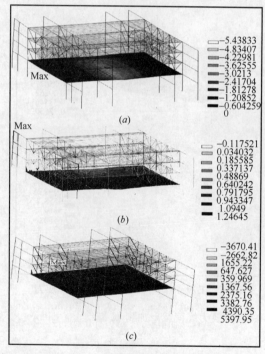

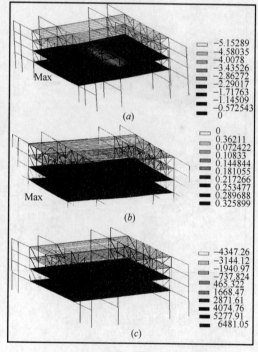

图 3　工况 1 作用下连廊结构位移和应力
（a）竖向位移/cm；（b）水平位移/cm；
（c）轴向应力/($\times 10^{-1}$MPa)

图 4　工况 2 作用下连廊结构位移和应力
（a）竖向位移/cm；（b）水平位移/cm；
（c）轴向应力/($\times 10^{-2}$MPa)

（1）位移分析：工况 2 由于在 17 层去除了操作平台重量和施工荷载，竖向位移明显变小，最大值为 2.6cm；18 层竖向位移相比工况 1 的减小，最大值为 5.1cm；水平位移分布规律较工况 1 的无较大变化，最大值为 0.3cm。

（2）应力分析：拉应力较大的杆件位于 12～13 轴、15～16 轴之间的临时斜支撑，最大值为 64.8MPa；压应力分布规律相对工况 1 的无较大变化，最大值为 43.4MPa。

3.3　工况 3

工况 3 作用下连廊结构的位移及应力如图 5 所示。

由图 5 可知：

（1）位移分析：最大竖向位移为 5.3cm，位于 19 层 H 型钢跨中；水平位移相对工况 1，2 变小，最大值为 0.3cm。

（2）应力分析：拉应力值较大的杆件位于 17 层与 18 层、18 层与 19 层之间的临时斜支撑，最大值为 76.4MPa；压应力分布规律相对工况 1，2 无较大变化，最大值为 51.0MPa。

3.4 工况 4

工况 4 作用下连廊结构的位移及应力如图 6 所示。

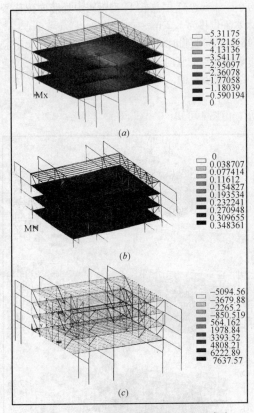

图 5 工况 3 作用下连廊结构位移和应力
（a）竖向位移/cm；（b）水平位移/cm；
（c）轴向应力/(×10^{-1}MPa)

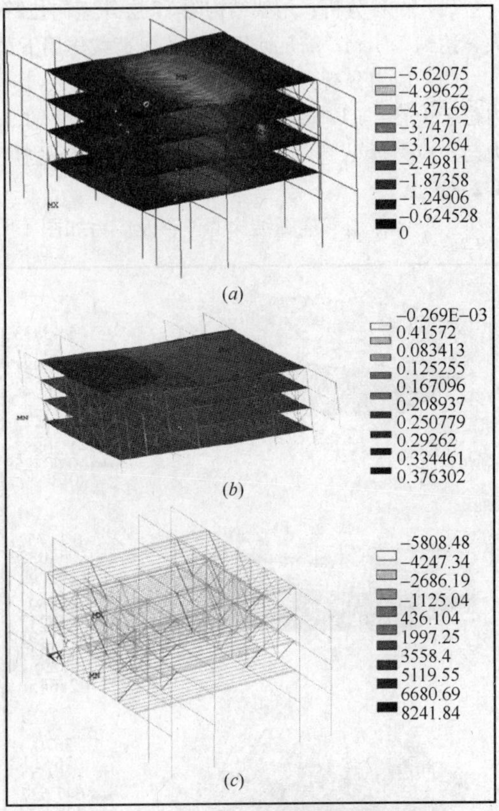

图 6 工况 4 作用下连廊结构位移和应力
（a）竖向位移/cm；（b）水平位移/cm；
（c）轴向应力/(×10^{-2}MPa)

由图 6 可知：

（1）位移分析：最大竖向位移为 5.6cm，位于顶层 H 型钢跨中部位；最大水平位移位于 P 轴上 19 层与顶层之间的临时斜支撑，为 0.4cm。

（2）应力分析：最大拉应力位于 12～13 轴、15～16 轴之间的临时斜支撑，为 82.4MPa；压杆主要分布在柱及 13～15 轴之间的临时斜支撑，最大值为 58.1MPa。

综上，4 种工况下浇筑楼层热轧 H 型钢中部变形最大，最大竖向位移 5.6cm，接近挠度限值 $l/300=6$cm（l 为 H 型钢中部长度，$l=18$m），应采取适当的措施控制其变形。最终施工方案采用钢悬索连接 H 型钢与竖向桁架来加强 H 型钢及支撑结构稳定性。最大水平位移为 1.2cm，远小于容许值 $H/500=18$cm（H 为自基础顶面至柱顶的总高度，$H=90$m），满足使用要求。

4 施工过程监测

4.1 监测方案

为保证楼面浇筑混凝土施工的安全性，采取有线测量监测与无线测量监测相结合的手段，对施工的全过程予以实时动态监测。

（1）应力应变测点

在连廊结构17，18层和屋面层的提升点和四榀桁架主梁等控制位置共布置36个测点，其中在同一测点热轧H型钢的上翼缘和下翼缘分别布置一个电阻应变片，共72个电阻应变片，以监测连廊结构主梁应力、应变的变化。

（2）挠度位移测点

将经纬仪固定在一侧主楼的18层，在连廊结构19层的中间两榀桁架主梁的控制位置布置4个测点，以监测连廊结构主梁挠度位移的变化。

4.2 计算数据与施工过程监测数据对比

施工过程监测最大位移、应力与计算结果对比见表3。

表3 计算结果与监测数据对比

工况	竖直方向最大位移（cm）		水平方向最大位移（cm）		最大应力（MPa）	
	计算值	监测值	计算值	监测值	计算值	监测值
工况1	5.4	5.2	1.2	0.7	54	47.6
工况2	5.1	4.8	0.3	0.2	64.8	62.7
工况3	5.3	5.1	0.3	0.2	76.4	74.2
工况4	5.6	5.3	0.4	0.3	82.4	81

由表3可以看出，采取措施加强支撑体系后，施工过程支撑结构最大位移与最大应力减小，保证了施工质量与安全。

5 效益分析

（1）由于连廊结构标高距地面73.95m，采用传统高支模施工模板支撑体系变形较大，对混凝土成型质量影响较大，采用吊模施工，将钢结构桁架作为支点，经设计、验算桁架刚度满足模板变形要求及施工安全需要，确保混凝土成型质量和施工的高效实施。

（2）采用高空吊模的施工方法，较落地满堂支架节省人工、材料费用约120万元，缩短工期约70d，经济效益显著。

（3）吊模施工在原位地面安装完成后，再随连廊桁架整体提升至73.95m设计标高，减少了大量的高空作业，保证了工人的操作安全；而传统落地式满堂脚手架搭设，由于工人操作不当容易发生高空坠落等安全事故。

6 结论与建议

（1）不同工况下其拉、压应力的最大值分别为82.4MPa和58.1MPa，均位于临时斜支撑处，该设置对减小主梁和H型钢结构应力和整体位移、增强支撑结构整体稳定性发挥了重要作用。

（2）算出的结果验证了支撑结构体系的合理性，为工程建设方案提供了强有力的理论依据。

（3）由于热轧H型钢长度过大，各种工况下浇筑楼层其中部变形最大。采取措施加强热轧H型钢及支承结构稳定性后，施工过程支撑结构最大位移与最大应力减小，保证了施工质量与安全。

参考文献：

[1] 王彦超，徐永斌，贺洪伟，景亭.宁波联盛高空钢结构连廊液压同步整体提升施工分析[J].建筑结构.2013（S1）.

[2] 陈安英，郭正兴.钢骨梁自承重吊挂支模施工技术[J].施工技术.2008（02）.

[3] 刘学武，郭彦林，张庆林，刘禄宇.CCTV新台址主楼施工过程结构内力和变形分析[J].工业建筑.2007（09）.

［4］ 张国勋，梁学明，花继华．钢骨混凝土大梁模板支撑体系设计与施工［J］．建筑技术．2007(08)．

［5］ ［1]孙辉，张洪波，李恩平．空间异型结构清水混凝土模板施工技术［J］．青岛理工大学学报．2016(01)．

［6］ 叶毅然．钢骨混凝土结构在建筑中的施工技术分析［J］．江西建材．2015(09)．

［7］ 张阔，霸虎，刘良志，朱科，张跃柯．钢骨混凝土结构梁柱节点形式的对比分析［J］．科技创新导报．2011(25)．

［8］ 刘杰．对建筑工程中钢骨混凝土结构的探讨［J］．黑龙江科技信息．2010(17)．

浅谈项目对安全文明施工护栏的创新思维及体会

周立东

（湖南长大建设集团股份有限公司，长沙　410009）

摘　要： 建筑工地的钢管扣件式护栏作为最常见的安全文明施工措施，具有用量大、适用广的特点，但同时也有固定困难、易扭曲变形等缺点。本文通过工程实践，发现了一种施工简便、造价合理、重复利用率高的一种新型护栏做法。

关键词： 护栏，混凝土基座，废弃余料，重复利用率

当前经济建设突飞猛进，工程建设规模大、发展快，同时建筑市场的全面放开，使得工程项目的相关责任主体已经越来越意识到项目安全文明施工的重要性。而作为施工企业的我们，在这种监督管理模式下，对项目的安全文明施工的重复性投入也在逐年增长，传统的一些施工工艺已经不能适应当前形势的要求，必须将创新思维和现场安全文明施工紧密结合起来，开创安全文明施工的工作新局面。

1　工艺概况

目前各地城市建设飞速发展，建筑工地星罗棋布，再加上工程建设具有周期长、人员密集、材料进出频繁、废弃物多等特点，同时为贯彻绿色施工的指导方针，必须加强对建筑施工总平面图的协调分布。大部分的工程项目都是采用闲置钢管通过扣件连接作为护栏，区分各材料的堆码位置，这种做法虽然方便快捷，但是存在一个弊端——无法对护栏立杆进行固定，经常导致护栏扭曲变形甚至整体倒塌。经过我们对弊端的研究发现，主要原因是大面积的在楼板上预留固定措施，耗费材料过多，同时随着工程的施工进度，必须不间断的根据材料堆码位置变更进行调整护栏。为此，我们通过集思广益，不考虑在楼板上进行固定，而通过给护栏立杆增加一个混凝土底座来保证稳定性，同时也可以根据现场施工需要随时进行护栏调整，创造性地解决了这个问题。工艺现场如图1所示。

图1　工艺现场实景展示

2　工艺内容

2.1　材料准备

1m长闲置钢管若干根、少量废弃模板、施工中的混凝土余料。

2.2　工艺流程

模板安装、加固——混凝土浇筑——插入钢管——拆除模板——混凝土养护——刷漆——使用。

2.3　施工关键控制点

（1）为保证混凝土基座的稳定可靠，我们将其设计成下宽上窄的梯形断面，如图2所示。

（2）模板安装过程中，因本着绿色施工的原则，且模板的材料基本全部为施工余料，对于模板的

加工必须做到精细，确保混凝土结构的成型美观。

图 2　模板安装　　　　　　　　　图 3　模板成型

（3）每个底座所需混凝土约为 0.1m³，可根据当前主体结构的施工进度，利用商混凝土的余料进行浇筑，既节省了材料费，同时还减少了建筑垃圾（图 3）。

图 4　混凝土浇筑　　　　　　　　图 5　混凝土振捣密实

（4）混凝土浇筑过程中，可适当放入少量的钢筋废料，增加基座的强度（图 4）。

（5）混凝土浇筑过程中，必须对混凝土进行振捣，确保混凝土的密实（图 5）。

（6）在混凝土初凝之前，将钢管插入基座中，钢管可长 1～1.2m，确保钢管的外露长度为 0.8m，满足护栏的规范要求高度 1.2m（图 6）。

（7）混凝土强度达到拆模要求后，拆除模板，对可进行二次重复利用的模板进行收集整理。

（8）对混凝土基座进行浇水养护，确保混凝土的强度。对外露钢管立杆按公司的安全手册进行红白双色油漆的涂刷。

（9）根据施工总平面布置图，将已完成的带基座的立杆，搬移到指定位置，使用钢管扣件连通横杆（图 7）。

图 6　基座插入钢管立杆　　　　　　图 7　实景展示

3 工艺总结

(1) 通过给护栏立杆增加一个混凝土基座，增加了护栏立杆的整体稳定性，基本杜绝了传统单独立杆作为护栏的施工工艺的易变形性，减少了护栏安全文明施工的维护费用。

(2) 这工艺不论是模板、钢筋，甚至混凝土，全部都使用工地现场的废弃余料，减少了建筑垃圾的产生，不但节约了垃圾的转运费用，同时为工地的绿色文明施工也做出了一定的贡献。

(3) 护栏立杆增加基座后，可重复利用次数极大的增加了，不但可以贯穿整个项目部的施工过程，甚至可转运到新开工项目继续使用。

(4) 在施工过程中，我们仍存在一个缺陷难以克服，在因进度要对施工平面进行再度布置时，对于带基座的立杆的重复利用，需要相对更多的人力投入完成调整。

参考文献：

[1] 天津市建工工程总承包有限公司. JGJ 59—2011 建筑施工安全检查标准［S］. 中国建筑工业出版社，2011 年.

[2] 李天成，吴伟宏等. 企业技术标准湖南长大建筑施工安全质量标准化技术手册［S］，2014 年

论接地电阻值测量中的一些问题

周洪泉

（湖南省工业设备安装有限公司，株洲 412000）

摘　要：针对施工中接地电阻值测量时的一些问题进行分析，希望能对解决接地电阻值测量时的问题有所帮助。

关键词：接地电阻值；测量；问题

1　前言

接地电阻值测量似乎是很简单的工作，其实不然。不少测量工作中依然存在许多问题。

2　接地电阻测试仪计量不合格，导致检测数据误差较大

我单位电气施工人员在一次接地工程中对一联合接地网的接地电阻值进行测量，但测量结果达几百欧。根据土层的状况及施工时的监察，这个测量结果肯定是错误的，估计接地电阻测试仪有问题。于是购买一台新的接地电阻测试仪，再测量，结果亦大得不可信。

我们赶到现场，协助解决接地电阻值测量，首先对两台接地电阻测试仪的机械零位、电气零位和灵敏度进行检查，发现两台测试仪的灵敏度全部不合格，因此不能使用。我们把随身带去的经计量局计量合格且在检定周期范围内的接地电阻测试仪，亦作上述三项检查，全部合格。我们用此测试仪对接地网进行测量，测量结果 0.9Ω，可以认为这才是正确的接地电阻值。

3　混凝土地面的接地电阻检测方法

施工过程中进行接地电阻测量时，常常会遇到混凝土路面或地面，探棒无法打入，过去对于这种情况，我们的方法是使用冲击电钻，装上长柄钻头，在混凝土路面上钻两个孔，把探棒插入后进行测量。其实，这种情况下，在混凝土路面上不用钻孔，可以采用铺两块钢板（250mm×250mm）代替探棒的方法进行测量。

为什么可用金属板铺的混凝土路面上代替探棒插入地中呢？对三极法测量接地电阻值的原理进行分析后，我认为：对电流棒而言，钢板和混凝土路面之间的接触电阻会影响注入电流的量，并影响到电压探棒和接地极之间的电压值，但其比值不变（$R_g = U/I$），因此电流探棒的接触电阻不影响测值；电压探棒亦存在接触电阻，但此接触电阻与电压表的输入阻抗相比可忽略不计。因此采用金属板铺的混凝土路面上代替探棒插入地中的方法是可行的。

我们对同一接地极用上述两种方法进行测量。探棒插入地中和钢板铺在混凝土测量的结果相同。实验证明：铺钢板可代替探棒插入地中，这给我们测量接地电阻值带来了极大的方便。

4　杂散电流对接地电阻测量的干扰

接地电阻值测量时，若地中存在杂散电流或接地极中存在电网的漏电电流时，会给测量带来误差。

为了了解干扰对接地电阻测量的影响，我们在测量接地电阻时，用另一台接地电阻测试仪作为干扰源，该测试仪的 E 端子接地网的引出点，C 端子接在插入地中距接地网 15m 的另一电流探棒上。当作为干扰源的接地电阻测试仪摇动手摇发电机的手柄时，就产生一个约 3V（用万用表测得）的

100Hz 左右的交流电，此时用另一台接地电阻测试仪测量接地网的电阻值（正常接法），结果呈现电阻偏高，且读数不稳定的现象（1～2Ω）。经分析我认为，读数偏高是由于接地网与电压探棒之间受两个电源电势叠加成分的影响；而读数不稳，则是由于两台测试仪摇发电机转速不同步所致。这一试验告诉我们，测量接地极电阻值前，首先要检查接地极中是否存在干扰源。在存在干扰源的情况下，应当尽量避开干扰情况严重的时段进行测量。此外，在测量时，若读数不稳定要仔细检查原因。

5　使用中的接地网的接地电阻检测

联合接地网一旦投入使用后，要复测接地一电阻值，往往会遇到无法停电的困难。只要电源投入使用，线路中要避免漏电是不可能的，因为即使线路绝缘再高，仍会产生漏电（包括线地间的容性电流），此漏电电流就会流入接地网中，就会对测量造成误差、因此不断电用 ZC29 型接地电阻测试仪测量接地电阻是没有实际意义的。

对联合接地网，有人强调要做防雷接地测试点。这不仅会破坏外墙的完整性，且无实际意义。因为联合接地网（例商务楼）投入使用后不准停电，又由于工作接地和防雷接地是同一接地网，有了工作接地断接卡就不必再做防雷接地测试点了。

6　接地电阻检测时各极的距离对结果的影响

关于探棒（极）间的距离对测量结果的影响问题，我们曾通过对某工程的接地网采用几种探棒位置不同的方案进行测试。先采用常规的方法，即接地网（E 极）、电压探棒（P 极）与电流探棒（C 极）分布在一直线上，相互间的距离 E、P 为 20m，E、C 为 40m，测得一个阻值。然后在此基础上，分别移动探棒进行复测。第一次保持 P 极上极间距 20m，将 C 极延伸至距 P 极 40m；第二次保持 E 极、C 极间距 60m，将 P 极延伸至距 E 极 30m；第三次在常规距离下，将 C 极横向移动 20m；第四次在常规距离下，将 P 极横向移动 10m。上述各次所测结果，几乎没有什么变化。由于 ZC29 本身精度不高（5%），因此，读数与实际阻值的误差也可忽略不计。至于探棒间距小于常规值时，其测量误差将随探棒与接地极之间的距离减小而增加，施工中必须予以充分注意。

办公建筑节能设计浅析

段祥德[1]　姜延科[1]　李潇颖[1]　康华青[1]　陈秀娥[2]　欧强[2]　蒋作为[2]

（1. 湖南省建筑工程集团总公司，长沙　410001；2. 湖南诚谊工程信息咨询有限公司，长沙 410008）

摘　要：针对目前办公建筑能耗现状，结合实际情况，分析了能源消耗的影响因素，重点对办公建筑节能的总体规划及设计方面的措施进行了探讨，旨在营造舒适的办公环境的同时实现节能减排，降低能耗的目的。

关键词：办公建筑；建筑节能；能耗；总体规划；设计

1　引言

我国人口众多，建设量巨大，建筑能耗在社会总能耗中占有相当大的比重。目前，我国建筑能耗已接近社会总能耗的 1/3。而办公建筑是公共建筑中建设量最大的，并且其在一定程度上能够表征其他类型公共建筑的特点，因此对于办公建筑节能设计的相关问题研究显得意义重大。

2　能源消耗的影响因素

（1）舒适度要求的提高。随着社会的发展，人们对办公环境舒适度的要求越来越高，这必然会增加办公建筑的能源消耗。

（2）节能方法的单一。在目前的节能设计中，往往只注重围护结构的节能，而缺乏整体的节能构思。现代建筑尤其是办公建筑，影响其能耗的因素主要有三个方面：建筑设计、服务设计、人员活动。围护结构只是建筑设计中的一部分，其中建筑的选址、体形系数、平面功能、自然通风和采光等对建筑能耗有较大的影响，另外，设备性能和人员活动对建筑的能耗也有很大影响。现在的节能方法往往容易忽略对这些因素的综合考虑。

（3）节能的片面性。建筑的能耗在狭义上是指在建筑物建成以后，在使用过程中每年消耗能源的总和，主要包括在采暖、空调、通风、照明、电器、热水供应等方面所消耗的能源，即建筑的使用能耗；在广义上是指包括建筑材料、构配件、设备的生产和运输，以及建筑建造、使用和拆除四个环节中能耗的总和。在建筑材料、零部件和体系生产中消耗的能源，称为"潜在能源"；在建筑材料和零配件的装配和运输到建筑地点的过程中消耗的能源，称为"灰色能源"；在建筑物的建造过程中消耗的能源，称为"导出能源"；在建筑物的运转与其使用者的设施与装修中消耗的能源，称为"运行能源"；建筑物在其维修、改建与最终的解体过程中也会消耗能源。

3　办公建筑节能的总体规划

（1）总体规划是建筑节能设计的一个重要方面，它决定了建筑与周边环境的关系。大自然为我们提供了阳光、水、风、土地等丰富的自然资源，能否有效利用这些自然资源，从而减少对传统能源的消耗，在很大程度上取决于建筑的总体规划设计。其设计原则是使建筑冬季能够获得足够的日照并避开主导风向，夏季能利用自然通风并防止太阳辐射。

（2）基地的选址。基地的选择需考虑其方位、风速、风向、地表结构、植被、土壤、水体等因素的综合影响。当然，在城市中扮演重要角色的办公建筑在基地选择时，要服从整个城市规划的宏观控制。这就有可能使建筑基地周围环境不太理想。但是，为了减少建筑在建造和使用过程中的资源消耗，我们仍需计算资源利用的程度和对现有自然系统干扰的程度。好的规划设计应尽量减小对现有自然系统的干扰。并且，在基地选择时，应尽量利用现有的公共设施管网。在与市政设施联系时，应尽量减少与电力、给排水、燃气管线等市政设施的连接长度。

（3）充分利用太阳能。太阳能是一种取之不尽、用之不竭的可再生资源，它为我们提供光和热量。人类生存、身心健康、营养、工作效率均与太阳有着密切的联系。据有关研究显示，在办公建筑中，利用太阳光进行自然采光，人的工作效率比利用人工照明时要高很多。另外，在寒冷和严寒地区，人们需要获得更多的太阳能。入射到玻璃上的太阳辐射，直接供给室内一部分热量；入射到墙或屋顶上的太阳辐射，使围护结构温度升高，减少了房间的热损失。同时，围护结构在白天储存的太阳辐射热，到夜间可以减缓温度的下降。对于太阳能资源较为丰富的地区，还可以采用主动式利用太阳能的方式，以减少对常规能源的利用。因此，太阳辐射对建筑节能有着十分重要的意义。在进行建筑总体规划设计时，应使建筑充分利用太阳能。如建筑基地的选择应在向阳的地段上；选择合理的建筑间距，使设计的办公建筑不被其他建筑物遮挡；争取好的朝向，使建筑物能充分利用太阳辐射热。当然，选定建筑物朝向时，应综合考虑主导风向对建筑物冬季热损耗和夏季自然通风的影响。

（4）合理组织通风。在较冷地区，建筑总体规划应使建筑主要立面避开不利风向。如我国北方地区冬季寒流受来自西伯利亚冷空气的影响，形成主要以西北风为主要风向的冬季寒流。在建筑总体规划设计中，应封闭西北向，合理安排开口方向和位置，使建筑群的组合做到避风节能。

（5）在较为炎热和潮湿的地区，应合理引导自然通风，从而创造一个舒适、健康的工作环境。如我们常说的穿堂风，就是利用建筑手段来引导风向，从而达到自然通风的目的。另外，在进行规划设计时，应避免风影对建筑通风的影响。所谓风影，是指当风吹向建筑物时，其背后形成的涡流区在地面上的投影。风影内，风力较弱，风向不稳定，很难形成有效的风压通风。为了避免这一情况，在进行规划设计时，可将行列式的布局形式改为错列式。风影的长度与风向投射角有一定关系。当风向投射角与建筑物纵向轴线垂直时，风影长度最长。当有一定角度时，风影会明显变小。但是，投射角大会降低室内平均风速，故在规划设计时，应综合考虑，以达到最有利的通风效果。

4 办公建筑节能设计措施

（1）防晒墙体措施。如何防止西晒是办公建筑节能设计的一个重要方面。当然，可以采用遮阳的方式防止西晒。但有时候由于经济原因及围护结构形式方面的限制，往往难以应用或应用效果不佳。这时可以应用缓冲层的概念，即在建筑西侧设置防晒墙。防晒墙一般采用混凝土材料，其离开建筑主体有一段距离。这样，在夏季其可以有效的阻挡太阳光的直射，并且防晒墙与建筑之间的空隙能够形成烟囱效应，起到拔风作用，从而有利于建筑西侧的自然通风。防晒墙离开建筑一段距离，还可以保证建筑西侧室内空间的自然采光。在北方的冬季，其还能阻挡西北风的侵袭。并且，由于采用了混凝土材料，防晒墙具有较好的蓄热性，在阳光照度好的时候，其蓄积热量，在建筑西侧形成一个热保护层，可以有效缓解外部气温对室内环境的影响。例如，清华大学建筑设计研究院办公楼由于用地条件的限制，将主入口设在了西侧，因此为了防止西晒，实施方案在建筑西侧设置了一面距办公楼主体4.5m的大尺度的防晒墙，混凝土防晒墙的吸热性能和这段距离的拔风效应，有效地阻止了西晒对建筑主体的热影响。防晒墙的工作原理与双层玻璃幕墙的工作原理很相似，可以这样说，防晒墙是双层玻璃幕墙的变体，它较双层玻璃幕墙更为经济。

（2）多功能遮阳构件。遮阳构件已不仅仅只是单一遮阳功能的构件，而是与通风、太阳能的利用等结合在一起的多功能构件。在双层玻璃幕墙中应用遮阳技术，不仅起到遮阳作用，还对改善和提高玻璃幕墙的隔热性能及节约能源消耗方面具有积极意义。另外，若将遮阳构件与太阳能光电和光热转换板相结合，不仅可以避免遮阳构件由于自身吸热而导致的温度升高和热传递等问题，还可以巧妙地将吸收的热量转换成对建筑有用的能源加以利用，这也是建筑遮阳构件符合多功能发展的方向。

（3）地面保温。对于没有地下室的办公建筑来说，由于地面下土壤温度的变化比室外空气要小很多，其冬季地面散热最大的部分是靠近外墙的地面，其宽度一般为0.5～2m，这部分要采取适当的保温措施。对于有地下室的办公建筑，楼地板并未暴露在外界环境中，这已为使用空间的保温创造了条件。但若地下室没有采暖，应对一楼地板采取保温措施。通常做法是在一楼地板下面填充保温材料，并同时在地下室混凝土地坪和地基与土壤之间铺设一定厚度的刚性和半刚性的保温材料。

参考文献：

[1]　彭一刚．建筑空间组合论[M]．第2版．北京：中国建筑工业出版社，2008.

[2]　潘谷西．中国建筑史[M]．第4版．北京：中国建筑工业出版社，2008.

[3]　王立雄．建筑节能[M]．北京：中国建筑工业出版社，2009.

[4]　何　江．北方公共建筑供热节能空间探讨[J]．山西建筑，2009，35(10)：256-257.

绿色建筑的结构设计

晏卓丹

（湘潭市规划建筑设计院，湘潭　411100）

摘　要： 随着居住环境恶化的日益加剧和绿色运动的蓬勃发展，绿色建筑已经受到国家和社会的广泛关注。绿色建筑是一种综合节能、轻污染、尊重自然回归自然的设计思路。作为建筑设计中的一个重要部分，结构设计也须适应绿色潮流。本文通过对绿色建筑评价和设计标准中与结构相关的内容分析，从结构体系，材料选型，结构构件工业化，结构耐久性等方面在绿色建筑中的应用进行阐述，并对绿色建筑中的结构设计提出建议。

关键词： 绿色建筑；结构体系，材料选型；工业化；结构耐久性。

1　前言

随着城市的快速发展，影响生态环境的危机进一步加剧。同时，随着生活水平提高，人们对生活的环境也提出了更高的要求，对城市未来发展方向也有了更多的思考。提出了绿色建筑这一概念。从绿色建筑的设计风格和方法探讨到绿色建设中生态影响的计算，从各种建筑材料对环境影响的绿色分类到不同绿色建筑评估指标系统的分析，绿色建筑思潮正涌动在建筑行业。面对今天的社会和生态，绿色建筑设计中的重要部分——可持续发展、节能减排的绿色建筑结构是必然的发展趋势，需要更多的人加以关注并投入研究。如何体现结构设计在绿色建筑中的应用？以下就从结构设计中的结构体系，材料选型，结构构件工业化，结构耐久性等几方面进行阐述。

2　绿色建筑的结构体系，材料选型

目前我国的建筑结构体系，从承重构件材料的类型来划分，主要分为木结构，砌体结构，钢结构，钢筋混凝土结构等4个主要结构体系。

（1）从纯粹的绿色建筑内涵来看，木结构是最理想的绿色建筑结构体系。木结构取材直接且可循环再生，建造施工的安装和拆除简易快捷，节约能源，对环境无污染和破坏；真正可以使建筑感到"与自然环境亲和，做到人及建筑与环境的和谐共处、永续发展。"从结构设计的角度分析，木结构的自重轻，抗震性能较好，是舒适性和安全性相结合的结构体系。然而我国的国情是地少人多，森林覆盖率底，木资源不够丰富。目前木结构的房屋建筑最高只能盖到3～4层，并且大多局限使用在别墅房屋、民俗，景观等建筑。不能适应密集的城市人口发展，所以木结构的应用是非常有限的。木结构承重材料分为原木，锯材（方木，板材，规格材）和胶合板，材料的选用应因地制宜，并应满足《木结构设计规范》相关要求。未经防火处理的木材不应用于极易引起火灾的建筑中，未经防潮，防腐处理的木材不应用于经常受潮且不通风的场所，腐朽的木材不得使用。

（2）砌体结构是值得提倡的绿色建筑结构体系。砌体结构主要指的是砌块砌体结构，并不包含黏土砖砌体结构。从绿色建筑国家标准到地方标准，都制定了禁止使用黏土砖的相关条文，这是与我国的耕地保护政策是一致的。砌块材料要充分利用建筑施工，既有建筑拆除和场地清理时可循环利用的材料。充分利用砖渣，工业废渣或矿渣制成绿色建材，达到节约资源和废物重复利用及其保护环境的目的。同时应加强自保温砌体材料的研究，使利用自保温砖砌筑的墙体自身可以满足保温隔热的性能，不必在另外做外墙内，外保温等建筑保温做法，达到节材的目的。并且广泛推广运用于建筑物外墙，达到建筑物节能保温的目的。

（3）钢结构亦属于绿色建筑结构体系。钢结构结构材料均属可再生重复利用的材料，大量的构件可以工厂化生产，能保证构件工程质量，钢结构施工周期短且环境污染较少，是典型的绿色建筑。钢结构尤其是轻钢结构，其自重轻，抗震性能好。我国目前的钢结构设计主要用于大型公共建筑，超高层办公建筑，和一些跨度较大的单层工业厂房，仓库等。而钢结构住宅较少，这是由于钢结构住宅的造价相对于砌体结构和钢筋混凝土结构还比较高的因素。但是从长远来看，钢结构住宅无疑是住宅产业化和发展的主要方向，亦是未来中国绿色建筑的主要结构体系。设计钢结构时，应从工程实际出发，合理的选用材料，承重结构的钢材应具有抗拉强度，伸长率，屈服强度，冲击韧性和硫，磷含量的合格保证，对焊接结构尚应具有含碳量的合格保证，承重结构的钢材宜采用 Q235，Q345，Q390和 Q420 钢，其质量应分别符合国家标准《碳素结构钢》，《低合金高强度结构钢》的规定。焊接承重结构以及重要的非焊接承重结构采用的钢材还应具有冷弯试验的合格保证。钢结构还必须满足相关防火与防锈，防腐的要求。

　　（4）钢筋混凝土结构现阶段仍然是我国建筑的主导结构体系，虽然在国外已有专家明确提出钢筋混凝土结构的建筑为非绿色建筑。这是结构设计在我国绿色建筑应用中首当其冲的大问题。钢筋混凝土结构建筑使用大量的水泥，砂，石等材料，产生的粉尘和二氧化碳直接影响环境和气候，拆除钢筋混凝土建筑后的废弃物大部分亦无法回收重新利用。当钢筋混凝土结构体系作为目前我国绿色建筑的主要结构体系时，结构设计工程师所要考虑和解决的主要问题就是如何减少和降低其对环境影响；如何提高混凝土耐久性，延长混凝土建筑物使用寿命。所以为减少使用混凝土的用量，我们在设计中应采用高性能混凝土、高强钢筋，轻质填充墙，以减小结构构件尺寸和建筑物自重，绿色建筑设计规范及评定标准对此也作了相应的规定。另外对结构体系进行优化设计，多种结构方案比较做到经济合理；采用大开间空心楼盖结构或大跨度预应力结构等新型结构形式也是实现此目标的有效方法。

3　结构构件工业化对绿色建筑发展的促进

　　《民用建筑绿色设计规范》明确规定：绿色建筑应统筹考虑建筑全寿命周期内，满足建筑功能和节能，节地，节水，节材，环境保护之间的辩证关系，体现经济效益，社会效益和环境效益的统一；降低建筑行为对自然环境的影响，遵循健康，简约，高效的设计理念，实现人，建筑与自然和谐共生。

　　为实现这一目标，建筑产业化无疑是我国建筑未来的发展方向。目前来说，尤其是住宅建筑产业化，是我国住宅建筑的发展方向。建筑产业化使得结构构件的工业化生产和制作成为必然趋势。国家绿色建筑评价和设计标准把采用工业化生产的结构构件作为绿色建筑结构应用的主要内容。虽然我国的钢结构住宅发展还处在一个起步阶段，并未得到广泛运用，但是钢结构却是最符合产业化生产方式的结构形式。由于钢结构构件自身材料的特点，它容易实现结构设计的标准化、结构构件生产的工厂化、结构施工的机械化和装配化，并且能够进行系列化的开发、集约化的生产和社会化的供应。而绿色建筑为钢结构住宅未来的产业化发展提供了定位和方向。

　　由于现阶段我国占主导住宅结构体系仍然是钢筋混凝土结构，因此混凝土结构构件的工业化才是使钢筋混凝土结构融入绿色建筑的最佳方式。"预制装配式混凝土结构"则是钢筋混凝土结构住宅产业化的主要模式。该结构是以预制混凝土构件为主要构件，经装配、连接，结合部分现浇而形成的混凝土结构。其主要特点是绿色施工，节能环保和优质高效。"预制装配式混凝土结构"工业化项目的运用形式在各国和各地区均有所不同，国内尚属研发推广阶段，远大住宅工业集团有限公司是我国第一家以"住宅工业"行业类别核准成立的新型工业企业，中国住宅产业现代化事业的开拓者，目前国内最具规模和实力的绿色建筑制造商。结构构件产业化需要结构工程师在建筑方案引领下，结合工厂生产工艺以及现场装配和连接的施工方法对构件进行设计。在抗震设防区，如何保证抗震结构构件之间连接，结构构件与非结构构件之间的连接，使其具有良好的抗震性能是结构工程师的主要研究方向。

4　结构耐久性设计

　　建筑结构的耐久性是指结构在正常设计、正常施工、正常使用和正常维护条件下，在规定的时间内，由于结构构件性能随时间的劣化，但仍能满足预定功能的能力。建筑结构的耐久性应根据结构设计的使用年限，结构所处的环境类别及作用等级进行设计，是绿色建筑的一个重要分支，是实现绿色建筑全寿命周期的保证。因此，绿色建筑中在进行结构耐久性设计时应综合所有相关规范的要求来进行设计。其中木结构，钢结构的耐久性设计主要体现在结构构件的防腐和耐火材料的使用上。绿色建筑提倡采用耐久性好的建筑材料，可以保证建筑材料维持较长的使用功能，延长建筑使用寿命，减少建筑的维修次数，从而减少社会对材料的需求量，也减少废旧拆除物的数量，采用耐久性好的建筑材料是最大的节约措施之一。

5 结束语

总而言之，绿色建筑结构设计是绿色建筑的重要组成部分，绿色建筑设计对结构工程师提出了更高的要求。是今后结构设计的发展趋势。结构设计工作者要遵守相关规范，具有与时俱进的思想，不断探索更新设计理念，开创新的技术。结构结构工程师需树立绿色建筑的理念从结构体系、结构构件工业化和耐久性等主要方面去进行结构设计，同时还应在结构方案阶段考虑节材、施工安全、环保等措施；并且进行结构优化设计，建立多种结构形式的优选方案，通过对经济、技术和资源的对比分析，得出最优的绿色建筑结构设计方案。绿色建筑结构是建筑业可持续发展的又一核心，是绿色建筑的有力保障。

参考文献：

[1] JGJ/T 229—2010. 民用建筑绿色设计规范[S]. 北京：中国建筑工业出版社，2011.
[2] GB/T 50378—2014. 绿色建筑评价标准. 中国建筑工业出版社，2014.
[3] 牛萌. 浅析绿色建筑结构特征及我国绿色建筑发展. 2012.
[4] 王有为. 绿色建筑带给结构工程师的思考. 2005.

霍尔三维结构在工程项目创优的应用

田西良

（湖南省第四工程有限公司，长沙　410019）

摘　要：工程项目创优是建筑施工企业追求的目标，也是适应市场的要求。应用霍尔三维结构集成模式，建立工程项目创优时间维、空间维和施工要素维集成模型。模型在赣南医学院第一附属医院黄金院区医疗综合大楼工程项目创优管理中实施应用，为确保工程项目创优的顺利进行发挥了积极的作用。

关键词：霍尔三维结构；项目；创优；模型

近年来，全国各地广泛开展了创建优质工程活动，社会影响日益扩大。建筑施工行业创优主要在质量、安全及科技方面，而奖项的层次则有国家级、省部级和地市级。各类创优工程代表了不同时期不同行业和地区的最高施工水平。工程项目创优是建筑施工企业追求的目标，也是适应市场的要求。而工程项目本身是一个复杂的开放系统，在施工过程中创优中涉及的相关责任方较多，如何在工程项目施工过程当中既平衡责任相关方之间的关系又能达成项目创优是一个挑战。这必然需要利用系统工程的方法来解决项目创优的有关问题。本文在实践的基础上研究在项目施工阶段建立基于霍尔三维结构的工程项目创优集成化管理模型，来探索建筑施工企业的工程项目施工创优。

1　霍尔三维结构原理

霍尔三维结构是美国系统工程专家霍尔（A. D. Hall）于 1969 年提出的一种系统工程方法论，为大型复杂的系统进行规划、组织和管理提供了一种系统的思想方法。通过对系统工程的一般阶段、步骤和常用的知识范围的考察，以时间维、逻辑维和知识维作为坐标，提出了霍尔三维结构。这个三维空间结构体系形象地描述了系统工程研究的框架，对其中任一阶段和每一个步骤又可进一步展开，形成了分层次的立体结构体系。

1.1　时间维

在霍尔三维结构模型中，时间维是工程实施过程框架结构的划分。经典的霍尔三维结构时间维划分为 7 个阶段：规划阶段、拟定方案阶段、研制阶段、生产阶段、安装阶段、运行阶段和更新阶段。当我们研究新的系统工程问题时，只要识别出可行的阶段成果管理，就可以形成独具特色的"时间维"管理方式。

1.2　逻辑维

逻辑维是精细结构的划分，从决策过程的视角对系统工程过程中的思维步骤进行概括，经典的霍尔三维结构逻辑维划分为 7 个阶段：摆明问题、系统指标设计、系统综合、系统分析、最优化、决策及实施计划。

1.3　知识维

知识维则是表示完成各阶段和步骤所需的知识和技术素养，如社会科学、工程技术或是系统工程的专门应用领域。

2　基于霍尔三维结构创优集成化管理模型

2.1　集成化管理模型

可以将项目创优管理所涉及的目标或者要素（成本管理、进度管理、质量管理、合同管理、资源管理、风险管理、安全管理、人力资源管理和采购管理）、涉及的各责任相关方（业主、施工总承包商、设计单位、监理单位、各级质安监站、各级建筑业协会、分包商、劳务队伍、材料供应商以及设备租赁商）在项目施工过程的周期内考虑。对于建筑施工总承包商来说，由于项目特别是工程项目的规模一般都比较庞大，如果过度地对项目创优过程的细节进行全面管理，不仅精力不够、花费较多的人力物力并且也不利于对项目创优全过程的整体把握，容易陷入具体的细节和事务当中。

在霍尔系统三维结构的基础上，建立基于霍尔三维结构的项目创优集成化三维模型。该模型的3个维度分别：为时间维，即过程集成，由项目创优过程管理引申得来，把项目创优管理过程的各个阶段统一起来，实现过程集成；空间维，即责任相关者集成，把项目所涉及的责任相关者统一起来，进行集成管理；目标维，即要素集成，根据项目管理的基本分类把项目目标要素分为成本管理、进度管理、质量管理、合同管理、资源管理、风险管理、安全管理、人力资源管理以及采购管理等，对这些原来单一进行管理控制的目标要素进行综合集成管理控制。这三个维度的集成，是通过霍尔系统三维结构来进行的，其三维模型架构体系如图1所示。

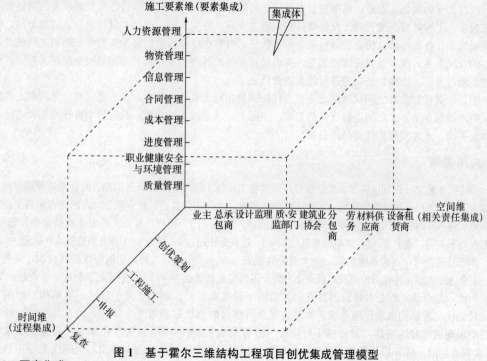

图1　基于霍尔三维结构工程项目创优集成管理模型

2.2　要素集成

要素集成，即施工要素维的集成，是项目管理的8个施工要素在目标维度的集成。这些施工管理要素分别是：质量管理、职业健康安全与环境管理、进度管理、成本管理、合同管理、信息管理、物资资源管理和人力资源管理。而以前的项目创优管理过程中，管理人员一般采用对单一的管理目标要素进行控制，如质量管理、安全管理等都是单一考虑的；后来发展到项目管理的二维要素的综合管理，如通过质量和资源的二要素综合考虑来实现对项目的创优管理和控制。这些单要素或者双要素的管理一般只能实现部分最优，没有考虑到项目是一个系统，一个因素的变化会导致系统内部其它因素的变化。因此，项目创优集成管理的要素集成是从系统工程的角度出发，把项目创优管理的目标要素作为一个整体来进行集成管理，期望达到项目创优的目的。

2.3　过程集成

过程集成，就是项目创优全周期的集成管理，是项目整个施工过程加上施工完成后的复查过程在时间维度上的集成。由于项目是需要经过一定的过程来完成的，对于工程创优而言，更是比整个施工过程要经历更长的时间才能实现。在以前的项目创优管理过程中，各个过程是相互割裂开的，项目的创优策划、实施、申报及复查等过程分别由不同的责任人负责。如项目的前期创优策划一般由施工总承包商负责，对项目进行创优的可行性、实施过程及申报等进行策划工作，业主、设计单位、监理单位配合施工总承包商的工作；项目的实施主要由施工总承包商负责，项目全体管理人员、劳务队伍、分包商、材料供应商及设备租赁商等均深度参与项目管理的各项事宜；项目创优申报管理由施工总承包商负责，监理单位、分包商配合各项工作；项目创优复查则是一般由各级建筑业协会或各级质安监站等职能部门负责，施工总承包商、分包商和监理单位等配合检查。

项目具有一定的周期，同时项目创优也有一定的周期性。因此，不能把各个过程割裂开来单独管理，而应把整个创优过程看成一个整体，从创优的角度作为一个生命周期来考虑。这样，就可以实现项目创优的过程集成管理，把项目的各个阶段有机的统一起来。

2.4　责任相关者集成

责任相关者集成，也即空间集成。是项目责任相关方：业主、施工总承包商、设计单位、监理单位、各级质安监站、各级建筑业协会、分包商、劳务队伍、材料供应商以及设备租赁商等在空间维度的集成。

项目创优的策划、实施、申报和复查是漫长而复杂的过程。因此，项目创优管理涉及的责任相关者比较多，工程项目创优管理涉及得责任相关方主要有：业主、施工单位、设计单位、监理单位、各级质安监站、各级建筑业协会、分包商、劳务队伍、材料供应商以及设备租赁商等。他们之间或者是平等的合同关系，或者是委托代理关系，或者是管理与被管理关系，或者是监督与被监督关系等，他们之间通过合同、法律、法规等进行约束的责任关系。

但是，责任相关者之间往往缺乏一个责任协调机构或者机制，因此，他们之间往往是两两之间发生关系，而很少是多个之间进行责任的集成。实际上，从系统论的角度，只有各个责任相关者之间从整体上考虑，才能实现创优的最终目标。

3　应用实例

赣南医学院第一附属医院黄金院区医疗综合大楼工程位于赣州市章江新区南端，南临金领西路，西靠金潭大道。本工程由赣南医学院第一附属医院投资建设，赣州市建筑设计研究院设计，湖南省第四工程有限公司承建，江西省赣州江南工程监理有限公司监理，监督部门为赣州市建设工程安全质量监督管理站。该工程地下2层，地上25层，建筑物最高达110m，建筑面积超过23万㎡，工程合同造价4.6亿元。

该项目是公司在当地承建的第一个大型公共建筑。由于工程地处省外，如何合理控制成本，又在质量、安全方面做好，并在当地创奖，甚至上升到全国的层次创奖成为项目创优管理的面临的一个难题。

为此，结合该工程公共建筑的特点和大量的工程实践经验，制定了基于霍尔三维结构原理的工程项目创优三维结构集成管理系统。本系统完全将项目的创优过程置于一个动态的系统之中，针对项目中出现的即时性问题，通过基于时间维（过程集成）、空间维（相关责任集成）和施工要素维（要素集成）的三维分析与集成，针对性地调整和制定了解决问题的措施与方案，为确保工程项目创优的顺利进行发挥了积极的作用。

至目前为止，项目先后获得赣州市、江西省安全文明标准化工地和全国AAA级安全文明标准化工地，并通过省级结构示范工程和新技术应用示范工程验收。

4　结论

实践证明，基于霍尔三维结构原理的工程项目创优三维结构管理集成系统及其方法不仅使得项目管理人员能够及时发现和有效解决好项目中出现的即时性问题，而且还可以从整体上对整个工程进行宏观调控，确保工程项目创优的顺利进行。因此，这一新的管理方法对于今后的类似的各类工程项目管理就具有了较高的参考和借鉴价值。

参考文献：

[1] 李海明 . 建筑施工企业工程创优管理[J]. 铁道工程学报，2003(1)：16-21.

[2] 王艳伟，黄宜 . 基于 PBS 和霍尔三维结构的大型复杂工程项目集成化管理[J]. 中国管理信息化，2015(6)：145-146.

[3] 李彦斌，唐辉 . 基于 HALL 三维结构的海心沙工程项目管理新方法[J]. 建筑经济，2011(6)：12-13.

浅谈生态修复技术在水环境中的应用

陈卫红　穰友明

（湘潭市规划建筑设计院，湘潭　411100）

摘　要：水环境是人民越来越关注的一个问题，文章通过生态修复技术原理及技术特点，详细阐述了水环境的生态修复技术分类，并结合湘潭市木鱼湖的水环境生态修复技术的治理情况，强化了生态修复技术在水处理中的重要性。

关键词：生态修复；技术分类；湿地技术

1　引言

我国是一个水资源贫乏的国家，虽然水资源总量居世界第六位，但人均占有量约为世界人均水平的1/4，水资源严重短缺，浪费严重，水污染加剧、水质下降，且水处理设施不够，跟国外发达国家有较大差距。随着人类的过度开发，城市化进程加快，城市内大面积的水环境，被填埋或者用于其他用途而改变了其原有的机理和功能，从而导致城市内总的蓄水量减少，因而水环境的生态调节作用逐步弱化，严重影响了人与自然的和谐发展。

人类已进入 21 世纪，如果仍不能给城市水环境以足够的重视，各城市将难免会在急剧增长的资源需求与发展的矛盾以及激烈的国际和国内竞争中落后。城市水环境问题的解决必然依靠科技进步，寻求妥善的解决办法。大量研究表明，对受污水体进行有效治理的前提是控制污染源，了解水体污染产生的来源及其作用机理，这是水体污染修复工作必不可少的条件，也只有外源得到了有效控制，作为末端治理技术的水环境污染治理才能见效。因此，强调水环境生态系统的修复逐渐成为受污水体治理的主导思路[1]。

2　生态修复技术原理

天然水体在受到一定程度的污染后，由于自然界物理、化学及生物等过程的作用，会使污染的水得到净化，即水体的自净。生物类群的生物净化在水体自净中起相当重要的作用，在自然水体的自净过程中，除了藻类、微型动物、植物等的作用外，主要是微生物的作用。所谓水环境生态修复，是指使受损水环境生态系统的结构和功能恢复到被破坏前的自然状况，强调在不断减少水域污染源的前提下，采用生态方法净化水质，提升水体自净能力，还原水体生态系统的结构，恢复水体在区域或流域的结构功能。因此，在对污染水体进行治理时，生态修复方法是解决污染问题的根本措施。

3　生态修复技术特点

生态修复技术在水环境中具有以下优点：

（1）综合治理、标本兼治、节能环保；

（2）设施简单、建设周期短、见效快；

（3）因地制宜，擅长解决现有水体的水质问题；

（4）综合投资成本低、运行维护费用低、管理技术要求低；

（5）生物群落本土化，无生态风险；

（6）生物多样性强，生态系统稳定；

（7）对污染负荷波动的适应能力强；

（8）环境影响小，不会形成二次污染或导致污染物转移，可最大限度降低污染物浓度[2]。

4　生态修复技术分类

目前，国际上已在使用或已进入中试阶段的受污水环境生态修复技术主要是物理法、化学法、生物法、生态法四大类[3]。各种技术都具有不同技术、经济特点以及适用条件，客观、系统地分析总结各种技术的适用条件和经济性，具有重要的实用价值。物理法主要包括人工增氧、底泥疏浚、换水稀释等，物理法主要包括化学除藻、絮凝沉淀、重金属的化学固定等，生物法主要包括生物修复、生物制剂、生物介质等，生态法主要包括人工湿地、稳定塘等方法，各方法技术分类及适用范围见表1。

表1　水环境治理与生态修复技术分类及其适用范围

技术分类	技术名称	选用污染水域范围	主要作用
物理法	底泥疏浚	严重底泥污染	外移内源污染物
	人工增氧	严重有机污染	促进有机污染物降解
	换水稀释	富营养化，有害无毒污染	通过稀释作用降低营养盐和污染浓度，改善水质
化学法	化学除藻	富营养化	直接杀死藻类
	絮凝沉淀	底泥内源磷污染	将溶解态磷转化为固态磷
	重金属化学固定	重金属污染	抑制重金属从底泥中溶出
生物法	生物修复	有机污染	促进有机污染物降解
	生物制剂	富营养化、复合性污染	与藻类植物竞争营养物质
	生物介质	有机污染	促进有机污染物降解
生态法	稳定塘法	有机污染	降解污染物一般、污水处理资源化
	人工湿地	有机污染	降解污染物较强、污水处理资源化

通过生态修复的技术分类及适用范围可知，每种方法均有一定的局限性，单纯的物理法不能完全去除污染物，依然会有残留物质留在水体中，化学法、生物法对污染严重的有机物、重金属均有较强的作用，但能耗、投资均较高，主要适用于中、大型的污水处理厂，对于小城镇污水处理、农村污水处理并不能发挥其优势，生态法对污染度不高的有机物有较强的降解作用，且处理的污水能够资源化，可用于灌溉，补充水体等，主要适用于小城镇污水处理、农村污水处理、景观水处理等。

5　工程实例

5.1　工程概况

木鱼湖位于湘潭市河东核心地段，北望湘江，东西临湖南工程学院，南靠城市新兴住宅区，总用地面积16.42公顷。原木鱼湖水源主要来自七里冲沟，七里冲沟全长约5.2km，汇水面积11.38km²，是中心区、丝绸路、河东大道、芙蓉路、宝塔路、东湖路、建设南路东侧排水的受纳体，为雨污合流渠道，水质主要为生活污水，有一定程度的污染。后因为城市建设需要，中心城区从河西向河东发展。近年来，木鱼湖两侧城市道路的建设和排水系统的修整，对湖泊自身生态系统产生破坏。最直接的影响是木鱼湖水位开始降低，加上没了水源注入，使得原来的100亩湖面逐渐干涸，成为了臭水潭。

近年来，为改善生活环境，提高公众生活水平，根据相关规划及政策，湘潭市政府将木鱼湖打造成适合人游玩、娱乐的景观湿地公园，使基地内植被与滨江绿地、宝塔公园连接成片，作为滨江绿地的延伸和宝塔公园的分支，是城市绿地系统的重要节点。

5.2　水处理工艺选择

木鱼湖水质主要为生活污水及周边地块的雨水，通过对水质的检测，其进水水质指标见表2。

表 2　生活污水进水水质　　　　　（mg/L）

指标	COD	BOD$_5$	NH$_3$-N	TP
进水	250～350	150～200	30～60	1～5

根据《湘潭市城市总体规划》及《湘潭市排水工程专项规划》要求，其处理后的中水回用到木鱼湖，使出水水质达到《地表水环境质量标准》（GB 3838—2002）Ⅳ类标准（表3），作为景观水源补给木鱼湖。

表 3　《地表水环境质量标准》（GB 3838—2002）Ⅳ类标准　　　　（mg/L）

指标	COD	BOD$_5$	NH$_3$-N	TP
出水	30	6	1.5	0.3

目前，用于城市污水处理具有生物脱氮除磷效果的污水处理工艺可以分为两大类：第一类为活性污泥法，如 A^2/O 法、A/O 法、氧化沟法、传统 SBR 法、ICEAS 法、CAST 法等；第二类为生物膜法，如生物滤池、生物接触氧化法等，此两类方法属于我国城市污水处理厂普遍采用的常规工艺。用于生态污水处理的主要有稳定塘法及人工湿地法，这两类方法主要用于城镇及农村、景观水处理，规模较小。

以下是四种工艺的各自特点比较，见表4。

表 4　各水处理工艺运行特点

生化类型		特　　点
活性污泥法		1. 需要较长的培菌时间。 2. 污泥量较大，排泥频繁，增加运行费用。 3. 操作维护难度较大，容易产生各种故障。 4. 运行费用高。 5. 需要较大的沉淀池。 6. 必须每天对有机剩余污泥进行处理，劳动强度大。
接触氧化法		1. 需要较长的培菌时间。 2. 需安装填料和填料支架，增加了工期。 3. 操作维护难度较大。填料需要更换，填料支架也面临着生锈，腐蚀的问题。
生态法	稳定塘	1. 结构简单、出水水质好，投资低、无能耗或低能耗。 2. 负荷低、需要预处理、占地大、处理效果随季节变化大。 3. 塘中污染物浓度过高时光会产生臭气和蚊蝇。
	人工湿地	1. 投资低、管理方便、能耗少，水生植物可美化环境。 2. 负荷低、需要预处理、占地大、处理效果受季节变化影响。

目前，湘潭市正在创建"海绵城市"，且木鱼湖工程作为湘潭市"绿道"建设项目，根据《湘潭市城市总体规划》及相关规划要求，水资源需利用化、自然环境与人应协调发展，由于木鱼湖工程水处理量较小，每天仅为1000m^3/d，且水量变化比较大，水质主要为生活污水，且木鱼湖本身位置位于城市核心区，不适宜建筑大型污水处理厂，且处理的污水要求可以资源利用化，可回用于木鱼湖景观水体。综合以上因素考虑，选择以生态法为主的工艺较为合适，即稳定塘或人工湿地，木鱼湖工程位于城市的核心区，稳定塘工艺产生的臭气较大，带来蚊蝇较多，严重影响公共环境卫生，因此，人工湿地是比较适合本工程的水处理工艺。

PKA人工湿地由德国引进，主要由湿地植物和基质两大系统组成，共同营造生态系统，综合物理、化学/生物组合功效，使污水净化工艺达到最大化，是一项使污水处理达到工程化、实用化的环境友好型新技术。PKA 人工湿地主要具有以下特点：

(1) 五层特殊介质混合层为微生物营建优良繁殖环境

(2) 除了 1 台水泵之外，没有任何其他机械设备。

(3) 可有效去除氮和磷，出水水质稳定。

(4) 没有厌氧池、好氧池，污水处理反应全部由 PKA 湿地完成。

(5) PKA 湿地表面不积水，无臭味，外观看像生态花园。

(6) PKA 湿地没有泥土，植物不种在泥土里。

因此，根据木鱼湖规模小的实际情况和条件以及进厂污水水质和出水水质要求，PKA 湿地技术适合木鱼湖水处理工艺，如图 1 所示。

5.3　工艺运行及主要做法

生活污水通过排污管道先到达沉淀池，经沉淀池预处理后由潜水泵提升至湿地进水管，然后通过湿地表层布水管均匀流入湿地中，逐渐往下渗透，最后通过出水管排入湖中，对景观水进行补充。该系统处理规模为 $1000m^3/d$，水泵功率为 12kW，在白天主要用水时段（8：00～22：00）每小时抽水一次，每次抽水时间约 8min。

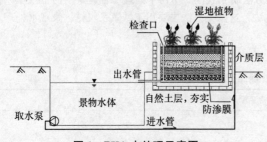

图 1　PKA 水处理示意图

湿地池做法：开挖 1.2m 深的湿地池，池底和四周找平，夯实土体，再铺设防渗膜，然后由上至下逐层铺设介质，主要为碎石、瓜子片、砂子及复合材料。

植物选择：湿地介质表层种植湿地植物，黄菖蒲，旱伞草，水生美人蕉，花叶芦竹，种植间距分别为 30cm、40cm、30cm、20cm。同种植物沿出水管方向排列种植，以黄菖蒲为主要物种，其他植物插在黄菖蒲中间。

5.4　处理后达到的效果

项目建成后，通过对污水及湿地的污染指标进行日常监测，COD 指标为每日确定，氨氮、总氮、及总磷指标为每周确定，BOD 指标为不定期测定，通过微生物环境适应性阶段后，出水所有污染指标均全部达标，其监测结果主要见表 5。

表 5　主要污染物监测指标　　　　　　　　　　　　　　（mg/L）

指标	COD	BOD$_5$	NH$_3$－N	TP
进水	250～350	150～200	30～60	1～5
出水	28	5	1.5	0.3
去除率（%）	88.8～92	96.6～97.5	95～97.5	70～94

由此可见，PKA 湿地工程指标全部达标，满足《地表水环境质量标准》Ⅳ类标准。

5.5　投资及运行费用

木鱼湖 PKA 项目工艺建成后，建设费用约为 500 万元，本项目系统全采用自动控制运行，不需专人值守，运行成本低，费用仅为循环水泵的电费及维修管理费，每天的费用约为 120 元/天。

5.6　社会效益

木鱼湖生态修复技术的应用将创造一个优美的城市环境，使治理后的湖泊达到"堤固、水清、岸绿"的目标，建成集防洪排涝、水环境保护、休闲旅游、景观绿化于一体的优质工程。景观水体的改善是一项关系到城市经济发展、人们生活水平的提高、城市功能增强的功在当代、造福千秋的战略性工程，且使湘潭市进一步提升到海绵城市建设的高度。[4]

6　结语

随着人们生活水平的提高，人们越来越追求其高标准的居住环境。我们应以生态系统理论为指导思想[5]，以接近自然为建设理念，尊重并利用原有水系，应用生态修复手法，结合水体景观绿化技术，最大限度的发挥水环境的生态效益，建立一个具有较强自我调节功能、人们生活更适宜的居住环境。

参考文献：

[1] 董哲仁，等．受污染水体的生态修复技术[J]．水利水电技术，2002(2)：35-43.

[2] 赵丰，黄民生，戴兴春．当前水环境污染现状分析与生态修复技术初探[J]上海化工，2008(7)，33(7)：27-29.

[3] 孙丽娟．城市景观水生态防护研究[J]．南京林业大学硕士论文．2007年。

[4] 张锡辉．水环境修复工程学原理与应用[M]．北京：化学工业出版社，2001.

[5] 黄民生，徐亚同，戚仁海．苏州河污染支流-绥宁河生物修复试验研究[J]．上海环境科学，2003，22(6)：384-388.

浅谈夏热冬冷地区建筑节能设计

赵湘红

（湘潭市规划建筑设计院，湘潭　411100）

摘　要：设计节能型住宅、开发住宅节能技术，是当今建筑业的热门话题，本文针对外墙及窗户的节能做法进行了探讨，并着重提出了几点新思路，中文相应观点可为建筑节能设计提供参考借鉴。

关键词：建筑节能；外墙；窗户；住宅设计

能源问题是一个敏感的话题，已经成为制约我国经济和社会发展的重要问题，节能已成为我们的基本国策。目前，长、株、潭正面临着经济快速发展，城市化进程不断加快，人民生活水平日益提高的时期，然而能源紧缺，资源匮乏已成为制约该地区社会经济发展的首要问题。

设计节能型住宅和开发住宅节能技术是当今建筑专业极为关心的热门话题，是建筑技术进步的一个重要标志，也是建筑业实施可持续发展的一个关键环节。文章结合夏热冬冷地区城镇建筑的围护结构：外墙、窗户的节能设计谈一点个人看法。

1　建筑外墙的节能设计

建筑节能的快速发展带动了节能措施的改进与优化，影响建筑能耗的主要是建筑围护结构，墙体作为围护结构的重要组成部分，它的做法对于建筑物的节能具有至关重要的作用，而主要影响建筑能耗的是建筑外墙。

1.1　外墙对建筑能耗的影响

外墙对建筑能耗造成较大的影响的是外墙中嵌入的一些特殊构件，比如钢筋混凝土的梁、柱、剪力墙等，由于这些构件的传热系数大，致使其所在的部位传热能力强，这些部位也就是经常所说的"热桥"，室内热量更容易从这些部位散失到室外，所以"热桥"的断热问题是降低外墙热损失的关键。

1.2　外墙常见构造做法及特点

从组成材料看，外墙做法有两种类型，单一材料墙体和复合材料墙体，随着建筑的发展及人们对舒适度要求的提高，现在广泛采用的是复合材料的墙体。其根据保温层位置的不同，又可分以下三种形式：

1.2.1　外墙外保温

外墙外保温做法是目前比较常用的外墙节能措施，其具体的做法是将保温层放置在主体结构靠室外的一侧，这种做法使用范围广，能用于新建工程，又能用于旧建筑物的节能改造。保温层处在建筑物维护结构的外侧，缓冲了因温度变化导致结构变形产生的应力，避免了雨雪等外界自然条件造成的结构破坏，减少了空气中的有害气体和紫外线对围护结构的侵蚀，采用外保温做法对于避免在内外墙交角部位、构造柱、框架梁等部位产生"热桥"具有积极作用，外保温做法也有利于提高墙体的气密性和防水性。因此，目前普遍认为，选择合适的外墙保温材料对于改善室内的热环境，提高建筑物的保温隔热性能具有积极意义。

1.2.2　外墙内保温

外墙内保温做法是将保温层做在主体结构靠室内的一侧，其施工方便，造价相对较低；但是，内保温做法会带来一些不利影响，存在着诸多弊端，采用内保温做法时，内外墙体处于两个不同温度区，建筑物结构主体经常受冬夏温差的反复作用，会降低其使用的耐久性，缩短使用寿命。此外，保温层本身也容易出现裂缝。

1.2.3　外墙夹芯保温

夹芯保温是将保温层放在结构体的中间，此做法能对建筑主体起保护作用，能够延长结构的使用寿命，提高墙体使用的耐久性。

1.3　外墙构造节能优化

通过外墙的构造措施来加强整个建筑物的保温隔热性能，对单一的保温做法或单纯的隔热做法来说具有很现实的意义。在《夏热冬冷地区居住建筑节能设计标准》（JGJ 134—2001）出台之后，只注重保温而忽略了隔热的做法使得当前建筑物的隔热性能不佳，造成了人居住时体感的不舒适。因此，我们有必要对外墙的构造措施进行优化，提出一些新思路，以达到节能，改善室内居住环境的目的。

1.3.1　双层组合外墙（遮阳板式组合外墙）设计

在传统建筑外墙之外，再做一层附属墙体，但是该附属墙体的材料并不同于普通的砖墙或者混凝土墙，附加墙体与主体墙之间的间距可采用 600mm（图 1）。通过悬挑板连接附属墙体和建筑的主体结构，在不影响内窗采光及不遮挡人远眺视线的前提下，设置遮阳。遮阳用木质材料，因木材对光的反射率小，在外不容易引起眩光，外层窗可以自由开启，随着季节的更替改变窗的开启形式。夏季时，白天可以关闭外层窗，以阻断外部强烈的太阳辐射热，内层窗则可以由室内活动的需要进行开闭选择。在晚间，可以开启内外两层窗，以进行夹层通风和上下楼层之间的空气流动，在充分换气的同时，带走部分热量。此外，附属墙体和主体结构之间的空气层本身就是一个很好的过度与热量缓冲空间，夏季时节可以充分地发挥其作用，来达到隔离的目的。在冬季，白天可以将外层窗开启，让太阳辐射进入室内，起到蓄积热量的作用；晚间则全部关闭，以防止热量向外部散失，达到保温的目的。因此这种组合墙体就随着季节的变换具有不同的功能，实现隔热保温的双重需求。

1.3.2　建筑西山墙隔热设计

在所有影响居住建筑室内热舒适环境的因素中，山墙夏季"西晒"和冬季"冷山"是居住建筑热舒适环境最恶劣的影响因素。因此，该地区西山墙的设计既要考虑隔热，还要考虑保温。

西山墙的隔热处理，首先要利用的是建筑周围的环境，例如，利用树木或者西邻较高的建筑来给西山墙遮阳。其次，结合建筑本身的

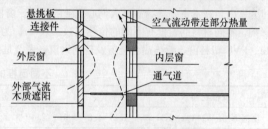

图 1　附加遮阳板式组合外墙

设计，在建筑本身的实际需要和可能的条件下，在西端布置楼梯间、西向外走廊或者阳台，以遮挡部分阳光，或者利用攀缘植物攀爬西山墙来遮阳。如果不具备这些条件，就要考虑西山墙本身的隔热处理。

借鉴和参考国内外对墙体遮阳隔热处理的做法，总结起来主要有附加遮阳系统、辅助保温隔热层、进行垂直绿化等措施。

虽然理论上西山墙绿化有助于降温隔热，但在实践中效果并不明显。这是因为通常的西山墙绿化仅简单的在西山墙上种植爬山虎一类的攀缘植物，虽然植物可以遮挡阳光直射墙面，并且通过叶面蒸发带走一部分热量，通过光合作用转化一部分能量，但它减弱了墙体自身的散热性能。那么我们在进行西山墙的隔热设计时，可以在其上设置一些柱梁构架，使之与绿化和墙面之间形成夹层。在夏季，当植物垂吊在构架上时，构架与墙面之间的夹层就形成了良好的通风井，从而加强了西山墙的散热性能，避免了直接种植的弊端。

1.3.3　西山墙辅助挡热板设计

在建筑西山墙外设置辅助挡热板，利用南北纵向外挑墙垛（图 2）。在出挑的墙垛上设置辅助构件来固定挡热板，距离墙面大约 300mm，这样，在挡热板和墙面之间就形成了空气夹层。挡热板材料采用阳光板，以利于透光。在挡热板的顶部和底部分别设置可调节密封板，便于冬季和夏季控

制密封板的开合。另外，在挡热板上端支撑一块流线型导风板，夏季时，打开挡热板上部和下部的密封板，利用挡热板和墙体间空气温差，以及挡风板形成的空气负压产生较强的"拨风效应"，使得在挡热板和墙体间形成自下而上较强的气流，从而能随时带走一部分进入空气夹层中的热量，降低墙体外表面温度；冬季时，把密封板关闭，使挡热板与墙体间形成静止空气夹层，利用阳光板的透光性和空气夹层的保温效果，形成温室效应，在墙体外形成辅助保温层，起到冬季保温效果。

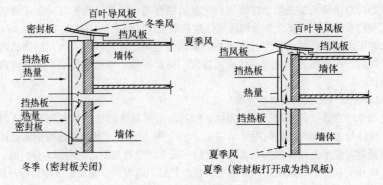

图 2　辅助挡热板示意图

2　窗户的节能设计

在住宅建筑中，窗户是一个独特的围护结构构件。一方面它要阻挡外界环境变化对室内的侵袭，另一方面它是人在室内能够与室外及大自然沟通的渠道，在有阳光照射时，太阳辐射热及自然光将进入室内，观赏室外景物满足人们心理上的需求。窗框的保温隔热性能受型材、断面、断热桥的长度影响。不同材料的窗框有不同的传热系数（表 1）。为满足不同档次的要求，我国相继开发出铝合金窗、PVC 塑料窗、断热铝合金窗及玻璃钢窗。表 2 是各类窗的节能效果。

表 1　不同窗框的传热系数

窗框材料	铝合金	断热铝合金	PVC 塑钢	玻璃钢	木　材
窗框 K 值 W/（m·K）	4.2—4.8	2.4—3.2	2.0—2.8	1.4—1.8	1.5—2.0

表 2　各类窗的节能效果

名　　　称		K 值〔（W/（m·K）〕	节能效果（%）
金属	单玻璃	6.4	0
	双玻璃	3.2—4.9	55—23
	中空玻璃窗	3.9—4.9	31—23
	铝合金断热中空玻璃窗	3.0—3.4	53—47
	铝合金断热 Low-E 中空玻璃窗	2.2—2.6	66—59
PVC 塑料窗	单玻璃	3.3—5.4	33—16
	双玻璃	2.2—3.1	66—52
	Low-E 中空玻璃窗	1.7	75
复合	钢塑双玻璃	2.9—3.2	55—50
	铝塑双玻璃	2.9	55
	钢木双玻璃	3.3	18
	铝木双层窗（单框）	2.5	61

2.1　窗墙面积比的确定

窗墙面积比是指窗户洞口面积与房间立面面积的比值。窗户的传热系数大于同朝向的外墙传热系数，采暖热耗量随窗墙面积比的增加而增加。因此，控制窗墙面积比是建筑节能的一个重要措施。

目前流行落地窗或飘窗，这种大面积的外窗在改善建筑外视景观的同时，却明显使得室内热量大量流失。资料表明，目前造成建筑能耗居高不下的第一杀手就是空调，空调能耗已经占到了建筑能耗的 30%～45%。因此，从节能的角度，不宜采用落地窗或飘窗。

2.2　窗框材料的选用

2.2.1　铝合金型材

由于铝合金型材的导热系数大，热传导快，因此，在住宅设计中应淘汰使用作窗框材料。

2.2.2　PVC 塑料窗

PVC 是以聚氯乙烯树脂为主要原料，具有轻质、隔热、保温、防潮、阻燃、施工简便等特点，其抗扭强度、抗弯强度均比木材优越，规格、色彩繁多，极富装饰性。同样性能的窗户，PVC 塑料窗价格为断热铝合金窗的 2/3。影响 PVC 塑料窗的保温性能有：①型材厚度越大，其保温性能越好；②型材的腔体越多，阻止热流传递的能力越强，保温性能越好。

2.2.3　断热铝合金窗

断热铝合金窗的优点是重量轻、稳定性好、可塑性强、机械强度高、保温隔热性好、刚性好、防火性好、耐大气腐蚀性好、综合性能高、使用寿命长、装饰效果好等优点。

2.2.4　环氧树脂玻璃钢窗

环氧树脂玻璃钢窗是建设部推广的新一代节能、高强、耐腐、绿色环保、永不变形的玻璃钢窗。是继木、钢、铝合金、塑料之后的第五代产品。它具有机械强度高、粘接性能强、绝缘性能好、收缩率低等优点。

2.3　窗的开启方式选择

型材的改进是否对整窗能达到节能的效果，这也跟窗型的开启形式选择有关，常用的窗型有推拉窗、平开窗和固定窗。

2.3.1　推拉窗

推拉窗是两个窗扇在窗框上下滑轨中开启和关闭，使用一段时间后，密封毛条磨损、上下空隙对流加大，能量消耗严重。另外，推拉窗在关闭时两窗扇不在同一个平面，而两窗扇之间以及四周没有密封压力，只是依靠毛条进行重叠搭接，形成对流现象，因此推拉窗即使采用隔热断热铝型材也不属于节能窗。

2.3.2　平开窗

平开窗的窗扇和窗扇、窗扇和窗框间均用良好的橡胶做密封压条。窗扇关闭后，密封橡胶压条压得很紧，密封性能很好，很难形成对流。这种窗型的热量流失主要是玻璃和窗框及窗扇型材的热传导和辐射。从结构上讲，平开窗要比推拉窗有明显的优势。平开窗可称为真正的节能窗。

2.2.3　固定窗

固定窗的窗框嵌在墙体内，玻璃直接安在窗框上，用密封胶把玻璃和窗框接触的四周密封。正常情况下，有良好的水密性和气密性，空气很难通过密封胶形成对流，因此对流热损失极少。玻璃和窗框的热传导是热损失的源泉。固定窗市节能效果最理想的窗。

2.4　窗户玻璃的选用

在建筑能耗中，可以说通过窗造成的能耗站到了建筑总能耗的 40%，其中通过玻璃的损失又在窗中占到 75%。提高玻璃的节能性能，已经成为实现建筑节能的关键所在。玻璃材料的透光系数以及传热系数等指标，对建筑的室内热环境影响很大，因此，在建筑设计上如何利用玻璃材料，了解其技术特性，做到减少能耗，是设计人员急待关注的问题。

2.4.1　中空玻璃

中空玻璃由 2 片玻璃与空气层组合而成。有些中空玻璃中间为真空或惰性气体，因此具有更好的保湿隔热与隔声特性，在国外建筑中大量应用。

2.4.2 真空玻璃

真空玻璃是全球最新型保湿隔热、隔声玻璃，在节能、减少室内温差、提高采光性等方面远优于中空玻璃。其保温隔热性能相当于370mm厚实心黏土墙砖，是普通中空玻璃的两倍，是单片玻璃的4倍，可使空调节能的50%。另外，真空玻璃可有效防止冬天窗户结露，并可有效减小室内外温差，防止冬天窗边引起的"冷吹风"和"冷辐射"。

2.4.3 热反射玻璃

热反射玻璃主要性能是玻璃经镀（涂）膜后，透光的光线色调改变、光的透过率提高；对太阳辐射的屏蔽率达到40%～80%。镀金属膜的热反射玻璃还具有单向透视的作用，即白天室内能看到室外的景物，而室外看不到室内的景象，对建筑内部起遮掩和帷幕的作用。所以，使用热反射玻璃可以保持可见的透光率，减少进入室内的太阳辐射或提高对长波远红外线的反射率，减少室内热量的散失，有利于冬暖夏凉，节约能耗。

2.5 窗洞口侧壁部位的保湿设计

窗的气密性差时，在风压和热压作用下，冬季室外的冷空气通过门窗缝隙进入室内，夏季室外的热空气进入室内，以致增加了能耗。一般多层砖混结构房屋因冷（热）风渗透消耗的能量，可达到耗能总量的25%～30%。因此在设计中应采用气密性良好窗户，其气密性等级，在1～6层建筑中，不应低于现行国家标准《建筑外窗空气渗透性能分级及其检测方法》（GB/T 7107）规定的3级水平；在7～30层建筑中，不应低于上述标准规定的4级水平。外保温的墙体，应在窗框外侧的窗洞口侧壁做好保温处理，保温材料可用20mm厚，密度为20～25的聚苯板粘贴或用聚苯颗粒保温浆料抹灰，以减弱这一部分的"热桥"，有助于提高窗的保温性能。

窗框靠墙体部位的缝隙，应采用如玻璃棉、泡沫胶、矿棉毡等高效保温材料和嵌缝密封膏密封填堵，不得采用普通水泥沙浆补缝，避免不同材料界面开缝影响窗户的隔热性能。

2.6 增设有效遮阳

根据建筑日照设计原理，合理设计窗户挑檐或遮阳措施，减小玻璃面的日照面积，降低夏季空调能耗。在进行遮阳设计时要考虑本地的气候特点，对于夏热冬冷地区冬季需要日照，夏季需要遮阳，应采用活动式遮阳措施，在设计遮阳构造时要结合建筑的整体艺术效果，材料与颜色进行考虑，而且形式要简单、美观、便于清洁和安装。

居室的窗帘通常是阻挡视线，保证室内隐私性和丰富的室内色彩的装饰品，实际上，保温窗帘和保温板对减少晚上和夜间窗的热耗起着重要的作用。无论何种朝向，当夜间窗户的保温热绝缘系数由0.156（$m^2 \cdot h$）/W增加到3（$m^2 \cdot h$）/W时，窗户的节能率随之增加。因此，窗在夜间应加设保温帘或保温板以取得较好的节能效果

住宅的阳台在冬季对窗接受太阳辐射有一定的遮挡，遮挡的程度取决于阳台的挑出长度。且遮挡的情况与朝向有关。从南向阳台挑出长度与节能率的关系来看，阳台挑出长度大于0.5m之后，节能率是下降的，东西向阳台的挑出长度则对节能率影响不大，因此，在满足使用功能的前提下，适当减少南向阳台的挑出长度对节能是有利，对其他方向的阳台则不必如此。

以上这些节能设计的观点及做法，仅仅是我们积极探索的一个方面，其具体做法，还有待进一步研究探索。综合当今一般做法的优点，加以改进和优化，提高夏热冬冷地区建筑围护结构的保温隔热性能，对于现在乃至将来的节能设计具有深远意义。

参考文献：

[1] ［日］彰国社编．国外建筑设计详图图集13-被动式太阳能建筑设计[M]．北京：中国建筑工业出版社，2004，9：18．

[2] 建设部科技发展中心．外墙保温应用技术[M]．北京：中国建筑工业出版社，2005，2：27．

[3] 建筑节能技术与应用[M]．北京：化学工业出版社，2007，7．

第二篇

地基基础及其处理

CFG桩在快速铁路桥头深厚土软基处理中的运用

袁黎明 闫 斌 刘 灿 程 真

（中国建筑第五工程局有限公司，长沙 410004）

摘 要：CFG桩是由水泥、粉煤灰、碎石、砂加水拌合成孔灌孔成桩。通过具体工程实例，介绍CFG桩在快速铁路深厚软土中的运用，阐述了CFG桩在运用中的设计方案、材料要求、施工工艺、质量要求等。现场实际的运用说明，CFG桩满足快速铁路桥头深厚软土地基处理中要求，能够很好地实现对铁路桥头软土沉降的控制，为路基本体填料提供合格的地基基础。

关键词：CFG桩；快速铁路；深厚软土；软基处理

随着工程建设的快速发展，软基处理方法也日渐丰富，复合地基由于其充分利用桩间土和桩共同作用的特有优势和相对低廉的工程造价得到了越来越广泛的的应用，尤其是CFG桩复合地基以其施工方便、承载力高以及其广泛的适应性等优点而得到迅速的推广和发展，目前已成为应用较为普遍的软基处理技术。

CFG桩全称为水泥粉煤灰碎石桩，采用长螺旋钻管内泵压混合料灌注。其复合地基是由桩、桩间土及褥垫层三部分组成。受力机理为褥垫层受上部基础荷载作用产生变形后以一定的比例将荷载分摊给桩及桩间土，使二者共同受力。同时，土体受到桩的挤密而提高承载力，桩又由于周围土的侧应力的增加而改善受力性能，二者共同工作，形成了一个复合地基的受力整体，共同承担上部基础传来的荷载。防止软体沉降过大，引起路基本体填料沉降过大或不均匀沉降，对快速铁路的正常运行带来严重的负面影响。

1 工程概括

改建铁路重庆至贵阳线扩能改造工程DK193＋550.1～DK193＋610.2段路基长60.1m，位于龙家嘴特大桥桥头。通过地质钻探分析得知，该段路基地表覆盖12～18m厚红黏土。红黏土，棕黄色、黄色，硬塑，局部含砂砾，属于Ⅱ级普通土，不能直接作为路基填料，同时，经现场实验检验地基系数不能满足K30≥130MPa/m[1]。结合本段实际厚土层地质情况和施工要求，以及CFG桩地基复合承载的特点，本段设计采用CFG桩进行软基处理。

2 在快速铁路桥头深厚土软基处理中的CFG桩设计

2.1 设计方案

DK193＋550.1～DK193＋610.2段路基软基处理采用CFG桩，桩直径为50cm，呈正三角形布置，至路基排水沟外侧为止，桩间距为1.8m，桩底落在持力层上，从而充分发挥桩体的竖向受力，桩长依据软土层厚度而定，桩体设计强度不小于15MPa。桩顶铺设0.6m厚加筋碎石垫层，夹两层双向拉伸土工格栅，从而形成复合地基。根据现场地质条件，CFG桩采用长螺旋钻孔灌注成桩。

处理过程中，CFG桩采用隔排跳桩施工，施工桩顶标高出设计桩顶标高50cm以上。

2.2 材料要求

粗骨料采用坚硬且未风化的碎石，最大粒径不大于25mm。水泥采用42.5级的普通硅酸盐水泥，水泥掺入量不大于200kg/m³，掺加优质粉煤灰的量为70～90kg/m³，水灰比为1～1.2，石屑率一般在0.8左右，松散堆积密度不大于1500kg/m³[2]。

CFG桩采用水泥、粉煤灰、碎石、石屑等材料，在施工前进行室内配合比试验，确定施工配合比，确保 CFG 桩桩体强度满足不小于 15MPa 的设计要求。同时，控制好坍落度为 160～200mm 范围。

3 在快速铁路桥头深厚土软基处理中的 CFG 桩施工

CFG 桩施工中，为控制成桩质量，提高软基处理的效果，需按照下面施工工艺和方法进行施工和过程控制。

3.1 CFG 桩施工步骤

3.1.1 桩位放样

按照设计图纸进行布置桩位，用全站仪按 9m 为一个断面测放桩位，每个段面测放 5 个控制点。用钢尺拉出点位后钢钎打入 20cm 深后灌入白灰。确保每个 CFG 桩桩基位置的准确度。

3.1.2 钻机就位

钻机就位前，技术人员对桩点进行十字定位，并设定位桩，便于随时检查孔位偏差。根据设计桩长确定机架高度，并在钻机表面做好明显的深度标记；钻机就位后，保证钻杆垂直，并在钻孔过程中，随时注意检查钻杆垂直度，及时调整。CFG 桩钻机就位后，应用钻机塔身的前后和左右的垂直标杆检查塔身导杆，校正位置，使钻杆垂直对准桩位中心。

3.1.3 混合料搅拌

混合料搅拌要求按配合比进行配料，计量要求准确，上料顺序为：先装碎石，再加水泥、粉煤灰和泵送剂，最后加砂，使水泥、粉煤灰和泵送剂夹在砂、石之间，每盘料拌合时间不小于 120s。混合料加水量视坍落度（设计要求长螺旋钻管内泵压混合料法施工时，坍落度控制在 160～200mm）、具体搅拌时间根据试验参数确定，电脑进行拌合自动控制和记录。在泵送前混凝土泵料斗、搅拌机搅拌桶应备好熟料。

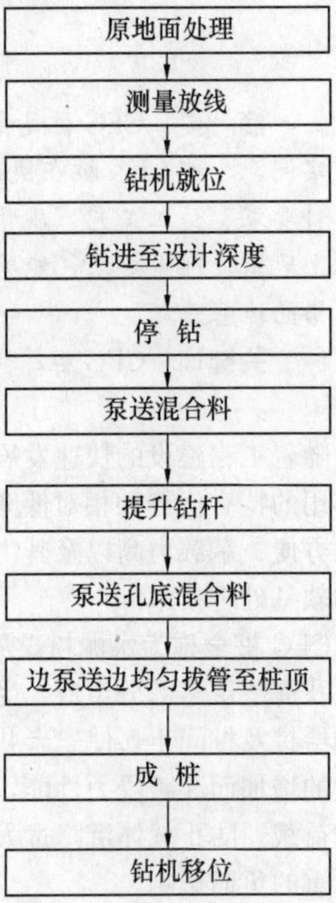

3.1.4 钻进成孔

钻孔开始时，关闭钻头阀门，向下移动钻杆至钻头触及地面时，启动马达钻进。一般应先慢后快，这样既能减少钻杆摇晃，又容易检查钻孔的偏差，以便及时纠正。在成孔过程中，如发现钻杆摇晃或难钻时，应放慢进尺，否则较易导致桩孔偏斜、位移，甚至使钻杆、钻具损坏。当钻头到达设计桩长预定标高时，在动力头底面停留位置相应的钻机塔身处作醒目标记，作为施工时控制孔深的依据。当动力头底面达到标记处桩长即满足设计要求。施工时还需考虑施工工作面的标高差异，作相应增减。

在钻进过程中，记录每米电流变化并记录电流突变位置的电流值，作为地质复核情况的参考。

3.1.5 灌注及拔管

CFG 桩成孔到设计标高后，停止钻进，开始泵送混合料，当钻杆芯充满混合料后钻杆开始反向旋转提升钻杆，提钻过程中应严格控制提升速度与旋转速度，使二者匹配，严禁先拔管后泵料。成桩的提拔速度宜控制在 2～3m/min，成桩过程宜连续进行，应避免因后台供料慢而导致停机待料。若施工中因其他原因不能连续灌注，须根据勘察报告和已掌握的施工场地的土质情况，避开饱和砂土、粉土层，不得在这些土层内停机。灌注成桩完成后，用水泥袋盖好桩头，进行保护。施工桩顶高程宜比设计桩顶高 50cm 左右，桩长允许偏差不大于 10cm，桩径允许偏差不大于 2cm，对桩顶以下 2.5m 内进行振动捣固的措施。施工中每根桩的投料量不得少于设计灌注量。

3.1.6 钻机移位

当上一根桩施工完毕后，钻机移位，进行下一根桩的施工。施工时由于 CFG 桩的土较多，经常将临近的桩位覆盖，有时还会因钻机支撑时支撑脚压在桩位旁使原标定的桩位发生移动。因此，下一

原地面处理

测量放线

钻机就位

钻进至设计深度

停 钻

泵送混合料

提升钻杆

泵送孔底混合料

边泵送边均匀拔管至桩顶

成 桩

钻机移位

图 1 长螺旋钻管内泵压 CFG 桩施工工艺流程图

根桩施工时，还应根据轴线或周围桩的位置对需施工的桩位进行复核，保证桩位准确。

3.1.7　桩头清理

CFG桩桩体强度达到设计强度的70%后方可进行桩间土开挖及清运，桩间土采用小型挖机配合人工开挖，清除保护土层时不得扰动基底土施工，防止形成橡皮土，施工时严格控制标高，不得超挖，从横向方向采用小挖掘机开挖，靠近桩周围预留20cm采用人工清除桩间土，小型自卸车运至弃土场，开挖过程中不能触动桩身和桩头。清除表面土层，采用人工凿除桩顶50cm桩头，破除预留桩头至设计标高（在同一分

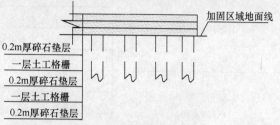

加固区域地面线
0.2m厚碎石垫层
一层土工格栅
0.2m厚碎石垫层
一层土工格栅
0.2m厚碎石垫层

图2　加筋碎石垫层示意图

区内相邻桩顶高程相差不大于5cm）。桩头清除采用切割机环向切割一圈，电钻打三个眼后用錾子断掉桩头。

3.1.8　铺设碎石垫层

在CFG桩加固区基底均铺设0.6m厚加筋碎石垫层，加筋为两层双向80kN/m土工格栅。

3.2　质量检测

3.2.1　施工质量检测

CFG桩在施工施工过程中，对CFG桩进行施工质量控制，具体施工标准如表1所示。对其质量进行检测时，应参照此表质量标准进行，以确保CFG桩的施工质量。

表1　CFG桩施工质量标准[3]

项　目	允许偏差	检验方法
桩位	100mm	测量或丈量检查
垂直度	1.5%	
桩径	−50mm	
桩长	0～2mm	
间距	−50～+50mm	

3.2.2　CFG桩桩身检测

CFG桩桩身质量检验内容包括桩身完整性、均匀性、桩身强度、单桩或复合地基承载力等，检验要求如下：

（1）成桩7d后，可采用低应变检查桩身完整性、检验数量为总桩数的10%，且不少于3根。

（2）成桩28d后，应采用双管单动取样器在桩径方向1/4处、桩长范围内垂直钻孔取芯，观察桩体完整性、均匀性，在桩身上、中、下取不同深度的不少于3个试样作无侧限抗压强度试验，检验数量为总桩数的2‰，且不少于3根，钻芯后的孔洞采用水泥砂浆灌注封闭。

（3）CFG桩承载力检验在成桩28d后进行，采用单桩或复合地基承载力试验，检验数量为总桩数的2‰，且不少于3根。

通过上述对CFG桩桩身质量检测合格后，确保其复合地基最主要受力结构桩基桩能承受设计要求。再通过加筋碎石的铺设和碾压，最终形成满足受力要求的复合路基桩。

4　在快速铁路桥头深厚土软基处理中CFG桩运用效果

为了了解CFG桩的运用效果，确保顺利进行安全施工，为路基本体填料提供合格的地基基础，在CFG桩顶进行填筑0.6m加双层土工格栅的碎石垫层，并进行K30检测，检测数据见表2。

表 2　CFG 桩施工质量标准

里　　程	偏　　距	K30（MPa/m）
DK193+568.9	−2.2	162
	+0.9	181
	+4.3	179
	+6.8	143
DK193+590.2	−2.4	166
	+0.7	175
	+4.0	190
	+7.1	157

注：偏距是距左中线的距离。

通过分析表 2 检测数据可知，该段路基经过 CFG 桩处理后，已形成了复合路基，检测地基系数都大于 130MPa/m，满足设计要求。按照该方法处理的深厚软土的地基，为路基本体填料提供合格的基础，满足软基处理的实际需求，达到了预期的效果。

5　结束语

CFG 桩复合地基是在碎石桩加固地基法基础上发展而成的一种软基处理的的技术，其是偏刚性的地基加固桩，不仅很好的发挥了其桩侧阻作用，还发挥了其端阻作用。CFG 复合桩受力机理为褥垫层受上部基础荷载作用产生变形后以一定的比例将荷载分摊给桩及桩间土，使二者共同受力。充分地发挥了桩间土的承载作用。在满足设计条件的同时，CFG 桩混合料利用了工业废料粉煤灰，不仅带来了环保方面的效益，而且还降低了 CFG 桩的造价。在类似的施工中值得推广和运用。

参考文献：

[1]　TB 10106—2010. 铁路工程地基处理技术规程[S].

[2]　TZ 202—2008. 客货共线铁路路基工程施工技术指南[S].

[3]　TB 10414—2003. 铁路路基工程施工质量验收标准[S].

咬合桩围护条件下基坑开挖与支撑的监测分析

师晓飞　罗光财

（中建五局土木工程有限公司　长沙　410004）

摘　要： 地铁工程作为重要的地下基础设施工程，受到各方的特别关注，其安全性和稳定性显得尤为重要。本文通过对杏山子站深基坑开挖过程中，围护结构桩身位移和支撑轴力的监测结果，通过变形曲线对位移和轴力变化的过程进行了论述，对后续地铁工程施工具有普遍的指导意义。通过分析，我们得出支撑对围护结构变形有很大的约束作用，在基坑开挖过程中，及时进行支撑施工、避免基坑长时间暴露，可有效控制基坑围护结构变形，"时空效应"对基坑开挖过程中的安全至关重要。

关键词： 基坑开挖；支撑架设；监测数据

1　前言

随着地下轨道交通工程事业的发展，深基坑工程在我国迅速开始建设，基坑在深度方面越挖越深，深基坑开挖过程的安全性一直是各方关注的焦点。在基坑开挖过程中，掌握围护和支护结构变形的一般规律至关重要。其中，桩身测斜和支撑轴力的监测数据是对围护和支护结构变形的重要的直观体现。

本文以徐州市轨道交通一号线一期工程杏山子站深基坑开挖施工技术研究为工程背景，结合深基坑开挖的施工特点，考虑时空效应作用，合理划分了深基坑开挖过程施工工况顺序，分析了开挖过程中咬合桩围护结构中桩身测斜、支撑轴力监测等一般规律，对类似咬合桩、地下连续墙等类似深基坑工程的施工具有指导与借鉴意义。

2　工程概况及地质情况

2.1　工程概况

杏山子站为徐州市轨道交通一号线一期工程第 2 座车站，位于老徐萧公路与规划杏山子大道交叉路口。车站为 11m 站台地下二层岛式车站，站台中心里程处底板埋深约 16.973m，车站长度 371.78m，车站宽度 19.7～42m。本车站采用明挖顺作法施工，车站东端接矿山法区间施工段，车站西端接二期预留盾构条件点。

车站主体围护结构采用 $\phi1000@800$（$\phi1000@700$）套管咬合桩，竖向设三道内支撑（局部四道），①～⑭轴三道均为混凝土支撑，其余第一道为混凝土支撑，第二、三道为钢支撑。

2.2　工程性质与场地条件

场地位于徐州市泉山区，为典型的河流相沉积层地质。在车站基坑埋深 17m 的范围内共分 5 层，各土层的物理力学性质见表 1。

表 1　地层物理力学指标表

土层名称	含水量 ω（%）	重度 γ（g/cm³）	孔隙比 e	基床系数 K（MPa/m）		静止侧压力系数 K_o
				垂直	水平	
杂填土	/	1.6	/	7	8	0.6
素填土	/	1.7	/	7	8	0.73
黏土	35.8	1.84	1.04	25	28	0.64

土层名称	含水量 ω（%）	重度 γ （g/cm³）	孔隙比 e	基床系数 K（MPa/m）		静止侧压力系数 K。
				垂直	水平	
粉质黏土	27.8	1.93	0.81	35	38	0.38
寒武系灰岩	2.7	/	/	500	500	/
寒武系泥灰岩	2.6	/	/	200	220	/

3 基坑开挖过程分析

本工程围护结构采用"钻孔咬合桩＋内支撑"的组合形式，合理确定基坑开挖方式，是车站安全施工的关键所在。本基坑采用台阶法开挖的方式，先开挖基坑纵向两端土体，分台阶向基坑中心开挖，预留的中心核心土体最后开挖。根据"开槽支撑，先撑后挖，分层开挖，严禁超挖"的原则，考虑基坑开挖时空效应作用，基坑开挖可划分为四个开挖施工工况进行：

（1）第一工况，开挖基坑深度2.5m，施工混凝土支撑；

（2）第二工况，开挖基坑深度6.05m，架设第一道钢支撑，施加轴力；

（3）第三工况，开挖基坑深度5.7m，架设第二道钢支撑，施加轴力；

（4）第四工况，开挖基坑深度2.4m，清理基底，开挖完毕，施作垫层。

4 基坑监测点分布（图1）

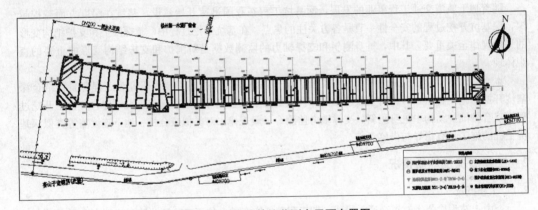

图1　杏山子站基坑监测点平面布置图

5 深基坑开挖变形监测分析

基坑开挖过程变形监测非常重要，是影响和分析基坑开挖安全性的关键。桩体的位移，桩外土体的沉降、支撑轴力变化等是深基坑开挖工程监测的重点，本文选取杏山子站已开挖完成的典型代表的观测点数据进行回归分析，得出一系列监测结果。

5.1 桩身位移监测结果分析

为及时反映基坑围护结构咬合桩的位移变化情况，本文选取其中典型代表ZQT2、ZQT5、ZQT8，对基坑开挖中咬合桩桩身的位移变化情况进行分析，如图2、图3、图4显示了围护桩桩身位移测斜监测结果。

从图2、图3、图4可以总结如下规律：

（1）在第一工况完成后（开挖基坑至2.5m处），围护桩水平位移很小，几乎可以忽略；

（2）在第二工况完成后（开挖基坑至8.55m处，架设第一道钢支撑并施加轴力），围护桩的变形量有所增加，总体来说，随桩深度增加，先变大，后变小的趋势，这是因为上部冠梁及混凝土支撑以

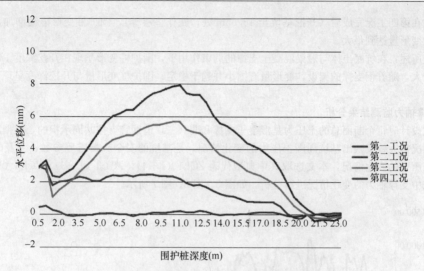

图2　ZQT2围护桩桩身位移变化曲线图

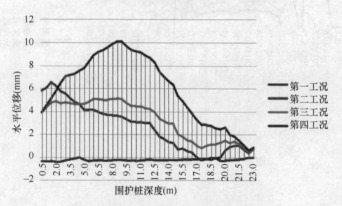

图3　ZQT5围护桩桩身位移变化曲线图

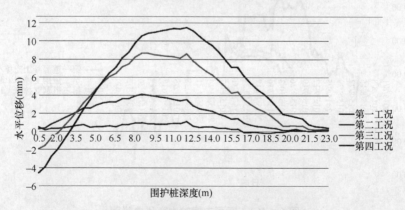

图4　ZQT8围护桩桩身位移变化曲线图

及桩身下部土体对桩身存在约束作用。完成钢支撑架设后，随着支撑轴力的稳定，围护桩的位移逐步趋于稳定。

（3）在第三工况完成后（开挖基坑至16.65m处，架设第二道钢支撑并施加轴力），围护桩的变形趋势与第二工况基本类似，但是变形量有所增加且变形量较开挖深度增长幅度大。

（4）在第四工况完成后（开挖基坑至 16.65m 处，施作垫层等），围护桩变形继续增加，在桩身中间部位变形量达到最大。

综上所述：在坑底土体与冠梁混凝土支撑的约束作用下，围护桩变形呈现在开挖深度 1/2 的位置变形量最大，随着钢支撑的架设，变形量有缩小并趋于稳定；围护桩变形量与开挖深度呈现不等比例的增加。

5.2　支撑轴力监测结果分析

基坑设计时每个断面总的土压力是混凝土支撑和两（三）道钢管支撑共同承担的，根据支撑的轴力分布情况能大致反映出基坑周围土压力的变化情况，是基坑的安全分析重要参数，为及时反映基坑周围土压力的变化情况，本文选取其中典型代表 ZCL1（1—4）、ZCL3（1—3）、ZCL6（1—3）对基坑开挖中支撑轴力的变化情况进行分析，如图5、图6、图7所示。

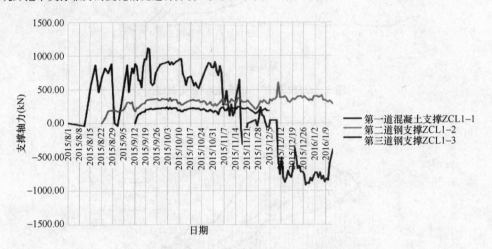

图5　ZCL1 断面支撑轴力变化曲线图

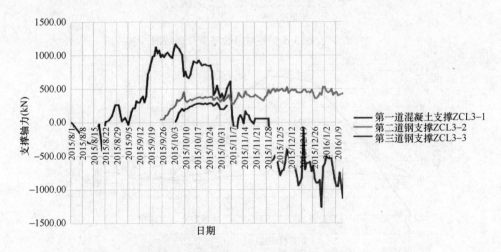

图6　ZCL3 断面支撑轴力变化曲线图

从图5、图6、图7可以总结如下规律：

（1）在第二工况实施的过程中，随土方开挖深度不断增加，混凝土支撑轴力不断增大并且在第二工况完成后，轴力逐渐下降至负值以下；在第四工况完成后。混凝土支撑的轴力有明显增长趋势。

（2）图6中 ZCL3-1 在未进行第二层土方开挖之前，有负向应力出现，主要原因为东端头基坑开

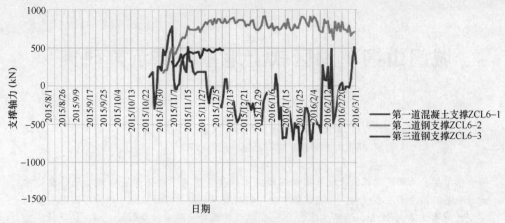

图7 ZCL6断面支撑轴力变化曲线图

挖，围护桩向基坑内侧变形，导致距离较近的围护桩、冠梁及混凝土支撑向基坑外侧变形，混凝土支撑受拉。

（3）随着开挖深度的不断增加，第一道混凝土支撑呈现线增加后降低最后增加的趋势；而第二道、第三道钢支撑呈现小幅上升的趋势。

（4）在第三道钢支撑拆除后，第一道混凝土支撑轴力会有明显的下降趋势。

6 结语

由于基坑工程施工环境太复杂，各类基坑施工大小问题经常发生，特别是深基坑施工，风险系数高，在施工过程中尤其要考虑开挖的规范性，支撑架设的及时性，充分运用"时空效应"原理，将深基坑开挖的风险降到最低。同时，在基坑施工期间必须加强监测，并要请有资质的第三方进行监测复核，确保监测数据的准确性，通过监测数据进行施工过程中的分析，指导施工有序进行，确保施工安全。咬合桩与地下连续墙等围护结构基本类似，掌握桩身位移与支撑轴力变化的一些基本规律对于指导后续工程施工有及其重要的意义。

参考文献：

[1] 张忠苗，房凯，刘兴旺，吴祖福．粉砂土地铁深基坑支撑轴力监测分析[J]．岩土工程学报，2010（S1）：426-429

[2] 吴连祥，樊永平．基坑监测中混凝土支撑轴力监测结果分析与判断[J]．江苏建筑，2015（2）．

[3] 张明聚由海亮，杜修力，王妍，张文宇．北京地铁某车站明挖基坑施工监测分析[J]．北京工业大学学报，2006（10）．

城门山铜矿湖区软土地基固结沉降研究

张昌飞[1]，刘少波[2]

（1. 湖南省第六工程有限公司，长沙　410015；
2. 中南大学地球科学与信息物理学院，长沙　410083）

摘　要： 为研究湖泥软土地基固结沉降变化规律，建立了模拟围堤分级填筑的塑料排水板地基二维平面应变模型。根据试验参数，利用有限元软件 ABAQUS 计算得出围堤填筑完成时地基沉降 1.842m，最终沉降 2.185m，填筑完成时地基固结度 $U=0.84$，且分析了围堤不同坡比、不同反压平台宽度和不同堤外侧水位高度对软土地基固结沉降的影响。计算结果表明，改变反压平台宽度对软土地基固结沉降的影响大于改变堤身坡比，但二者所产生的影响相对整体固结沉降量均较小；改变堤外侧水位高度对软土地基沉降和水平位移影响较大。考虑围堤因堆载引起的沉降，采用等效围堤填土容重法，预测了围堤最终沉降为 3.158m。试验结果为城门山铜矿湖区围堤工程可行性研究提供数据支持。

关键词： 软土；固结；沉降；平面应变；有限元

软土为特殊新近沉积土层，主要形成于海滨、河湖沼泽、河滩谷地等地区[1]。因其沉积时间相对短暂，分布区多与自然界水体紧密联系，所以具有天然含水率高、孔隙性和压缩性大、抗剪强度低、渗透性低、固结变形时间长和流变性显著等性质，对工程建设而言是不良的。国内外关于软土地基处理设计施工和理论分析的研究文章层出不穷[2~8]，但仍存在一些问题。研究主要集中在沿海地区以滨海相软土为主，而河湖相等内陆软土研究较少，尤其是湖相软土的固结特性，由于工程很少建设在湖中，故研究报道更是屈指可数。

江西省城门山铜矿位于九江市九江县城门乡，矿区北距长江南岸 6.5km，大部分矿体位于赛湖湖盆以下，随着开采境界线不断推向湖区，阻挡湖水倒灌矿坑成为三期扩建一个关键问题，拟定环绕矿坑在距离矿坑露采边界 500m 范围以外的赛湖中修建一座挡水围堤，如图 1 所示；初步拟定围堤为土石坝，主坝设计坝高 11.5m，坝基标高为 11m，坝底宽 150m，坝顶标高 22.5m，坝顶宽度 10m，坝长约 3.8km。但因课题研究尚处于初期可行性研究阶段，缺少现场原型试验，为了进一步了解湖泥软土地基固结沉降变化规律，对围堤工程典型断面湖泥软土地基固结沉降变化规律进行 ABAQUS 有限元分析。

1　模型计算参数的选取

1.1　塑料排水板法参数的简化

有限元分析方法的引进，使得针对实际问题所建模型的边界条件和材料能够更符合实际情况，并可以获得模型中任意点的应力应变特征。从严格意义上，砂井地基固结分析是一个三维分析问题，应进行三维有限元分析。但因三维有限元本身计算量巨大，再加上细小且密布的塑料排水板，使得计算更加繁杂，同时有限元网格划分较困难，计算过程中也容易出现不收敛情况。因此，根据等效原则将其简化为平面应变砂墙地基问题，Hird[9]、B. Indrarata[10] 等推导了相应的公式。

初步拟定塑料排水板采用 SPB-II 型（宽 $b=100mm$，厚 $\delta=4mm$，渗透系数 $k_{aw}=3\times10^{-3}cm/s$），正三角形布置，间距 $L=1.0m$，塑料板下端穿透湖泥软土层，平均长度 22.0m。则塑料排水板等效砂井直径：

$$d_p = a\frac{2(b+\delta)}{\pi} = 1.0\times\frac{2\times(0.1+0.04)}{3.14} = 0.07m \tag{1-1}$$

图 1-1　城门山铜矿拟建挡水围堤位置示意图

正三角形布置，其等效排水直径：

$$d_e = 1.05L = 1.05 \times 1.0 = 1.05\text{m} \tag{1-2}$$

从而，井径比：

$$n = \frac{d_e}{d_p} = \frac{1.05}{0.07} = 15 \tag{1-3}$$

忽略塑料排水板打插过程中的井阻和涂抹效应，塑料排水板等效砂墙渗透系数（取地基土体泊松比 $v=0.35$）：

$$k_{pw} = \frac{2(1+v)}{3} \cdot \frac{n-1}{n^2} \cdot k_{aw} = \frac{2 \times (1+0.35)}{3} \times \frac{15-1}{15^2} \times 3 \times 10^{-3} = 0.145\text{m/d} \tag{1-4}$$

砂墙地基土体渗透系数：

$$k_p = \frac{2(1+v)}{3} \cdot k_a \tag{1-5}$$

式中，k_a 为地基土体初始渗透系数。

根据 Biot 固结理论，二维平面应变固结系数方程为：

$$C_V = \frac{kE_S}{2\gamma_w(1-v)} \tag{1-6}$$

式中，k 为地基土体渗透系数，γ_w 为水的重度，E_S 为地基土体压缩模量。联立式（1-1）、式（1-5）和式（1-6）可得等效砂墙地基土体渗透系数为：

$$k_p = \begin{cases} 2.273 \times 10^{-5}\text{m/d}, & U_{rz} < 0.3 \\ 1.667U_{rz}^{-2.17} \times 10^{-6}\text{m/d}, & U_{rz} \geqslant 0.3 \end{cases} \tag{1-7}$$

采用改进的砂墙等效法，在不考虑井阻和涂抹作用时，砂墙厚度可取任意倍井径宽度，不影响砂井、地基土体的等效渗透系数，以砂墙宽度与模型具体尺寸相匹配为宜。因此，取砂墙厚度为 5 倍井径宽度建模。

1.2　其他参数选取

围堤堤身基本断面尺寸如表 1-1 所示。

表 1-1　围堤断面尺寸

堤底高程（m）	堤顶高度（m）	围堤高度（m）	堤顶宽度（m）	反压平台		水位		坡比	
				宽度（m）	高程（m）	常水位（m）	洪水位（m）	一级坡	二级坡
11.0	22.5	11.5	10.0	10.0	18.0	17.0	21.23	1：3.0	1：2.5

堤身及地基土体材料参数取值如表 1-2 所示。考虑湖泥软土层 c、φ 和 k 在固结过程中是不断变化的，根据前述分析对其值进行不断调整，并利用软件重启动功能实现。

表 1-2　土体材料参数

地层	γ (kN/m³)	E_S (MPa)	E MPa	v	e	c (kPa)	φ (°)	k (m/d)
湖泥软土	19.7	2.73	2.028	0.35	1.08	图 1-3	图 1-4	(1-8)
圆砾	19	8.44	6.27	0.3	1.27	3.6	25.9	9.85e-3
堤身填土	18	22.22	20	0.2		15	30	

注：湖泥软土 c、φ 和 k 值在计算过程中是不断变化的，需先根据图 1-2～图 1-4 确定对应时间 t 的固结度 U，再根据 c、φ 和 k 随 U 的关系得出对应值。

$$k_{pw} = \frac{2(1+v)}{3} \cdot \frac{n-1}{n^2} \cdot k_{aw} = \frac{2 \times (1+0.35)}{3} \times \frac{15-1}{15^2} \times 3 \times 10^{-3} = 0.145\text{m/d} \qquad (1-8)$$

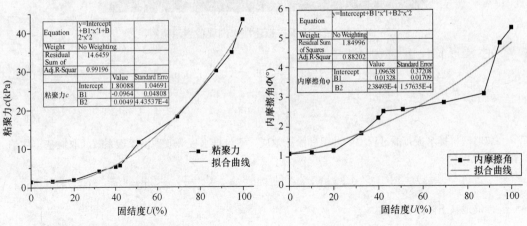

图 1-2　软土 c-U 变化曲线　　　　　图 1-3　软土 φ-U 变化曲线

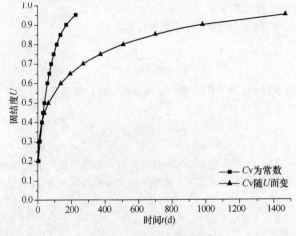

图 1-4　U-t 关系曲线

2 建立模型

2.1 有限元建模

将打插塑料排水板地基转化为等效砂墙地基，湖泥淤泥计算深度 22m，下部圆砾层计算深度 10m，地基总深度 32m。围堤堤身堆载高度 11.5m，顶宽 10m，底宽 93.5m，反压平台宽 10m，平台高度 6m，计算范围取 2 倍围堤底宽，计算模型如图 2-1 所示。

位移边界条件为两侧水平向约束，底面竖直向约束。孔压边界为湖泥软土层顶面为排水边界，其余面为不排水边界。围堤分层堆载按照表 2-1 和图 2-2 确定。

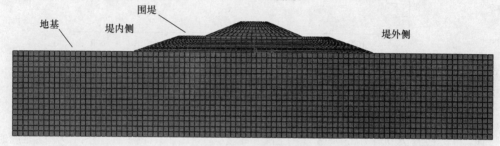

图 2-1　有限元分析模型

表 2-1　围堤分级堆载计算

荷载级数	荷载增量 P_i (kPa)	累计荷载 $\sum P_i$ (kPa)	堆填高度增量 H_i (m)	累计堆填高度 $\sum H_i$ (m)	加载阶段时间 (d)	加载完成后稳定系数 F_{min}	等压间歇阶段时间 (d)	等压阶段结束时稳定系数 F	本级加载结束时间 (d)	等压阶段结束后固结度 U_i	c_{ui}	φ_{ui}
1	8.00	8.00	0.50	0.50	1	1.14	0	1.14	1	0.00	1.40	1.20
2	8.38	16.38	0.50	1.00	1	1.42	0	1.42	2	0.27	3.26	1.74
3	5.31	21.69	0.30	1.30	1	1.04	10	1.22	13	0.35	4.32	2.03
4	6.39	28.08	0.35	1.65	1	1.16	10	1.23	24	0.40	5.20	2.22
5	9.72	37.80	0.54	2.19	1	1.05	19	1.25	44	0.46	6.49	2.45
6	9.72	47.52	0.54	2.73	1	1.05	18	1.17	63	0.50	7.52	2.60
7	7.76	55.28	0.43	3.16	1	1.04	31	1.21	95	0.55	9.05	2.79
8	9.23	64.51	0.51	3.67	1	1.06	42	1.23	138	0.60	10.89	2.98
9	11.11	75.62	0.62	4.29	2	1.09	30	1.19	170	0.63	12.17	3.09
10	10.49	86.11	0.58	4.87	2	1.07	50	1.20	222	0.67	14.11	3.25
11	17.86	103.97	1.13	6.00	3	1.02	63	1.15	288	0.71	16.36	3.40
12	19.35	123.32	1.20	7.20	3	1.02	105	1.19	396	0.76	19.69	3.59
13	18.27	141.59	1.20	8.40	3	1.03	78	1.16	477	0.79	22.00	3.70
14	21.19	162.78	1.20	9.60	3	1.01	134	1.14	614	0.83	25.51	3.85
15	34.76	197.54	1.90	11.50	4	1.04	128	1.14	746	0.86	28.50	3.97

为了充分分析影响围堤软土地基排水固结的因素，在原有围堤基本断面尺寸基础上，选取如下因素分别对不同工况进行计算分析，如表 2-3 所示。

表 2-2　有限元分析工况

影响因素	水位	坡比	反压平台宽度
分析工况	无水	一级 1:2.5，二级 1:2.0	10m
	常水位 (17.0m)	一级 1:3.0，二级 1:2.5	20m
	洪水位 (21.23m)	一级 1:3.5，二级 1:3.0	30m

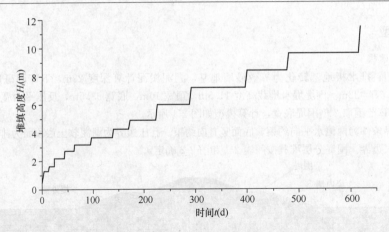

图 2-2　围堤分级堆填高度 H_i 与加载时间 t 的关系曲线

2.2　计算结果分析

2.2.1　沉降变化规律分析

计算得到工后最大沉降为 2.185m，位于围堤中轴线位置（图 2-3、图 2-4）。图 2-5 为围堤轴线地基不同层位沉降时程曲线。对比分析：围堤软土地基在堤身堆填荷载作用下沉降量较大大，填筑施工过程沉降速率很快，近似呈线性增加为土体主固结阶段；在运行期内，沉降速率逐渐减小渐趋于稳定，但需要较长时间，为次固结阶段。围堤堆填完成时（619 天）和运行 3 年时（1825 天）最大沉降分别为 1.842m 和 2.185m，堆填完成时地基固结度达到 0.84，这与表 2-1 围堤分级堆载计算所得结果一致，验证了分级堆载计算方法的正确性。如图 2-5，各曲线均呈波浪形，表明每一级荷载加载过程中，加载阶段瞬时沉降占该填筑周期总沉降的比例较大，间歇期内由于排水固结作用较缓慢，沉降增量亦较慢。

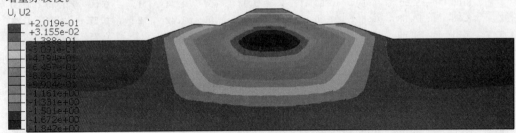

图 2-3　堆填施工完成时沉降云图

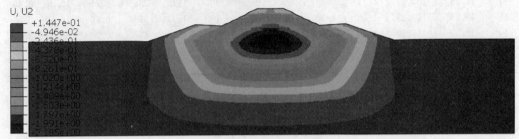

图 2-4　堆填完成运营 3 年后沉降云图

图 2-6 为围堤中轴线地基各点各时期沉降量随深度的变化曲线，表明围堤堆填施工到运行过程中，沉降随深度呈递减趋势，在地基上部 20m 以内沉降量变化较大，20m 以下沉降量基本稳定。深度在 20～32m 区间内，湖泥软土层下的圆砾层也存在一定的沉降，22m 以下的沉降量约为 29cm，占总沉降量的 13.4%，因此建议工程设计和施工中应予以重视。

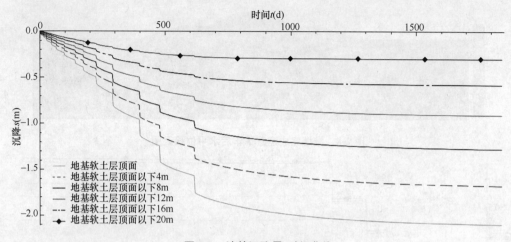

图 2-5　地基沉降量-时间曲线

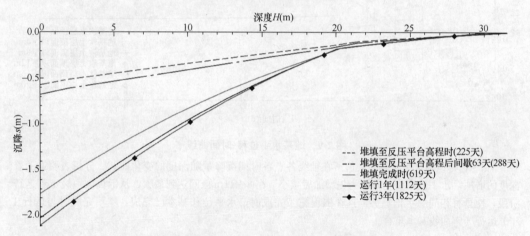

图 2-6　围堤中轴线地基各点各时期沉降量-深度曲线

2.2.2　水平位移变化规律分析

计算得到堆载完成时和运行稳定后水平位移分别为 0.6700m 和 0.6708m，最大水平位移位于围堤中轴线两侧约 25m，深 11m 的位置（图 2-7、图 2-8）。图 2-9 为地基水平位移最大值所在轴线上不同层位水平位移时程曲线。对比分析：随时间和堆填荷载的增加，地基各深度水平位移基本呈先增大后趋于稳定的变化规律。围堤填筑施工期内，水平位移快速增长，尤以地基中部层位增长速率最大；围堤施工完成后，水平位移量基本趋于稳定，不再变化。

图 2-9 中，各曲线均呈阶梯状，表明水平位移受每一级荷载瞬时加载影响较大，在每一级荷载堆填完成后，该填筑周期水平位移基本已经完成，在间歇期内水平位移增长较缓慢。

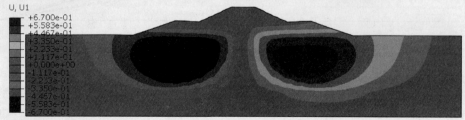

图 2-7　堆填施工完成时水平位移云图

图 2-8　堆填完成运营 3 年后水平位移云图

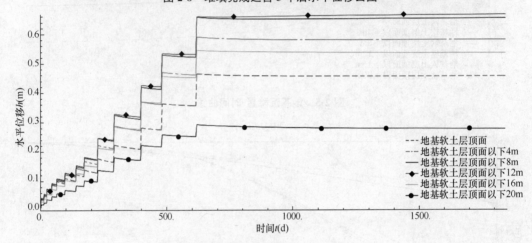

图 2-9　地基水平位移-时间曲线

图 2-10 为地基水平位移最大值所在轴线各点各时期沉降量随深度的变化曲线。分析表明：随着深度的增加，水平位移变化规律为先增加后减小，在 8～11m 区间达到最大；从围堤堆填施工到运行阶段，均具有相同的变化趋势，且在围堤施工完成时，水平位移基本已完成，堆填完成时与运行 1 年、运行 3 年曲线基本重合。

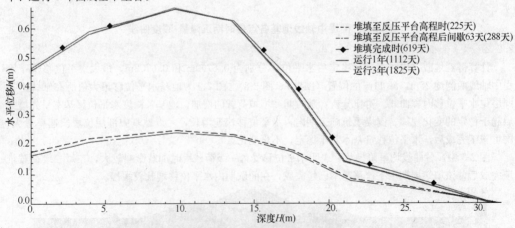

图 2-10　地基水平位移最大值所在轴线各点各时期水平位移-深度曲线

2.2.3　超静孔隙水压力变化规律分析

图 2-11～图 2-13 分别为围堤堆载施工完成时、运行 1 年和运行 3 年地基超静孔隙水压力云图。分析表明：超静孔隙水压力影响范围主要是在围堤正下方，对围堤以外区域影响较小，在围堤堆填中心位置，由于其上部荷载最大，所以其产生的超静孔隙水压力也最大；且经过对比可以看出，围堤区域内超静孔隙水压力消散速率由两侧坡脚向中间递减，这主要受到排水路径以及堆载完成时超静孔

压的大小有关，并在运行 3 年后，地基内超静孔压基本消散完成。围堤以外区域由于地基软土渗透性差，其孔压消散非常缓慢。由图可知，超静孔压与围堤堆填高程呈正相关性，高程越高，其下地基中产生的超静孔压越大。软土层下部圆砾层，虽然其渗透系数大于等效后的软土层渗透系数，但下部没有排水面设置，从而超静孔压在围堤轴线位置较大，且呈不均匀分布，如图 2-14 所示。

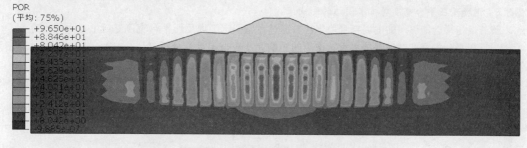

图 2-11　围堤施工完成时地基超静孔隙水压力云图

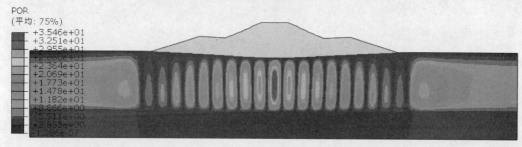

图 2-12　围堤运行 1 年地基超静孔隙水压力云图

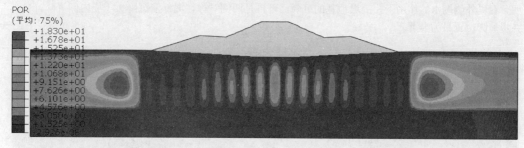

图 2-13　围堤运行 3 年地基超静孔隙水压力云图

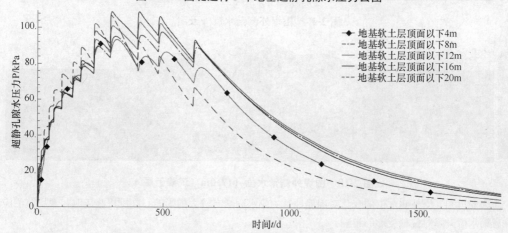

图 2-14　围堤轴线地基各深度超静孔隙水压力-时间关系

2.2.4　围堤不同坡比对排水固结的影响

　　放缓坡比可以增加围堤在填筑过程中的稳定性。通过不同的坡比分析其对沉降和水平位移的影响（图 2-15）。结果表明：采用 Mohr-Coulomb 弹塑性模型能较好地反映出计算所得围堤沉降与水平位移随坡比变化的规律性，也说明坡比的改变对围堤排水固结的影响很小。

2.2.5　围堤反压平台宽度对排水固结的影响

　　设置反压平台能够增加围堤自身稳定性。通过在原拟定围堤反压平台宽度基础上增大平台宽度，对围堤反压平台的宽度对地基排水固结作用的影响大小进行了计算分析（图 2-16）。结果表明：围堤运行期最终沉降和水平位移均随着反压平台宽度的增大而减小，且变化幅度较大。

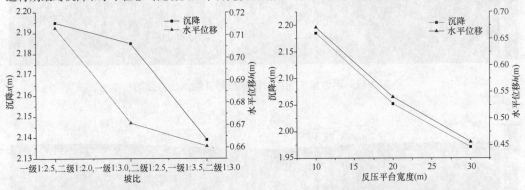

图 2-15　围堤坡比与沉降、水平位移关系　　　图 2-16　围堤反压平台宽度与沉降、水平位移关系

2.2.6　围堤外侧水位对排水固结的影响

　　分别对围堤外侧无水、常水位和最高洪水位工况下进行模拟（图 2-17～图 2-19）。对比分析表明，在堤外侧湖水的作用下，围堤地基的沉降已不再是两侧对称，堤外侧沉降大于堤内侧沉降，尤其在堤坡脚位置最为显著。

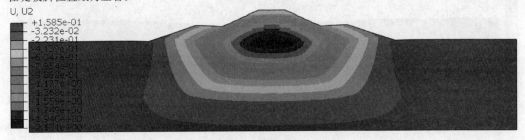

图 2-17　围堤外侧无水沉降云图

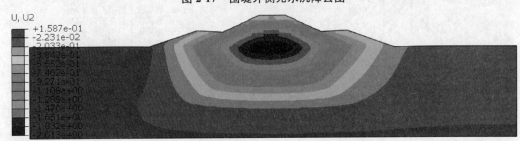

图 2-18　围堤外侧常水位（17.0m）沉降云图

　　因此可知：堤外侧水位的变化对围堤地基的排水固结有较大的影响，在围堤施工时，现场监测应注意湖水位升降对位移变形的影响。

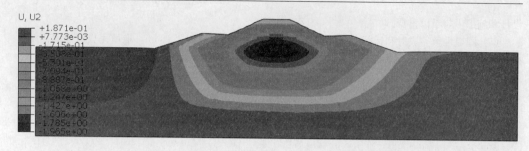

图 2-19　围堤外侧最高洪水位（21.23m）沉降云图

3　围堤软土地基最终沉降预测

综上所述：按照设计堆填高度 11.5m，计算最终沉降 2.185m，而围堤施工必须要达到设计规定的高程就需要考虑围堤施工中由于沉降引起的围堤的增高荷载，即 2.185m 堆填荷载。采用等效堤身填土容重原则，将附加沉降引起的堆填荷载换算至初始容重当中，以便减小建模工作量。在新荷载作用下进行第二次计算，得到新的沉降和附加荷载，并进一步换算成新的堤身填土容重，重复以上步骤直到沉降量达到稳定。迭代计算过程如表 3-1 所示，按此方法最终确定围堤沉降量为 3.158m（图 3-1）。

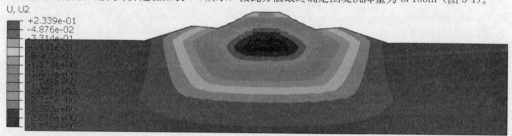

图 3-1　围堤最终沉降云图

表 3-1　迭代计算过程

迭代次数	初始容重（kN/m³）	换算容重（kN/m³）	沉降量（m）	沉降增长率（%）
0	18	—	2.185	—
1	18	21.42	2.846	23.48
2	18	22.46	3.058	7.45
3	18	22.77	3.123	2.08
4	18	22.89	3.148	0.79
5	18	22.93	3.156	0.25
6	18	22.94	3.158	0.06

4　结论

根据实验参数，利用 ABAQUS 软件，建立了在湖泥软土地基上分层填筑修建围堤的平面应变有限元模型。根据模拟计算分析结果表明：

（1）堤外侧水位变化引起了沉降、水平位移变形规律的显著变化，水位越高对地基的固结沉降的影响越大。

（2）围堤运行期最终沉降和水平位移均随着坡比的增大呈减小趋势，但变化幅度较小；围堤运行期最终沉降和水平位移均随着反压平台宽度的增大而减小，且变化幅度较大。在获得相同填筑过程中围堤稳定性的增量时，增加反压平台宽度的效果要优于放缓围堤填筑坡度的效果。

（3）预测了围堤地基最终沉降量为 3.158m。

（4）湖泥软土层下的圆砾层也存在一定的沉降，沉降量约为 29cm，占总沉降量的 13.4%，工程设计和施工中应予以重视。

（5）围堤堆填完成时和运行 3 年时最大沉降分别为 1.842m 和 2.185m，堆填完成时地基固结度达到 0.84，这与围堤分级堆载计算所得结果一致，验证了分级堆载计算的正确性。

参考文献

[1] E. W. Brand, R. P. Brenner. 软黏土工程学［M］. 叶书麟，宰金璋，史佩栋. 译. 北京：中国铁道出版社，1991.

[2] 陈晓平，黄国怡，梁志松. 珠江三角洲软土特性研究［J］. 岩石力学与工程学报，2003，22(1)：137-141.

[3] 师旭超. 海相淤泥的固结特性及变形机理研究［D］. 武汉：中国科学院武汉岩土力学研究所，2003.

[4] 章定文，刘松玉，于新豹. 连云港海相软土工程特性及处治方法探讨［J］. 工程地质学报，2003，11(3)：250-257.

[5] 周翠英，牟春梅. 珠江三角洲软土分布及其结构类型划分［J］. 中山大学学报：自然科学版，2004，43(6)：81-84.

[6] Takaharu Shogaki, Yuichi Nochikawa, Takashi Sakamoto, et al. Consolidations Properties of Pusan New Port Clays［J］. Proceedings of Korea-Japan Joint Workshop, 2003, 119-127.

[7] Takaharu Shogaki, Yuichi Nochikawa, Seiji Suwa, et al. Soil Properties of Pusan New Port clays［J］. Engineering Practice and Performance of Soft Deposits, 2004, 63-68.

[8] Takaharu Shogaki, Yuichi Nochikawa, Jeong Gyeong Hwan, et al. Strength and Consolidation Properties of Pusan New Port Clays［J］. Soils and Foundations, 2005, 45(1)：153-169.

[9] C. C. Hird, I. C. Pyrah, D. Russell. Finite Element Modeling of Vertical Drains beneath Embankments on Soft Ground［J］. Geotechnique, 1992, 42(3)：499-511.

[10] B. Indraratna, I. W. Redana. Plain Strain Modeling of Smear Effects Associated with Vertical Drainas［J］. Journal of Geotechnical Engineering, ASCE, 1995, 123(5)：474-478.

城门山铜矿湖区围堤软土地基试验研究

张昌飞[1]　　刘少波[2]

(1. 湖南省第六工程有限公司，长沙　410015；2. 中南大学地球科学与信息物理学院，长沙　410083)

摘　要： 为研究湖泥软土物理性质和工程性质，通过三轴试验和固结直剪试验进行测定。试验测定固结压力 25kPa、50kPa、100kPa、200kPa、300kPa 和 400kPa 下达到固结稳定时的压缩固结特性参数和剪切强度特性参数，并对各参数之间的相关关系进行了数理统计分析，分析了固结系数 C_v、抗剪强度指标 c、随固结度 U 的变化规律。然后改进 Terzaghi-Rendulic 固结理论中固结系数为常数的假设条件，建立了考虑固结系数 C_v 随固结度 U 变化试验规律的固结度-时间 (U-t) 曲线。试验结果为城门山铜矿湖区围堤工程可行性研究提供数据支持。

关键词： 软土；数理统计；固结系数；固结理论；抗剪强度

软土为特殊的新近沉积土层，主要形成于海滨、河湖沼泽、河滩谷地等地区[1]。因其沉积时间相对短暂，分布区多与自然界水体紧密联系，所以软土具有较高的天然含水率、较大的孔隙性和压缩性，较低的抗剪强度，较差的渗透性，较长的固结变形时间，以及显著的流变性等性质，对工程建设而言是不良的。国内关于软土地基处理设计施工和理论分析的研究文章层出不穷[2~8]，使得软土地基处理积累了很多的宝贵经验，且软土地基处理的方法和手段也日臻成熟，但同时仍存在一些问题：软土工程性质研究方面，主要集中在沿海地区，以滨海相软土为主，而对河湖相等内陆软土研究较少，特别是湖相软土的固结特性，由于工程很少建设在湖中，故研究报道更是屈指可数。

江西省城门山铜矿位于九江市九江县城门乡，矿区北距长江南岸 6.5km，距九江市 18km。随着城门山铜矿的不断发展壮大，矿区三期扩建建设工作正式展开。因城门山矿区独特的地质条件且大部分矿体位于赛湖湖盆以下，随着开采境界线不断推向湖区，阻挡湖水倒灌矿坑成为三期扩建一个关键问题，拟定环绕矿坑在距离矿坑露采边界 500m 范围以外的赛湖中修建一座挡水围堤，如图 1 所示；初步拟定围堤为土石坝，主坝设计坝高 11.5m，坝基标高为 11m，坝底宽 150m；坝顶标高 22.5m，坝顶宽度 10m，坝长约 3.8km。因此，湖区深厚湖泥软土地基处理问题应运而生。

图 1　城门山铜矿拟建挡水围堤位置示意图

1　湖泥软土试验设计

为研究围堤选址区域湖泥软土的物理力学性质，从而计算分析提供准确的参数和指导工程设计，对城门山围堤选址区内湖泥软土进行了室内试验研究。

1.1 试验概况

试验土样取自湖区，利用薄壁取土器采取原状样，取样深度约 0.4m 左右，取样数量 30 组。试验项目：①常规试验；②固结试验；③直剪试验。表 1 为各试验项目的数量、试验目的及测定的物理力学指标。

表 1　湖泥软土室内试验统计表

试验项目	试验目的	参数指标
常规试验	测定三个基本试验指标以及液塑限，进而求出其它参数，描述湖泥软土物理性质，以便对湖泥软土基本工程性质进行评价	天然含水量 w、土粒密度 ρ、重度 γ、比重 Gs、液限 w_L、塑限 w_P、塑性指数 I_P、液性指数 I_L
固结试验	测定相关指标，以分析软土压缩固结特性，总结软土压缩性指标的变化规律，为本文软土地基的理论计算和数值分析提供计算参数，并为工程设计提供参考数据	压缩系数 a_v、压缩模量 E_s、主固结系数 C_v、次固结系数 C_d、孔隙比 e
直剪试验	配合固结试验，测定不同固结压力、不同固结度软土抗剪强度指标的变化规律，为分析软土地基在分级堆载作用下软土强度的增长提供相应数据	粘聚力 c、内摩擦角 φ

1.2 试验方法及步骤

（1）常规试验：密度试验、比重试验、含水量试验、液塑限试验、直剪快剪试验。

（2）固结试验：按土工试验规程，固结压力 $P_i = 25kPa$、50kPa、100kPa、200kPa、300kPa、400kPa。分别按 $t_i = 15s$、1min、2min15s、4min、6min15s、9min、12min15s、16min、20min15s、25min、30min15s、36min、49min、64min、100min、200min、400min、23h、24h 时刻记录每一级固结压力 P_i 下的沉降值。

（3）直剪试验：按土工试验规程，采用 0.4mm/min 的转速对在每一级固结压力 P_i 下沉降达到稳定的试验进行直剪快剪试验。快剪试验垂直压力按以下方法确定：

$P_i = 50kPa$、100kPa 时，50kPa、100kPa、200kPa；

$P_i > 100kPa$ 时，$(P_i - 100)$ kPa、P_i kPa、$(P_i + 100)$ kPa。

垂直压力施加后立即进行试验。

（4）根据试样的最终沉降量，分别计算固结度 $U_i = 10\%$、20%、30%、40% 时沉降量 s_i，制作试样重新做固结直剪试验，当沉降量达到对应 s_i 时，立即取出试样进行直剪快剪试验。

主要试验仪器设备以及试验步骤符合《土工试验方法标准》（GB/T 50123—1999）规定。固结、直剪联合试验工作详表如表 2 所示。

表 2　固结、直剪联合试验工作详表

固结压力	固结时间	试验组数	固结度	快剪试验指标	备注
$P_1 = 25kPa$	$t_1 = 1d$	试样 1、2、3	U_1	c_1、φ_1	
$P_2 = 50kPa$	$t_2 = 2d$	试样 1、2、3	U_2	c_2、φ_2	
$P_3 = 100kPa$	$t_3 = 3d$	试样 1、2、3	U_3	c_3、φ_3	
$P_4 = 200kPa$	$t_4 = 4d$	试样 1、2、3	U_4	c_4、φ_4	3 个试样的固结度应基本相等，取平均值为对应的 U_i；若差距较大，则查找原因并重做
$P_5 = 300kPa$	$t_5 = 5d$	试样 1、2、3	U_5	c_5、φ_5	
$P_6 = 400kPa$	$t_6 = 6d$	试样 1、2、3	U_6	c_6、φ_6	
$P_i = 25kPa$、50kPa	t_7	试样 1、2、3	$U_7 = 10\%$	c_7、φ_7	
	t_8	试样 1、2、3	$U_8 = 20\%$	c_8、φ_8	
	t_9	试样 1、2、3	$U_9 = 30\%$	c_9、φ_9	
	t_{10}	试样 1、2、3	$U_{10} = 40\%$	c_{10}、φ_{10}	

2　试验数据分析

依据室内试验数据，对湖泥软土的物理力学参数指标关系进行了数据处理和研究计算，并对各指标之间的相关性进行了统计分析。

2.1　试验数据分析

根据选址区域湖泥软土室内试验统计结果，湖泥软土主要物理力学性质如表 3 所示。

表 3　湖泥软土物理力学指标

指标	w (%)	ρ (g/c³)	G_s	w_L (%)	w_P (%)	I_P	I_L	e	a_{1-2} (MPa⁻¹)	E_S (MPa)	C_V (cm²/s)	快剪 c (kPa)	快剪 φ (°)
数值	38.63	1.97	2.72	30.89	18.1	12.77	1.61	1.08	0.761	2.73	4.56e-4	1.4	1.2

由试验结果可知：

(1) 湖泥软土天然含水量大于液限，呈流塑或软塑状态。孔隙比 e_0 大于 1，塑性指数 I_P 为 12.77，属于高可塑性的黏土。土中黏粒、胶粒、黏土矿物较多。

(2) 湖泥软土压缩性大，压缩系数 a_{1-2} 值位于高压缩性土区间内。

(3) 湖泥软土抗剪强度低。

下面对湖泥软土的压缩固结特性和剪切强度特性进行进一步分析。

2.1.1　软土压缩固结特性分析

(1) 应变 ε、孔隙比 e、压缩系数 a_v、压缩模量 E_S 与固结压力 p 的相关性分析

图 2 为湖泥软土在不同固结压力下，累计变形量随固结时间 t 的变化曲线图。由图可知，土体在每级加载初期都是瞬时变形，保持压力恒定一昼夜，随着固结时间 t 的增加，软土变形趋于稳定状态；并且随着固结压力的增大，每级加载初期的瞬时变形逐渐减小，并趋于平缓，当固结压力达到 400kPa 时，应变曲线基本接近于水平直线，基本上已完成固结。本试验中，在每一级荷载下，当固结时间达到 100min 左右时，试样的固结度已经达到 95% 左右。

图 3 展示了选址区域软土的 e-p 变化曲线，由图可知，软土孔隙比 e 随固结压力 p 的增大而呈递减趋势；当固结压力 $p<50$kPa 时，孔隙比 e 变化显著。当固结压力 $p>200$kPa 时，孔隙比 e 变化较缓慢。

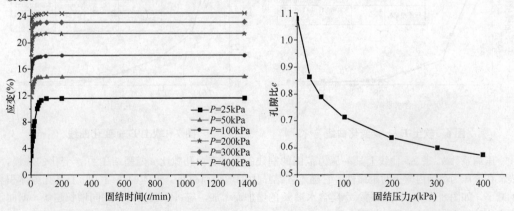

图 2　软土 ε-t-p 变化曲线　　　　　图 3　软土 e-p 变化曲线

压缩模量 E_S 与压缩系数 a_v 是计算沉降的两个重要参数。图 4 是软土压缩系数 a_v 随固结压力 p 的变化曲线，图 5 是软土压缩模量 E_S 随固结压力 p 的变化曲线。从图 4 中可以看出，软土压缩系数 a_v 随固结压力 p 的增大在逐渐减小；且在固结压力 $p<50$kPa 时，压缩系数 a_v 迅速减小，当固结压

力 p＞200kPa 时，压缩系数 a_v 缓慢减小。由图 5 可知，压缩模量 E_s 与固结压力 p 近似呈正比例递增关系。软土压缩系数和压缩模量随固结压力的变化，很好地反映了土的压硬性。

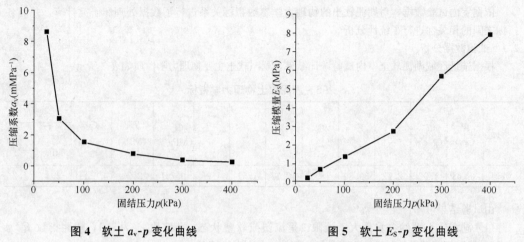

图 4　软土 a_v-p 变化曲线　　　　　　　　　　**图 5　软土 E_s-p 变化曲线**

（2）压缩模量 E_s、压缩系数 a_v 与含水量 w、孔隙比 e 的相关性分析

压缩模量 E_s 是表征软土变形特性的重要力学参数。从图 6 和图 7 可知，整体上，在孔隙比 e、含水量 w 不断减小的过程中，压缩模量 E_s 呈幂函数趋势增长；分阶段上，压缩模量 E_s 前期增长较缓慢，中期增长幅度逐渐增大，并达到最大值，后期增长幅度逐渐减小。从拟合趋势曲线来看，相关系数分别为 0.8565 和 0.9513，这表明压缩模量 E_s 与含水量 w、孔隙比 e 相关性很好。由于湖泥软土为饱和土，在固结压力作用下，孔隙比 e 减小，土体含水量 w 亦减小，含水量 w 能够间接表示孔隙比 e 的变化趋势；同时，土体结构被压密，压缩变形增量逐渐减小，最终趋于稳定，这与土体的基本压缩特性相符合。

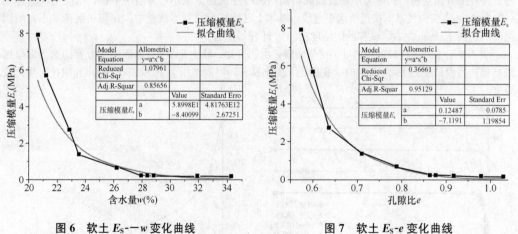

图 6　软土 E_s-w 变化曲线　　　　　　　　　**图 7　软土 E_s-e 变化曲线**

压缩系数 a_v 是 e-p 曲线上某一压力范围的割线斜率，表示孔隙比 e 随固结压力 p 变化的快慢，表征在该压力范围内软土的压缩性，它随固结压力的增加而减小。土体的压缩实际上是孔隙体积的减小，如图 8 所示。压缩系数 a_v 随含水量 w 的增加而增加，与 a_v-e 曲线具有相同增长趋势，但曲线变化特征有一定的差异，如图 9 所示。

（3）e-$\lg t$ 曲线变化特征与主固结系数 C_v、次固结系数 C_d 变化规律分析

① e-$\lg t$ 曲线变化规律分析。图 10 为不同固结压力 p 下的 e-$\lg t$ 变化曲线。由图可以看出，由于各曲线形态近似，开始为抛物线，随后弧度减小，呈近似斜直线，末段随着时间的发展，孔隙比 e 趋于水平，即末段为近似水平直线。斜直线和末段水平直线的交点的横坐标值可以近似地表示为软土

主固结完成时刻。从而由图可知，在不同的荷载下，主固结完成时刻近似为 60min，即当 $t = 60$min 时，主固结已经完成，土体中自由水排出完成；当 $t > 60$min 后，土体部分结合水被挤出，土粒位置重新调整、土骨架发生蠕变，土体进入次固结阶段。

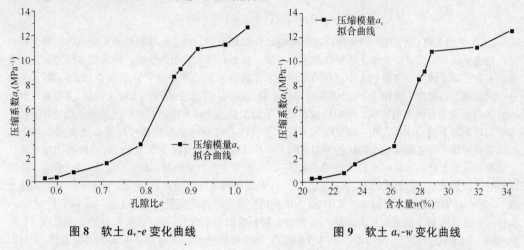

图 8 软土 a_v-e 变化曲线　　　　图 9 软土 a_v-w 变化曲线

由图可知，不同固结压力 p 下的 e-lg$t$ 曲线趋势不甚相同。随着固结压力 p 增大，曲线先向一条斜直线过渡，随着固结的不断完成，进而趋向于一条水平直线，同时主固结和次固结的划分界限也越来越不明显，主固结所占比例不断减小。

② 主固结系数 C_V 变化规律分析。主固结系数 C_V 是估计变形速率的重要参数。主固结系数 C_V 的计算式为 $C_V = k(1 + e_0)/\gamma_w a_v$，在固结压缩过程中，渗透系数 k 和压缩系数 a_v 均呈逐渐减小的趋势；Terzaghi 在其固结理论的假设条件中规定土的参数在固结过程中是常数，即主固结系数 C_V 为定值。然而在大量的实际应用案例和试验结果中，主固结系数 C_V 都是不断变化的，是一个变量，其变化规律与有效应力有关。本试验中采用规范指定的时间平方根法，在图 10 的基础上计算主固结系数 C_V。

图 11 为主固结系数 C_V 随固结压力 p 的变化曲线。由图可知，软土在分级加载过程中，随着荷载级数的增加，主固结系数 C_V 呈减小趋势，且在固结过程前期减小较快，中后期逐渐趋于缓慢。并由拟合曲线的相关系数 $R_2 = 0.979$ 可知，主固结系数 C_V 与固结压力 p 服从较好的幂函数关系。试验结果表明，主固结系数 C_V 在 $0.209 \sim 1.557 \times 10^{-3}$ cm^2/s 之间变化。

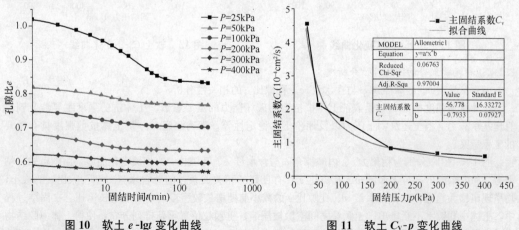

图 10 软土 e-lg$t$ 变化曲线　　　　图 11 软土 C_V-p 变化曲线

图 12 为主固结系数 C_V 随固结度 U 的变化曲线。由图可知，主固结系数 C_V 随固结度 U 的变化规律，与随固结压力 p 的变化规律一致。这一规律很好地证明了主固结系数 C_V 并不是恒定不变的常

数，而是在固结过程中不断减小的。固结系数所表征的是固结过程的快慢，C_v-U 变化曲线很好地解释了固结过程中先期沉降量大、固结快，后期沉降量小、固结慢的规律。本次试验中，主固结系数 C_v 与固结度 U 可用幂函数拟合：

$$C_v = 0.632 \times U^{-2.17} \times 10^{-4} \, \text{cm}^2/\text{s} \qquad \text{式(1)}$$

③ 次固结系数 C_d 变化规律分析。在 Terzaghi 固结理论中，由于土体颗粒和孔隙水体积均保持恒定，则土体压缩变形就取决于土体中孔隙水的排出。从而孔隙水排出的快慢，即孔隙水压力 u 消散速率，也决定着土体变形速率的大小。在固结压力不变的情况下，当 $u=0$，固结度 $U=100\%$ 时，土体变形沉降就已经完成，理论上 $U=100\%$ 时，e-$\lg t$ 曲线应为一条水平直线。实际上由图 10 可知，软土 e-$\lg t$ 曲线呈现出开始为抛物线，随后弧度减小，呈近似斜直线，末段随着时间的发展，孔隙比 e 趋于水平，即末段为近似水平直线。斜直线和末段水平直线的交点的横坐标值可以近似地表示为软土主固结完成时刻，即主固结与次固结的界限时间 t_c，并将曲线分为前段主固结曲线，后段次固结曲线。

根据《土工试验方法标准》（GB/T 50123—1999）[9]、《土力学地基基础》[10] 以及 e-$\lg t$ 曲线，次固结与时间对数关系近似直线，有 $\Delta e = C_d \lg(t/t_c)$，从而可得次固结系数 $C_d = \Delta e/\lg(t/t_c)$，即次固结系数 C_d 为 e-$\lg t$ 曲线尾段直线斜率。式中 Δe 为次固结阶段孔隙比变化量，t_c 为主固结阶段完成时间，t 为次固结计算时刻。根据此公式以及 e-$\lg t$ 曲线，得到次固结系数 C_d 与固结压力 p 的变化规律，如图 13 所示。随着固结压力 p 的增大，次固结系数 C_d 呈递减趋势。虽然由公式可知次固结系数 C_d 与固结压力 p 无关，但根据 e-$\lg t$ 曲线，随着固结压力 p 增大，曲线逐渐趋向于一条水平直线，主固结和次固结的界限也越来越不明显，从而次固结曲线部分斜率逐渐减小，即次固结系数 C_d 逐渐减小。这说明软土次固结系数 C_d 随固结压力 p 的变化而变化。

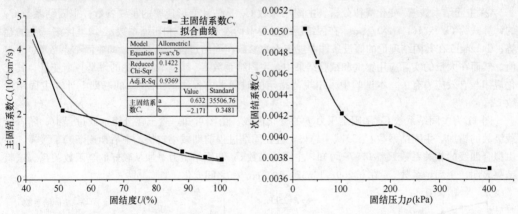

图 12　软土 C_v-U 变化曲线　　　　图 13　软土 C_d-p 变化曲线

2.1.2　湖泥软土剪切强度特性分析

（1）粘聚力 c、内摩擦角 φ 与含水量 w、孔隙比 e 的相关性分析

土体抗剪强度指标 c、φ 是表征土体抵抗剪切破坏能力的重要参数。土体抗剪强度主要涉及到计算地基承载力、挡土建筑物土压力以及评价土体稳定性等，正确测定和分析土体抗剪强度具有重要的工程意义。

图 14～图 17 分别为粘聚力 c、内摩擦角 φ 与含水量 w、孔隙比 e 的相关变化曲线。由图可知，粘聚力 c 和内摩擦角 φ 与含水量 w、孔隙比 e 具有良好的相关关系，随着含水量 w、孔隙比 e 的减小，均呈现出增大趋势；且在含水量 w、孔隙比 e 的减小前期增长较缓慢，中后期增长迅速。在固结过程中，土体中孔隙水不断排出，土颗粒之间空隙被压缩，土颗粒位置重新排列分布，使得土体中胶结物质对土颗粒的胶结作用增强，土颗粒排列更加紧密，相互嵌挤联锁作用和表面摩擦力增大，同时随着后期孔隙水的大量排出，土颗粒表面结合水膜厚度变薄，从而宏观上表现为含水量 w 和孔隙比 e 减小，抗剪强度指标增大。

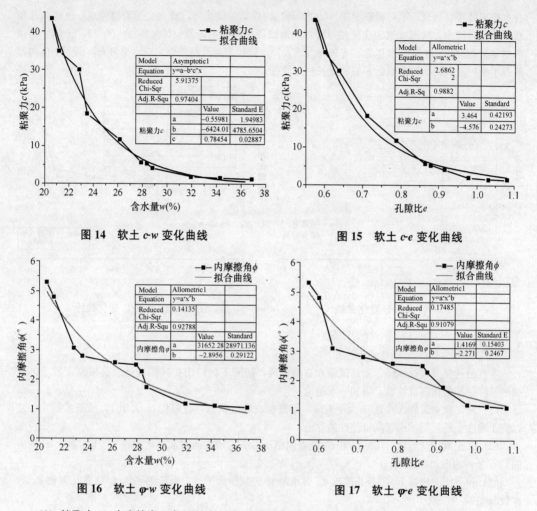

图 14　软土 c-w 变化曲线　　　　　　　图 15　软土 c-e 变化曲线

图 16　软土 φ-w 变化曲线　　　　　　　图 17　软土 φ-e 变化曲线

（2）粘聚力 c、内摩擦角 φ 与固结度 U 的相关性分析

图 18 和图 19 分别为软土粘聚力 c、内摩擦角 φ 随固结度 U 的变化规律曲线。由图 16 可知：软土粘聚力 c 随着固结度 U 的增大整体呈递增趋势；当固结度 $U<30\%$ 时，软土粘聚力 c 随固结度 U 增加的增长速率较小；当固结度 $U>30\%$ 时，粘聚力 c 随固结度 U 增加的增长速率逐渐增大。从整体上，粘聚力 c 与固结度 U 有较好的相关关系，可采用二次曲线进行拟合。所得拟合关系式为

$$c = 0.0049U^2 - 0.0964U + 1.800, R^2 = 0.992 \qquad 式(2)$$

若只对固结度 $U>30\%$ 以后的 c-U 曲线进行拟合，则符合线性关系为 $c=0.556U-16.86$，相关性系数 $R^2=0.970$。

由图 2-17 可知：软土内摩擦角 φ 随固结度 U 的增大整体呈递增趋势，但一致性和相关性较之与 c-U 曲线较差，内摩擦角 φ 与固结度 U 的相关关系也采用二次曲线拟合。所得拟合关系式为

$$\varphi = 2.38493E^{-4}U^2 + 0.01328U + 1.09638, R^2 = 0.882 \qquad 式(3)$$

φ-U 曲线可分为四个阶段：当固结度 $U<20\%$ 时，内摩擦角 φ 随固结度 U 的增加基本保持不变；当固结度 U 在 $20\%\sim50\%$ 之间时，内摩擦角 φ 随固结度 U 的增加迅速增大，呈显著线性增长；当固结度 U 在 $50\%\sim90\%$ 之间时，内摩擦角 φ 随固结度 U 增加的增长速率变缓；当固结度 $U>90\%$ 时，内摩擦角 φ 随固结度 U 增加又有较快增长，但总的增长量较小。

分析认为 φ-U 曲线的两次快速增长阶段（$U=50\%\sim90\%$ 和 $U>90\%$）分别是土体中自由水和结

合水排出的宏观表现。第一段稳定期（$U<20\%$）为固结加载初期，软土变形瞬时完成，土体内孔隙水不能及时排出，从而 φ 值的变化相对滞后。第二段相对稳定阶段（$U=20\%\sim50\%$），土体中自由水基本消散完成，土体孔隙压缩，有效应力增大，土颗粒之间重新排列，应力重分布，属于土体内部的自平衡阶段，从而在宏观上 φ 值的增长相对较缓。

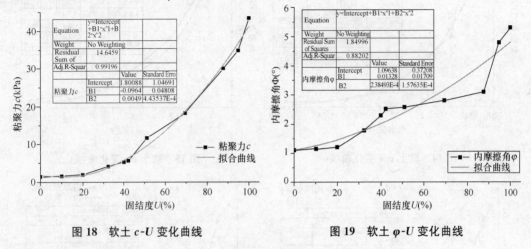

图 18　软土 c-U 变化曲线　　　　　　　　图 19　软土 φ-U 变化曲线

3　结论

本章通过室内常规试验、固结试验和直剪试验，研究了城门山矿区围堤选址区域湖泥软土的压缩固结特性和剪切强度特性，得到一下结论：

（1）湖泥软土天然含水量 w 大于液限，呈流塑或软塑状态，孔隙比 e_0 大于 1，压缩系数 a_{1-2} 超过高压缩性土的界限，属于高可塑性的黏土。

（2）软土累计变形量、压缩模量 E_s 随着固结压力 p 的增加而增加，孔隙比 e、压缩系数 a_v 随着固结压力 p 的增加而减小。

（3）软土压缩模量 E_s 随着孔隙比 e、含水量 w 的减少而增大，而压缩系数 a_v 随着孔隙比 e、含水量 w 的减少而减小。

（4）软土的 e-$\lg t$ 曲线可分为前中后三段，并可区分主、次固结阶段，固结压力 p 的不同，该曲线线型呈不同形态，并随着固结压力 p 的增加，逐渐趋向于水平直线。主固结系数 C_v 随固结压力 p、固结度 U 的增加均呈减小趋势，并拟合得到主固结系数 C_v 与固结度 U 的关系方程，次固结系数 C_d 随着固结压力 p 的增加呈递减趋势。

（5）抗剪强度指标 c、φ 均随着孔隙比 e、含水量 w 的减小而增大，前期增长速率较缓慢，后期增长迅速。

（6）抗剪强度指标 c、φ 均随着固结度 U 的增加而增加，粘聚力 c 与固结度 U 的相关性要优于内摩擦角 φ 与固结度 U 的相关性。

参考文献

[1] E. W. Brand, R. P. Brenner. 软黏土工程学[M]. 叶书麟，宰金璋，史佩栋. 译. 北京：中国铁道出版社，1991.

[2] 陈晓平，黄国怡，梁志松. 珠江三角洲软土特性研究[J]. 岩石力学与工程学报，2003，22(1)：137-141.

[3] 师旭超. 海相淤泥的固结特性及变形机理研究[D]. 武汉：中国科学院武汉岩土力学研究所，2003.

[4] 章定文，刘松玉，于新豹. 连云港海相软土工程特性及处治方法探讨[J]. 工程地质学报，2003，11(3)：250-257.

[5] 周翠英，牟春梅. 珠江三角洲软土分布及其结构类型划分[J]. 中山大学学报：自然科学版，2004，43(6)：81-84.

［6］　Takaharu Shogaki，Yuichi Nochikawa，Takashi Sakamoto，et al. Consolidations Properties of Pusan New Port Clays［J］. Proceedings of Korea-Japan Joint Workshop，2003，119-127.

［7］　Takaharu Shogaki，Yuichi Nochikawa，Seiji Suwa，et al. Soil Properties of Pusan New Port clays［J］. Engineering Practice and Performance of Soft Deposits，2004，63-68.

［8］　Takaharu Shogaki，Yuichi Nochikawa，Jeong Gyeong Hwan，et al. Strength and Consolidation Properties of Pusan New Port Clays［J］. Soils and Foundations，2005，45(1)：153-169.

［9］　GB/T 50123—1999，土工试验方法标准［S］. 北京：中国计划出版社，1999.

［10］　陈希哲. 土力学地基基础：第四版［M］. 北京：清华大学出版社，2004.

复杂岩土地基旋挖桩成孔施工技术

段 悦 向宗幸

(湖南省第三工程有限公司，湘潭 411101)

摘 要：在高层和超高层建筑的桩基施工中，常对桩基的入岩深度做出了具体的要求，而在地质条件复杂的岩土地基，桩基入岩的施工难度很大，费工费时，机械台班消耗量很大，造价昂贵。而采用筒式钻头的复杂岩土地基旋挖桩成孔施工技术是一种新型的灌注桩成孔施工方法，能很好地解决桩基入岩的要求。

关键词：复杂岩土；旋挖桩；切割

随着我国建筑市场的发展，越来越多的高层建筑和超高层建筑拔地而起，而在高层和超高层建筑中，对桩基的入岩深度都有具体的要求，而对于地质条件复杂的桩基需穿透软弱夹层和孤石夹层，使桩基进入岩层。在我公司承建的绿岛明珠项目的桩基工程中，刚开始采用的是长螺旋钻孔灌注桩施工工艺，但由于地质条件复杂，碰到岩石夹层和孤石时，桩基入岩时难度很大，机械台班消耗量大，成孔费用高。经研究最后采复杂岩土地基旋挖桩成孔施工工艺，取得了很好的效果。

1 施工特点

(1) 自动化程度高，施工速度快，旋挖桩成孔施工工艺在杂填土、黏土、强风化岩和中风化岩成孔速度快，成孔质量好。

(2) 地下水平位的高低对成孔无影响，可在地下水位高，含孤石夹层和坚硬岩层中施工。

(3) 泥浆需要量少，由于旋挖钻机通过钻头旋挖取土，再通过伸缩杆将钻头提出孔内卸土，而不需用泥浆排渣，泥浆仅仅起护壁的作用，因此对环境污染少。

(4) 旋挖钻机的底板行走机构为履带式，对场地的道路的要求不高，可在复杂的施工条件下进行作业。

2 施工原理

取土施工原理：旋挖钻机采用静态泥浆护壁钻斗取土的工艺，旋挖钻机工作时能原地作整体回转运动。旋挖钻机钻孔取土时，依靠钻杆和截齿捞斗自重切入土层，斜向斗齿在捞斗回转时切下土块向斗内推进而完成钻取土，当斗内装满土时，反旋转一周，即完成斗底封闭，再提升钻杆及捞斗至地面，拉动捞斗上的开关即打开底门，捞斗内的渣土依靠自重作用自动排出。遇硬土时，自重力不足以使斗齿切入土层，此时可通过加压油缸对钻杆加压，强行将斗齿切入土中，完成钻孔取土。

入岩成孔施工原理：遇到坚硬岩层或孤石夹层时（即当操作压力表上压力达到 200MPa 时，可以判断下方遇到孤石或岩层），应更换筒式钻头，通过钻杆的旋转及加压下切力，将岩石或岩层旋切开，岩石夹层或孤石层在旋切力的切割作用下自动与下层土层断裂，可由桶式钻头提出地面。进入基岩后，如果在旋切力、钻机的动荷载作用下不能使柱状岩芯与基岩断裂取出，再更换截齿捞斗进行钻进和捞渣，经旋切后的柱状岩芯与基岩已切开，增加了自由面，因此截齿捞头下钻的难度大大降低，从而使桩基较容易入岩。

3 施工工艺及操作要点

3.1 施工工艺流程

施工准备→钢护筒埋设→钻土（岩）成孔→终孔、清孔→灌注水下混凝土成桩。

3.2　操作要点

（1）施工准备

① 熟悉和掌握施工图纸、施工方案，熟悉和掌握国家、地方验收规范，了解施工现场施工环境和地质条件。

② 准备现场施工用水、施工用电。

③ 材料、设备已安排进场，并按要求进行材料复检和相关试验。

④ 对施工人员进行技术及安全交底。

⑤ 测量放线定位：复核建设单位提供的测量控制点符合要求后，测放出各桩桩位，拼装好桩架就位。根据预先测设的测量控制网（点），定出各桩位中心点。双向控制定位后埋设钢护筒并固定，以双向十字线控制桩中心。开钻前必须先校核钻头的中心是否与桩位中心重合。在施工过程中还须经常检测钻具位置有无发生变化，以保证孔位的正确。

（2）钢护筒埋设

护筒有定位、保护孔口和维持液（水）位高差等重要作用，可采用打埋和挖埋等设置方法。当挖埋时，护筒与坑壁之间用黏土填实。护筒埋设深度根据地质情况而定，一般为 2.5～3.0m，要求高于地面 50cm。

（3）钻土（岩）成孔

① 第一次钻进

旋挖钻机的钻进工艺采用静态泥浆护壁钻斗取土的工艺（当然也有干土直接取土工艺，视工地现场地层条件而定），是一种无冲洗介质循环的钻进方法，但钻进时为保护孔壁稳定，孔内要注满优质泥浆（稳定液）。第一次钻进时采用截齿捞斗，截齿捞斗分为钻头和捞斗两部分，钻头部分为底盘上配有斜向斗齿，底盘上留有孔洞，捞斗部分是在底盘上配有筒式储渣斗，在钻进过程中起储存渣土的作用，并与底盘的孔洞有关闭装置，便于提升捞斗时不掉渣。旋挖钻机工作时能原地做整体回转运动。旋挖钻机钻孔取土时，截齿捞斗在钻杆和钻头的自重力下，依靠钻杆的旋转作用使钻头的斜向斗齿切入土层中，并将斗齿挖掘出的土（石）渣推进捞斗内，进而完成钻取土。遇硬土时，自重力不足以使斗齿切入土层，此时可通过加压油缸对钻杆加压，强行将斗齿切入土中，完成钻孔取土；采用截齿捞斗可在杂填土、黏土、砂砾土和强风化岩中顺利钻进。捞斗内装满渣土后，提升钻杆及截齿捞斗至地面，拉动捞斗上的开关即打开底门，钻斗内的渣土依靠自重作用自动排出，钻杆向下放即可关好斗门，再回转到孔内进行下一斗的挖掘。

② 第二次钻进

遇到坚硬岩层或孤石夹层时（即当操作压力表上压力达到 200MPa 时，可以判断下方遇到孤石或岩层），应更换筒式钻头，将岩石或岩层切开。筒式钻头为筒状钢筒底部配有一圈斜向斗齿，斗齿较稀，在旋挖钻机的操作压力下，利用钻杆的旋转切应力，对岩体进行筒状旋切。岩石夹层或孤石层以及节理发育的岩体在旋切力的切割作用下自动与下层岩层断裂，可由桶式钻头提出地面。进入基岩后，如果在旋切力、钻机的动荷载作用下不能使柱状岩芯与基岩断裂取出，再更换截齿捞斗进行钻进和捞渣。由于经旋切后的柱状岩芯与基岩已切开，增加了自由面，因此截齿捞头下钻的难度将大大降低，从而使桩基较容易入岩。

③ 在成孔过程中要根据土层情况及时注入泥浆护壁，同时合理调节泥浆的比重，成孔应连续进行不得中断，在停机时，应保持孔内水位的高度泥浆比重及粘度符合规范要求，以防坍孔。

（4）终孔、清孔

钻孔至设计标高检查合格后即可终孔。终孔后采用掏渣法进行清孔，直至孔底泥浆的各项指标符合施工要求（孔底 500mm 以内泥浆比重小于 1.25、粘度不超过 28s、含砂率＜8%、胶体率＞95%）。

（5）灌注水下混凝土成桩

吊装钢筋笼、安装导管、浇筑水下混凝土、拔出导管等灌注水下混凝土成桩施工工艺与其它灌注桩施工一致。

4 质量控制

4.1 成孔质量控制措施

在成孔施工过程中容易出现塌孔、缩径、桩孔偏斜及桩端达不到设计持力层要求等问题。因此，在成孔的施工技术和施工质量控制方面注意以下几点：

（1）采取跳挖施工

旋挖桩成孔施工是先成孔，后成桩，因此，必然造成孔壁周围的土体对桩产生动压力，且桩混凝土浇筑的前期，桩身混凝土的强度很低，极易出现缩径现象，所以采取跳挖的方式，对防止成孔过程中的坍孔和缩径是一项重要的技术措施。

（2）确保桩位和成孔深度

① 在护筒定位后及时复核护筒的位置，严格控制护筒中心与桩位中心线偏差不大于50mm，并认真检查回填土是否密实。

② 在施工过程中，必须准确地控制成孔孔深度，在旋挖桩机械本身测量外，还应进行人工测量，并作好记录。

③ 如果出现第一次清孔时泥浆比重控制不当或在提钻具时碰撞了孔壁，而发生的坍孔、沉渣过厚等现象，这将导致第二次清孔十分困难。因此，在提出钻具后用测绳复核成孔深度，如测绳的测深比钻杆的钻探小，就要重新下钻杆复钻并清孔。

④ 在施工中常用的测绳遇水后，可能存在缩水的问题，因其最大收缩率达1.2%，为提高测绳的测量精度，在使用前要预湿后重新标定，并在使用中经常复核。

4.2 为了保证成孔垂直精度满足设计要求，应从以下两方面进行严格控制：

（1）采取扩大桩机支承面积的方式，使桩机稳固。

（2）成孔时要依据土层情况，控制进尺速度，为确保孔的垂直度符合设计要求，须保持桩机平整、加强检查、勤检勤纠。

（3）测量定位后，采用设置十字校核点的方式，施工过程中经常校核桩身垂直度等。

4.3 钻孔成孔后要及时灌注，不得过夜，以免造成缩径和塌孔。

4.4 成孔时须及时填写施工记录，在土层变化处捞取渣样，判明土层，以便与地质剖面图核对，达到设计岩面后，及时取样鉴定。

4.5 实行责任制，做到定人、定岗、定责。每处施工现场确定一名机管员，制定详细的操作规程、岗位责任制。对现场施工人员进行严格技术交底和培训。

5 施工安全措施

5.1 旋挖钻机拼装时重点检查项目应符合下列要求：

（1）各行走装置和动力装置完好。

（2）各连接件（螺丝、插销）牢固无松动。

（3）拔杆安装垂直，连接牢固无松动；

（4）钻杆料斗安装正确，连接牢固无松动。

5.2 旋挖钻机行走时应注意下列要求：

（1）应在平坦坚实的地上行走。

（2）应与沟渠、基坑保持安全距离，防止倾翻。

（3）履带响声异常或卡住时应立即刹车，停止行走，下机检查了解情况经处理后再行走。

5.3 旋挖钻机作业时应注意下列要求：

（1）应在平坦坚实的地面作业、作业面应与沟渠、基坑保持安全距离防止倾翻或下滑；大雨、雾、雪和六级以上大风等恶劣天气时应停止作业。

（2）预留足够的机械操作作业面（机身旋转半径范围内），操作时必须注意周围是否有人和障碍物，在机械回转半径范围内严禁人员逗留，听从专人指挥。

（3）检查护筒位置是否准确、护筒是否垂直，检查钻孔位有无地下障碍物（基础、管线），钻孔中注意保护地下相关设施等。

（4）钻孔前应检查机械是否有障碍，严禁机械带病作业。

（5）应根据地质情况选择钻头，并根据钻进情况更换。

（6）成孔时应根据地质和钻进情况加压，不得为赶进度而盲目加压造成机械损坏。

（7）钻孔时若机架摇晃、移动、偏斜或钻头内发生有节奏响声时，应立即停钻，经处理后方可继续施钻，未查明原因不得强行启动。

（8）按要求做好施工记录，并对下一班做好交接。

5.4　旋挖钻机停放应注意下列要求：

（1）应在平坦坚实的地面停放，尽量停放在无其它机械作业和行驶的地方，应与沟渠、基坑保持安全距离，防止倾斜。

（2）应关好电源、锁好门窗，防止机械失盗。

（3）完工时，机械应及时退场，放在基地仓库，做好防碰防雨保护。

5.5　旋挖钻机保养应注意下列要求：

（1）切实管理好机械的零配件设备，不得随意丢失。

（2）要正常的为机械加机油、打黄油、以免损坏机械。

（3）定期清洗机械外壳，以保持机身洁净美观。

（4）发现损坏应及时修复，无法修复时应及时通知厂家。

5.6　旋挖钻机施工配合方面注意下列要求：

（1）钢筋加工、混凝土浇注应协调钻孔同步有序进行。

（2）电缆应尽快架空设置，不能架起的绝缘电缆通过道路时，应采取保护措施。

5.7　现场机械设备施工用电应满足以下要求：

（1）每台电气设备机械应分设开关和熔断保险，严禁一闸多机。各种电器设备均采取接零或接地保护，接零接地不准用独股铝线。单相200V电气设备应有单独的保护零线，严禁在同一系统中接零接地两种保护混用。

（2）凡移动式设备和手持电动工具均要在配电箱机装设漏电保护装置。

（3）严格执行施工的用电管理制度，夜间施工必须有足够的照明，应使用低压电照明。

6　环保措施

（1）施工工现场设置泥浆储备池、泥浆沉淀池，渣土滤水场地，严禁将泥浆未经沉淀直接排放，以免造成浪费水资源和污染环境，及时捞出泥浆池内沉渣，将泥浆循环使用。

（2）施工现场进出场道路必须硬化，并出口大门处设置清洗池和沉淀池。

（3）注意环境卫生，防止污染附近的环境。

（4）保持机械的完好率，防止机油渗漏而造成污染。

（5）施工废弃物及时回收、清理，保证施工现场的整洁。

7　效益分析

7.1　社会效益

旋挖钻机具有施工质量可靠、成孔速度快、成孔率高、适应性强、大大缩短了工期，废浆少、低噪音、污染小，保护环境等优点，克服了机械成孔时孔底沉淤土多，桩侧摩阻力低，泥浆管理差的缺点，极大地提高了施工质量。

采用旋挖钻机工作原理，通过调整方法，更换钻头的工艺使旋挖钻机这种先进的设备在复杂的地质条件下得到充分的发挥，增强旋挖钻机的地质适应条件，为旋挖钻机在更广泛的情况下的应用创造了新的方法。

7.2 经济效益

尽管采够旋挖钻机一次投入费用较大，但成孔速度是其它方法的 3～4 倍，动力和人工费用消耗等经济技术指标比其它方法成孔费用低 40%～60%，是一种理想的施工工艺，同其它工艺相比综合考虑是降低了成本。以完成一根 $\phi 1000$ 的灌注桩的成孔施工为例，平均每米桩成孔费用节约 58 元，具体如下：

类型	桩长	施工天数	人工费	材料费	机械费	合计	综合费用
复杂地基旋挖桩	36m	1 天	400 元/日×6 人×1 天 ＝2400 元	1000	6000 元/天×1 天 ＝6000 元	9400 元	261 元/m
冲击钻	36m	3 天	400 元/日×5 人×3 天 ＝6000 元	1000	1500 元/天×3 天 ＝4500 元	11500 元	319 元/m

8 应用效果

绿岛明珠花园一期项目由湖南省第三工程有限公司施工总承包，该工程灌注桩基础工程于 2013 年 2 月动工，于 2013 年 8 月完工，其基础成功应用了"复杂岩土地基旋挖桩成孔施工技术"，该技术施工工艺先进、技术可靠，施工过程中环境污染少、施工进度快，灌注桩完工后经检测，均符合设计和规范要求，保证了施工质量、安全和进度，工期提前了 28 天，节约了施工成本 46 万元，在施工及验收过程中得到了甲方、监理、设计、检测、质监等单位的一致好评。

壹方中心工程超大型深基坑钢筋混凝土内支撑拆除施工技术

彭良益

（湖南省第四工程有限公司，长沙 410019）

摘 要： 深圳壹方中心工程地下室三层，开挖面积约为 999390m²，开挖平均深度约 17m。基坑采用咬合桩＋钢筋混凝土内支撑支护体系。内支撑混凝土体量大，为保证基坑及周边地铁运营安全，合理安排内支撑拆除流程，并采用静力爆破的方法完成支撑拆除。监测结果表明，基坑及周边环境变形均满足要求。

关键词： 深基坑；内支撑；拆除；静力爆破；监测

1 工程概况

1.1 总体概况

壹方中心工程位于深圳宝安中心区核心地段，是深圳地铁 1 号线、5 号线换乘站的上盖大型城市综合体。工程总建筑面积约为 88 万 m²，地下室三层，开挖面积约为 999390m²。基坑周边环境复杂，基坑变形控制要求高。基坑周长为 1299.98m，其中毗邻新湖路地铁 1 号线长约 370m，毗邻创业路和宝华支路地铁 5 号线约 350m。工程基坑开挖平均深度约 17m，开挖土方总量约 166 万 m³，属于超大型深基坑工程。基坑平面示意如图 1 所示。

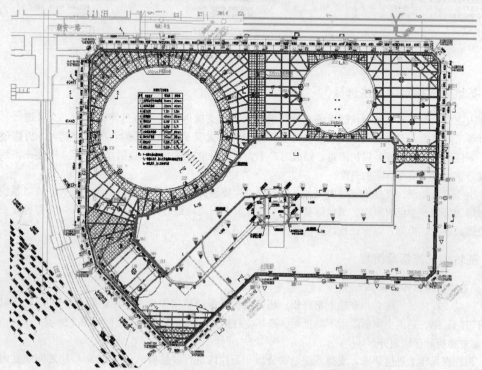

图 1 壹方中心工程超大型基坑平面示意图

1.2　基坑基本概况

基坑支护采用咬合桩＋钢筋混凝土内支撑支护体系，其基坑支护体系示意如图 2 所示。立柱咬合桩采用钻孔灌注桩，桩径为 1.0m，桩长不等，桩身混凝土强度等级为 C35。桁架支撑及冠梁、腰梁混凝土强度等级为 C35，圆环型支撑为强度等级 C35 微膨胀混凝土。其中内支撑的钢筋混凝土体量大，约为 30000m³。

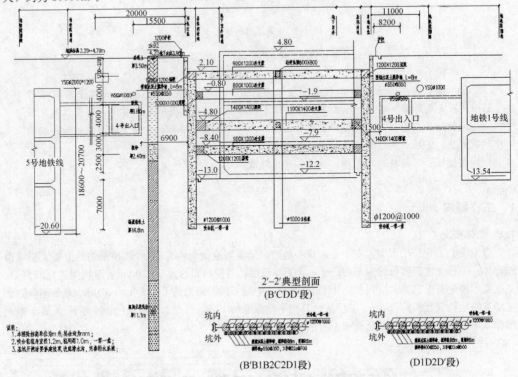

图 2　基坑支护体系典型剖面示意图

2　基坑内支撑拆除方法选择

内支撑拆除对基坑及地铁隧道的变形影响较大。内支撑拆除施工与主体结构施工交叉进行，支撑拆除工期紧迫。支撑梁截面大、强度高、配筋量大，尤其是腰梁和环梁，拆除难度大。拆撑过程中，下层结构插筋的成品保护困难，爆破时产生大量的粉尘容易引起周边居民的不满。上述一系列问题又严重制约了支撑拆除的进度。

由于基坑超深、混凝土支撑内力大，若采取直接爆破拆除会导致支撑内力瞬间释放，将对基坑支护和周边环境产生巨大影响。为保证基坑安全，尤其是周边地铁的持续运营，本工程内支撑拆除采取静力爆破的方式拆除，以保证地铁隧道及支护体系的安全。

3　基坑内支撑拆除流程

3.1　支撑拆除总体流程

基坑支护体系拆除必须在地下室底板、相应楼板及换撑板带混凝土强度达到设计强度 90％ 以上方可进行；第一道内支撑拆除前不得扰动、破坏立柱桩。其基坑支撑拆除流程如图 3 所示。

3.2　支撑拆除区域划分

根据现场施工进度要求，支撑系统总共分为 3 个片区进行（目前 A 片区域及 C 片之间独立内支撑已经拆除），支撑拆除区域具体划分如图 4 所示。

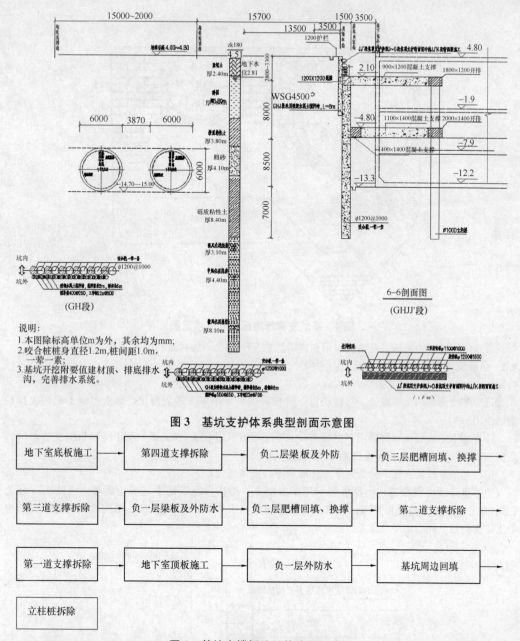

图 3　基坑支护体系典型剖面示意图

```
┌──────────────┐   ┌──────────────┐   ┌──────────────────┐   ┌──────────────────┐
│ 地下室底板施工 │→│ 第四道支撑拆除 │→│ 负二层梁板及外防    │→│ 负三层肥槽回填、换撑 │→
└──────────────┘   └──────────────┘   └──────────────────┘   └──────────────────┘

┌──────────────┐   ┌──────────────────┐   ┌──────────────────┐   ┌──────────────────┐
│ 第三道支撑拆除 │→│ 负一层梁板及外防水  │→│ 负二层肥槽回填、换撑 │→│ 第二道支撑拆除     │→
└──────────────┘   └──────────────────┘   └──────────────────┘   └──────────────────┘

┌──────────────┐   ┌──────────────────┐   ┌──────────────────┐   ┌──────────────────┐
│ 第一道支撑拆除 │→│ 地下室顶板施工     │→│ 负一层外防水       │→│ 基坑周边回填       │→
└──────────────┘   └──────────────────┘   └──────────────────┘   └──────────────────┘

┌──────────────┐
│ 立柱桩拆除     │
└──────────────┘
```

图 3　基坑支撑拆除总体流程示意图

4　基坑内支撑拆除施工要点

4.1　区域拆除关键要点

4.1.1　A 片区拆撑

　　A 片区支撑体系整体原则为拆除现浇混凝土加强板后，先拆连系梁，然后拆支撑梁，连系梁按对撑拆除原则。

4.1.2　B、C 片区拆撑

　　根据现场施工条件，B 片区及 C 片区同一道内支撑分开拆除。即 B 片区地下室先行施工，对应内支撑先进行拆撑。考虑到 B 片区先拆撑对大圆环的影响，基坑设计单位在大小圆环之间的加强板带

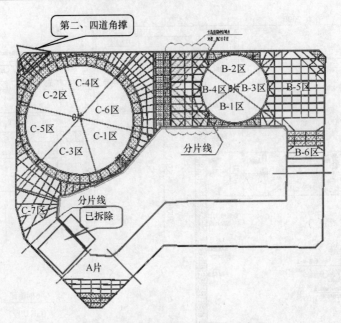

图 4　基坑支撑拆除区域划分示意图

处设置新的支持传力系统，新增支撑梁强度需达到 90％以上，方可进行 B 片区内支撑的拆除。

4.2　拆除支撑时换撑关键要点

4.2.1　肥槽回填及换撑要点

（1）基坑周边内支撑段负一层楼板以下肥槽回填料采用 C15 素混凝土，该素混凝土起到换撑板带的作用。

（2）地下室底板换撑带采用素混凝土，混凝土等级采用 C15（临近基坑地下室底板强度达到 90％后施工素混凝土板带），拆撑范围地下室周边满填。

（3）地下室楼板换撑（分为地下室外墙和中心土体部分）

地下室外墙楼板换撑，换撑板带采用素混凝土，沿拆撑范围地下室周边满填，混凝土等级为 C15；中心土体地下室楼板换撑，换撑采用换撑腰梁（示意图如图 5 所示），结构梁板通过腰梁与中心土体支护桩共同形成受力体系。

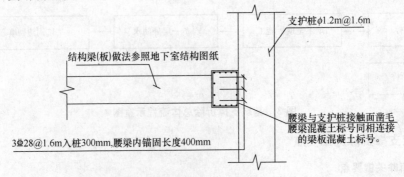

图 5　换撑腰梁示意图

4.2.2　地下室后浇带及楼板开洞口换撑要点

底板后浇带位置采用工字钢（I36c，材料 Q345B）换撑，H 型钢通过锚板（400×180×16）进行连接，H 型钢与锚板连接处均满焊，h_f 不小于 8mm，并确保工字钢与底板连接紧密（示意图如图 6 所示）。

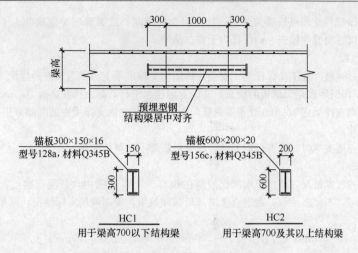

图6　地下室底板后浇带换撑示意图

4.2.3　地下室外墙后浇带换撑要点

地下室外墙后浇带位置采用 H400×400×13×21@2000 型钢换撑，H 型钢通过封头板与底板连接，封头板为−500×500×12，H 型钢与封头板连接处均满焊，h_f 不小于 8mm，并确保 H 型钢与底板连接紧密（示意图如图 7 所示）。

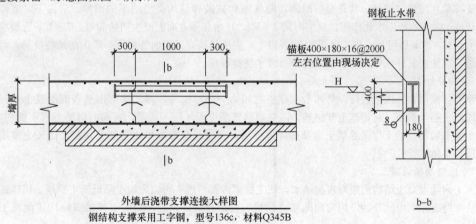

图7　地下室外墙后浇带换撑示意图

4.3　支撑拆除施工要点

支撑拆除采用静爆拆除，利用 SCA-3 型静态膨胀剂把混凝土充分破碎，PC40（4.3t）或 PC60-7（6.3t）小型炮机配合。

4.3.1　支撑梁拆除条件

根据基坑支护设计图纸设计"先撑后拆"的要求，要拆除第一道～第四道内支撑梁前，必须满足下述技术要求，方可开始拆除工作。

（1）拆撑前应使相应层梁板结构可靠连接在支护桩上；

（2）梁板结构混凝土强度应达到 90％以上；

（3）负二层、负一层墙板结构施工完成后，采用 C15 素混凝土将负二层、负一层梁板以下部位与基坑四周支护桩填充密实（非中心土体部分），同时将中心土体部分梁板按设计图纸与支护桩相连，当混凝土传力带达到设计强度，形成连续的传力带后方可拆除第一道～第四道水平支撑。

4.3.2　清理内支撑梁灌药孔

清孔采用手提式电动拌合机，利用钻杆钻进带动纸屑杂物上升，从而清出纸筒及杂物。支撑梁上的灌药孔清理干净后须立即进行覆盖防护，防止因杂物堵塞，二次清理导致额外人工损耗及工期拖延。灌药前对孔口进行验收检查，确保孔内干燥、洁净。

4.3.3 搭设脚手架

（1）为便于拆除破碎施工及保证施工安全，拆除内支撑前沿支撑梁通长方向搭设 4 排立杆，纵向间距为 1.5m，横向间距根据脚踏板的位置；共设置两排水平杆，第一排在离地 200mm 处设纵横向扫地杆，第二排在离支撑梁底 450mm 处布置纵横向水平杆；并在内支撑梁底的两侧分别外扩 1m，两侧内满铺一层钢笆片。

（2）拆除第一道支撑时，需加设剪刀撑，以便提高脚手架整体稳固。

4.3.4 配制膨胀剂

根据深圳市的气候情况，严格把水灰比控制在 0.28～0.33 范围内，目测观察使其成为具有流动性的均匀浆体即可，不易多加水，否则会急剧降低破碎效果。根据现场实际情况，采用如下静态爆破参数：

膨胀孔直径：$d=36mm$；孔间距：$200～300mm$；排间距：$200～250mm$；孔深：$h=2/3h$。

4.3.5 灌注膨胀剂

配制搅拌好的浆体按"先四周，后中间"，"先外侧，后里侧"的顺序，连续密实的灌入孔洞内。桶内倒出的浆体保证连续不断，以防止形成空气夹层，直到灌满孔洞为止。一次搅拌好的浆体要在 10min 内全部用完，竖向孔直接灌满孔洞即可，灌孔必须密实。

4.3.6 支撑梁开裂

支撑梁在灌浆完成后，其开裂的时间，随气温和被破碎结构类型的不同而异。常温下，灌浆后 30～40min 内开始产生水化作用，反应时间 3～5h，开始在作业面上产生初始裂缝，7～10h 后裂缝不断加大，12～15h 后可达总破碎效果的 70% 以上，温度越高，开裂时间越短。产生初始裂纹后，可用水浇透，以加快其膨胀作用，常温下用普通清水浇缝即可。

4.3.7 钢筋切割

钢筋切割以划分区域进行，每两个立柱桩之间为一个切割段，将支撑梁钢筋表面混凝土全部剥除，露出主筋及箍筋。只切割上部钢筋，两侧的钢筋至少留 4 根不能割，底部的钢筋全部不能切割，待每个施工切割段的支撑梁混凝土全部破碎完毕后，再进行全部支撑梁钢筋的切割，保证支撑梁钢筋维持其整体连续性。

4.3.8 风镐剔除混凝土

人工剔除混凝土结构前应对表面浇水，使支撑梁内部渗透。可以大幅度降低粉尘飘扬。风镐破碎方向从每跨支撑梁中间开始，均匀向两端立柱桩方向进行破碎，且每跨的支撑梁破碎均按此施工方式进行。

4.3.9 立柱桩拆除

立柱桩拆除也采取静爆拆除，支柱拆除必须是在所有支撑梁全部拆除后进行，拆除的顺序是由上至下分段；按照分段的长度用手持式风镐将立柱表面混凝土凿开，露出钢筋后再用气割将钢筋切断。

4.3.10 渣土清理外运

因场地狭小，所破碎的混凝土碎块不能大量堆放，应当天渣土当天清理干净，全部破碎渣土从坑上向场外运输到指定地点。清运原则是：破碎一部分，清运一部分，现场不得堆放渣土。

5 基坑监测

基坑监测的主要项目有：地表沉降及位移、建筑物及地下管线变形、水位观测、桩顶水平位移及沉降、土体水平测斜、桩侧土压力、桩内力、支撑轴力及立柱沉降变形等监测。基坑开挖后，每周将变形监测结果上报地铁公司。支撑刚开始拆除到拆除完成后 3d 内基坑拆撑时监测频率为 1 次/d。

据监测报告统计，边坡稳定性好，立柱桩累计水平位移值均在 10mm 以内，立柱桩累计竖向位移值均在 20mm 以内。

6　结语

本工程内支撑拆除施工，通过合理安排拆除的施工顺序，并应用了静态爆破拆除，控制了基坑变形，确保了基坑安全和周边地铁运行安全，充分证明本工程超深基坑内支撑拆除施工技术方案科学合理，对同类工程具有一定的借鉴意义。

参考文献

［1］　北京建工集团有限责任公司. JGJ 147—2004. 建筑拆除工程安全技术规范［S］. 北京：中国建筑工业出版社，2005.

［2］　周予启，任耀辉，刘卫未，贾金永. 深圳平安金融中心超深基坑混凝土支撑拆除关键技术［J］. 施工技术，2015(1)：32-36.

［3］　建筑施工手册编写组. 建筑施工手册［M］. 北京：中国建筑工业出版社，2003.

快速穿透地基残积层大桩径桩基冲击成孔施工技术

陈惠敏

（长沙市市政工程有限责任公司，长沙　41001）

摘　要：通过在地基残积层冲击面布设一定规格、数量的钢筋头，形成脱锤面实现快速穿透地基残积层大直径桩基冲击成孔施工新技术。在冲击过程中由钢筋头形成的脱锤面先行对残积层进行了扰动，且能较好地减少冲击面胶结物与锤头的粘结力，降低冲击过程中粘锤的风险、提高了成孔效率、减少了外弃泥浆。

关键词：快速穿透；粘锤处理；地基残积层；桩基础；泥浆处置

1　前言

冲击成孔以其广泛的适应性、可靠性在公路、铁路、房屋建筑以及城市轨道交通的桩基施工方面广泛应用，而在穿透地基残积层过程中，因残积层处在岩层交接面上方，系下伏岩石风化残积而成，冲击较困难，施工过程常出现粘锤且不进尺，采用在桩孔内倾倒片石等常规措施，会增加大量外置泥浆且效果不理想。为提高成孔质量、加快成孔效率，本技术采用在残积层冲击面布设一定数量的钢筋头废料，形成脱锤面，并多次测试和试验，得出施工的具体技术参数，克服了残积层冲击困难、成孔工期长的难题。

2　工艺原理

（1）在残积层冲击面布设钢筋头，形成脱锤面，因钢筋为憎水、韧性材料，又能减少冲击面残积层与锤头的净接触面积，减少其黏结力，降低粘锤概率；减少吊车等设备的占用、钻孔的中断时间，降低塌孔、缩颈的风险。

（2）布设的钢筋头硬度显著高于冲击面残积层，在锤头冲击过程中钢筋头对地基层冲击面先进行了扰动，在实际应用中减少了残积层的内摩擦角、凝聚力，有效降低了地基抵抗剪切破坏的能力，克服了冲击较困难，保证了桩基正常进尺。地基抗剪强度见式1所示，地基抗剪强度，在垂直压力作用下的剪切强度，即

$$\tau = \sigma\tan\varphi + c$$

式中　τ——地基抗剪强度（kPa）；

　　　σ——冲击面上的法向应力（kPa）；

　　　φ——地基的内摩擦角；

　　　c——地基的凝聚力（kPa）。

（3）在残积层冲击面布设的钢筋头重度远大于岩石且抗拉性能、冷弯性能、冲击韧性、耐疲劳性均优于岩石，且部分嵌入地基层中，保证了钢筋头不易破碎，同泥浆一同排除，确保了桩基钻进施工连续，锤头破碎地层、挤密井壁，钻进与排渣同时，达到同步进尺的目的，减少外弃泥浆的排放，提高清孔效率，加快了施工工期。

3　工艺流程及操作要点

3.1　工艺流程（图1）

在施工前，先对钻孔中心进行校对、钻机就位，冲击造浆，根据施工现场情况及勘察报告，适时

配置泥浆；冲击桩基下半部分过程中，逐渐出现粘锤、进尺缓慢，提出锤头，根据桩基大小在冲击面布设一定数量、尺寸的钢筋，形成脱垂面，低幅高频完成初始造浆冲击后，正常冲击快速穿透残积层成孔。

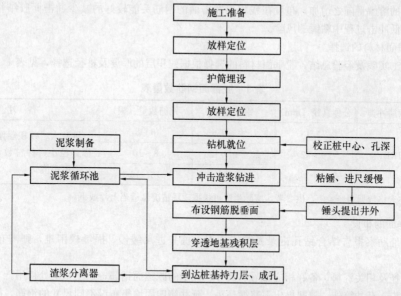

图 1 施工工艺流程

3.2 操作要点

（1）桩机就位及泥浆制备

① 在保证罐车、吊车、钻机等作业平台为前提，满足多孔循环利用的前提下，开挖好泥浆循环池，单桩泥浆池体积大小宜为 $V_{池} \geqslant 2.5V_{桩}$，在泥浆池周边码砌土袋或沙袋，防止泥浆外溢、雨水汇流，安置防护栏。

② 桩机就位，先对主要机具及配套设备进行检修，对机床下地基进行处理（回填块石、枕木等），防止施工过程机床沉降，导致钻头偏位。放置钻机的起吊滑轮线、锤头和钻孔中心线三者应在同一铅垂线上，其校核偏差应不大于 2cm。

③ 架设好泥浆泵，扒杆固定、手拉葫芦调节入水深度，根据桩深调节输浆管长度。

④ 钻孔泥浆配制有两种方法，一是利用地层中的黏土层，进行清水钻进冲击造浆。二是用优质膨润土人工制造泥浆。钻孔中泥浆比重一般地层 1.1～1.3，松散地层 1.3～1.4，粘度在 23～28s 左右。正循环靠悬浮钻渣泥浆护壁、排渣，钻进与排渣同时进行，泥浆比重较大。

（2）布设钢筋脱锤面

① 分析地基残疾层的工程特性

根据地勘报告残积土多为结构致密，但吸水性强，遇水后易膨胀和软化，具塑性和强压缩性，冲击较困难的特性；同时具备不均匀性及各向异性，因风化程度各异，残积土中的硬化层和软弱夹层共同形成地基残积层，产生了残积层中的原生和次生裂隙，导致残积土具有显著的不均匀性及各向异性，而且其原生及次生结构面强度明显低于原地基强度。

② 冲击面布设钢筋头扰动地基残积层

残积土因其成因而具有特定的结构，并保留着原岩一定的残余结构强度，同时由于其通常含有较多的砂砾碎屑（特别是砂砾质残积土），因此在钻孔冲击过程中，通过布设一定规格、数量的钢筋头对残积层冲击面进行扰动而破坏其结构性，降低残积层的压缩模量 E_s、凝聚力 c 及内摩擦角 φ，使其结构强度损失，保证了进尺。

③ 布设钢筋头降低冲击面胶结物与锤头的粘结力

冲击成孔过程中，冲击面残积土随着含水量的增加，其强度降低、压缩性增大呈现明显的软化性。冲击面地基残积层含水量不断增大，对残积土的不利影响是通过对土中胶结物含量的影响而产生。残积土含有较多游离氧化物，游离氧化物可溶于水，土体含水量的增加，在土体中起胶结作用的游离氧化物的溶解量随之增加，布设在残积层冲击面的钢筋头能较好的减少冲击面胶结物与锤头的黏结力，降低冲击过程中粘锤的风险。

④ 脱锤面材料的选择

通过施工实践及经验总结，脱垂面材料的选择根据残积层的厚度及桩径选择，见表1。

表 1　脱锤面钢筋数量表

序号	钢筋种类	公称直径（mm）	钢筋尺寸	钢筋数量（根）	备　注
1			$L = \pi D/6$	6～8	桩基大、残积层厚及钢筋公
2	HRB400	20～32	$L = \pi D/12$	8～10	称直径小，材料数量取大值，
3			$L = \pi D/20$	12～16	反之取小值

注：上述表格数据为经验值，供参考，实际生产可根据现场情况做适当上浮或下调。

⑤ 脱垂面的布设

根据地址勘察报告结合钻孔记录及施工现况，桩基进尺缓慢，提锤较困难，则需布设钢筋脱锤面。

根据桩径及相关资料，备好相应型号、尺寸、数量的脱锤面钢筋，运至钻机处待用。

提起锤头，至井筒外，随即提出泥浆循环头，延井筒四周均衡布设不同尺寸的钢筋，待钢筋下落至桩基冲击面。

将锤头提入井筒内，高频低幅冲击造浆，逐步将钢筋嵌入残积层，对地基进行扰动，在冲击面处形成脱锤面，沉放泥浆循环头，防止泥浆沉淀，导致垮孔等风险，低幅冲击>30min方可正常钻进。

（3）穿透地基残积层、成孔

① 钻孔中应保持孔内泥浆比重，并根据地质变化与钻进速度及时调整泥浆比重，对孔内泥浆的性能进行检测，不符合要求是及时进行调整，以保证钻渣的悬浮和孔壁护壁。每钻进2m或地层变化处（钻桩进度突变处），应捞钻渣样品，查明土类并记录，以便与设计资料核对。及时做好钻孔记录及交接班记录。

② 冲击钻机钻进应随时检查钢丝绳断丝、断股和绳卡的紧固，防止掉锤事故。钻机运行时，根据地质变化与钻进速度，适当调整冲击钻冲程，经常进行锤头补焊，随时检查锤径，通过全站仪、引桩监测机床沉降和钻孔倾斜度，借助千斤顶、枕木等及时调整。

③ 当钻孔深度达到设计要求时，对孔深、斜度、孔径和孔位进行检测，符合要求后，经监理工程师认可，进行初次清孔和吊装钢筋笼的准备工作。

④ 初次清孔常利用钻机循环系统，通过泥浆循环调节泥浆比重、含砂率、进行清孔排渣，清孔过程必须保持孔内水头，防止塌孔。不得用加深钻孔深度的方式代替清孔。

4　工程对比运用及效益分析

4.1　工程运用试验对比

长沙市湘江大道沙河大桥一期工程，全长847.205m。上部结构为现浇箱梁，基础采用独立桩基础，共有58根冲击成孔灌注桩，其中φ2800mm桩基8根，φ2200mm桩基34根，φ1500mm桩基16根。根据工程地质勘察报告，本工程的桩基需穿透的残积层系下伏花岗岩风化残疾而成，厚度为0.7～22m，为确保程控质量及工期要求，对残积层物理力学指标进行试验后，选取φ2200mm的25～1#桩基、25～2#桩基，残积层均约为18m、桩长均为51.3m且其它地址条件基本一致的情况下，对比进行了常规施工方法、运用本技术成孔的对比试验（图2）。通过试验，综合分析应用本技术所产生的经济、环保、节能和社会效益显著，进一步验证了该技术的先进性、实用性、且操作简单，现已在公司类似工程全面推广、运用。该技术于 2015 年申报、评审为省级工法、该项目于 2015 年申报了全国市政金杯示范工程。

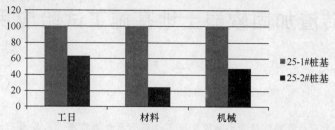

图 2 日、料、机消耗量转化为费用的比较（百分比）

4.2 工程效益分析

（1）在残积层冲击面布设钢筋头，形成脱锤面，因钢筋为憎水、韧性材料，又能减少冲击面残积层与锤头的净接触面积，减少其粘结力，降低粘锤概率；减少吊车等设备的占用、钻孔的中断时间，降低塌孔、缩颈的风险。

（2）布设的钢筋头硬度显著高于冲击面残积层，在锤头冲击过程中钢筋头对地基层冲击面先进行了扰动，在实际应用中减少了残积层的内摩擦角、凝聚力，有效降低了地基抵抗剪切破坏的能力，克服了冲击较困难，保证了桩基正常进尺。

（3）运用该工法，大直径桩基冲击成孔过程中遇残积层导致桩孔冲击困难、进尺缓慢、锤头不能正常起落等情况，不再使用片石回填、结合黏土造浆处理，极大的减少了片石的利用及其形成的弃渣和外弃泥浆，减少了人工、材料、机械的用量，降低了工程成本。

（4）通过布设钢筋脱锤面，克服了地基残积层冲击困难、粘锤、不进尺现象，提高了成孔率，降低了冲击钻机的能耗、片石的耗用、减少了噪音污染，弃渣及外弃泥浆的外运及处理，环保效益、节能效益显著。

5 总结

该技术在成孔过程中，根据桩径大小及残积层交界岩面岩石的种类在残积层冲击面布设一定数量的钢筋头废料，形成脱锤面，因钢筋的硬度远超残积层，在冲击过程中由钢筋头形成的脱锤面先行对残积层进行了扰动、且不易被打碎而随泥浆流出，克服了残积层冲击困难、成孔工期长的难题，降低了塌孔风险、提高了成孔效率、减少了外弃泥浆等。施工取材方便、工艺简单、操作容易，不需外接其它大型辅助设备，破解了残积层冲击难、工期长，保证了成孔安全、成孔质量，为安全生产、文明施工创造条件。大大加 快了桩基施工速度，为其它后续工作争取了时间，其社会效益、综合效益显著。

参考文献
[1] JTG/T F50—2011. 公路桥涵施工技术规范[S].
[2] 建筑施工手册，第五版[M]. 北京：中国建筑工业出版社.
[3] 建筑施工计算手册，第三版[M]. 北京：中国建筑工业出版社.
[4] 土质学与土力学，第三版[M]. 北京：人民交通出版社.

建筑砖渣加固软弱土地基施工试验应用研究

李天成　王贵元

（湖南长大建设集团股份有限公司，长沙　410009）

摘　要：软弱地基经过砖渣土加固处理不仅满足承载力要求，同时由于比传统地基处理所用材料的费用低，而且对建筑垃圾再生循环进行利用，减少其对生态环境破坏，促进经济可持续发展，具有重要的现实意义和经济价值。

关键词：地基加固处理；砖渣加固；建筑垃圾治理；再生循环利用；软弱地基；地基承载力；生态环境；经济可持续发展

由于国民经济高速发展，全国每年产生数以亿吨建筑垃圾，其中建筑砖渣占 60% 以上，巨量建筑垃圾对生态环境造成巨大破坏，国家每年耗费巨资进行建筑垃圾治理；如何变废为宝，开发建筑垃圾再生循环进行利用，特别是建筑砖渣加固软弱土地基施工，减少其对生态环境破坏，促进经济可持续发展，具有重要的现实意义和经济价值。本文以我公司在长沙暮云工业园施工的鑫根科技开发有限公司暮云生产车间项目中的砖渣地基加固工程为例，对建筑砖渣土处理软弱地基技术进行研究开发。

1　工程概况

湖南鑫根科技开发有限公司暮云生产车间为三层建筑，建筑高度 21m，建筑面积 29261m²。其室内地面场地面积约 11858m²，室内地面原状土层约 0.8~1.0m 厚回填土，经试验其原状土层地基承载力不足 160kPa，无法满足项目投产后车间地面所需的 180kPa 的地基承载力要求，为此我们经过反复试验，决定采用建筑砖渣加固软弱土地基。此方法既满足上部搭设支模架要求对地基的要求，同时又将改造后的基础地面作为车间地坪底基层，为工程节约可观的建设施工费用，取得良好的经济效益和社会效益。

2　建筑砖渣土室内颗粒分析

本工程的砖渣主要采用附近的建筑所产生的建筑砖渣，为了做好本次地基土的加固工作，我们首先对具有代表性的砖渣进行室内颗粒分析。

2.1　建筑砖渣土样级配分析

试验结果见表 1 和图 1。建筑砖渣土的粒径分布范围 0.075~40mm，粒径分布非常大。建筑砖渣土 $d_{60}=8mm$，$d_{30}=1mm$，$d_{10}=0.25mm$，因此试样 $C_u=32$，$C_c=0.5$，属于级配不良的土样。

表 1　建筑砖渣土筛分表

孔径 （mm）	试验一			试验二			试验三		
	累计留筛质量（g）	小于该粒径质量（g）	小于该粒径百分比（%）	累计留筛质量（g）	小于该粒径质量（g）	小于该粒径百分比（%）	累计留筛质量（g）	小于该粒径质量（g）	小于该粒径百分比（%）
60	0	0	100	0	0	100	0	0	100
40	703.46	4513.98	86.52	703.46	4513.98	86.52	703.46	4513.98	86.52
20	912.53	3601.45	69.03	912.53	3601.45	69.03	912.53	3601.45	69.03
10	681.14	2920.31	55.97	681.14	2920.31	55.97	681.14	2920.31	55.97

续表

孔径 （mm）	试验一			试验二			试验三		
	累计留筛 质量 （g）	小于该粒 径质量 （g）	小于该粒 径百分比 （%）	累计留 筛质量 （g）	小于该粒 径质量 （g）	小于该粒 径百分比 （%）	累计留筛 质量 （g）	小于该粒 径质量 （g）	小于该粒 径百分比 （%）
5	552.92	2367.39	45.37	552.92	2367.39	45.37	552.92	2367.39	45.37
2	588.33	1779.06	34.10	588.33	1779.06	34.10	588.33	1779.06	34.10
1.0	162.91	1616.15	30.98	162.91	1616.15	30.98	162.91	1616.15	30.98
0.5	475.1	1141.05	21.87	475.1	1141.05	21.87	475.1	1141.05	21.87
0.25	606.34	534.71	10.25	606.34	534.71	10.25	606.34	534.71	10.25
0.075	516.28	18.43	0.35	516.28	18.43	0.35	516.28	18.43	0.35
<0.075	18.43	0	0.00	18.43	0	0.00	18.43	0	0.00

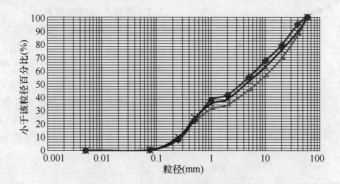

图1　建筑砖渣土样级配曲线图

2.2　密度

采用环刀法对建筑砖渣土进行密度测定。由表2可知试验密度为 1.758g/cm^3 。

表2　建筑砖渣土密度试验

土样编号	环刀1	环刀2	环刀3	环刀4
环刀质量（g）	43.02	42.9	53.08	53.82
环刀＋土质量（g）	144.08	153.5	180.32	189.29
土质量（g）	101.06	110.6	127.24	135.47
环刀体积（cm³）	60	60	75	75
密度（g/cm³）	1.684	1.843	1.697	1.806
平均密度（g/cm³）	1.758			

3　建筑砖渣土加固地基现场试验研究

3.1　试验概要

现场试验采用浅层载荷平板试验。试验现场及加载与监测系统见图2、图3所示，试验分4种工况：原状土层、15cm砖渣土层、30cm砖渣土层和50cm砖渣土层。试验步骤如下：

（1）承压钢板尺寸 0.5m×0.5m；

（2）试验平台宽度不小于承压板宽度的三倍，保持试验土层的原状结构和天然湿度，拟试压地面用粗砂或中砂层找平，其厚度不超过 20mm；

　　（3）加荷分级不少于 8 级；

　　（4）每级加载后，按一定时间间隔测读沉降量，沉降稳定后进行下一步加载；

　　（5）当出现如下情况之一时，即可终止加载：

　　①承压板周围的土明显侧向挤出；②沉降（s）急骤增大，荷载～沉降（$p\sim s$）曲线出现陡降段；③在某一级荷载下，24 小时沉降速率不能达到稳定；④沉降量与承压板宽度之比大于或等于 0.06。

　　当满足前三种情况之一时，其对应的前一级荷载定为极限荷载。

　　（6）同一土层参加统计的试验点不少于三点

　　承载力特征值的确定应符合下列规定：①当 $p\sim s$ 曲线上有比例界限时，取该比例界限所对应的荷载值；②当极限荷载小于对应比例界限的荷载值的 2 倍时，取极限荷载值的一半；③当不能按上述二条要求确定时，可取 $s/b=0.01\sim0.015$ 所对应的荷载，但其值不应大于最大加载量的一半。

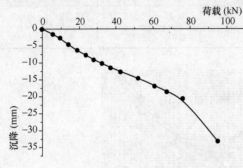

图 4　原状土测点 1 $p\text{-}s$ 曲线

同一土层参加统计的三个试验点，当试验实测值的极差不超过其平均值的 30% 时，取此平均值作为该土层的地基承载力特征值 f_{ak}。

3.2　原状土层试验结果

　　通过处理现场试验数据得到原状土层 3 个试验点的荷载～沉降（$p\text{-}s$）曲线，如图 4～图 6 所示。根据上文所述承载力特征值的确定方法，图 4～图 6 三幅图中荷载达到 80kN 左右时，沉降量明显急剧增大，故将此比例界限对应荷载作为承载力特征值，依次为 76.5kN、83.5kN 和 80.5kN，故原状土层地基承载力为 160kPa。

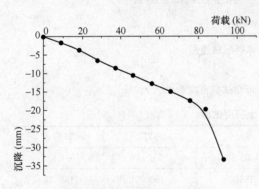

图 5　原状土测点 2 $p\text{-}s$ 曲线

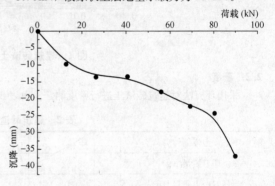

图 6　原状土测点 3 $p\text{-}s$ 曲线

3.3　15cm 建筑砖渣土加固地基土层试验结果

　　通过处理现场试验数据得到 15cm 砖渣土层 3 个试验点的荷载～沉降（$p\text{-}s$）曲线，如图7～图 9。三幅图中荷载达到 90kN 左右时，沉降量明显急剧增大，故将此比例界限对应荷载作为承载力特征值，依次为：85.5kN、86.5kN 和 85.5kN，故 15cm 厚砖渣土层地基承载力特征值为：171.7kPa。

3.4　30cm 建筑砖渣土加固地基土层试验结果

　　通过处理现场试验数据得到 30cm 砖渣土层 3 个试验点的荷载～沉降（$p\text{-}s$）曲线，如图

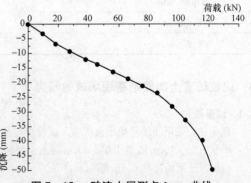

图 7　15cm 砖渣土层测点 1 $p\text{-}s$ 曲线

10～图 12。三幅图中荷载达到 100kN 左右时，沉降量明显急剧增大，故将此比例界限对应荷载作为承载力特征值，依次为：87.5kN、97.8kN 和 97.0kN，故 30cm 厚砖渣土层地基承载力特征值为：188.2kPa。

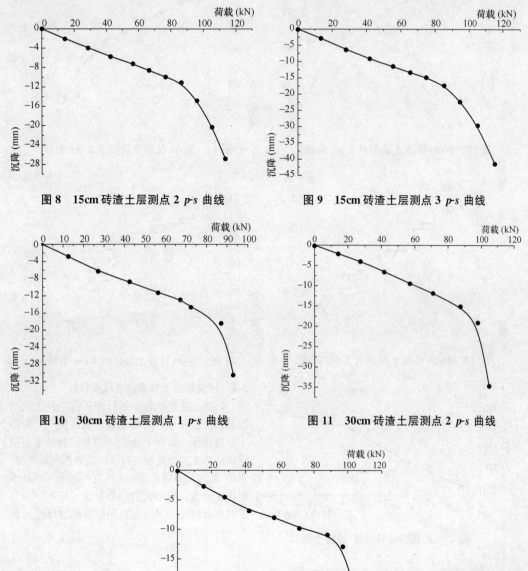

图 8　15cm 砖渣土层测点 2 *p-s* 曲线　　　　　图 9　15cm 砖渣土层测点 3 *p-s* 曲线

图 10　30cm 砖渣土层测点 1 *p-s* 曲线　　　　图 11　30cm 砖渣土层测点 2 *p-s* 曲线

图 12　30cm 砖渣土层测点 3 *p-s* 曲线

3.5　50cm 建筑砖渣土加固地基土层试验结果

50cm 厚砖渣土共测 4 个点，前两个为机械百分表测量，后两个测点为电子百分表采集位移数据，根据试验结果绘制的 *p-s* 曲线如图 13～图 16 所示。根据承载力特征值确定方法，观察四幅 *p-s* 曲线形状，得知四个测点对应的承载力特征值依次为：91.3kN、97.5kN、101.6kN、103.7kN，所以 50cm 厚的砖渣土加固的地基承载力特征值为：197.1kPa。

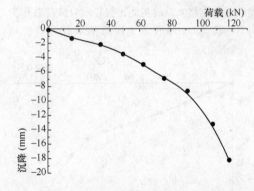

图 13　50cm 砖渣土层测点 1 *p-s* 曲线

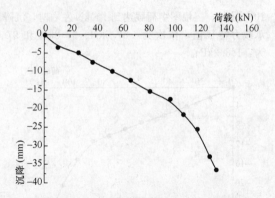

图 14　50cm 砖渣土层测点 2 *p-s* 曲线

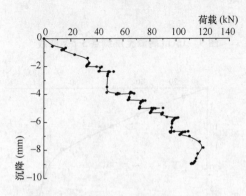

图 15　50cm 砖渣土层测点 3 *p-s* 曲线

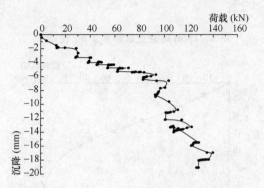

图 16　50cm 砖渣土层测点 4 *p-s* 曲线

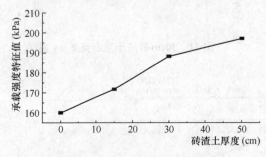

图 17　地基强度特征值-砖渣土厚

3.6　建筑砖渣土加固地基效果分析

　　根据上文对试验数据处理所得四种工况的地基强度特征值，绘制地基承载强度——砖渣土厚度曲线，如图 17 所示，现场试验结果表明建筑砖渣土加固地基能有效提高地基承载强度。图 17 曲线显示随着砖渣土厚度的增大，地基承载强度增大，但增大的趋势放缓。将在下一节中利用数值模拟手段对加固结果和与厚度的关系进行验证研究。

4　建筑砖渣土加固地基荷载板试验数值模拟研究

4.1　计算模型

　　采用有限元软件 MAIDAS 建立 1：1 三维试验模型，导入岩土专业软件 FLAC3D，分级加载，以 10kN 为一级，记载板底沉降量的大小，分析七种工况下的模拟地基承载力。七种工况分别为：原状土层、500cm 砖渣土、15cm 砖渣土层、30cm 砖渣土层、50cm 砖渣土层、70cm 砖渣土层和 90cm 砖渣土层。研究砖渣土厚度对地基承载力的影响规律，从而更好地利用砖渣土加固地基这种施工技术。

　　图 18 中模型 Group1 为钢板模型，尺寸 0.5m×0.5m，Group2 为表层砖渣土层；Group3～5 为原地基层，为了便于计算分析，分为三层，越往上网格尺寸越接近钢板，有利网格之间的耦合同时兼顾计算高效性。计算模型参数见表 3。计算收敛标准采用 mech-ratio 小于 1e-5。钢板的尺寸为 0.5m×0.5m×0.2m，模型中钢板高度设定为 0.5m，砖渣土厚度分别为 0.15m，0.30m，0.50m，0.70m 和

0.90m，见表 4。地基尺寸为 11.0m×11.0m×5.0m。单位数量为 26466 个。

表 3　数值模型基本参数表

材料名称	弹性模量（MPa）	泊松比	体积模量（MPa）	剪切模量（MPa）	粘结力（kPa）	内摩擦角度（°）	膨胀角（°）	密度（kg/m³）
钢板	$2.06×10^5$	0.25	$1.373×10^5$	$8.240×10^5$	—	—	—	7800
砖渣土	56.0	0.25	37.33	22.40	10（设定）	35（设定）	10（设定）	1758
原地基土	5.60	0.25	3.733	2.240	10（设定）	18（设定）	10（设定）	1758

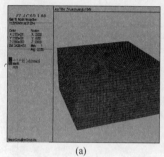
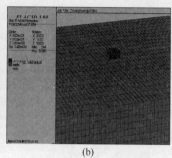
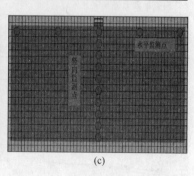

(a)　　　　　　　　　(b)　　　　　　　　　(c)

图 18　计算模型

表 4　数值模拟计算工况及模拟结果

序号	砖渣土厚度（cm）	模拟最大位移（mm）								
工况一	0.0	0kN	10kN	20kN	30kN	40kN	50kN	70kN	80kN	100kN
		0	2.72	5.6	9.6	17	24.2	55	94	180
工况二	500	0kN	80kN	360kN	380kN	400kN				
		0	3.4	56	105	141				
工况三	15.0	0kN	10kN	30kN	50kN	80kN	90kN	100kN	120kN	
		0	1.9	6.5	14.2	35	45	58	92	
工况四	30.0	0kN	10kN	30kN	50kN	90kN	100kN	120kN	150kN	
		0	1.4	4.9	10.2	31	39	63	90	
工况五	50.0	0kN	10kN	30kN	50kN	90kN	110kN	150kN	180kN	
		0	1.1	3.6	7.2	20.5	31	58	107	
工况六	70.0	0kN	10kN	30kN	70kN	90kN	110kN	150kN	210kN	230kN
		0	0.8	2.5	7.6	12	18	36	82	140
工况七	90.0	0kN	10kN	70kN	110kN	150kN	190kN	230kN	270kN	300kN
		0	0.65	5.6	12	24	40	60	90	130

4.2　模拟结果与分析

根据数值模拟结果和现场试验结果进行对比分析，上节绘制的 *P-S* 曲线可以得到各种工况下的极限荷载，如表 5 所示，从表可知，原状土承载力特征值数值模拟结果和现场试验结果比较接近，分布为 160kPa 和 140kPa。从图 19 和图 20 中可以看出，在建筑砖渣层厚度不超过 50cm 的情况下，数值模拟结果和现场试验结果吻合的比较好，但是随着的厚度的增加，理论上加固地基承载力有明显的增加。70cm 和 90cm 厚度的建筑砖渣层加固地基承载力特征值分别达到的 420kPa 和 500kPa，接近全建筑砖渣土地基承载力特征值 700kPa，但是考虑实际施工条件，往往提高效果会有一定的降低，需要对承载力特征值提高幅度进行折减。

表 5　建筑砖渣土层加固对承载力影响分析表

工况	原状土层	建筑砖渣土层加固厚度				
		15cm	30cm	50cm	70cm	90cm
数值模拟极限承载（kPa）	140	160	200	300	420	500
模拟承载力提高度（%）	0	14.3	42.9	114.3	200	257.1
现场试验（kPa）	160	171.7	188.2	197.1	—	—
试验承载力提高度（%）	0	7.31	17.63	23.19		

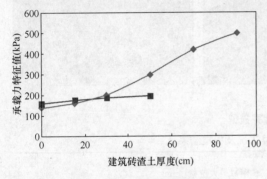

图 19　不同砖渣厚度下地基承载力

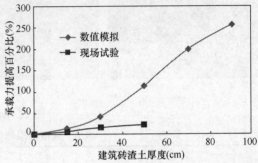

图 20　建筑砖渣土厚度对地基承载力的影响曲线

5　施工现场建筑砖渣土地基改造

　　根据以上的现场试验以及荷载板试验数值模拟分析结果，我们在原状土上回填 40cm 厚的砖渣来做地基，通过检查，砖渣土加固地基采用砖渣土、水泥及混凝土块灰等建筑垃圾混合物，经分层夯（压）实，作为地基的持力层，提高基础下部地基强度，并通过压力扩散作用，降低地基的压力，减少变形量。其加固后的砖渣加固地基其地基承载力达到 190kPa 以上，很好地满足了车间设计中对地基承载力的要求，此方法比将回填土挖除换填，或其它复合地基处理方式均要节约成本；同时实现了建筑垃圾再生循环进行利用，减少其对生态环境破坏，促进经济可持续发展。

6　总结

　　本研究利用我公司长沙经开区暮云工业园湖南鑫根科技开发有限公司暮云生产车间室内地面工程，进行建筑砖渣土室内试验以及现场载荷板试验和 FLAC3D 数值模拟探究，获得如下主要结论。

　　（1）建筑砖渣土由于含有砖渣、水泥及混凝土块，灰粒径分布范围非常大，粒径集中于 0.075～40mm 区间，属于级配不良的土样。

　　（2）建筑砖渣土的不均匀系数越大，颗粒级配越好，孔隙率越小，渗透系数越小。不同不均匀系数建筑砖渣土的渗透系数均随着试样的干密度增大而减小而趋于恒定。当密度增加一定数值时，试验密度的变化对渗透系数的影响较小。在干密度较大时，渗透系数随不均匀系数增大而减小；在较小干密度情况下，渗透系数随不均匀系数增大而增大而减小，在不均匀系数为 10 时，渗透系数减小到极值，然后随不均匀系数增大而增大。

　　（3）建筑砖渣土加固地基理论上可以大幅度提高地基承载力，工程实践中也是一种有效的软弱地基加固方法。但是当加固厚度较大时，理论分析结果大于现场试验研究结果，推定其原因的施工填筑厚度较大，填筑工艺对土样的力学参数具有较大影响，从而导致现场试验结果小于理论分析结果。建议加强对填筑方式工法研究，保证建筑砖渣土填筑加固质量，从而有效提供建筑砖渣土加固地基承载力特征值。

（4）数值模拟结果表明，地基土的内摩擦角对其承载力具有较大的影响，多层地基土（加固地基）承载力的变化规律介于地基中最大和最小承载力之间，地基承载力与地基中土层分布厚度、土层中粘结力和内摩擦角等力学参数相关。

（5）研究表明砖渣土加固地基时，其承载力提高是有一定限度的，一般小于 $3t/m^2$ 时采用此种加固方法且达到一定厚度的情况下能够满足要求；

对于有重型车辆行驶，或有较大不均匀堆载的厂房车间地面，当荷载情况大于 $3t/m^2$ 时，此种方法则无法满足要求，除非将建筑砖渣用机械打碎至砂石大小后再采用类似砂石桩、灰土挤密桩法等地基处理方法施工，其地基承载力会有更大的提升，本文对此未进行研究。

综上所述，通过这次建筑砖渣加固软弱土地基施工试验应用研究，是有效利用资源，建设资源节约型、环境友好型社会的一次有益尝试，为后续地基处理提供一定的参考作用，但还有很多不足之处，如打碎砖渣采用砂石桩或灰土挤密法施工，进一步完善和改进施工工艺技术来提高地基承载力，都是有待我们后续研究和关注的问题。

参考文献

[1]　中国建筑科学研究院. GB 50007—2011. 建筑地基基础设计规范[S]. 北京：中国建筑工业出版社，2011
[2]　中国机械工业联合会. GB 50037—2013. 建筑地面设计规范[S]. 北京：中国计划出版社，2013.
[3]　江苏省建筑工程管理局. GB 50209—2002. 建筑地面施工及验收规范[S]. 北京：中国计划出版社，2002
[4]　交通部公路科学研究院. JTG E40—2007. 公路土工试验规程[S]. 北京：中国建筑工业出版社，2008
[5]　南京水利科学研究院. GB/T 50123—1999. 土工试验方法标准[S]. 北京：中国建筑工业出版社，2011
[6]　建筑综合勘察研究设计院. GB 50021—2009. 岩土工程勘察规范[S]. 北京：中国建筑工业出版社，2009

论浅谈基坑支护的施工方法

欧长红

（湖南东方红建设集团有限公司，长沙 410217）

摘　要：随着城市中心的高层建筑越来越多，城市建筑数量不断增加，相邻工程的基坑支护形式会互相影响。因此，基坑支护的重要性、安全性不断引起人们的重视。本文围绕基坑支护的施工方法和施工技术进行阐述，提升基坑及相邻建筑物的安全。

关键词：基坑；支护；施工方法

1　基坑支护的设计与管理方法

基坑支护工程，通常应用于城市的中高层建筑，随着城市建设速度不断加快，土地利用率不断提高，造成相邻工程的基坑距离较近，因此相邻建筑物的安全性成为重要的问题。根据工程特点进行基坑支护设计，在保证工程质量的前提下，实现工程成本最小化和施工效率最大化。需做好以下三个部分。

（1）查看施工场地的情况，了解地下管线的分布，对支护段界限进行了解，并结合地质勘察报告了解土质、地下水等情况。

（2）确定工程的具体施工步骤，按照旋挖钻孔灌注混凝土桩施工和后期的土方开挖、锚索和混凝土施工。喷锚的施工阶段应与土方开挖相结合，在将土方开挖深度进行大致的层级划分后，依据实际的开挖情况安排具体的锚索排距，而喷锚的施工需要在喷锚工作面成形后第一时间进行，避免基坑的边坡受天气等外界因素的影响。一般在施工的过程中，依据土方开挖的层级进行施工，喷混凝土施工的时间应当尽量与水泥浆的强度成形状况相联系。

（3）在施工的后期，要通过专业监测单位对现场的位移和沉降情况进行监测，并在土方开挖的层级加深时进行实施的土层状况调查，监测土方开挖过程中支护桩顶部水平位移、支护桩深层位移、竖向沉降值等等。如出现一些相对较大的数据变动时，要及时查明影响因素，例如土层状况、水土合力作用等，从而采取有效的措施来保证施工的安全性。

2　基坑边坡支护的施工方法

2.1　设计要求

桩为旋挖钻孔灌注混凝土，桩身混凝土强度等级为 C30，施工时严格按照设计要求控制桩深。一般设计桩距较近，如不能满足 3 倍以上桩径的安全施工间距要求，在施工时应实行跳打方法，以保证成桩的施工质量。

（1）钻（挖）干成孔技术要求

① 埋设护筒时如果场地中杂填土较厚、松散，必须将埋设的护筒底部穿过杂填土进入粉质黏土层，以保证杂填土不坍塌落入孔底。

② 当钻（挖）到设计要求孔深时必须改用平底清渣钻具将孔底钻渣、泥浆水取出桩底以保证孔底沉渣符合设计要求。

③ 吊装钢筋笼时要高吊慢放垂直安装，不准横位斜插将孔壁泥土带入孔底形成沉渣。

④ 钢筋笼安装好后立即安放导管，导管吊脚高度控制在 0.5～1.0m 之间，不可将导管吊脚离孔底过高以免造成混凝土离释。

⑤ 导管安装完成后立即灌混凝土，灌混凝土时经常反复上下活动导管，利用导管反插来捣实桩

体混凝土。大桩径的桩必要时要采用高压振动棒来捣实桩体混凝土。

（2）泥浆护壁钻孔桩技术要求

① 桩机安装平稳，机身成水平，确保钻孔桩中心位置与设计桩中心重合。全电脑控制仪控制钻杆垂直度、钻孔深度等。

② 桩位用全站仪根据基准点测放，并另外定出一条与桩位平行的基线，以便随时对桩位进行复核，对临时基准点、水准点采取措施保护，不受施工破坏。

③ 施工场地应三通一平，合理安排施工场地，确保施工道路畅通，以便施工材料到位，施工场地不能因积水影响施工，并使施工过程中产生的污水经沉淀、澄清后再利用。合理架设施工用电线路，确保施工安全。

④ 护筒采用 8mm 钢板制作，护筒内径大于桩径 200mm，埋入地下 3～4m，并高出周边地面 30cm，以防钻渣倒灌，埋置好护筒后，在护筒上测放高程标志，并复核护筒中心与桩中心的偏差，偏差控制在 5cm 内。周边用黏土回填夯实以保证位置准确稳定。

⑤ 泥浆以自然造浆为主，如施工需要泥浆供应不足时选用高塑性黏土来制备，泥浆控制比重 1.1～1.3 左右，泥浆搅拌取样送检合格后开钻。泥浆泵设专人看管，对泥浆的质量和浆面高度随时测量和调整/保证浓度合适，停钻时及时补充泥浆，随时清除沉淀池中的杂物，保持纯浆循环供应不中断，防止塌孔和埋钻。

⑥ 成孔深度达到设计桩底标高后，用泥浆泵清孔。在浇筑前孔内的泥浆比重应小于 1.25，含砂率小于或等于 8％，粘度小于或等于 28s。用测锤测出长度与钻孔深度差值确定，孔底沉渣（沉淤）厚度≤50mm。

（3）混凝土浇筑

桩成孔后应及时进行混凝土的灌注，下灌混凝土用内径大于 200mm 的导管，导管灌注前距孔底不得大于 500mm，第一盘料灌注后桩内混凝土面应保证高于导管出料口 800mm 以上，在混凝土面高于导管出料口 2m 以上方可抽拔导管，用导管回插捣实，以后每次拆导管时埋深应保持 2m 以上，导管埋深不得超过 8m。与此同时把溢出孔口泥浆由管沟排至已挖好的沉淀池内，以防止泥浆污染环境。

2.2 锚索钻孔施工要求

作业面的开挖宽度应能满足钻机作业需求，约 5m。且应组织好钻孔所需护壁泥浆的排浆、循环使用需求。由于钻机所需施工面离自然地面有大约 2m 的深度，为防止塌方，对开挖后的边坡及时地进行挂网喷浆施工。

2.3 锚索间距布置

按基坑支护设计图要求的锚索间距和排距定点，钻孔一般直径为 110mm，并按设计要求定出锚索的具体位置和钻孔角度。

2.4 成孔

钻孔设备可根据土层条件选择专门锚索钻机。按支护设计图的锚索间距和排距布孔，调整好钻孔机械角度进行成孔作业，并清理干净孔中的松土和杂物。在钻进过程中，应精心操作，精神集中，合理掌握钻进参数，合理掌握钻进速度。孔深应超过锚索设计长度 0.5～1.0m。若发现孔壁坍塌，应重新钻孔、清孔，直至能顺利送入锚索为止。

2.5 锚索的制安

按设计图纸的直径和长度制作锚索，锚索采用 15.2mm 的钢绞线，强度设计值为 1860MPa。锚索自底端 0.5m 起每隔 1.5m 做一道导正架。钻孔终孔后及时进行替浆和清孔，然后立即插入锚索和注浆管。锚索打入土时，根据已定好的位置，将钢绞线对准打入位置及调较好角度，然后缓缓压入孔中，安放锚索时，应防止索体扭曲、压弯。锚索插入孔内深度不小于设计长度的 95％，也不得超深，以免外露长度不足。锚索安装时，应清除锚索上的杂物，确保索身的清洁。

2.6 锚孔注浆

采用二次注浆工艺，注浆管内端距孔底宜为 50～100mm，二次注浆管的出浆口和端头应密封，确保一次注浆时浆液不进入二次注浆管内。注浆材料采用 P·O32.5 普通硅酸盐水泥，拌制成水泥净浆（水灰比为 0.4～05），加入适量早强剂，28d 浆体的强度等级不低于 12MPa（配合比由试验确定）。

2.7 腰梁施工

按照设计要求进行腰梁施工，确保钢绞线锚索的水平角度及能在腰梁预留孔洞内自由滑动。

2.8 冠梁施工

利用冠梁将每根混凝土桩连接成整体，桩应在冠梁中的位置。

2.9 基坑土方开挖

在土方开挖前做出详细的施工设计，并对基坑开挖施工方法的可行性进行论证，对场地范围内的地下管线及电信、电缆等设施进行全面普查。施工全过程中要加强施工现场管理，采取措施防止因采用机械开挖碰撞而损坏桩或扰动基底原状土。基坑周边设置安全防护栏。冠梁的混凝土强度达到设计强度的 100%，预应力锚索张拉后开始腰梁以下的土方开挖。基坑土方采取分层分段均衡开挖，距坑壁、基底 300mm 采用人工开挖。在基坑的四周设置排水沟和集水井，在集水井内设抽水泵，遇有地下水渗出时，应将水引到集水井，用抽水泵将水排出基坑外。在土方开挖过程中，应对基坑进行监测。

2.10 桩间土挂网喷射混凝土

管桩桩间土采用挂网并喷射混凝土护壁以防止桩间土坍塌或流失，随土方开挖及时进行挂网和喷射混凝土。每个管桩桩间土从桩顶开始竖向每隔 2m 压入一根长为 2m，直径为 48mm 的焊接钢管，钢筋网再与钢管焊接牢固，喷射混凝土使钢筋不得晃动。钢筋网格规格为 φ8@200×200，铺设钢筋网片后清除钢筋上的污泥，钢筋保护层厚度不宜小于 20mm。

4 结束语

在基坑支护工程桩应根据地质条件和周边环境要求确定，但预应力锚索在基坑支护中施工简便、施工期短、成本低和对周围环境影响小，能很好的利用岩土体的稳定性，从而保证基坑的稳定、安全。

长螺旋钻孔压灌桩施工技术在常德地区的应用

郭勇元 刘保国

（中建五局总承包公司，长沙 410004）

摘 要： 长螺旋钻孔压灌桩技术是"建筑十项新技术"之一，即采用长螺旋钻机钻孔至设计标高，利用混凝土泵将混凝土通过钻杆中心孔道从钻头活门底压出，边压灌混凝土边提升钻头至成桩，然后利用专门振动装置将钢筋笼一次插入混凝土桩体，形成钢筋混凝土灌注桩。该施工技术不受地下水位限制，所用混凝土流动性强，骨料分散性好，所用螺旋钻机即可钻孔又可压灌混凝土，混凝土灌注速度快，操作简便，成桩质量好，施工安全，降低造价，尤其适用于地质情况复杂的地区，目前我公司正在湖南常德地区桃花源机场扩建工程中采用该技术。

关键词： 长螺旋钻孔压灌；后插钢筋笼；地质复杂；简便；安全；降低造价

1 前言

随着现代科学技术水平的提高，长螺旋钻孔桩的施工工艺取得了很大的突破，不仅适用于黏性土、粉土、填土，还能在水下的软土、流砂、砂石层等复杂的地质条件下成桩。相比起20世纪末的沉管灌注桩、人工挖孔桩等桩型，其施工效率高、适用性强、安全性好；相比起钻（冲）孔灌注桩、旋挖桩，其具有穿透力强、无振动、低噪音、低污染等特点，近年来，在工程界越来越受到重视。随着工程机械的不断研发，已能穿透厚砂层、卵石层，甚至微风化岩，最大成桩长度30～40m，具有广阔的应用前景。

根据《湖南省常德市城市地质图集》（湖南省地质矿产局编），常德地区位于洞庭湖淤积平原上，原来的砂洲、河漫滩、水塘、沼泽、水沟等分布较多，且已埋藏于地下，工程地质复杂。常德桃花源机场扩建工程地处常德鼎城区斗姆湖镇，该地质情况从上至下大致为耕土层、粉土层、高岭土层、圆砾层、淤泥层、强风化粉砂岩层、中风化粉砂岩层等，且圆砾层、淤泥层中赋存潜水，地质情况复杂，综合地质及相关情况，该工程桩基工程选用长螺旋钻孔压灌桩技术。

2 技术原理及指标

2.1 技术原理

长螺旋钻机钻孔，是采用一种大扭矩动力头带动的长螺旋中空钻杆快速干钻，钻孔中的土除小部分被挤压外，大部分被输送到螺旋钻杆叶片上，土在上升时被挤压至密与钻杆形成一土柱，类似于一个长活塞，土柱使得钻孔在提钻前不塌孔。钻孔至设计深度后在提钻同时通过钻杆中心导管灌注混凝土，混凝土灌注采用的混凝土输送泵通过高压管路与长螺旋钻杆相连，中空的螺旋钻杆代替了钻孔内的泵管。钻杆底部的钻头设有单向阀，钻杆至设计深度后停止钻杆回转，把搅好并储备好的混凝土通过泵管以3～5MPa的压力压至钻头底部，此时单向阀打开，混凝土压出并推动钻杆上升，随钻杆土柱的上升，孔内混凝土压满，由于孔内积聚高压，并有钻杆的抽吸作用，在软土段混凝土会充盈较多形成扩径桩，灌注完成后，借助于插筋器和振动锤将钢筋笼插入混凝土桩中，完成桩的施工。成孔与灌注混凝土同时完成，由一机一次完成任务，混凝土连续性好，桩底无虚土，施工无震动，噪音低，成桩速度快。

2.2 技术特点

（1）适合复杂地质情况，穿硬土层能力强，单桩承载力高，施工效率高，操作简便。

（2）桩尖无虚土，提钻速度易控制，减少断桩、缩径、塌孔等施工通病，施工质量容易得到保证。

（3）低噪音、不扰民、不需要泥浆护壁、不排污、不挤土，利于安全文明施工。

（4）综合效益高，工程成本与其他桩型相比比较低廉。

2.3 技术指标

（1）混凝土中可掺加煤灰或外加剂，每方混凝土的粉煤灰掺量宜为 70～90kg。

（2）混凝土中粗骨料可采用卵石货碎石，最大粒径不宜大于 30mm。

（3）混凝土坍落度宜为 180～220mm。

（4）提钻速度：宜为 1.2～1.5m/min。

（5）长螺旋钻孔压灌桩的充盈系数一般为 1.0～1.2。

（6）桩顶混凝土超灌高度不宜小于 0.3～0.5m。

（7）钢筋笼插入速度宜控制在 1.2～1.5m/min。

3 施工工艺及操作要点

3.1 工艺流程（图 1）

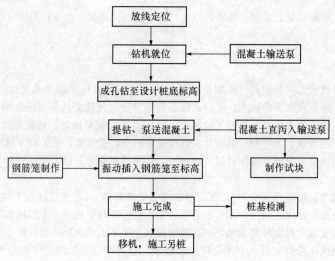

图 1 工艺流程

3.2 施工准备

3.2.1 钢筋进场和复试取样

（1）钢筋进入施工现场后，项目部由专人及时填写《送检委托单》，内容包括产品名称、产地、品种、规格、型号、进货数量、进货日期、使用部位及堆放场地，并附产品质量证明单或产品合格证原件，当无原件时可使用加盖经销商单位红章的复印件，通知监理单位进行抽样送检。

（2）取样人员应根据现行有效的规范、标准所规定的取样方法，确定取样数量和频率。如果取样数量不足，此样品作废，另行取样试验；如果取样频率不足，则此样品有效，但需另行取样，直至满足频率要求为止。严禁制作不规范的试样和假试样，对样品的有效性负责。原材料进场除按标准进行物理外，对尺寸、外观及型号等应予检查。

（3）同品种材料现场取样数量较多时，应做样品标识，标识内容包含规格、型号、批号、取样地点或使用部位等信息，以免样品之间混淆。

（4）对于一次样品检验不合格的，应及时通知建设单位或监理单位，进行双倍取样复试。复试仍为不合格的，视情况做出降级或作废处理，对已复试合格的钢筋原材立标识牌并注明使用部位。

3.2.2　钢筋笼的制作

（1）钢筋笼制作顺序大致是先将主筋的间距布置好，待固定住加强箍筋，主筋与箍筋焊接固定后，再点焊螺旋箍筋。

（2）主筋搭接采用双面搭接焊，接长度 $5d$，并保证主筋同心度。

（3）钢筋笼制作后，应如实填写质量检验表，必须经监理工程师检查和批准后才能使用。

3.2.3　施工机械选择

针对本场地地质条件，本方案采用履带式长螺旋多功能打桩机（图2），并配备振动锤、中型挖掘机及铲车。

3.3　定位测量放线

（1）以业主提交的测量控制基准点为控制点，建立闭合导线控制网，测定中心点，并报监理公司验收签字认可后开始放桩位。

（2）按施工图用全站仪或经纬仪、钢尺放桩位，并作好记录、校验、复检，由监理单位现场验收。

（3）桩位用钢筋或竹片做好标记，并加以保护，每个桩位应注明桩位编号，以便施工桩位定位。

（4）因桩位较多，必须每隔十个桩位施放一个较为基准桩位，此基准桩位采用木桩及钢钉施放，并在基准桩上标明桩位编号，施工时可用此基准桩对相邻桩位进行复核。

3.4　下钻成孔

（1）钻机就位后，进行预检，钻头中心与桩位偏差小于20mm，然后调整钻机，用双垂球双向控制好钻杆垂直度，合格后方可平稳钻进。钻头刚接触地面时，先先关闭钻头封口，下钻速度要慢。

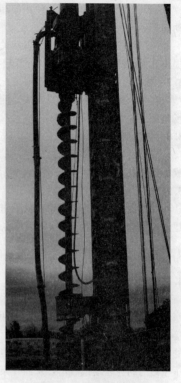

图2　长螺旋钻孔机

（2）正常钻进速度可控制在 $1\sim1.50$ m/min，钻进过程中，如遇到卡钻、钻机摇晃、偏移，应停钻查明原因，采取纠正措施后方可继续钻进。

（3）钻出的土方及时清理，并统一转移到指定的地方堆放。

（4）用钻杆上的孔深标志控制钻孔深度，钻进至设计要求的深度及土层，经现场监理员验收方可进行灌注混凝土施工。

3.5　混凝土泵送料成桩

（1）地泵安放位置应合理，输送混凝土的管路尽量减少弯管，以利输送混凝土。

（2）进场的混凝土必需符合设计及规范要求，混凝土坍落度应控制在 $180\sim220$ mm，并具有较好的和易性、流动性，现场检验混凝土坍落度，不合要求的混凝土不得用于工程。

（3）泵送混凝土应连续进行，地泵料斗内的混凝土高度一般不得低于40cm，防止吸进空气造成堵管。

（4）提升钻杆接近地面时，放慢提管速度并及时清理孔口渣土，以保证桩头混凝土质量。

（5）专人负责观察泵压与钻机提升情况，钻杆提升速度应与泵送速度相匹配，灌注提升速度控制在 $1.2\sim1.5$ m/min，严禁先提钻后灌料，确保成桩质量，混凝土灌注必须灌注至地表。

（6）试块按规范留置，由专人负责，按规范要求制作、养护和送检，龄期28d，混凝土试块规格为：150mm×150mm×150mm。

3.6　下插钢筋笼施工

（1）混凝土灌注后3min内立即开始插钢筋笼，减少时间差，减小插笼难度。

（2）长螺旋钻机成孔、灌注混凝土至地面后及时清理地表土方，立即进行后插钢筋笼施工。把检验合格的钢筋笼套在钢管上面，上面用钢丝绳挂在设置于法兰的钩子上。

（3）因钢筋笼较长，下插钢筋笼必须进行双向垂直度观察，使用双向线垂成垂直角布置，发现垂直度偏差过大及时通知操作手停机纠正，下笼作业人员应扶正钢筋笼对准已灌注完成的桩位。

（4）下笼过程中必须先使用振动锤及钢筋笼自重压入，压至无法压入时再启动振动锤，防止由振动锤振动导致的钢筋笼偏移。

（5）钢筋笼下插到设计位置后关闭振动锤电源，最后摘下钢丝绳，用长螺旋钻机把钢管和振动锤提出孔外，提出过程中每提3m开启振动锤一次，以保证混凝土的密实性。

3.7 施工过程记录

在整个施工过程中，设专人监测并做好施工记录，记录要求准确、及时，每完成一条根桩需报现场监理工程师签字验收。

3.8 桩头清理

成桩后，在不影响后续成桩的前提下，及时组织设备和人员清运打桩弃土，清土时需注意保护完成的桩体及钢筋笼，弃土应堆放至指定地点，确保施工连续进行。

3.9 桩基检测

灌注混凝土桩施工完毕28d后进行检测，由专业检测单位进行检测试验，检测桩位由监理单位及建设单位进行会审后确定，施工单位配合进行桩帽的制作工作。

4 常见质量问题及防治措施

4.1 堵管

（1）长螺旋钻孔钻头两边有两个钻门，在施工过程中钻门关闭防止钻屑进入钻杆内造成钻杆堵塞。当泵送混凝土时随着泵压增加两钻门打开，由此将混凝土灌入孔内。一旦提钻时钻门打不开，直接导致钻孔内无混凝土，后果严重。所以要求每次开钻前均应检查钻门是否卡死。如果出现塑性高的粘性土层，则采用钻具回转泵送混凝土法，就是在泵混凝土的同时使钻具在提拉下正向回转，使挤压在钻门的泥松动或脱落，从而在泵压下打开钻门。

（2）由于混凝土配比或坍落度不符合要求、导管过于弯折或者前后台配合不够紧密。因此必须保证粗骨料的粒径、混凝土的配比和坍落度符合要求；灌注管路避免过大变径和弯折，每次拆卸导管都必须清洗干净。

4.2 卡钻

长螺旋钻机钻进过程中如果钻具下放速度过快，致使钻出的钻屑来不及带出孔外而积压钻杆与孔壁之间，严重时就会造成卡钻事故。如果事故轻微，应立即关掉回转动力电源，将钻具用最低提升速度提起后重新施钻即可；如果事故严重首先应将钻机塔下大梁用机枕木垫好，再用最低提升速度拉钻具。

4.3 断桩、缩径和桩身缺陷

出现该问题的主要原因是由于钻杆提升速度太快，而泵混凝土量与之不匹配，在钻杆提升过程中钻孔内产生负压，使孔壁塌陷造成断桩，而且有时还会影响邻桩。解决此类问题的方法：一是合理选择钻杆提升速度，通常为1.2~1.5m/min，保证钻头在混凝土里埋深始终控制在1m以上，保证带压提钻；二是隔桩跳打，如果邻桩间距小于5d时，则必须隔桩跳打。

4.4 桩头不完整

造成这一问题的主要原因是停混凝土面过低，没预留充足的废桩头，有时提钻速度过快也会导致桩头偏低，解决之道在于平整工场地时保证地面与有效桩顶标高距离不小于0.5m，停混凝土面不小于有效顶以上0.5m。

4.5 桩身混凝土强度不足

压灌桩受泵送混凝土和后插钢筋的技术要求，坍落度一般不小于18~20cm，因此要求和易性好。配比中一般加粉煤灰，这样混凝土前期强度低，加上粗骨料粒径小，如果不注意对用水量的控制仍容易造成混凝土强度低。

控制措施：①优化粗骨料级配。大坍落度混凝土一般用 0.5～1.5cm 碎石，根据桩径和钢筋长度及地下水情况可以加入部分 2～4cm 碎石，并尽量不要加大砂率；②合理选择外加剂。尽量用早强型减水剂代替普通泵送剂；③粉煤灰的选用要经过配比试验以确定掺量，粉煤灰至少应选用Ⅱ级灰。

4.6　钢筋笼无法沉入

多由于混凝土配合比不好或桩周土对桩身产生挤密作用。

控制措施：①改善混凝土配合比，保证粗骨料的级配和粒径满足要求；②选择合适的外加剂，并保证混凝土灌注量达到要求；③吊放钢筋笼时保证垂直和对位准确。

4.7　钢筋笼上浮

由于相邻桩间距太近，在施工时混凝土串孔或桩周土壤挤密作用造成前一支桩钢筋笼上浮。

控制措施：①在相邻桩间距太近时进行跳打，保证混凝土不串孔，只要桩初凝后钢筋笼一般不会再上浮；②控制好相邻桩的施工时间间隔。

5　应用前景

常德桃花源机场扩建工程采用该长螺旋钻孔压灌桩技术，共施工完成 540 根桩共计 15000 多 m 长，单桩深度达 30 多 m。通过某检验公司按规范对相应桩进行检测，单桩竖向承载力特征值为 1500kN，满足设计及该工程要求。

该项施工技术既克服常德地区特殊的复杂地质条件，又能从工程进度、施工质量、施工安全、经济实用等各方面满足了设计及建设要求，具有良好的经济效益和社会效益，在常德地区具有广泛的应用和推广前景。

参考文献

[1]　JGJ 94—2008. 建筑桩基技术规范[S].
[2]　GB 50007—2002. 建筑地基基础设计规范[S].
[3]　湖南省地质矿产局编. 湖南省常德市城市地质图集[S].
[4]　某检测公司单桩竖向抗压静载试验检测报告[R].
[5]　相关设计图纸、建筑施工规范及建设部"十项新技术"文件.

第三篇

绿色施工技术与施工组织

钢-混组合空腔楼盖技术

曹俊杰[1]　刘广平[2]　王海崴[3]　王本淼[3]　杨建军[4]　杨承惄[4]

(1. 湖南省第一工程有限公司，长沙　410011；2. 湖南省国际工程咨询中心有限公司，
长沙　410016；3. 湖南省立信建材实业有限公司，
长沙　410007；4. 中南大学，长沙　410022)

摘　要：BDF 带肋钢网镂现浇空腔楼盖技术体系已建立，结合国家实施钢结构发展战略，研究一种将带肋钢网镂成孔的钢筋混凝土空腔楼盖与型钢结构组合的装配式钢-混组合空腔楼盖建筑结构体系；装配式钢-混组合空腔楼盖技术是按设计将型钢柱、型钢主梁、钢筋、BDF 带肋钢网镂、铝合金模板或模板、工厂化生产垂直方向的墙体构件和组合件在现场进行装配，而水平方向的楼板和型钢梁再用泵送混凝土现场浇注而成；该技术改善型钢结构防火、防腐生锈、节约净空、施工简便、保温隔热、隔声抗震、减轻自重、造价降低；为建筑结构领域创建一个崭新的结构体系，推动国家钢结构战略的实施，促进了建筑科学技术进步。

关键词：钢结构；钢筋混凝土；现浇；钢-混组合；空腔楼盖；填充体；BDF；带肋钢网镂

1　研究背景

国家经济发展策略采取强创新、去产能、去库存、降成本、防风险的战略，国民经济的平稳发展取决于经济中需求和供给相对平衡，由于商品房库存量较大，导致钢筋的用量大幅度下降，供需相对失衡；再者抗震的要求，型钢结构的刚度和柔性优越，采用型钢结构，加大型钢用量，也保持了钢产业在国民经济中需求和供给相对平衡。随着我国钢产量的持续提高，钢结构得到了迅速发展，而钢结构所采用的楼板目前主要为现浇钢筋混凝土楼板和压型钢板组合楼板。现浇钢筋混凝土楼板和压型钢板组合楼板因为自重大，其跨度受到很大限制，因而要求在钢结构中增加很多次梁；现浇钢筋混凝土楼板和压型钢板组合楼板均做在钢梁的翼缘上端，为了保证楼板和钢梁的共同工作，通常在钢梁的焊接成排的圆柱头栓钉，增加了施工工序和建造成本，同时由于楼板做在钢梁的上翼缘，楼板不能对钢梁的防火和防腐进行保护，还占用了建筑物宝贵的净空；如采用压型钢板组合楼板，压型钢板本身的防火和防腐问题更加突出，并且给后期装修、常年维护增加了难度，多数情况下，需增加吊顶；此外，现浇钢筋混凝土楼板和压型钢板组合楼板均采用实心结构，其保温、隔热和隔声性能也较差。因此，迫切需要研究开发出一种适合钢结构建筑体系的跨度大、与钢梁整体工作性能好、施工方便、能对钢梁的的防火和防腐进行有效保护、节约净空，施工简便，并且具有优良保温、隔热和隔声性能的装配式钢-混组合空腔楼盖。

2　研究目的

研究开发出一种适合将带肋钢网镂成孔的钢筋混凝土空腔楼盖与型钢结构组合成装配式钢-混组合空腔楼盖建筑结构体系；实现建筑跨度大、与型钢柱、梁整体工作性能好、施工方便、能对型钢梁的防火和防腐有效保护功能、墙体装配、节约净空、减轻自重、建筑综合成本降低，并且具有优良保温、隔热和隔声性能的装配式钢－混组合空腔楼盖建筑结构技术体系。

3　研究方案

装配式钢-混组合空腔楼盖由钢梁、上翼缘、下翼缘、肋梁和 BDF 带肋钢网镂组成。其构造方案

如图 1 所示。钢梁腹板中预制有供肋梁底部钢筋和预埋管线通过的孔，钢梁由混凝土包裹；空腔楼盖上翼缘板为单层双向配筋的钢筋混凝土楼板；空腔楼盖下翼缘板为带肋钢网镂混凝土板；肋梁为上、下部均配筋的钢筋混凝土梁，肋梁上部钢筋通过钢梁上端，肋梁下部钢筋通过钢梁腹板预制孔，纵、横向肋梁钢筋骨架交叉形成安放 BDF 带肋钢网镂的网格；带肋钢网镂由带肋钢网镂体、镂体两端支撑封堵的带肋钢网板、带肋钢网镂体内网状支撑身构成；带肋钢网镂，利用放料机、冲切机系统、扩张系统、剪切机等专用机械设备制作钢板网体或钢筋网体；将镂网压制折弯痕、镂端网垂直方向的上下两端口包制钢质板定型边、支撑网分别包装后按镂网、支撑网、镂端网的用量比例运输到施工现场进行现场组装；根据带肋钢网镂的高度切割所需镂端网钢板网体长度，每件镂端网裁薄钢板两片，两片薄钢板片长度≤带肋钢网镂的宽度，用专用设备将薄钢板片压制成 V 形状，包裹镂端网的两端后通过冲压机将 V 形状薄钢板片包裹着镂端网两端口压平，既整形并保护镂端网两端口，又对带肋钢网镂的扭曲起到抑制作用；带肋钢网镂的高度切割所需镂端网钢板网体长度，每件镂端网裁薄钢板两片，其中一片薄钢板片长度＝带肋钢网镂的宽度，另一片薄钢板片长度＜带肋钢网镂的宽度，用专用设备将薄钢板片压制成 V 形状，利于包裹镂端网的两端后，通过冲压机将 V 形状薄钢板片包裹着镂端网两端口并将其压平，既整形并保护镂端网两端口，又对带肋钢网镂的扭曲起到抑制作用；镂端网的部位安装在带肋钢网镂的下端 V 形肋中，在压痕时多压了两排痕，主要是折镂网时形成混凝土导流斜面，改变带肋钢网镂底部形状，有利于带肋钢网镂底部混凝土的流动性。一打开镂网，从压制的折弯痕处折弯，将镂端网定型边放入镂网边缘的 V 形肋中，在折合的钢板网缕中放置"门形"支撑网，钢筋网体的钢筋直径一般为 4mm 左右；将镂网两端拼合并进行焊接制成带肋钢网镂；在现场施工的空腔楼盖模板上，绑扎主梁和肋梁，在纵横交叉的肋梁钢筋形成的的网格中，直接放入带肋钢网镂，铺设上翼缘钢筋后浇注混凝土，获得所需现浇空腔楼盖；若采用传输太阳热风能取暖和消防管道功能的空腔楼盖时，需在带肋钢网镂中开孔，在肋梁相邻开孔的带肋钢网镂中穿入预留贯通梁的短管，形成送风通道；或稳定预留贯通梁短管位置的条件下，其短管可直接接触肋梁相邻带肋钢网镂的外沿，现场浇筑混凝土，筑成多功能装配式钢－混组合空腔楼盖。

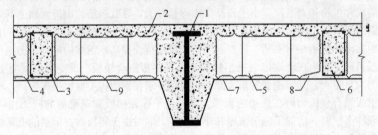

图 1   装配式钢-混组合空腔楼盖构造图

1—钢梁；2—上翼缘；3—肋梁主筋；4—模板；5—BDF 带肋钢网镂；6—肋梁

7—带肋钢网镂下翼缘；8—下翼缘导流斜面；9—混凝土

4   装配式钢-混组合空腔楼盖的计算原则和构造要求

装配式钢-混组合空腔楼盖是在密肋楼盖的基础上，将楼盖下翼缘板采取新工艺形成封闭空腔楼盖，广泛用于高层建筑和跨度较大的建筑中，水平方向采用"工字形"钢梁和装配式带肋钢网镂浇筑的钢筋混凝土空腔楼板，垂直方向采用装配式墙体构件，形成装配式钢-混组合空腔楼盖建筑结构技术体系。

当建筑的柱网为方形或接近方形（长宽比小于 2）时，可采用双向空腔密肋楼盖。空腔密肋楼盖的柱距一般不宜大于 15m；肋梁的间距一般为 0.75～1.2m，常采用 1.05m；肋梁的高度通过计算确定，可取跨度的 1/30～1/35，肋梁的宽度为 0.15～0.2m，当柱距较小时，肋梁的间距不变，但高度可相应减小。空腔密肋楼盖网格为定型规格合模尺寸，确定密肋网格布置及选用密肋的截面尺寸时必须考虑带肋钢网镂的规格尺寸，宜于合模。

（1）计算原则：空腔密肋楼盖设计计算可参考普通密肋楼盖的计算原则。

（2）构造要求：面板中应配置双向钢筋网，每个方向按楼面板全截面计算的配筋率不宜小于0.15％，钢筋直径不宜小于 8mm，钢筋间距不宜＞250mm。在柱顶托板所在的肋网格内，其顶面宜附加加强钢筋网片，柱顶托板（柱帽）实心面积大于 3m²；在肋梁中，配有负弯矩钢筋的区段（包括托板的范围内）因配置封闭的箍筋，在正弯矩区段可配置开口箍筋；正弯矩作用时肋梁按 T 形截面计算，负弯矩作用时肋梁按宽度等于肋梁底部宽度的矩形截面计算；仅当采用分离式配筋时，其正弯矩钢筋宜全部伸入支座。楼盖肋梁的钢筋延伸长度应按其弯矩包络图或梁的构造规定确定；要求在单层双向长网格方向的上翼缘钢筋中，有四分之一的上翼缘钢筋布置在肋梁钢筋的下端。

5　装配式钢-混组合空腔楼盖的施工

图 1 为装配式钢－混组合空腔楼盖，一般采取"T 字形"受力截面；当楼房的钢柱、钢梁框架装配后，在钢梁的左右侧面铺设组合式快拆铝合金模板（图 2），组合式快拆铝合金模板的层间竖向支撑的受力支座点上下对应，竖向支撑距离宜为 1.2m；然后在楼盖铝合金模板上按设计图纸划线布置的肋梁钢筋，肋梁钢筋下部钢筋从型钢梁腹板的预留孔中穿过，过长的钢筋可以采用现场焊接的方式安装连接，肋梁的上部钢筋从型钢梁上翼缘上部通过，将通过型钢梁的肋梁钢筋用双支箍绑扎，绑扎后形成纵横肋梁网格；将工厂化生产的带肋钢网镂体、带肋钢网支撑封堵板和网格支撑件进行现场装配成带肋钢网镂，带肋钢网镂的底部直接放在组合式快拆铝合金模板上，调整带肋钢网镂位置和管线预留预埋，再铺设空腔楼盖上翼缘钢筋，在上翼缘钢筋中顺带肋钢网镂长边方向的部分钢筋一定要穿在肋梁钢筋的下面；同时

图 2　BDF 带肋钢网镂体

将型钢下翼缘边缘至楼盖模板处搭建一个斜支撑面，以增大型钢与钢筋混凝土的接触面，将预留预埋管通过腹板的预制孔洞和接线盒放置在肋梁钢筋骨架中；型钢梁下面用可拆卸专用模具，当混凝土初凝结后，马上拆模具，提高使用率；现场浇筑装配式钢-混组合空腔楼盖，用泵送混凝土，混凝土的坍落度控制 180mm 左右，不超过 200mm；混凝土布料机在肋梁中浇筑部分混凝土砂浆，进行振捣让混凝土砂浆渗入到带肋钢网镂底部，在建筑震动棒的强烈震动下，使混凝土砂浆从带肋钢网镂的四周外沿灌入到底板，目视带肋钢网镂底部无白色时，说明混凝土砂浆已渗入到带肋钢网镂底部，与带肋钢网有机复合，组合形成一个抗裂的下翼缘板，停止振捣；界时产生浮力与施工荷载抵消，无需要作抗浮处理；在整个过程中，控制混凝土的坍落度是要点，用控制坍落度来控制其流动性，控制

图 3　支模板图

混凝土渗而不漏。随后将批量混凝土砂浆泵入楼盖上翼缘板钢筋和肋梁框架中，再用建筑震动棒器震动带肋钢网镂周边的混凝土，密实由多个带肋钢网镂形成的空心层和上翼缘板，最后将上翼缘板表面水平找平，混凝土凝固后快速拆掉楼盖组合式快拆铝合金模板和主梁模板，只保留竖向定点定位的独立支撑，实现装配式钢-混组合空腔楼盖；按设计制作的竖向墙体构件现场装配或现场自保温墙体的制作，实现装配式钢-混组合空腔楼盖系统技术。详细施工方法见装配式钢-混组合空腔楼盖施工工法。施工照片见图 3～图 6。

图4　肋梁钢筋和带肋钢网镂安装

图5　面板钢筋安装

图6　拆模后效果

6　装配式钢-混组合空腔楼盖的受力性能试验

装配式钢-混组合空腔楼盖受力性能试验结果表明：

（1）钢-混组合空腔楼盖在使用荷载下具有良好的工作性能，在第9级荷载之前（916.2kg/m²），没有出现裂缝；即使在很大的试验荷载下，箱体下满布的钢丝网可使楼盖仅产生细而密的裂缝，楼盖中央的变形只有21mm。

（2）钢-混组合空腔楼盖具有很高的承载能力，在第28级荷载（板中荷载3830.0kg/m²，板边荷载951.0kg/m²）下，仅跨中部分肋梁底部钢筋才屈服；

（3）钢-混组合空腔楼盖中钢梁与混凝土楼板具有良好的共同工作性能，在第28级荷载（板中荷载3830.0kg/m²，板边荷载951.0kg/m²）下，钢梁与混凝土楼板未发现脱离现象；肋梁每隔一定距离（本试验为1m）给钢梁提供侧向支撑点，能有效地提高钢梁的稳定承载力。

（4）钢-混组合空腔楼盖的设计计算可按现行《混凝土结构设计规范》（GB 50010—2002）和《钢结构设计规范》（GB 50017—2003）进行，按试验采用的构造措施可满足钢-混凝土组合空腔楼盖正常使用和承载能力要求。

（5）钢-混组合空腔楼盖按《钢-混凝土组合空腔楼盖施工工法》组织施工可达到一次浇筑成型的目的。

（6）四种钢梁的构造方式均能满足满足钢-混凝土组合空腔楼盖正常使用和承载能力要求，建议采用第二、三种方式，既可有效解决钢梁的防腐、防火问题，有能获得较好的结构外观。

7　性能特点及经济效益

（1）防火性能好。"工字形"钢梁用混凝土包裹，可无需要涂防火涂料。减小了消防隐患：传统的型钢结构因设明次梁和压型钢板，需要进行装饰，装饰材料本应要求做防火处理，据了解民用建筑装饰几乎均未采用防火装饰材料，带来了消防隐患，因该结构去掉次梁和压型钢板无需进行装饰。

（2）防锈。去掉了压型钢板生锈的因素，主梁柱用混凝土包裹，免除常年维护。

（3）增加了空间。将楼盖厚度由130mm降低为40mm，每层节约高度90mm，若40层高楼可多建一层。

（4）减轻主楼基础荷戴。由于楼盖厚度由130mm降低为40mm后含密筋梁总的折算厚度为105mm，恒载减轻20%；

（5）楼盖光滑平整。去掉压型钢板和工字型次梁，在一个网柱内楼盖底层光滑平整，不需要被动装饰。

（6）保温隔音效果好。楼盖中埋入了带肋钢网镂，当楼面因冲击发出的声音，受到密封带肋钢网镂空气介质的作用，削减声波能量影响，底楼层不受上楼层因震动和撞击发出声音的影响。

（7）抗震性能好。采用在腹板成孔贯通肋梁底部钢筋技术，增强了结构的整体性，提高了抗震能力。

（8）抑制板的位移。"工字形"钢梁用混凝土包裹，抑制了现浇的钢筋混凝土在型钢上翼缘接触面小，防止位移需焊接圆柱头栓定位。

（9）综合建价降低。每平米综合建价降低130元。

（10）符合我国实施钢结构战略的要求。

总之，装配式钢-混组合空腔楼盖建筑结构体系，符合国家实施的钢结构战略的宏观政策，在水平方向与装配式带肋钢网镂空腔楼盖完美结合，垂直方向与装配式墙体组合，该项技术发展潜力很大，既满足国家启动钢结构战略的需要，又满足国家倡导的装配式建筑的要求，已经形成较好的创新技术效应，已促进建筑科学技术进步，将成为一种崭新的建筑结构体系，该技术将产生巨大的经济效益和社会效益。

参考文献

[1]　GB 50017—2003. 钢结构设计规范[S]. 北京：中国计划出版社，2003.

[2]　王本森. 发明一种现浇型钢混凝土空腔楼盖[ ]. 国家知识产权局，2009.

[3]　GB 50009—2001. 建筑结构荷载规范[S]. 北京：中国建筑工业出版社，2002.

[4]　GB 50018—2002. 冷弯薄壁型钢结构技术规范[S]. 北京：中国计划出版社，2002.

[5]　CECS 102—2002. 门式刚架轻型房屋钢结构技术规程[S]. 北京：中国计划出版社，2003.

[6]　JCJ 7—1991. 钢架结构设计与施工规程[S]. 北京：中国建筑工业出版社，2003.

[7]　JGJ 99—1998. 高层民用建筑钢结构技术规程[S]. 北京：中国计划出版社，2003.

[8]　刘大海，杨翠如. 型钢混凝土高楼计算和构造[M]. 北京：中国建筑工业出版社，2003.

[9]　赵根田，孙德发. 钢结构[M]. 北京：机械工业出版社，2005.

[10]　魏明钟，钢结构[M]. 武汉：武汉工业大学出版社，2003.

[11]　陈绍蕃. 钢结构[M]. 北京：中国建筑工业出版社，2003.

[12]　张其林. 索和膜结构[M]. 上海：同济大学出版社、2002.

[13]　胡建雄. 深圳地王大厦[M]. 北京：中国建筑工业出版社、1997.

现浇水平二次构件免拆模技术在施工中的运用

周灵次 刘 洪 王 震 邹 晨

（中国建筑第五工程局有限公司，长沙 410004）

摘 要： 随着建筑行业发展节奏不断加快，施工工艺朝着工效高、进度快的方向变革创新。通过创造性地采用一种槽型砌块，优化并替代了传统砌体二次结构支模方式，可节省专业木工进行支模、拆模工作量，提高施工工效，实现工期和人工费用的节约。

关键词： 现浇水平二次构件；槽型砌块；胎膜；免拆模

1 前言

在砌体工程中，二次结构传统采用木模板支模，该支模属于零星工程，不仅需配置专业木工，且单价相对主体结构施工高；同时因木工支模的工艺间歇及等待混凝土终凝的时间差，墙体不能持续砌筑，工效较低，对砌体工程的成本与进度影响较大。当墙体砌筑至圈（过）梁、窗台压顶等现浇水平二次结构底标高时，创造性地采用一种槽型砌块，用该砌块砌筑成条形胎膜，然后在胎膜内绑扎钢筋，最终将混凝土与胎膜浇筑成一个整体构件。混凝土浇筑后，利用胎膜自身强度，即可直接在胎膜上继续往上砌筑墙体。

2 工程概况

新城国际花都四期南区二标项目，工程位于长沙市望城区雷锋大道与银星路交汇处，由 B7、B9、B10 三栋 34 层住宅和 1 层车库组成，总建筑面积约 5.5. 万 m²。内墙砌体设计为加气混凝土砌块，外墙砌体设计为页岩多孔砖。该工程应用槽型砌块分别组砌现浇过梁、窗台压顶、圈梁胎膜为 2400m、1890m、80m。

中建信和城住宅项目位于长沙市雨花区，地处长沙市正塘坡路与韶山南路交汇处。总建筑面积约 23.28 万 m²，地下总建筑面积 3.44 万 m²，地上总建筑面积 19.84 万 m²。±0.00 以上采用 M5 混合砂浆砌筑。外墙采用 MU10 烧结页岩多孔砖。内隔墙采用加气混凝土砌块，卫生间墙体采用 100 厚页岩砖。±0.00 以下，采用 MU10 烧结页岩多孔砖、M10 水泥砂浆砌筑。该工程应用槽型砌块分别组砌现浇过梁、窗台压顶、圈梁胎膜为 6400m、5020m、200m。

和庄住宅小区 C、D 区工程项目总建筑面积 118267.46m²，其中地上建筑面积为 104935.73m²、地下建筑面积 13631.73m²；C 区 6～8♯栋为 33 层工程住宅，建筑高度 99.77m；D 区 9～12♯栋为 25 层高层住宅，建筑高度 76.6m。外墙主要采用自保温混凝土复合砌块，内墙（含地下室）页岩空心砖砌块。该工程应用槽型砌块分别组砌现浇过梁、窗台压顶、圈梁胎膜为 3200m、25200m、120m。

3 技术特点

在砖厂定制配套槽型砌块，将槽型砌块砌成开口朝上的条形"胎膜"充当水平二次构件模板，省去水平二次构件模板安装，"胎膜"砌筑完成即可在槽内安装钢筋、浇筑混凝土。利用槽型砌块自身承重能力，无需等待混凝土终凝，即可继续砌筑其上部墙体。适用于房屋建筑工程中现浇水平二次构件（门窗过梁、窗台压顶、圈梁等）施工，且槽型砖组砌简单、安装方便。

4　工艺流程和操作要点

4.1　工艺流程（图1）

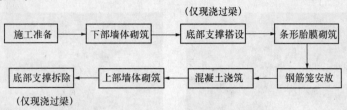

图1　工艺流程图

4.2　操作要点

4.2.1　施工准备

（1）预制槽型砌块

根据墙体厚度及墙体砌块规格确定槽型砌块的规格。对200mm厚墙体，选用槽型砌块的规格为190mm×190mm×190mm；对100厚的墙体，选用190mm×90mm×190mm的槽型砌块。槽型砌块采用C20细石混凝土预制。

（2）绘制墙体排版图（图2）

根据门、窗洞口位置，确定水平二次构件底标高，分别往下、往上排砖。若往下排砖至墙底最后一匹砖不能为整砖，则用水泥砂浆（30mm以内）、细石混凝土（30～50mm内）或小规格配砖进行找平；向上排砖应保证斜顶砖的角度为45°～60°，否则用小规格配砖进行调节；过梁、窗台压顶伸入两端墙体长度不小于240mm。

（3）设计强度等级

根据二次结构混凝土设计强度等级，由有资质的实验室进行混凝土配合比设计，如现场拌制混凝土须严格按设计配合比拌制混凝土。

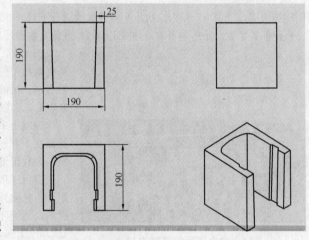

图2　190mm×190mm×190mm规格槽型砌块设计图

（4）及时组织材料、机具、设备、人员等准备工作，并提前做好质量、安全技术交底工作。

图3　底灰满铺

4.2.2　槽型砌块条形胎膜砌筑

（1）墙体按照排版图砌筑，当墙体砌筑至水平二次构件底标高时，先在下部墙体上满铺一层砂浆（图3），铺浆长度不大于500mm，再用灰刀将槽型砌块一端档子灰刮满（图4），对齐靠放在前一块砌体端部，并稍用力斜向下揉压挤缝，使前后两块砌体平直对接，灰缝厚度约为10mm，然后再内外勒缝，确保两砌块接缝严密，防止浇筑混凝土时漏浆。如此将槽型砌块由一端向另一端依次组砌成条形胎膜。

（2）现场浇筑过梁时，先在过梁底部搭设支撑架（图5）。支撑架主要由水平托板及支承立杆组成，可采用废旧模板木枋制作，为加强"门"字架稳定性，在支撑立杆间适当增加斜撑。"门"字支撑架搭设时，其顶部应平整，且顶标高应高于两侧砌块约 10mm（水平灰缝厚度），以确保胎膜顶部灰缝与两侧砌体灰缝平直。

图 4　档子灰刮满

图 5　现浇过梁底部"门"字形支撑架

4.2.3　钢筋安装

钢筋根据设计要求，结合二次水平构件尺寸进行下料，并绑扎成钢筋骨架。

将钢筋骨架放入条形胎膜内，并固定牢固。现场实物图片如图 6～图 8：

图 6　窗台压顶钢筋笼安放

当水平二次构件端部需与混凝土结构连接时，需提前将主筋植入混凝土结构内，并经拉拔试验检测合格。植筋位置应根据砌体排版图灰缝确定。

4.2.4　混凝土浇筑

混凝土采用商品混凝土或现场拌制，坍落度宜控制在 160±20mm。混凝土用铁锹或铁勺铲至胎膜槽内，并用钢钎插捣密实，用抹子抹平。

窗台压顶混凝土浇筑完成后，用铁抹子将顶部压光，且向外放坡 2cm；圈梁、过梁混凝土浇筑完成后，继续往上砌筑墙体。

4.2.5　上部墙体砌筑

水平二次构件条形胎膜内混凝土浇筑完成后，继续往上砌筑墙体，一次性砌筑总高度不宜超过 1.5m。过梁上部墙体砌筑时，底部支架不得拆除，待混凝土达到设计强度时，方可拆除。

图 7　窗台压顶

图 8　地下室圈、过梁成型效果

5 主要材料及机具设备

5.1 主要施工用料（表1）

表1 主要施工用料表

序号	名称	规格型号	备注
1	槽型砌块	190mm×190mm×190mm	200mm 厚墙体
2	槽型砌块	190mm×90mm×190mm	100mm 厚墙体
3	砂浆	M5 混合砂浆/Mb5 专用砂浆	页岩砖/加气块
4	水泥	P·O 42.5	现场拌制混凝土
5	卵石	5mm~12mm	现场拌制混凝土

5.2 主要设备与机具（表2）

表2 主要设备与机具表

序号	名称	规格型号	备注
1	人货电梯	SCD200/200	垂直运输设备
2	砂浆搅拌机	S350	拌制砂浆
3	手推车	—	运输砂浆与砌块
4	台秤	XK3190-A12E	配比计量

5.3 其他小器具

（1）砌筑用的小器具主要有：软管、灰桶、铁锹、铁勺、钢钎、托线板、线坠、皮树杆、水平尺、砖刀、手锯等；

（2）过梁支架材料与器具主要有：铁锤、模板、木枋、钉子等。

6 质量控制

6.1 质量控制标准

《砌体工程施工质量验收规范》（GB 50203—2011）

《砌体结构工程施工规范》（GB 50924—2014）

6.2 质量控制措施及要点

（1）材料进程验收：槽型砌块进场后，先检查质量合格证明文件，并留置送样试件，再检查砌块外观质量，缺棱少角及尺寸偏差大于2mm的砌块不能上墙。

（2）砌筑砂浆必须严格按具备相关资质的实验室出具的设计配比拌制，加气块必须使用专用砂浆。

（3）槽型砌块间竖缝应饱满密实，横缝均匀平直。

（4）现浇过梁、窗台压顶深入墙体内长度不小于240mm，窗台压顶由内向外放坡不小于2cm。

（5）钢筋隐蔽应严格按验收程序进行验收。

（6）混凝土需插捣密实。

（7）把握现浇过梁上墙体砌筑高度，每天不得超过1.5m。

7 效益分析

7.1 社会效益

（1）将槽型砌块砌筑成条形胎膜代替模板，将支模工艺同化为砌筑工艺，无需专业木工，使水平二次构件施工变得更为简单。

（2）一定程度减少了木材的用量，间接地保护了森林。

7.2 经济效益

（1）现浇水平二次构件无需支模，减少了材料费和人工费。

（2）工期就是效益，此施工工艺节约了现浇水平二次构件支模与混凝土终凝的时间，有效地加快了施工进度。

8 结语

在中建信和城住宅项目、和庄住宅小区 C、D 区工程项目、新城国际花都四期南区二标项目砌体工程二次构件施工中，成功应用槽型砌块砌筑圈（过）梁、窗台压顶等现浇水平二次构件胎膜，取得了良好的成效，具有较大的推广价值。

参考文献

[1] 赵林冬. 建筑砌体工程施工技术探讨[J]. 科技传播. 2011(03).

[2] GB 50203—2011. 砌体工程施工质量验收规范[S]. 北京：中国建筑工业出版社. 2012.

[3] GB 50924—2014. 砌体结构工程施工规范[S]. 北京：中国建筑工业出版社. 2014.

复杂软土地基半逆作法施工技术

任自力　曾　波　吕长岩

（中建五局第三建设有限公司，长沙　410004）

摘　要：通过对天汇中心项目半逆作法施工的研究，总结出具有创新性的半逆作法施工技术，通过应用新型接驳器固定装置专利解决了预埋筋定位不准、顺逆结合难的技术问题，具有良好的经济效益，为以后此类闹市区超深基坑的设计与施工提供良好的案例。

关键词：复杂软土地基；半逆作法；永久性结构代替临时支撑

1　工程概况

天汇中心工程总建筑面积约为 36.9 万 m²。办公楼高度 200m，公寓楼 1♯ 高度 136m，公寓楼 2♯ 高度 106m。结构形式为框架-核心筒结构，其中办公楼部分梁、柱、墙为型钢混凝土构件。基础采用桩筏基础。基坑代表深度 19.85m，局部深度达到 24.90m，环撑最大直径 130m，开挖难度大，属超深一级基坑。工程基坑采用半逆作法进行施工，即周边逆作，中心顺作，见图 1。

图 1　基坑支护设计效果图

2　工程特点

（1）本工程基坑深，临近海河，地下水位高，地势低洼，且穿二道微承压水层，基坑开挖难度大。

（2）地下室二、三层结构板兼做水平支撑，且该部分为逆作法施工，施工技术要求高。

（3）工程地处城市中心核心地段，周边环境复杂，基坑变形小环境保护要求高。

3　施工工艺原理

利用临时支撑和永久性地下室楼板作为支撑，与地下连续墙连接共同作用保证基坑稳定，直至施工到底板。然后，由底板向上顺作施工，浇筑逆作施工中预留的框架柱及剪力墙。

下面以梁柱节头为例介绍逆作法设计工况。其它节头形式与之类似。

首先插柱竖向筋，安装负二层梁、板及柱节头钢筋，浇筑混凝土，见图 2。其次连接上步柱竖向筋，安装负三层梁、板及柱节头钢筋，浇筑混凝土，见图 3。然后连接上步柱竖向筋，安装底板钢筋，浇筑混凝土，见图4。最后顺做底板以上结构，待混凝土强度达到设计值后，剔除柱节头牛腿，见图5。

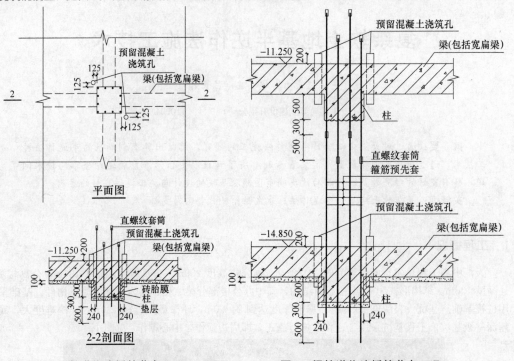

图 2　梁柱逆作法插筋节点工况一

图 3　梁柱逆作法插筋节点工况二

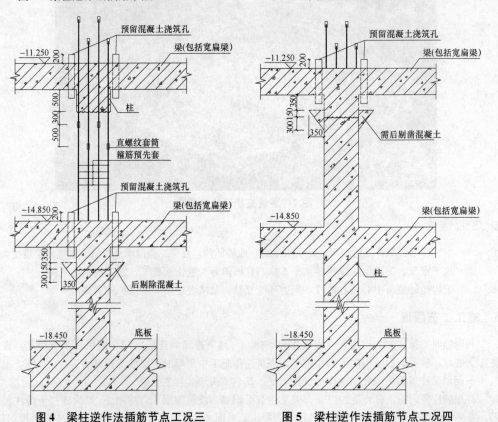

图 4　梁柱逆作法插筋节点工况三

图 5　梁柱逆作法插筋节点工况四

4　施工工艺流程及操作要点

4.1　工艺流程

半逆作法施工工艺流程见图6。

4.2　操作要点

4.2.1　第二步土方开挖

（1）超深基坑土方开挖应编制专项施工方案，并应通过专家论证后在进行实施。

（2）土方开挖需严格按照支护设计分步工况进行施工，严禁擅自违规施工。

（3）土方开挖与支撑施工相匹配，开挖到标高后立即浇筑垫层，随挖随撑，开挖段支撑没达到设计强度时不得开挖。

4.2.2　B2层支撑施工

此道支撑采用土模方式。机械挖土至支撑梁底或无梁楼板底，人工挖土至垫层底，打垫层浇筑第二道支撑结构楼板。

（1）浇筑垫层

① 浇筑垫层要及时，因采用半逆作法施工的基坑一般均属于超深基坑，根据经验垫层浇筑能够有效的缓解基坑变形，因此一般要求一次垫层浇筑长度不得大于60m，随挖随进行浇筑。

② 将标高控制点引测到地连墙上，不可引测到格构柱上，以免因格构柱沉降，导致标高控制点不准。

（2）砌筑砖胎模

① 定位柱子，人工或机械挖坑，拉线砌筑砖胎模。

② 砖胎模为240mm厚，可从四边先砌标志砖三皮，校对无误后，可带线砌成封闭型。砖胎模必须留足粉刷层厚度尺寸，结构外包尺寸+30mm。

③ 砖胎模内粉1:2水泥砂浆15mm厚。后刮两道腻子粉，以便砖胎模脱模。

④ 刮完腻子后应把坑内碎砖、弃土清到砖模外，有水要排干。

⑤ 砖胎模外侧配砂石级配回填捣实，浇筑100mm厚度C15混凝土垫层。

（3）柱子、剪力墙逆插筋

① 采用换填砂的方式进行插筋施工，保证钢筋能够顺利进行预埋，见图7。

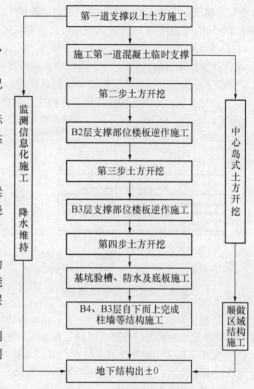

下列流程图内容：

第一道支撑以上土方施工 → 施工第一道混凝土临时支撑 → 第二步土方开挖 → B2层支撑部位楼板逆作施工 → 第三步土方开挖 → B3层支撑部位楼板逆作施工 → 第四步土方开挖 → 基坑验槽、防水及底板施工 → B4、B3层自下而上完成柱墙等结构施工 → 地下结构出±0

左侧：监测信息化施工　降水维持

右侧：中心岛式土方开挖 → 顺做区域结构施工 → 地下结构出±0

图6　半逆作法施工工艺流程图

图7　柱子逆插筋施工

② 柱子向下预留插筋300mm 或800mm，上部钢筋直螺纹接头预先戴好保护帽，下部直螺纹接头戴好保护帽后用一道薄膜、一道胶带按预留长度裹实沿插筋孔插入，保证相互错开500mm，采用定位箍筋进行定位，并在下部套两道箍筋保证柱钢筋整体稳定性。

③ 为了保证在浇筑板混凝土时柱钢筋不移位，板筋绑扎完毕后，复测柱位置，将柱钢筋矫正后套上定位箍筋，定位箍筋三道，第一道离结构面50mm，第二道距离第一道1000mm，第三道距离第二道100mm，同时第二三道箍筋距离可根据实际预留筋长度进行调整。

（4）梁筋安装

① 在绑扎梁筋前，需用1∶2水泥砂浆进行找平起拱，后粉刷两道腻子粉，烘干后在进行梁筋绑扎，确保下道土方开挖时垫层能够自动脱落。

② 绑扎梁筋时，因现场存在较多格构柱，如遇梁穿格构柱可按下列原则进行处理。

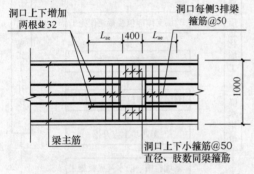

图8　格构柱穿梁处理图

a. 如现场格构柱位于梁内位置较好，钢筋能够大部分穿过则采用将梁上下纵筋变为二排筋形式。

b. 如格构柱斜穿梁钢筋除边筋外基本不能穿过则与设计进行协商看是否可将梁加大，同时将上下纵筋变为二排筋。

c. 如现场实际情况钢筋必须断开则必须保证钢筋的截面面积，且进行加强处理，不能穿过的主筋在格构柱处断开，弯折10d 焊接在格构柱上，同时在两侧进行附加箍，详见图8。

（5）梁板支模

① 梁侧模板安装使用2根40mm×90mm木枋作为背楞。梁侧模板安装一定要以控制线为依据，如遇到梁筋走位的情况，应要求钢筋工人矫正后方能继续安装梁侧模板。

② 楼板支模采用短支模施工技术：以短木方作为立杆，上部铺主龙骨，用钉子进行连接，次龙骨铺设在主龙骨上，立杆中心线间距不得大于500mm；首个立杆距梁边不得大于300mm。

③ 主龙骨安装间距为500mm以内，平行板短向布置。次龙骨安装间距为150～200mm，垂直于主龙骨安装。主、次龙骨安装时，木枋接头相交处需两两相互错开，接头错开长度至少为1/3木枋长度，禁止将所有接头排在同一断面处。

④ 对跨度不小于4m的梁、板，其模板起拱高度宜为梁、板跨度的1/1000～3/1000。

（6）板筋绑扎

① 板筋遇格构柱无法穿过时，将板筋弯折5d，同时按洞口开洞进行加筋。

② 板筋与正常施工工序一致，需特别注意外甩出环梁的钢筋长度控制在1500～2000mm，且采取临时保护措施，见图9。

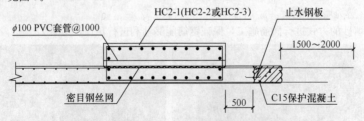

图9　逆作与顺作交接处板筋甩筋处理图

（7）浇筑混凝土

① 混凝土浇筑时需注意振捣密实，注意保证柱头处混凝土浇筑质量。

② 剪力墙预留筋处混凝土浇筑时注意保护插筋位置，严禁硬塞振动棒。

③ 在混凝土浇筑1.5～2h后，初步按标高用长刮尺刮平，初凝前使用磨光机磨平，拉毛，以防

止混凝土表面裂缝。

（8）支撑养护

支撑养护采用覆盖麻袋洒水养护，必须保证混凝土表面处于湿润状态。

4.2.3　第三步土方开挖

（1）在支撑未达到设计规定的设计强度时禁止开挖土方。

（2）在掏挖土方过程中需特别注意对降水井及预留柱筋的保护。

（3）土方开挖过程中需注意围护结构的渗水漏水情况，及时进行处理。

4.2.4　B3层支撑施工

此道支撑采用超挖支模方式。机械超挖土至支撑楼板底1800mm，立马浇筑满堂红垫层，在垫层上搭设满堂红支模架，浇筑第三道支撑结构楼板，见图10。

（1）垫层浇筑应平整，且浇筑要及时。

（2）测量放线采用全站仪进行定位，轴线要进行复核。

（3）可使用钢管进行预留柱筋调直，调直时注意不可过分用力，导致钢筋掰断，见图11。

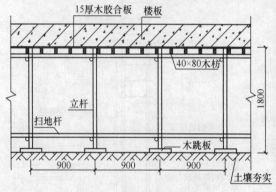

图10　超挖支模示意图

图11　柱筋调直图

（4）柱钢筋进行连接时应认真核对钢筋的型号、数量是否与图纸一致，同时连接好后，用钢管将底部预留柱筋按柱线筋锁死，防止柱筋偏位。

（5）支模架需编制专项施工方案，并有详细的计算书。

（6）梁板支模架立杆顶端必须加设油托，用以调节梁板模板，且油托外漏长度不大于30cm。

（7）模板支架立杆可调托座的伸出顶层水平杆的悬臂长度严禁超过650mm，可调托座插入立杆长度不得小于150mm；架体最顶层的水平杆步距应比标准步距缩小一个盘扣间距。

（8）梁板钢筋绑扎要求与土模施工时一致，注意核对钢筋的型号及规格，严格按图施工。

（9）利用上道支撑预留的降水井洞口进行泵管架设，混凝土浇筑时注意振捣密实，表面进行拉毛处理。

（10）梁板混凝土达到设计强度后，先用机械大面积拆模（图12），再辅以人工拆除边角模板。

图12　机械拆模

4.2.5　第四步土方开挖

基本与上部土方开挖一致，如本部为最后一步土方开挖，需严格按照设计标高进行施工。

4.2.6　底板施工

底板施工与正常底板施工一致，需注意如下几点：

（1）底板柱筋与上层柱筋连接时可选用正反丝套筒进行连接。

（2）底板钢筋与地连墙连接时需将接驳器清洗干净后在进行连接，同时保证直螺纹连接质量。

4.2.7　逆作区柱、墙混凝土浇筑

（1）在进行底板施工完成后对未浇筑的逆作区框架柱、墙进行浇筑。逆作区墙柱混凝土浇筑模板安装是关键。模板安装时，柱节头四周应支设成撮箕口，且其顶标高应高于柱节头150mm左右。

（2）柱、剪力墙混凝土浇筑时采用直接法进行浇筑，即在预留柱头、墙头下部继续浇筑相同的混凝土，为浇筑密实做出假牛腿，混凝土硬化后可凿去。

（3）柱混凝土浇筑时需两边预留出气口，一边进行混凝土浇筑，一边进行混凝土振捣，振捣时需用小的振捣棒振捣，顺作柱子模板加固见图13。

（4）剪力墙浇筑时与框架柱浇筑基本相同，需特别注意对混凝土振捣要到位，避免漏浆发生，见图14。

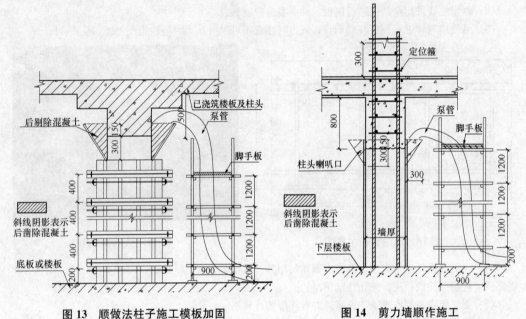

图 13　顺做法柱子施工模板加固　　　　　**图 14　剪力墙顺作施工**

（5）在施工缝处应进行清洗、凿毛处理，保证新旧混凝土接茬处混凝土浇筑质量良好。必要时，可采取在施工缝部位注浆方式处理新旧混凝土接茬部位伸缩缝。

5　质量与安全保证措施

5.1　质量保证措施

（1）梁底土模结构顶面高程提高10mm，作为梁底预留沉降量，且按要求进行梁底起拱。

（2）保证施工单元的土模结构均向施工范围处延伸至少1m以上，以利于土模的稳定。

（3）梁底土模施作完毕，养护3d后，涂刷腻子粉，腻子粉涂刷2～3遍，且均匀，否则脱模后易产生麻面现象。

（4）砖胎模砌筑完成后应对其位置方正进行复核，且需涂刷腻子粉2～3遍，保证其脱模顺利。

（5）逆作时预留的甩接钢筋需确保规格数量正确、位置准确、固定牢固，需要相连的接头还要互相对应，同时接头还要满足规范规定的长度和错接要求。

（6）逆作法施工时，需将墙、柱钢筋要插入土内，在下插施工时，尽量不要直接锤击钢筋，特别时上部有弯折的钢筋，在击砸过程中，极易造成在弯曲点处钢筋变形、弯折角度变化，钢筋位置也不易保证。

（7）接头处理工作量大，必须提前对各部位的接头形式计划好，需要套丝、打弯的接头必须提前

作好,在连接或焊接时才能速度快并有效保证质量。

(8) 在一些特殊部位,如下接段"喇叭口"处、人防门框底部、预留洞口下部、墙板的吊模处,比较容易出现混凝土质量缺陷,必须进行重点控制。

5.2　安全保证措施

(1) 工程施工时,必须建立安全生产责任制,对作业人员进行安全施工教育。作业人员必须严格遵守施工现场的各项安全规章制度,严格按操作规程施工,做到文明施工。施工人员进入现场必须戴安全帽、安全鞋,作业人员要配备相应的安全防护用品。

(2) 在支撑为全部形成并达到设计强度的80%以前,严禁向下开挖。

(3) 土方一旦开挖形成,必须立即形成结构,通过结构支撑保证工程安全。

(4) 施工过程中应注意对工程顶板、下接墙体及柱子做好沉降观测。

(5) 地下施工要加强通风,照明要使用安全电压,电气安全防护装置必须安全有效,要配备足够的消防设备,同时避免机械伤害。

(6) 施工阶段人员要从专门搭设的施工通道上下作业。

6　结语

通过天汇中心半逆作法的实施,成功解决了此类半逆作法在施工过程中遇到的问题,尤其在顺逆结合的关键问题上的施工处理,保证了现场施工质量,提高经济效益,为此后类似的半逆作法施工提供可靠的借鉴与参考。

参考文献

[1] 中国建筑科学研究院. JGJ 120—2012. 建筑基坑支护技术规程[S]. 北京:中国建筑工业出版社,2012.

[2] 陈祖煜. 深基坑支护技术指南[M]. 北京:中国建筑工业出版社,2012.

[3] 郑笑芳,金瓯. 温州国贸中心深基坑支护技术[J]. 施工技术,2009,38 (1).

[4] 王卫东,王建华. 深基坑支护结构与主体结构相结合的设计、分析与实例[M]. 北京:中国建筑工业出版社,2007:87.

扶壁式配筋砌块砌体挡土墙施工方法研究

鲁星光

（五矿二十三冶建设集团有限公司，长沙 410000）

摘 要：扶壁式配筋砌块砌体挡土墙是一种新型挡墙，墙体部分基本不需支模，施工方便快捷，具有美观大方、稳定性好、经济等优点，本文结合工程实践对扶壁式配筋砌块砌体挡土墙的施工方法进行了阐述，介绍了该挡墙的施工技术要求，该施工方法可为今后的工程建设提供更多的参考。

关键词：配筋砌块砌体；挡土墙；扶壁式；施工方法

1 扶壁式配筋砌块砌体挡土墙

扶壁式配筋砌块砌体挡土墙，如图 1 所示，该挡墙是混凝土砌块另一领域的应用，弥补了传统的重力式挡土墙和钢筋混凝土挡土墙的不足，传统的重力式挡墙，尽管施工简单，但占地面积大，且需远距离购置砌墙的石料，工期、造价均无明显优势。钢筋混凝土类型的挡墙，因为施工过程需要通过支模板、钢筋绑扎、浇筑混凝土和养护工艺，且施工工期长、工艺相对较繁琐，配筋砌块砌体墙体的最小配筋率远小于钢筋混凝土墙体。

图 1 扶壁式配筋砌块砌体挡土墙

扶壁式配筋砌块砌体挡土墙无论在设计理念、构造方式和建筑美学以及在环境园林等方面均有较大创新，实用中可根据环境、场地或地质条件、建筑园林、交通规划及设计要求等设计出适用环境景观要求的各种挡土墙建筑造型；可以根据墙体高度来改变扶壁的高宽。

混凝土砌块种类多，色彩丰富，美观大方，耐久性能好，可以满足多种环境下的需求，这使得选择范围更广泛，由于生产周期短、生产量大、运输方便、施工速度快，能适应各种环境，经济方便，不耽误工程进度。

2 施工工艺

2.1 施工准备

施工前准备好一切必须工作，包括施工工具、图纸、材料合格检验、场地平整、放线测量等准备工作。

2.2 基础施工

在基坑开挖前，测量施工场地内外标高，与设计图纸进行对照，确定基坑开挖的宽度和深度，采用机械开挖时，尽量避免多挖和深挖。基坑底部留有 100mm 的厚度，采用人工清基，避免机械开挖对地基土的扰动。对于边坡开挖部分，开挖前应做好坡顶截排水设施和相邻地面的硬化，开挖时应同时做好坡底的排水。

在地基的夯压与整平后，按照挡土墙设计图纸要求，绑扎基础钢筋笼如图 2（a）所示，竖向钢筋的预留长度要足够，确保钢筋要伸到挡土墙墙体，墙体和扶壁里的竖向钢筋与基础钢筋笼绑扎在一起，以保证挡墙基础与墙体、扶壁之间的连接。在基础钢筋扎制完成后，按挡墙设计图纸要求，浇筑钢筋混凝土基础并养护，如图 2（b）所示。

(a)　　　　　　　　　　　　　(b)

图 2　挡土墙基础施工图

（a）施工现场基础钢筋笼示意图；（b）施工现场挡墙基础示意图

2.3　墙体和扶壁砌筑

（1）按挡土墙设计图纸进行墙体和扶壁的排块，为使挡土墙达到外表美观的效果，砌块应错缝搭砌。尽可能采用主规格的砌块排块，不应混砌，且局部要均匀分布且对称，受力均匀。

（2）每砌筑一层砌块，按设计图纸要求在墙面板砌块开槽位置放置两根水平钢筋，宜通长放置，若长度不够，按搭接长度要求进行搭接，并在挡墙的尽端部位按设计图纸要求进行锚固。墙面板里的两根水平钢筋尽量向砌块壁靠近，并用钢筋绑扎固定两根水平钢筋的相对位置，水平钢筋与砌块壁之间留有插竖向钢筋的空间。另外，在砌筑墙体砌块时，还必须按施工设计图纸要求埋设泄水孔，预留泄水孔部位的砌块应预先切割好后再上墙砌筑，严禁在砌好的砌体上开槽或打洞。

（3）墙体灌孔：为了便于浇筑和振实灌孔混凝土，当墙面板和扶壁砌筑到一定高度后，要对已经砌筑好的砌块浇筑灌孔混凝土并采用振捣棒振实。

（4）扶壁的施工：扶壁采用普通砌块纵横搭砌。为保证墙面板和扶壁之间的连接，除了在墙面板和扶壁连接部位放置水平 L 形钢筋以外，还必须放置倒 U 形钢筋卡在墙面板和扶壁两个相接触砌块的孔洞里，如图 3 所示。

(a)　　　　　　　　　　　　　(b)

图 3　墙体与扶壁的连接

（a）设置扶肋的水平分布 L 形钢筋；（b）设置倒 U 形钢筋

2.4　土方施工

（1）对于边坡开挖部分，开挖前应做好坡顶截排水设施和相邻地面的硬化，开挖时应同时做好坡底的排水。

（2）机械开挖至垫层底面标高＋20cm 地方，避免超挖，然后人工开挖剩余的土，如果在机械开挖后有一层淤泥，应用人工清基将淤泥层清除，避免机械开挖对地基土的扰动。

（3）进行墙后土方回填时不能采用细砂土、粉砂土、耕植土、膨胀性黏土和淤泥等作为墙后的填料，而宜优先采用透水性强的非冻胀性填料，如炉渣、粗砂及碎石等，并经分层回填夯实后分别达到如下要求如表1所示。

表1　各类回填土的要求

类型	要求
砂性土	包括砾砂、粗砂与中砂，压密后应达到中密，且干密度≥16.5kN/m³；
碎石土	密实度应达到中密，干密度≥20.0kN/m³
粘性土	应掺入不少于30％的块石或石渣，干密度≥19.0kN/m³
粉质黏土	干密度≥16.5kN/m³

（4）土方回填时应清除回填土中的各类杂物，当天填土，应在当天压实，填土压实质量应符合设计和规范规定的要求。

图4　泄水孔施工完成示意

（5）机械施工时，不得碰撞支护结构，且靠墙顶部位、坡底等宜人工整理。

2.5　泄水孔和沉降缝施工

挡土墙每16m设置一道2cm宽的沉降缝，并用沥青麻筋塞大约15cm深。泄水孔交错布置，应埋直径为100mm的PVC管如图4所示，保证一定的坡度并用钢筋固定；泄水孔与排水沟的施工参见国标04J008第18页A型执行。

3　施工要求

（1）在砌筑墙面板和扶壁砌块时，水平灰缝和竖向灰缝的厚度在10mm左右，砌筑砂浆制作应按照《混凝土小型空心砌块砌筑砂浆》（JC 860—2008）的规定来执行，并在现场进行试验，符合设计要求后，方可施工；灌孔混凝土的制作和养护都应符合《混凝土小型空心砌块灌孔混凝土》（JC 861—2008）的规定，增加灌孔混凝土的流动性，灌孔混凝土里需按设计比例在现场进行试配试验，符合灌孔混凝土的流动性要求后，方可施工。

（2）浇筑混凝土芯柱应符合下列规定：

浇筑高度可一次浇筑至圈梁下80mm；灌孔时灌孔混凝土必须用细石混凝土，用小直径振动棒振捣，振捣必须在芯柱混凝土失去塑态之前完成，因此振捣时间宜控制在几秒钟；灌孔混凝土应与圈梁或压顶梁混凝土浇成整体。

（3）对配筋砌块砌体挡土墙的施工的构造要求，特殊部位的构造要求按照工程设计，没有特殊说明的目前应按《配筋混凝土砌块砌体建筑结构构造》（03SG615）的规定来执行。

（4）挡土墙砌筑应分皮错缝搭砌，做到孔肋相对，采用MU10水泥砂浆砌筑，M7.5水泥砂浆勾缝。

（5）土方填筑时，应从最低处开始，由下向上整个宽度分层铺填碾压或夯实。填方应分层进行并尽量采用同类土填筑，分层填土的厚度不超过200mm，应在相对两侧同时进行回填与夯实。

4　工程实例

长沙嘉盛华庭小区的项目由湖南大学建筑设计院有限公司设计，五矿二十三冶建设集团有限公司施工，项目部分施工及完成后图如图5所示，该项目中边坡长55m，边坡支护加固砌体挡土墙采用扶壁式配筋砌块砌体挡土墙。相比钢筋混凝土挡土墙，其节约钢材25%、木材30%，缩短工期1/5，单位造价降低40%，且其受力性能和稳定性好，充分发挥材料的强度，解决了承载力较低的地基地段施工问题。扶壁与墙面板有可靠的连接，提高挡土墙的整体性和抗裂性，并且扶壁深入土层，大大提高挡土墙的稳定性，在建成期间使用正常。

(a)　　　　　　　　　　　　　　　(b)

图5　长沙嘉盛华庭挡土墙施工和建成图

5　结语

本文根据工程实践，介绍了扶壁式配筋砌块砌体挡土墙的特点以及施工方法。扶壁式配筋砌块砌体挡土墙大大减小了挡土墙墙体体积，节约土地资源，实现了装饰一体化施工，选用各种外形、颜色的装饰砌块，可建造满足景观要求的挡土墙，免去装饰工序；相对现浇钢筋混凝土结构，混凝土砌块横向和纵向配筋操作简单，无须模板灌，施工快捷，但是扶壁式配筋砌块砌体挡土墙施工特殊，必须按照特定施工工艺进行施工，以确保工程质量。

参考文献

[1] 黄靓，包堂堂，颜友清，万智，任毅.变截面悬臂式配筋砌块砌体挡土墙的试验与工程应用[J].建筑砌块与砌块建筑，2012，02：16-20.

[2] 颜友清.砌体基本力学性能和配筋混凝土砌块砌体挡土墙研究[D].湖南大学，2011.

[3] 黄靓，万智，颜友清，李登，施楚贤.配筋混凝土砌块砌体挡土墙的试验与工程应用[J].建筑砌块与砌块建筑，2010，06：13-14+16-17.

[4] 魏斌，黄靓，万智，颜友清，李登.景观式配筋混凝土砌体挡土墙的设计与工程应用[J].公路交通科技（应用技术版），2010，11：98-101.

[5] 苑振芳，刘斌，王欣.配筋混凝土砌块砌体在挡土墙上的应用——某工程物料库墙体设计介绍[J].建筑砌块与砌块建筑，2007，04：15-19

[6] 陆建军，何勇华.扶壁式钢筋混凝土挡土墙施工技术[J].山西建筑，2009，36：102-103.

外墙瓷砖面涂料翻新施工技术的探讨及应用

李 江 胡建华 张 帅 王 炼

（湖南北山建设集团股份有限公司，长沙 410002）

摘 要：将乳液涂料涂覆到被翻新的墙体瓷砖面后，经固化使墙体表面形成美观而有一定强度的连续性保护膜、或者形成具有某种特殊功能涂膜，修补墙面上的各种缺陷，使其防污防渗保温，具有装饰性。

关键字：房屋建筑工程；建筑装饰装修；外墙瓷砖面涂料翻新

1 前言

目前，国内外已出现的一些旧瓷砖外墙的翻新方法主要有铲除旧瓷砖、安装铝塑板、瓷砖翻新腻子和涂料、瓷砖翻新界面剂和涂料等几种方法。其中，铲除旧瓷砖和安装铝塑板有费工时、成本高的缺点。而瓷砖翻新腻子和涂料、瓷砖翻新界面剂和涂料两个方法，是现有瓷砖墙面经改造翻新新技术，本公司也在多个工程中使用，效果很好。尤其涂上涂饰涂料后，不但解决了墙体瓷砖脱落、空鼓和开裂引起的渗水和积水，也解决了现有瓷砖墙面难以处理的肮脏、污浊、残破深冷的表面，提升临街建筑外观效果。如图1～图4所示。而且可以改善人们的居住环境，提高人们生活品质。尤其是能

图 1 翻新之前

图 2 翻新之后

图 3 翻新之前墙面空鼓现象

图 4 翻新之后墙面

起到延长建筑物使用寿命的效果，同时，能使建筑物美观和呈现多样化。关键技术是翻新涂料采用了聚合物乳液涂料，涂覆到被翻新的墙体瓷砖面后，经固化使墙体表面形成美观而有一定强度的连续性保护膜、或者形成具有某种特殊功能涂膜的一种精细化工产品。它可以遮盖墙面上的各种缺陷，使其美观，即具有装饰性，具有美化城市环境效果。适用所有年代久远、且发生外墙瓷砖面脱落、空鼓、裂缝、肮脏和墙体渗水等民用建筑，尤其是城市内临街建筑的外墙。具体工程部位包括旧磁砖、马赛克、石板材、水刷石等旧饰面的翻新施工。

2　外墙瓷砖面涂料翻新施工技术的探讨

（1）性能好，质量可靠

提高了附着力，内聚力，抗渗性能，聚合物乳液大幅度地改善了腻子的质量，腻子的抗裂性强、防潮性好、粘结强度高、聚合物乳液改性腻子确保油漆表面外观色彩均衡光泽均匀。

（2）安全性高

乳液涂料以水为介质，无毒、无味、不燃、不爆、不污染环境、不会带来因有机溶剂挥发而造成的劳动保护问题和生产事故问题。

（3）施工方便快捷

乳液涂料具有很好的施工性能，流动性好，既可以刷涂，又可以辊涂、喷涂，施工方便，技术容易掌握。

（4）涂料价格低

聚合物乳液涂料用合成树脂代替油脂，以水来取代有机溶剂，可有效的节约资源，并可以显著地降低涂料的成本。

（5）良好的透水透气性。当涂膜内外温差大时，不会起泡和脱落。

（6）推广前景好

采用本瓷砖外墙经翻新技术，可改善城市环境和市容市貌。整洁的建筑物外部环境，给人以美好的感受，也符合国家节能环保政策需求，具有良好的推广前景。

3　外墙瓷砖面涂料翻新施工技术的应用

由我公司承担的长沙县烟草公司原办公楼、综合楼改造工程，原建筑物外墙均为外墙瓷砖面。经过多年环境污染以及外墙砖有脱落，局部外墙有渗水现象。经与设计单位、建设方共同选择采用保留原瓷砖经清洗、修补后采用新材料新技术进行翻新工艺。达到节能保温防渗等效果，受到好评。达到环保绿色施工的目的。

其技术：

（1）工艺采用新材料、新技术，技术资料齐全完整、符合规定；采用瓷砖界面胶贴剂，具有良好的耐水、耐酸碱性和良好的水泥兼容性，柔性抗裂填充，旧陶瓷面砖翻新。

图5　长沙县烟草公司办公楼施工后实照

（2）应用技术成果有一定的创造性、先进性，适用性，安全可行。

（3）完全符合环保、节能、绿色施工。

（4）取得了良好经济效益和社会效益。

3.1　技术原理与工艺流程

（1）技术原理

本技术是将乳液涂料涂覆到被翻新的墙体瓷砖面后，经固化使墙体表面形成美观而有一定强度的连续性保护膜、或者形成具有某种特殊功能涂膜的一种精细化工产品。图6、图7所示为外墙涂料翻新处理。

图6　搭设脚手架　　　　　　　　图7　外墙涂料翻新外墙处理

它可以遮盖墙面上的各种缺陷，使其美观，即具有装饰性；它可以控制水分，隔绝空气中的二氧化碳、二氧化硫、氯化氢等腐蚀性气体，防止气候对被涂物影响及金属底材生锈，即具有保护功能；它可以赋予被涂的建筑物墙面有各种颜色，具有美化城市环境效果。

（2）工艺流程

施工方案制定→搭设外墙脚手架→基层处理和检查→修补→清洗→涂刷界面剂→批涂乳液腻子→分格→封闭底漆→面漆施工→验收→拆除外脚手架。

3.2　技术操作要点

（1）基层处理和检查

首先用小锤、小棍或用红外线探伤仪，全面检查墙面。将墙面等基层上起皮、松动及鼓包等清除凿平，将残留在基层表面上灰尘、污垢、溅沫和砂浆流痕等杂物清除扫净。

（2）修补

对小面积瓷砖空鼓墙面，可用电动切割机或冲击钻清除松动起壳的瓷砖，清除瓷砖表面上的灰尘、杂质等；用外墙修补胶浆混合后修补，直到与瓷砖面齐平。大的结构性破损、裂缝，采取必要的措施，如裂缝小于2mm，可用外墙修补胶浆混合后修补。

（3）清洗

用高压水枪冲洗外墙，或用钢丝刷配合水喷的方法除去基层面上松散颗粒、灰尘等杂质，洗掉赃污。

（4）涂刷界面剂

墙面清洗完毕并干燥后，用干粉界面剂按水：干粉＝1：5的比例加水拌合并静置5～10min；用滚筒或毛刷把界面剂均匀地涂刷到基面上，不能漏刷，然后让涂面干燥，待界面剂实干，完全封闭基面后，方可开展后续的工序。

（5）批涂瓷砖墙面腻子

薄批瓷砖墙面专用腻子一遍，待第一遍瓷砖墙面专用腻子干透后，再满批一遍瓷砖墙面专用腻子，然后找补瓷砖墙面专用腻子，至无脱落和露底，待瓷砖墙面专用腻子干透后，方可开展后续的工序。立面粘接剂处理如图8所示。

（6）分格

根据施工图要求分格，并按分格尺寸大小准备两把铝合金刮尺，长度分别与分格的长度和宽度相同；用铁抹子满批瓷砖墙面柔性腻子，一次批涂厚度不超过10mm；刮尺沿水平方向用力刮涂，凹陷的地方用瓷砖墙面柔性腻子填充后再刮平，待其表干后，再满批瓷砖墙面柔性腻子，然后用另一把刮尺沿垂直方向刮涂，直到平整度满足要求为止。打磨并清除表面的浮粉和灰尘，如图9所示。

图 8　立面粘接剂处理实照　　　　　　　　图 9　台度与分隔

（7）外墙封闭底漆

均匀涂刷或喷涂外墙封闭底漆一道。

（8）面漆施工

待外墙封闭底漆干后，用外墙装饰面漆均匀滚涂或喷涂两遍，在滚涂或喷涂最后一遍面漆的同时，用深色面漆做好勾缝，时间间隔 4 小时；施工间歇时，应盖紧桶盖，或喷施少量水覆盖表面，以防结皮，造成浪费。涂刷的外墙装饰面漆应漆膜饱满、均匀、无流挂、无色差。5℃以下，湿度 85％以上不宜进行外墙装饰面漆的施工。

3.3　性能指标

（1）腻子的抗裂性强、防潮性好、粘结强度高、聚合物乳液改性腻子确保油漆表面外观色彩均衡光泽均匀，提高了附着力，内聚力，抗渗性能，聚合物乳液大幅度地改善了腻子的质量。

（2）乳液涂料以水为介质，无毒、无味、不燃、不爆、不污染环境、不会带来因有机溶剂挥发而造成的劳动保护问题和生产事故问题。

3.4　实施效果与创新点

（1）实施效果

该翻新涂料良好的透水透气性。当涂膜内外温差大时，不会起泡和脱落；采用本技术的瓷砖外墙经翻新技术，可改善城市环境和市容市貌。整洁的建筑物外部环境，给人以美好的感受。也符合国家节能环保政策需求，具有良好的推广前景。

（2）创新点

乳液涂料具有很好的施工性能，流动性好，既可以刷涂，又可以辊涂、喷涂，施工方便，技术容易掌握；聚合物乳液涂料用合成树脂代替油脂，以水来取代有机溶剂，可有效的节约资源，并可以显著地降低涂料的成本。

3.5　质量控制

（1）施工质量保证措施

外墙涂装不宜大面积批刮腻子，腻子层不宜太厚，材料采用聚合物水泥腻子。一般采用一遍底涂，二遍面涂施工。根据工程质量要求可以适当增加面涂遍数。涂装施工一般自上而下进行，每一遍涂刷应以分割线、墙面、阴阳角交接处或落水管为界。

施工环境：施工温度不低于 5℃，最好 10℃以上，尤其背阴面；相对湿度不高于 85％。雨天或大于四级以上大风天应停止施工。

建议采用耐碱封底漆做底涂，也可用 108 胶刷涂。

涂料在使用前加 10％～15％水（体积比）稀释并彻底搅拌均匀，稀释用水应洁净。一般第一遍面涂加 15％水，第二遍加 10％。喷涂加 15％水稀释。

施工期间应盖紧桶盖，以防涂料结皮。涂刷过程中如需停顿，需将刷子或滚筒及时浸没在涂料中，涂刷完成后立即用清水洗净所有器具。

必须等待上一遍乳胶漆膜干透后，方能进行下一道施工，刷涂前应对上一遍漆膜进行清理后施工。涂料的干燥硬化是通过水分蒸发的物理过程，因此，较高的空气湿度或低温会延缓涂料干燥硬化的时间。在 25 ℃，相对湿度 50％情况下，覆涂间隔时间为 2～3 小时以上。

保养期：5 天以上（2500C），低温应相对延长。

⑵涂料质量保证措施

聚氯酯防水涂料保证质量的关键是：配合比正确，搅拌充分，根据气候条件随拌随用；薄涂多刷，确保厚度，涂刷均匀，养护充分。

严把材料关，防水材料的资料（包括产品合格证、防水材料准用证及防伪标志等）要齐全，材料进场后应现场进行抽样复检。

严格按照施工规范施工，施工前对全体操作人员进行技术交底，精心进行施工。

基层要满足防水施工要求，经有关人员验收合格后，方可进行防水涂料施工。

3.6　环保措施

（1）依据 ISO 14001 标准建立《环境管理体系》，通过过程管理，坚持持续改进和污染预防，按照相关法律、法规和其它要求的规定控制过程活动，实现顾客的满意和向社会的承诺。从而全面提环境的管理水平，保证公司的环境方针和目标的实现。

（2）配备相应的资源，遵守法规，预防污染，节能减废，实现施工与环境的和谐，达到环境管理标准的要求，确保施工对环境的影响最小，并最大限度地达到施工环境的美化，选择功能型、环保型、节能型的工程材料设备，不仅在施工过程中达到环保要求，而且要确保成为绿色施工。

（3）施工现场必须严格按照公司环保手册和现场管理规定进行管理，项目部成立场容清洁队，每天负责场内外的清理、保洁，洒水降尘等工作。

（4）每周召开一次"施工现场文明施工和环境保护"工作例会，总结前一阶段的施工现场文明施工和环境保护管理情况，布置下一阶段的施工现场文明施工和环境保护管理工作。

（5）建立并执行施工现场环境保护管理检查制度。

我公司在多项施工项目中精心组织、严格施工，达到了预期的目的，收到了较好的效果，是一项值得推广的施工技术。

PK 预应力叠合板施工项目应用及体会

宁湘光

（湖南长大建设集团股份有限公司，长沙 410009）

摘　要： PK 预应力混凝土叠合板作为一种预制带肋板与钢筋现浇混凝土叠合形成的一种装配整体式结构，具有整体性能好、抗震性能优越（与装配式结构比较）、抗裂性好的特点，同时具有节省三材、降低造价的优点。因此，大力发展这种结构符合国家土地资源节约利用、环保和可持续发展战略。

关键词： 预制带肋板；叠合板；模板替代；施工应用

PK 预应力混凝土叠合板作为住房和城乡建设部、各省市建筑主管部门大力推广的建设科技成果，其产品性能优势在实际应用中得到了充分体现，但也存在一定的不足。本文通过对 PK 预应力叠合板在湘潭市家家美建材家具广场项目的实际应用为例，对该产品的安装工艺及后续改进进行探讨。

1　项目施工应用情况

家家美家具建材广场二期项目位于湘潭市高新区吉安路与科东路交汇处，项目总建筑面积为 63440.31m²。由 1#、2#、3#、4#以及 5#楼 5 栋建筑组成。1#、2#、3#楼为多层商业（建材商店和建材展示）建筑（3～5 层不等）；4#楼为一栋一类高层，1～4 层为大空间商场，5～17 层为公寓式办公；5#楼为汽车楼。本项目所有栋号楼面除卫生间或异形板等部位采用现浇结构外，其余均采用 PK 预应力叠合板，实际使用量约占总建筑面积的 80%。

2　PK 预应力叠合板安装施工工艺

本工程 PK 预应力叠合板选用的施工图集为《PK 预应力混凝土叠合板》（2005 湘 JB/B-001），主要的施工工艺参照《PK 预应力混凝土叠合板施工方法》（湖南大学结构工程研究所）进行施工，施工过程中同时依据《预制带肋底板混凝土叠合楼板技术规程》（JGJ/T 258—2011）进行检查、验收。

2.1　PK 预应力叠合板施工工艺流程（图 1）

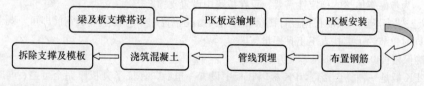

图 1　工艺流程示意图

2.2　支模架搭设

根据 PK 板厂家提供的资料、复核相关数据以及现场抽样所做的 PK 板静载试验和有关技术指标，PK 板在跨中无支撑的情况下自身可承受上部施工荷载，其挠度满足规范要求，板面无开裂现象。项目在实际施工中，为保证 PK 板安装的平整度以及整个楼面支模体系的稳定性，在支模架搭设时采用在板跨中搭设一道支撑并与四周梁连接成一体的楼面梁、板支撑体系（图 2）。

2.3　PK 板安装

PK 板安装前由专业技术人员复核设计图纸叠合板规格及现场尺寸，根据施工进度分批进场，并按照要求分类堆码。安装时采用塔吊及人工配合吊装，即通过塔吊将 PK 板调运至施工楼面指定地方，然后再由安装人员（一般是四人一组）人工将 PK 板搁置到梁架处，将板的位置调整好后即可

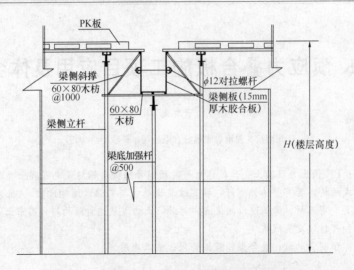

图 2 PK 板支模架（与梁一起现浇）安装大样图

（图 3）。

PK 板安装完毕后，根据设计图纸，在PK 板肋预留孔布置垂直预制构件的钢筋，叠合后形成双向配筋板，板跨从 2.7～4.5m 不等。

3 PK 预应力叠合板的优点及不足

经过对 PK 预应力叠合板的实际应用，总结发现其优点明显，但也有不足之处。

3.1 PK 板优点

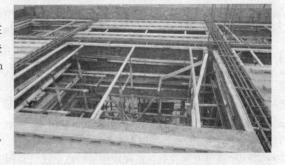

图 3 PK 预应力叠合板施工安装现场实景图

（1）全部替代平板模板，节省大量工程模板及支撑架管，节约钢筋用量

由于 PK 板是一种在工厂预制好后的一种半成品，其混凝土强度在龄期内达到 C50 以上，因此自身强度较高，现场静载测试其挠度、抗裂荷载检验值均符合规范要求，因此替代了全部的平板模板。同时，相对于现浇模板搭设的满堂脚手架（间距一般不超过 1.2m），其支撑架管大大减少（只需搭设现浇梁架，为考虑架体整体稳定性需要，可在板跨中设置支撑）。

PK 板安装完毕后，只需根据设计图纸在板肋预留孔布置一道与板垂直的钢筋即可，既节约了钢筋用量，同时也节约了绑扎人工工日用量。

（2）确保楼板厚度，楼板基本无开裂现象

由于 PK 板是一种叠合楼盖，PK 板因在板中设置一道肋，保证了其板厚完全可控，同时因为板筋及负筋有不宜踩踏及变形等特点，在混凝土浇筑完毕后，正常养护条件下，楼面基本无开裂现象。

（3）节约工程造价

PK 板与现浇板经济性能比较，降低造价约 54 元/m²，见表 1。

表 1 现浇板与 PK 板经济性对比

名称及规格	单位	现浇板每平方米用量	PK 板每平方米用量	节省
综合工日	工日	0.86	0.48	0.38
钢筋	kg	8.23	4.45	3.78
杉原条	m³	0.01	0.00	0.01
钢管及扣件等	kg	1.85	0.1	1.75
模板	m²	0.2	0.00	0.2
混凝土	m³	0.13	0.08	0.05

3.2　PK 板主要不足

（1）由于在安装 PK 板时必须采用塔吊结合人工配合安装，制约了塔吊的工作效率，也影响了其它班组的施工进度，根据以往施工经验，与同面积的现浇楼层比较，工期大概推迟 2～3 天；

（2）由于 PK 板安装时，四周只有安装模板后的梁架，施工人员只能靠站立在四周无防护的梁架上进行 PK 板吊装，安全隐患较大。

（3）由于 PK 板在运输和吊装的过程中，难免会有损坏，因此一旦无板替代，则耽误工期或只能用现浇板替代。

4　总结

PK 预应力叠合板作为一种新型的装配式整体楼盖体系，其施工质量是有相当保证的，特别是楼板厚度保证和混凝土裂纹控制上有较大优势，同时也降低了工程造价，但由于其施工工艺过于单一（靠人工进行安装），同时安装过程中的施工存在相应安全隐患，在追求速度以及高度重视施工安全的今天，其应用前景势必受到影响。因此，如果能进一步改善和调整其施工工艺，将大大拓展其应用空间。

相关文献：

［1］　周旺华. 现代混凝土叠合结构. ［M］. 北京：中国建筑工业出版社，1998 年.

［2］　蒋森荣. 预应力钢筋混凝土结构学. ［M］. 北京：中国建筑工业出版社，1959 年.

［3］　赵新铭. 刘宁. 双向预应力钢筋混凝土叠合板裂缝试验研究[J]. 港工技术，2001 年.

某住宅工程大面积地下室防渗漏施工

孙毛文　谭恢云

（湖南经远建筑有限公司，常德　415000）

摘　要：地下室渗漏是住宅工程主要质量通病之一，为了治理这一通病，笔者会同其它工程技术人员认真学习了 DBJ 43/T 306—2014 和湘建建【2010】332 号

文件。并针对某大面积地下室，认真阅读和分析了施工图，且依据《规程》要求的内容对原设计考虑不周到之处提出了抗裂、防渗漏等多条合理化建议；在施工过程中制定了针对性较强的专项方案，加强了旁站监督这一重要质量管理环节；通过精心施工，在工程完成后，实现了地下水丰富的大面积地下室无渗漏。

关键词：裂缝；柔性防水；附加防水；旁站监督；精心施工

1　引言

近几年大量住宅工程一些质量通病的出现，严重地影响了人们的安居，反映强烈，投诉较多，这确实令相关管理部门人员为之头痛。为此，湖南省住房和城乡建设厅特制定发布了 DBJ 43/T 306—2014 这一技术规程和湘建建【2010】332 号文。我公司及时组织各相关司属部门和现场技术管理人员学习了该"文件"，并结合我公司以往较成功的施工经验，对某地下水丰富且面积较大的地下室工程事前提出了合理化建议，且制定了针对性较强的专项方案。经过精心施工后，该地下室实现了无渗漏现象。笔者将这一成功经验简要地进行了叙述，供同仁们参考。

2　地下室工程慨况

本工程为 4 栋地上 16 层、地下一层的棚改安置房，位于常德经济开发区沅江右岸，区域地貌为洞庭湖冲积平原。建筑场地周边有多条较大的沟渠流水注入沅江。

该工程地下室长为 192m、宽为 88.5m，面积约 17000㎡；地下室底板面标高为 −5.350m，（高程为 33.200m），底板厚 400mm、顶板厚 200mm、外墙厚 300mm、层高 3.9m；顶板上有 1m 厚种植覆土和混凝土面层；混凝设计强度为 C35、抗渗等级为 P6，设计抗浮水位高程为 36m，即工程竣工后，地下室将会有 3.200m 高处于抗浮水位之下。

地下室柔性卷材防水设计为二级，即底板之下采用一层 1.5mm 厚 CPS-CL 空铺，其外墙和顶板采用一层 1.5mm 厚 CPS-CL 进行水泥净浆粘结。

3　对地下室混凝土外墙抗裂及整体柔性防水设计的分析和建议

一般地下室混凝土构件出现裂缝、柔性防水达不到防水要求等而引起的渗漏现象，很多方面的原因是因设计疏忽或考虑不周全，未认真对待构件所处的特殊部位和环境条件采取相应的设计措施。例如混凝土墙体水平钢筋的间距及含钢量的确定，未能正确理解规范或规程的含义，一味迎合开发商的意向进行最小含钢量的设计；对于地下室柔性防水，未考虑地下室所处位置的地质水文等复杂情况，机械地理解地下室用途是停车库就可以采用二级防水；未考虑目前私人用户的高要求。然而往往一旦出现地下室渗漏等问题就认定是施工质量问题，监理单位未尽责。

3.1　本工程地下室外墙设计情况和合理化建议

（1）地下室外墙设计

地下室外墙设计厚度 300mm，设计的竖向钢筋为 φ14@125，水平钢筋均为 φ10@200，且绑扎在

竖筋内侧，迎水面保护层厚为 50mm，背水面保护层厚 30mm；

混凝土设计强度为 C35 抗渗等级 P6，外墙附壁柱截面尺寸为 500mm×500mm，其间距一般为 6m；在外墙长向中段设计有 4 根截面为 700mm×800mm 的大柱，且与上部高层建筑大柱贯通，大柱轴线间距为 8.2m。

（2）合理化建议

为了控制混凝土外墙裂缝的出现，提高墙体自身的抗渗漏能力，我们对照 DBJ 43/T 306—2014 和湘建建【2010】332 号文的要求提出如下建议：

① 考虑到地下室外墙易出现梭形垂直裂缝，按裂缝出现的规律建议混凝土外墙迎水面水平筋竖向中间 1/3 范围设置在竖筋外侧；6m 间距附壁柱间，水平筋 φ10@200，改为上、下 1/3 范围采用 φ8@150、中间 1/3 范围采用 φ8@100，这一变更其含钢量基本未变。

② 8.2m 间距的大柱段墙体水平钢筋应较附壁桩 6m 间距段水平钢筋适量增加，则建议混凝土壁筋迎水面水平钢筋中间 1/3 范围设置在竖筋外侧；原设计水平筋 φ10@200，改为上、下 1/3 范围为 φ10@150、中间 1/3 位置为 φ10@120，这一变更其含钢量有所增加。

③ 为了减少混凝土干缩或塑性裂缝的出现，建议在 50mm 厚的保护层中增设钢丝网片。

在工作会议上，我们出示了 DBJ 43/T 306—2014 和湘建建【2010】332 号文，建设方和设计院认同了①、②两条建议；对于③条未予接受，原因是增加费用较多。

3.2　地下室柔性防水设计情况和合理化建议

（1）地下室柔性防水设计

本工程地下室主要用途是作为停车库，底板、侧墙、有种植覆土层的顶板，其柔性防水层均设计为二级防水，即底板采用一层 1.5 厚 CPS-CL 空铺；外墙、顶板也为一层 CPS-CL，且铺贴要求采用 1.5～2.5mm 厚水泥净浆作为粘结层。

（2）合理化建议

①"规范"虽提出了地下车库可采用二级防水设计，但也应视具体情况而定。

本工程地下室面积大，地下水位高，地下室建成后，将有 3.2m 高处于抗浮水位之中，且顶板有种植覆土层；再者二级防水在相关标准图集的说明中，已界定容许有少量湿渍（渗点）存在，而当今的私人用户绝对会强烈反对。

为此我们建议本工程的地下室柔性防水改为一级防水。这不但能进一步提高地下室防水能力和使用年限，同时也可避免用户因渗漏而投诉。

② 本工程地下室外墙和顶板设计采用 1.5 厚 CPS-CL 防水，且要求采用 1.5～2.5 厚水泥净浆粘结。

用水泥净浆粘结地下室防水卷材，我公司曾施工过两个类似工程，但经检查发现有如下三个质量问题：第一，水泥净浆层出现了较多的收缩微裂缝；第二，因水泥净浆的脆性也影响到了卷材的延性，在外力作用下极易发生断裂；第三，因水泥净浆中初始含水较多，卷材粘结后，不到一星期就出现了蒸汽泡，随时间的延长气泡也相应增加和扩大。以上三个质量问题的出现，显然严重地影响了卷材的防水性能，这给予了我们一个深刻的教训。

鉴于以上情况，我们建议地下室底板第一层卷材考虑湿作业而进行空铺，只是搭边采用热熔自粘结，第二层卷材则热熔自粘结。对于侧墙和顶板防水的二层卷材均应在基底干燥的情况下进行热熔自粘结。

③ 地下室底板下柔性防水层上部的构造设计为：40 厚 C20 细石混凝土保护层——400 厚 C35 自防水混凝土底板（排水沟置于底板）——最薄 30 厚 C20 细石混凝土找坡层——面刷防尘耐磨高级地坪漆。

以上这种构造形式，从我公司施工的多个地下室来看，一般在小面积地下室施工后，其底板开裂、渗水点不多，经修整后能顺利竣工验收。但对于大面积地下室、且又有多栋高层建筑置于其中时，往往因沉降差异出现裂缝或施工过程中出现的不周到之处，在后浇带封闭后，随地下水的浮压加大，渗水点也明显增加。

面对此种情况，施工单位需花费巨大精力和资金逐一整修到位；建筑物沉降需多年，时间长了，在高层建筑的周边，特别在电梯井位又出现了新的渗点需进行修复，这一过程，严重地拖延了工程交工验收的时间。

由于地质、气候、环境等的可变因素较多，对于大面积地下室，要想在设计、施工等方面一步到位不出现渗漏点是较难的。为此我们依据过去的成功经验，建议本工程地下室混凝土底板上增设一层 80mm 厚的卵石滤水层，以便时间长了，地下室底板出现少量渗水时，可及时排入沟道，从而不再影响其使用功能。

以上三条建议在工作会议上得到了建设方和设计院的认可。

4　施工主要技术措施

4.1　底板施工

（1）底板下的 100 厚 C15 混凝土垫层，采取先抽筋后浇筑抹平；其承台、地梁等位的阴、阳角均做成 $R=30\sim50mm$ 的圆弧角，以便今后卷材转角顺畅铺贴。

（2）地下室底板的第一层防水卷材因湿作业而进行空铺，只是搭边进行热熔自贴密封；第二层卷材与第一层错缝搭边热熔自贴。各施工段卷材完成经验收合格后方可进行正道工序施工。

（3）400mm 厚 C35 混凝土底板按后浇带或变形缝位划分施工段，每一施工段连续一次性浇筑完毕，决不允许有施工冷缝出现；在混凝土临近初凝时进行第二次振捣，以便达到进一步密实混凝土，提高混凝土强度，减少收缩裂缝；混凝土二次振捣后，抹平且及时覆膜封闭养护。

4.2　混凝土顶板及墙体模板、混凝土及柔性防水施工

（1）模板及支撑系统：按相关"规范、规程"要求，先进行慨念性设计，然后采用计算机进行计算和调整，以求得合理的方案。

对于混凝土墙的侧模和顶板的底模板面，选用经济合算且吸水率底的竹胶模板，这一优点起到较好的保水自养护作用，使不易浇水湿润的混凝土表面干缩裂缝得到较好控制。

（2）墙、柱、顶板混凝土施工：其主要技术措施是严格控制混凝土的水灰比，令坍落度控制在 120mm 左右；墙柱混凝土按 600mm 高分层浇筑振实；对于顶板混凝土的浇筑基本同底板的浇筑方法。

（3）混凝土裂缝处理及墙、顶板柔性防水施工

① 混凝土裂缝出现的情况分析

地下室外墙的模板在混凝土浇筑一星期后拆除观察：8.2m 轴距段大柱两侧仍出现了 0.3mm 左右的垂直裂缝，其它 6～7m 轴距段也有为数较少的 0.2mm 左右的微裂缝。再养护 7 天后，裂缝却仍有所增加，后经检测裂缝深度一般在 30～50mm，但 8.2m 轴距段的大柱两侧约 600mm 左右，其裂缝发展为贯穿性，迎水面裂缝宽度达到 0.6mm，同位的背水面裂缝约 0.3mm，我们初浅分析，认定是大柱的刚度远大于墙体之故。

地下室底板在后浇带封闭后，由于采取了 Ⅰ 级防水，且柔性防水和混凝土施工控制较好，除高层建筑周边有 5 条裂缝渗水外，其它部位基本上未发现渗点。

地下室顶板也有少量的 0.2～0.3mm 裂缝。由此看来大面积混凝土消除裂缝是一件不易之事。

② 对裂缝的防渗处理

0.4mm 及以上裂缝，在其缝的两端各打一个 φ5 左右、深≥50mm 的小孔（防止高压注浆对裂缝产生劈裂延伸），然后进行高压注浆；在施工大面积柔性防水之前，先针对所有大小裂缝均增加一道宽为半幅卷材的附加防水层。

③ 大面积柔性卷材施工

柔性防水卷材施工是一个成熟的施工工艺，其施工质量的好坏主要是管理是否严格。为之我们抓了如下几个关键环节：

a. 按施工规范和产品说明书的要求编制了较详细的施工方案。

b. 对每批进场的卷材严格进行检验，只有检验合格的卷材才允许使用。

　　c. 聘请了施工经验丰富的专业防水队伍，并对其进行了详细的技术交底和签订质量责任奖罚合同。

　　d. 委派专职质量员和邀请专监人员自始至终跟班旁站监督。

　　由于这些管理环节能贯彻始终，使这一大面积柔性防水卷材施工后，其质量达到了令人满意的效果。

5　结语

　　目前住宅工程地下室渗漏是住宅工程主要质量通病之一，尤其大面积地下室的渗漏表现更为突出。为了解决这个问题，笔者认为建设方、监理方和施工单位的现场技术管理人员，不但要熟知施工规范和操作规程，还应经常学习设计规范，特别应学习好 DBJ 43/T 306—2014 这一住宅工程质量通病防治技术规程，以便在阅读住宅工程施工图时，对照"规程"要求，提出设计的疏忽或不妥之处。在施工过程中，要有高度责任感，抓住主要质量关键环节的管理，精心施工，减少或消除今后的住宅工程质量通病的出现。

　　正因为我们基本上做到了以上几点，所以本工程大面积地下室完工后，实现了无渗漏现象，特别是地下室底板长时间无一湿渍点出现，得到了各方的好评。

参考文献

[1]　DBJ 43/T 306—2014. 湖南省工程建设地方标准[S].

[2]　湘建建【2010】332 号. 关于加强住宅工程现浇混凝土结构构件设计施工质量控制的通知.

大型干煤棚网架彩钢屋面板安装施工技术

熊　峰　戴习东　皮翠娥

（湖南省第三工程有限公司，湘潭　411101）

摘　要： 目前，大型干煤棚网架屋面板安装普遍采用吊车作垂直运输，作业半径难以覆盖全部工作面，吊装中易出现板面折痕、变形，导致返工和浪费，且不美观。本技术介绍了一种大型干煤棚网架彩钢屋面板安装采用卷扬机辅以自制滑板组织垂直运输，人工安装就位的施工方法。操作简单，无折损，效率高，质量可靠。

关键词： 大型干煤棚；彩钢屋面板；自制滑板

目前，大型球形干煤棚采用网架彩钢屋面板的项目越来越多。传统的施工方法多采用吊车作为垂直运输工具对彩钢屋面板进行吊装就位，人工安装。但吊装过程中受吊车作业半径的限制，工作面难以全部覆盖整个球面，且吊装中易出现彩钢屋面板折痕、变形。经常需换板、返工。我司在南京电厂干煤棚等多个球形网彩钢屋面板项目施工中，采用卷扬机辅以自制滑板，将材料固定在自制滑板上，充分利用球面网架进行屋面板材料的滑行提升，可将屋面板运至任意工作面，很好地克服了吊车工作半径难以满足，材料容易折损的缺陷。采用该方法施工，操作简便高效，材料无折损，质量美观可靠，取得很好地施工效果，现将该工艺总结并形成施工技术。

1　施工特点

（1）垂直运输采用卷扬机和自制滑板替代汽车吊，有效控制板吊运中出现折痕和撕裂，确保了工程质量和观感效果。

（2）垂直运输采用卷扬机、自制滑板取代汽车吊，没有起重吊装带来的安装风险。操作软梯双挂双控，双挂钩连在屋面不同杆件上，保证了软梯移位时不会因操作失控而坠落。操作人员系双扣双带安全带，安全绳配自锁装置，且单次运输的板只有两块，避免了因多块板作业的安全风险。

（3）用卷扬机、自制滑板取代汽车吊，节约机械台班费，节约能源，同时，通过分区排料、计算、工厂压制定尺成型，减少现场量尺下料，节约人工费，也减少因材料配比不合理、不准确而造成浪费材料。降低了成本。

2　施工原理

彩钢板在生产车间压制定型，量尺下料，分类打包运至现场。并通过卷扬机和自制滑板提升运至安装点，滑板通过 U 型卡环与卷扬机钢丝绳固定，滑板与彩钢板上端采用两颗螺栓固定，卡环处系两根牵引麻绳。开动卷扬机将滑板及屋面板在屋盖钢结构表面滑动运到各安装部位，操作人员将板扶正就位打钉卸扣，完成一块板的安装。运板时一次一块，也可以两块叠加运。每一分区从中线点开始向两边安装，当两相临分区环形板带安装完时，同步安装此处屋脊板并进行封胶密封。

3　施工工艺及操作要点

3.1　施工流程

施工准备→测量放线和标注→分区和排料计算→工厂加工制作→屋面板分区安装→区与区之间安装屋脊板并密封→清理。

3.2　操作要点

3.2.1　施工准备

（1）卷扬机安装：根据现场情况，将 5～6 台卷扬机等距安装在挡煤墙顶部平台上，在平台上卷扬机四角打入膨胀螺丝，然后用电焊机把膨胀螺丝与卷扬机底座四角作固定焊接，滑轮安装在球网架帽顶杆件上（钢丝绳可根据方向变化而自由移动位置）。

（2）滑板制作及安装

① 滑板制作：采用 3mm 厚钢板及 3×50 扁钢做一滑动块，滑板制作时应清除钢板表面的铁锈，弧形扁铁应弯弧均匀、光滑。

② 滑板安装，滑板通过 U 型卡环与卷扬机钢丝绳固定。

（3）爬梯设计和安装

① 爬梯设计：爬梯上一般考虑站 3～4 人，重量不会超过 400kg，采用 ϕ8.7 的钢丝绳，满足安全系数要求。

镀锌管：镀锌管型号为 20×2.5，其截面面积为 2.94m^2。

经查表得，二级钢材最大抗拉力 $a=2.85t/m^2$。

则此爬梯的最大抗拉力 $F_{max}=2.94×2×2.85=16.758t$。

爬梯实际荷载不超过 400kg，故本爬梯满足使用要求。

② 爬梯的安装和移动：当爬梯经检查合格后，用卷扬机运到屋面板安装处。爬梯上方挂钩挂于网架上弦上，并设置钢丝绳将网壳和爬梯吊挂连接，以避免爬梯在移动和挂钩、脱钩时，爬梯坠落。

（4）安全绳安装

安全绳选用带自锁装置，大小根据使用荷载确定，安全绳上端固定在煤棚顶部杆件上。

（5）待上述制作安装完毕后，请相关人员验收，验收合格后方可投入使用。

3.2.2　测量放线和标注

（1）根据干煤棚确定的分区数在挡煤墙顶部平台上进行量尺，定出分区控制点。

（2）用经纬仪辅以量尺进行分区测量放线，拉线标注每一分区线和各分区的中心线。

（3）对已安装完成的檩条进行测量，对施工偏差做出记录，并针对偏差进行相应的调整。

（4）确定排板起始点位置为每一分区的中线，即在檩条上标定出起点，沿跨度方向在每根檩条上标出排板起始点，各个点的连线应与次檩条的轴线相垂直。

（5）测量各板带标高控制线并按屋面板宽度进行标注，确定每块板的安装起点标高。

3.2.3　分区和排料计算

根据上述测量数据及设计施工图，进行深化排料计算，算出每一分区、每一环形板带板的数量，画出每块板的几何尺寸图，供工厂配料。

3.2.4　工厂加工制作

彩钢板生产车间根据我公司提供的配料计算图进行配料，压制定型，量尺下料，分类打包发运至现场。

3.2.5　屋面板分区安装

屋面板每一分区均从底层环形板带开始，逐层向上推进，可以几个安装队伍从不同分区同时开始。

（1）根据排板设计确定排板的起始点的位置为每一分区的中线，在檩条上标定出起点，即沿跨度方向在每根檩条上标出排板起始点，各个点的连线应与次檩条的轴线相垂直，而后在板的宽度方向每隔几块板继续标注一次，以限制和检查板的宽度安装偏差积累。

（2）从排板起始连线开始安装屋面板，边安边退。屋面板安装完毕后对小件的安装作二次放线，以保证檐口线、屋脊等的水平直线度和垂直度。否则，将达不到质量要求。

（3）根据屋面板设计选型要求，在工厂或施工现场将屋面板压制成型，人工抬运至被安装的煤场外面摆放就位。

（4）在屋面板上方（离端头 50～70mm 处），钻 ϕ13 的孔两个，然后将吊具及滑动块安装上，用螺帽拧好，并在吊具两边绑扎 $\phi11$ 的麻绳作揽风绳，控制屋面板的摆动。

（5）开动卷扬机将屋面板吊运至安装点，目测校正后，自锁固定。

（6）屋面板固定

① 屋面板吊装就位前，先移动爬梯至方便操作位置，操作人员就位，一般两至三人分散站在爬梯上。

② 屋面板吊装就位后，先固定近处的螺钉，通过爬梯上下固定远处的螺钉，待板基本固定后，卸下滑板，将板上端口固定，完成一块板安装。

③ 安装前屋面板擦干净，操作时施工人员穿胶底鞋；搬运时戴手套，板边设好防护措施；不得在未固定牢靠的屋面板上行走；在固定好的屋面板上行走时，不得踩踏波峰。

④ 压型钢板屋面的外观主要通过目测检查，应符合下列要求：

a. 屋面檐口平整，成一直线。

b. 压型钢板长向搭接缝成一直线。

c. 泛水板、封檐板、屋脊板分别成一直线。

（7）依次安装至该分区完成，用同样方法安装相邻分区。

（8）小件安装：

① 在彩钢小件安装前应在小件安装处放出基准线，如屋脊线、檐口线等。

② 安装小件的搭接口时应在被搭接处涂上密封胶，搭接后立即紧固。

③ 应特别注意百叶窗的泛水件转角处搭接防水口的相互构造，以保证建筑的立面外观效果。

④ 栈桥口处屋面板和栈桥墙面板连接采用柔性连接，现场量出橡胶片需要宽度及长度用量后下料安装。

（9）屋面彩板铺设需要注意的事项

① 在彩板吊装时要细致，确保不磕碰，安装时腾挪到位，不至于产生偏移。长向搭接有 250mm 的搭接长度，并有螺钉固定。

② 安装压型钢板的时候，要按照相关的屋面板施工规范执行，避免 4 块钢板在同一处搭接，产生相当的厚度，若实在无法避免，应切去第二和第三块钢板的重叠部分。

（3）彩板的搬运及存放

a. 板型规格的堆放顺序应与施工、安装顺序相适应。

b. 钢板绝对不能被拖拽磨过任何粗糙的表面或其它的钢板。同时，其它物件，如工具等，也决不可以被拖行而磨过钢板。

④ 沿着钢板的纵向（亦即与肋条平行之方向）行走时，双脚只能踏在钢板的凹槽部位。当沿着钢板的横向（亦即与肋条垂直的方向）行走时，尽量将脚步落在支撑附近。工作人员的体重必须均布于脚底，不可过份集中在脚跟及脚尖。必须穿着软底的防滑鞋子，同时避免鞋底带有纹路的鞋子。刚压型后的钢板表面可能较为滑溜，行走于其上需特别小心。

⑤ 在施工现场切割彩板时，须特别留心，以免钢板受到锯屑的损伤。

⑥ 在镀锌钢板的安装的过程中，要防止钢板的磕碰和折损，每铺设一张钢板，要用自钻自攻螺钉在压型钢板的波峰处及时固定，不留空隙。

⑦ 屋面自攻钉应用适当的力度、正确的方向，牢固固定彩板，防止断钉或虚打。

（10）吊装过程中的安全措施

① 用钢筋和型钢制作可移动标杆和标牌各若干个。

② 划分屋面板的吊装区，人员上下必须通过垂直拉索，并系扣自锁器。

③ 用标杆和警示带将吊装区隔离，并在其旁立警告标牌，以告知任何人不得进入吊装区。

④ 屋面板必须固定可靠，当上述工作做好后，即可起吊至工作面。

⑤ 当屋面板安装固定后才能解开钢丝绳。

⑥ 在安装过程中，施工人员要始终将安全带扣好，保证双带双扣一根扣在爬梯上，一根扣在安全绳的自锁器上。

3.2.6 区与区之间安装屋脊板并密封

在每个区屋面板安装完后，着手进行区与区之间安装屋脊板，接口处采用密封胶密封。

3.2.7 清理

安装完毕后对屋面及周边进行清理垃圾及杂物。

4 施工质量控制

（1）压型板泛水板和包角板等应固定可靠、牢固和密封材应完好，连接件数量间距应符合设计要求和国家现行有关标准规定；检验方法：观察检查及尺量。

（2）压型屋面板应在支承构件上可靠搭接，长度应符合设计要求且不应小于250mm；检验方法：观察和钢尺检查。

（3）压型屋面板安装应平整顺直，板面不应有施工残留物和污物、磨口、下端应呈直线，不应有未经处理的错钻孔洞；检验方法：观察检查。

（4）压型层面板安装的允许偏差应符合规范要求；检查方法：用拉线和钢尺检查。

5 安全措施

（1）卷扬机安装应符合起重吊装规范要求，卷扬机机座焊接固定应符合焊接规范要求，且经验收合格后方可使用。

（2）软爬梯的设计和制作应进行荷载计算，并符合有关规范要求。

（3）滑板与吊索用U型卡固定及滑板与彩钢屋面板螺栓固定均须拧紧螺帽。

（4）安装用钢丝绳、安全绳、卡环、自锁器均须三证齐全，同时在使用时必须经常检查，不能使用用的及时更换。

（5）屋面板安装现场卷扬机起重吊装人员，按照国家的相关规定，必须经专业技术培训，理论和实际操作考核合格，取得技术培训合格证书后，才能上岗进行作业。

（6）落实安全生产责任制，明确各级管理人员和各班组的安全生产职责，对各班组进行有针对性的安全技术交底，并进行上岗前的安全教育和安全技能培训。

（7）高处作业人员必须按照规定穿戴好安全防护用品才能进入施工现场。

（8）制定应急响应要求；高处坠落、高处落物伤人应急响应措施；机电伤人应急响应措施；火灾应急响应措施。

6 环保措施

（1）在屋面板安装施工现场，实现人与物、人与场所、物与场所、物与物之间的最佳组合，使施工现场秩序化、规范化、体现文明环保施工水平。

（2）注意环境卫生，防止污染附近的环境。施工现场组织文明施工，树立环保意识。

（3）施工废弃物及时回收、清理，保证施工现场的整洁。

7 效益分析

这种采用卷扬机和滑动块配合运输彩钢板上屋面安装与常规用吊车吊到屋面上安装相比，大大节省了吊车吊装台班费，节约了能源，同时板的变形也得到了很好控制，避免返工，节约成本，节约了人工费。经统计对比分析，可取得一定的经济效益见表1。

表 1 效益分析表

价格 类型	人工费（元/m²）	材料费（元/m²）	机械（元/m²）	综合价（元/m²）
常规屋面板安装	30	45	15	90
本技术安装屋面板	26	43	5	74

综上所述，在经济效益方面可节约成本 90－74＝16 元/m²。

8 应用实例

大唐南京电厂一期圆形煤场网架屋面工程，由湖南省第三工程有限公司施工，该工程采用"大型球形干煤棚网架彩钢屋面板安装施工技术"，该网架支座中心直径 122m，屋面最高点 70m，呈曲线弧面，展开面积 22985m²，该工程于 2013 年 3 月 20 日开工，2013 年 10 月 20 日完工，施工快捷，曲面弧度控制好，操作安全，屋面板外观美观，深受业主、监理、质监等单位的一致好评。

高层建筑施工塔式起重机的选择与应用

李顺林

（湖南省第四工程有限公司，长沙 410019）

摘 要：本文阐述了建筑工程施工塔式起重机的选型及安装注意事项，以便为施工组织设计时塔式起重机的选择及场地平面布置作参考。

关键词：塔吊；型号；参数；安装；拆除

1 引言

高层建筑施工中，塔式起重机作为一种兼有垂直运输和水平运输功能的机械设备，发挥着至关重要的作用。正确地选择与合理地布置塔式起重机不但能提高施工效率，缩短施工周期，降低施工成本，同时也能减少安全事故的发生。本文结合作者以多个项目施工的经验，介绍塔式起重机的选择与应用注意事项。

2 塔式起重机的分类及使用参数

塔式起重机的分类方法有多种。按有无行走机构分为行走式和固定式，按回转机构所处的位置分为上回转式和下回转式，按变幅机构形式分为水平小车变幅式和动臂俯仰变幅式，固定式塔式起重机根据安装位置不同又可分为附着式与内爬式。

无论哪种形式的塔式起重机，其主要使用参数均为：回转幅度，起升高度，起重量和起重力矩。

回转幅度即塔式起重机的工作半径或回转半径，是从塔式起重机回转中心线至吊钩中心线的水平距离，幅度参数又分为最大幅度和最大起重量时的幅度，最小幅度。

起重量是指所起吊的重物重量、吊索、和容器重量的总和。起重量参数又分为最大幅度时的额定起重量和最大起重量，前者是指吊钩滑轮位于起重臂端部时的起重量，而后者是吊钩滑轮以多倍率（如2绳，4绳）工作时的最大额定起重量。

起升高度是基础顶面至吊钩中心的垂直距离。塔式起重机的起升高度取决于塔身结构的强度和刚度及起升机构卷筒钢丝绳容量和吊钩滑轮组的倍率。

塔式起重机的其它参数还有起升速度，回转速度，小车变幅速度，大车行走速度和动臂俯仰变幅速度等。塔式起重机的各项使用参数决定了其起重能力和生产效率。

3 塔式起重机选择应考虑的主要因素

塔式起重机（以下简称塔吊或塔机）一般从基础施工开始投入使用，直至外装修基本完成才会拆除，其使用时间覆盖了整个施工过程，应综合分析考虑基础、主体、装修各施工阶段的施工平面布置及吊装作业需要，既要能覆盖整个施工作业面，又要兼顾材料堆场，半成品加工场地，搅拌站等布局的方便，力求在保证安全的前提下使用效率最高，以创造最大经济效益。

塔吊选择应重点考虑的因素有：建筑物的体型和平面布置，建筑物层数，层高和建筑总高度，构成建筑工程实体的材料数量和周转材料数量及使用频次，大模板，钢梁柱等单个构件重量及安放位置等。建筑工期，施工节奏，施工流水段的划分及施工进度计划的安排，建筑基地周围施工环境条件，当时当地塔吊市场资源供应情况等也应予以参考。

4　塔式起重机选择应遵循的原则

4.1　参数合理

塔吊选用应本着经济适用的原则，既要考虑施工的便利性，又要考虑经济的合理性．在选定塔式起重机时首先要根据建筑物外形尺寸，以作图的方式计算需要的覆盖幅度，初步确认塔式起重机起重臂长，然后再考虑工程计划工期，施工速度以及塔式起重机配置台数等因素确定所用塔式起重机型号，并核对起重量、起重力矩、起重高度、施工效率等能否满足施工需要。经验参考：对于钢筋混凝土高层及超高层建筑来说，一般单个较重的构件数量不多，常用塔吊的最大起重量均能满足要求，宜着重核算最大幅度时的额定起重量和最大起重力矩参数，对于钢结构（或型钢混凝土结构）高层及超高层建筑，因大型的钢梁、柱较多，塔式起重机在选择时，核算最大幅度额定起重量、最大起重力矩参数的同时还得核算塔吊最大起重量参数。因为塔吊安装到规定高度时，因受钢丝绳卷筒容量限制，只能使用2倍率吊钩滑轮组，最大起重量也会相应打折，而塔吊标牌上的最大起重量通常是指使用多倍率滑轮组时的最大起重量。

塔式起重机的其它性能参数如起升速度、回转速度、大车行走速度、小车变幅速度或动臂俯仰变幅速度等也会影响到塔吊的运转使用效率。

4.2　塔式起重机的台班生产率必须充分满足需要

塔式起重机台班作业生产率 P 通常可按下式估算：

$$P = k_1 k_2 Q_n$$

式中，Q 为塔吊的最大起重量（t）；k_1 为起重量利用系数，取 $0.5-0.9$；k_2 为作业时间利用系数，取 $0.4-0.9$；n 为每小时理论吊次（吊次/h），可按下式确定：

$$n = \frac{60}{\sum \frac{s}{v} + t_m}$$

式中，s 为垂直升运距离（m）；v 为起升速度（m/min）；t_n 为挂钩、脱钩就位以及加速、减速等所耗用的时间（min）。

必须根据施工流水段及吊装进度的要求，对塔式起重机台班作业工作率进行校核，务必保证施工进度计划不会因塔吊工作效率而受到拖延。

4.3　形式合适

下回转和行走式塔式起重机因受使用条件限制，在高层建筑施工中已基本上不使用。上回转小车水平变幅塔式起重机因其操作室视野开阔，操作简便，目前应用最为广泛。动臂俯仰变幅塔式起重机起重量大，使用及维护成本高，在欧美等经济发达国家得到了较为广泛的应用，目前在国内的一些大型单体建筑上也已开始推广使用。根据近年来国内高层建筑施工经验，对于一般的普通高层建筑，多选用QTZ50、QTZ63、QTZ80（或 QT5610、QT5613 等其它标识方法）等型号的塔式起重机，其综合性能基本上能满足施工需要；对结构设计采用框架－核心筒结构，型钢混凝土结构等的超高层建筑，因材料总量和单件材料设备重量均较大，宜选用QTZ120、QTZ150 等较大吨位水平小车变幅式塔机或俯仰动臂变幅式塔机。按安装方式考虑：因附着式塔式起重机能自行升降，安拆方便，当前使用最为普遍；内爬式塔吊使用效率更高，作业覆盖面更宽，但拆卸比较困难，需事先设计专项拆卸方案。

5　塔式起重机的定位与安装

起重机的布置是施工平面布置的重要环节，塔式起重机一经安装定位则基本决定了后续施工现场的平面布局，且直至施工完毕不会随意变动，因此塔式起重机位安装位置在施工组织设计时必须加以慎重的考虑。

5.1　要满足塔吊作业覆盖面的要求，尽量不要出现施工盲区

塔吊的覆盖面是指以塔吊的工作幅度为半径的圆形覆盖的面积，塔吊定位应能保证建筑工程的

全部作业面及材料堆场处于塔吊的覆盖范围之内。

5.2 满足塔吊操作过程中，周边环境条件对其的要求

塔吊作业半径内应尽量避开高压线和已有建筑物、构筑物，防止吊臂、吊绳、吊钩可能对其发生的碰撞。实在无法避开时，可考虑搭设防护棚的方法，有架空输电线的场所，塔吊的任何部位与输电线的安全距离应符合表1的规定。

表 1 塔吊的任何部位与输电线的安全距离

安全距离（cm）	电压（kV）				
	<1	1～15	20～40	60～110	>220
沿垂直方向	1.5	3.0	4.0	5.0	6.0
沿水平方向	1.5	2.0	3.5	4.0	6.0

5.3 满足塔吊基础设置的要求

设置在基坑外的塔吊基础，应尽量避开室外总体管线密集区域；设置于基坑基础结构内的塔吊基础，应避免与地下室墙、桩、梁、后浇带体系相碰撞，并设置于防水处理较方便的位置。

5.4 满足塔吊附着的位置和尺寸要求

建筑物的附着点可选为框架柱、结构梁及剪力墙、丁字墙、L形墙等位置，并尽可能对称布置，以利附着结构的合理受力。经验数据为：塔身中点至两附着支座连线的垂直距离为5～8m，附着杆件与附着支座连线的夹角为45～70度。

5.5 满足结构施工设备及设施的空间位置要求

在塔吊定位时注意避免塔身尤其是塔吊顶部爬升平台不可与外墙脚手架及外挑造型结构相交错（图1）。塔吊平面定位还应考虑施工电梯位置的要求（可考虑塔吊与施工电梯分立建筑物两侧，必须设于同侧时应尽时错开设置）。

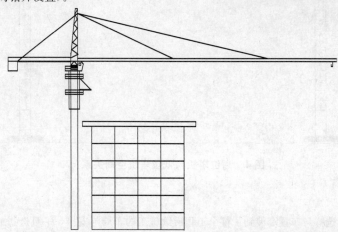

图 1 （塔吊拆除下降时爬升架站栏可能与建筑物突出部分（屋面挑檐或阳台）相碰撞）

5.6 满足塔吊拆除的要求

塔吊在安拆过程中，塔吊起重臂方向必须与爬升架标准节引进装置口的朝向一致，若塔吊起重臂方向存在新建建筑物的主体或其它障碍物，将导致塔身标准节无法拆除，塔吊布置应尽量使塔身标准节能自行降落至地面（图2、图3）。

5.7 满足群塔施工的要求

如同一施工场地有多台塔吊同时作业，还应满足群塔施工的要求。群塔施工塔机相互位置应保证处于低位的起重臂端部与处于高位塔机的塔身之间至少有2m的距离。处于高位的塔机的最低位置

部件（吊钩升至最高点或平衡臂的最低部位）与同一垂线位置的低位塔机相关部位的顶端的垂直距离不应小于 2m（图 4）。

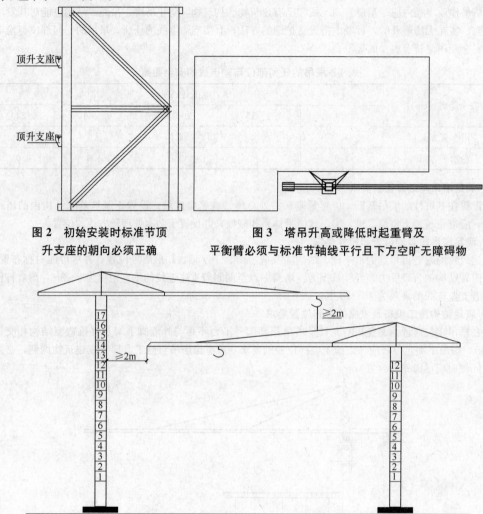

图 2　初始安装时标准节顶升支座的朝向必须正确

图 3　塔吊升高或降低时起重臂及平衡臂必须与标准节轴线平行且下方空旷无障碍物

图 4　高位塔机与低位塔机空间关系

6　结束语

　　塔式起重机的选择与布置牵涉到了整个工程后续施工的布局与安排，一旦选择或布置存在失误，将会对后续施工产生不可估量的损失。因此，在施工前必须进行科学地分析与论证。

参考资料

［1］ QT80EA. 塔式起重机培训教材.

［2］ TC5015. 自升式塔式起重机使用说明书.

［3］ JGJ 46—2005 施工现场临时用电安全技术规范［S］.

浅析 BIM 在非"高、精、尖"项目的实施理论及实现方法研究

谢 龙 张 静 蒋艳华

（湖南省第四工程有限公司，长沙 410019）

摘 要：从 2010 年以前国内引入 BIM 技术至今进入在 BIM 技术应用试点阶段，在推进的大潮中，目前国内试点应用项目均为施工难度大、工期紧、社会影响力大的重点项目。本文首先分析了一般建筑工程项目对 BIM 技术推广的影响，提出了基于"草根"项目的建筑信息集成实施理论并详细介绍了实现方法，最后，对基于 BIM 技术在一般项目中实施的一些关键问题进行了分析和讨论。

关键词：信息集成；建筑信息模型；BIM 技术推广

目前，我国正处在城镇化、城市化进程的快速发展时期，作为国家支柱产业之一的建筑业因此迎来了巨大的发展机遇。[1]国内在进行建设工程项目中建筑信息集成应用探索中选择的试点项目都有一定的共同点即（超高、超大、施工工艺复杂、工期紧张、作业面受限、分包管理困难等等）。而 BIM 技术的推进离不开数量巨大的普通工民建项目。如何使之在"草根"项目落地并实现其价值显得尤为重要。

1 建筑信息模型

早在 1975 年，被誉为"BIM"之父的 Chuck Eastman 教授就提出未来将会出现可以对建筑物进行智能模拟的计算机系统，并将这种系统命名为"Building Description System"。进入 21 世纪以后，得益于计算机软硬件水平的迅速发展，BIM 的研究和应用取得了突破性的进展[2]。相关研究表明按照应用情况来划分，BIM 在我国的推广分为以下两个阶段：（1）BIM 应用 1.0——试验阶段，以较小的代价了解和熟悉 BIM；建模为主、应用为辅、宣传为主、价值为辅。（2）BIM 应用 2.0——务实推广阶段，以合理的代价稳步推进 BIM 的应用、建模为辅、应用为主、实用价值导向、全力推广。在国内推进 BIM 的大潮中涌现出一批试点项目，在工程进度管理、物资采购、工程量快速计算、成本控制、质量保证等方面取得了不错的效果。现在 BIM 已经不再是高大上的概念，而是可以在工程建设全生命周期的各个相关工作岗位上发挥实际效应的工具。

2 技术方案

针对中国 BIM 发展的现状，重视着眼中国的实际，建立出具有中国特色的信息管理平台，这是 BIM 本土化转变的核心[3]。本文从投标阶段、施工阶段分土建组、机电组、商务组、动画组。简述了建筑信息模型在项目的实施方案。

在投标周期日趋紧张的今天，经营部门完成一套投标报价的绝大部分精力花在了工程量的计算上，极大地束缚了造价工程师的工作模式。传统的工程量计量方式过程非常繁琐，尤其是钢筋工程；分类别汇总计算时由于人为原因造成的工程量计算错误是很频繁的，基于 BIM 快速计算并提取工程量的方法，将造价工程师从繁琐的劳动中解放出来、为造价工程师省省更多的时间和精力用于报价策略研究、风险评估、询价等工作上。在 Hillwood 项目上，造价工程师运用 BIM 计算工程量的方法节约了 92％的时间而误差也控制在 1％的范围之内[4]。

通过基于模型的虚拟施工提前预知工程难点，根据工程类型及其特点提出切实可行的施工方案，运用 BIM 三维可视化功能建立模板、脚手架模型并确定专项施工方案、查找高大支模部位，提前制

定解决方案，规避风险，通过整合土建、消防、强弱电、给排水等系统模型进行碰撞检查，增强各专业之间的协调性，为多专业交叉施工提供有利依据。优化后的三维管线方案，将施工方案模型化、让评标专家及业主都对施工方案的各种问题和情况了如指掌。

基于 BIM 的投标动画可以更清晰、直观的将企业文化、施工方案、拟建施工、生活区域布置等情况展示给评标委员，在模型的基础上通过专业软件进行渲染、剪切、漫游处理后添加音轨、字幕等效果完成投标动画视频。在漫游的过程中不受视角、行走路线干扰。既可以进行施工现场整体外部360 度环绕漫游又可以进入建筑物内部对其结构、设备、安全维护、消防等设施详细查看，很轻松的就可以将工程基本信息呈现在管理人员眼前。即使是非建筑工程专业的人士也能一看就懂。大大提高了交流、沟通的时间。

投标阶段的 BIM 应用主要以综合展示为主，其次为中标后施工阶段的综合应用做基础数据支撑，前期数据的积累作为建筑全生命周期的项目信息集成的一部分，其带来的隐性利益是不言而喻的，为项目管理水平的提高、利润空间保驾护航。

3　实现方法

利用建筑信息模型专业之间的协同，有利于发现和定位不同专业之间或不同系统之间的冲突和错误，减少错漏碰缺，避免工期频繁变更等问题。基于 4D（＋时间）模型，开展项目现场施工方案模拟、进度模拟和资源管理，有利于提高工程的施工效率，提高施工工序安排的合理性。基于 5D（＋时间＋成本）模型，进行工程量计量和计价，增加工程投资的透明度，有利于控制项目投资[5]。

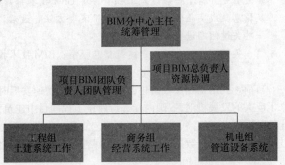

图 1　项目级 BIM 组织机构图

在结构简单、建设规模较小的项目进行 BIM 应用试点首先需建立组织结构，项目级 BIM 组织机构如图 1 所示；

项目级 BIM 机构由公司 BIM 分中心主任直接统筹管理，主任负责制定项目工作站工作指标及重点攻关方向。项目负责人负责协调 BIM 团队与项目生产、经营等部门工作，确保高效的完成各项工作指标。项目 BIM 团队负责人指导各 BIM 小组开展专业工作，并对各小组工作完成情况考核。

其中工程组负责 Revit 模型建立，通过翻模软件快速建立建筑、结构模型后根据翻模报告及 CAD图纸检验模型精度完善模型、之后进行碰撞检查对出现的问题分类汇总并在图纸会审中提出、通过模板脚手架设计验算软件对支撑系统的安全性、耐久性进行验算；依据施工组织设计编制 Project进度计划文件并及时校正；进入 Navisworks 平台进行施工模拟提前预知施工难点、针对重难点工程提前编制专项施工方案、收集现场质量安全问题录入广联达 BIM 5D 管理平台。

商务组负责使用广联达钢筋抽样软件通过将 CAD 图导入软件，快速建立钢筋模型，再将钢筋模型导入土建算量软件中添加装修部分做法及工程量清单编码、消耗量标准做法，使用模型内工程量汇总报表按照工程量清单计价标准编制计价文件之后将模型录入广联达 BIM 5D 工作平台将工程量清单与模型中的构件及进度计划关联，可按周、月、季度输出资金需求曲线，通过流水段、楼层、构件分类提取物资供应计划表，将签证、合同资料录入管理平台，基于模型快速提取工程量进行工程款申报、作业班组工资支付及结算。通过广联达钢筋翻样软件复核班组下料单，保障钢筋用量在合理区间内。

机电组负责强弱电、给排水、通风、消防系统模型建立，通过多专业模型集成进行不同专业间的碰撞检查，进行管道综合排布处理，对管道吊架排布方案审查，提供大型设备、机电系统材料入场计划。

4 讨论

尽管 BIM 为建筑工程领域提出了全新的管理模式、但所有管理的最终落实还是要依靠项目管理人员，目前还有大多数人对 BIM 缺少了解，其深层次的原因是 BIM 暂时还不能带来实

际效益或者说 BIM 带来的是隐性效益效果还不明显。传统的设计不可能一夜之间会改变，二维设计仍然是主流。BIM 对设计标准化的高要求使得设计单位人员工作模式的改变面临巨大困难。其次 IPD（Integrated Project Delivery，综合项目交付）作为一种全新的工程项目交付模式在部分发达国家已经得到广泛应用，并趋于成熟，而我国建设工程中设计与施工的分离导致 BIM 的协调性不能发挥其最大的价值，比如设计单位在项目设计初期提供的二维图纸其各专业的沟通不足，导致施工单位在模型建立之后进行多专业协同施工模拟时发现的结构与其它专业之间的矛盾又要重新反馈到原设计单位进行修改，设计单位修改过再反馈到施工单位，这样一来一往耗时较长，程序繁琐且容易造成工期延误。

结语

建筑信息模型作为一项先进技术，带来的思想碰撞与管理手段的提高是让人激动的。它的魅力让无数 BIMer 为之奋斗，BIM 的应用将使工程师们从复杂、繁琐的劳动中解放出来，将更多的精力投入到为建筑注入思想的过程中去。

参考文献：

[1] 尹为强. 浅析 BIM 5D 数据模型在钢筋工程中的应用[J]. 建筑，2010，13：68。

[2] 王广斌. 基于 BIM 的工程项目成本核算理论及实现方法研究[J]. 科技进步与对策，2009，21-26。

[3] 吴吉明. 建筑信息模型系统(BIM)的本土化策略研究[J]. 土木建筑工程信息技术 2011(3)：45-5。

[4] Gao J, Flscher M. Framework & Case Studies Comparing Implementations & Impacts of 3D/4D Modeling Across Projects[R]. Center for Intergrated Facility Engineering，[EB/OL]. http：//cife. stanford. edu/Publications/index. html，2008.08-27。

[5] 上海市城乡建设和管理委员会 . 上海市建筑信息模型技术应用指南[R]. 上海：2015.

正循环回转钻孔灌注桩施工及注意事项

李顺林

（湖南省第四工程有限公司，长沙 410019）

摘　要： 本文简要介绍了正循环回转钻孔灌注桩施工准备，施工放样，泥浆制备，钻孔、清孔，钢筋笼安装，二次清孔，水下浇混凝土等工艺流程．并分析了施工常见问题如坍孔，钻孔偏斜，扩孔缩孔，钻孔漏浆，糊钻，导管漏水，卡管，埋管，断桩等发生的原因及应对处理措施。

关键词： 正循环钻孔；泥浆护壁；携渣；排渣；初灌量计算；导管水下浇混凝土

1 引言

在我国沿海地区，正循环回转钻孔灌注桩以其适应性强，造价低，施工速度快等特点广泛应用于水利、公路、铁路、港口、高层建筑基础施工等领域。本文结合作者参与施工的多处正循环回转钻孔灌注桩施工的成功经验，谈一谈正循环回转钻孔灌注桩的施工方法及其注意事项。

2 正循环回转钻孔的施工原理及应用范围

正循环回转钻孔是用钻头钻进时将土层搅碎为钻渣，同时高压泥浆从空心钻杆的顶部通入，从钻杆底部射出，钻渣被泥浆包裹浮悬并随着泥浆上升而溢出流到井外的泥浆溜槽，然后经过沉淀池净化，沉渣外运，泥浆再次循环使用。施工中泥浆起固壁、润滑、携带钻渣上升外排的作用。正循环回转钻孔适用于粘性土、粉砂、细砂、中粗砂及含少量砾石、卵石、软岩的土层。钻孔孔径可达800～2500mm，孔深可达30～100m，其优点是钻进与排渣同时连续进行，成孔速度快，钻孔深度大。与反循环回转钻孔相比不易坍孔，更适合于动水压力大，易产生流砂的地域施工。

3 正循环回转钻孔灌注桩施工机具

桩机正循环回转钻孔灌注桩桩机比较常用的有GPS-10、GPS-15、GPS-20等系列桩机，其中建筑工程用得较多的是GPS-10、GPS-15桩机，桥梁或水利等工程桩直径较大时可用GPS-20桩机等机械。

钻具和钻头 在一般粘性土、淤泥、淤泥质土及砂土中，宜采用笼式钻头；在砂卵石层、强风化层中可采用镶焊硬质合金刀头的笼式钻头；遇孤石或旧基础时，可用带硬质合金的筒式钻头；在硬岩中，可用牙轮钻头。

4 正循环回转钻孔灌注桩施工的前期准备

除通常的三通一平外，因工艺的要求，还要做一些其它准备工作：如根据施工地质条件，桩径大小，桩基数量，工期要求等确定桩机型号和数量，场地内多台桩机同时施工时应划分各桩机工作区域并确定各桩机施工行走路线，既要保证下一桩孔的施工不影响上一个桩孔，又要使钻机的移动距离不要过远和相互干扰，因桩基施工用水量大和泥浆排放量大，每个桩孔施工时应就近有泥浆沉淀池和清水池．并且多余泥浆必须就地过滤静化或封闭外运，以避免污染环境。为避免出现坍孔或断桩，夹渣等质量事故，钻孔及浇灌混凝土工序必须连续完成，中途不得中断，因此施工现场必须有备用应急发电机组，以保证施工连续进行，不因外线意外停电而中断。

5　正循环回转钻孔灌注桩施工工艺

5.1　施工放样

根据桩位平面图中各桩的坐标，用全站仪或经纬仪加卷尺准确地测放各桩的中心位置。经复核无误后，埋设护桩进行保护。

5.2　护筒埋设

护筒采用于 4～8mm 厚钢板制作，护筒直径应大于桩孔直径 100～150mm。护筒顶部需开设 1～2 个溢浆口，并高出地面 0.15～0.3m。护筒中心应与桩位中心重合，埋设平面位置偏差不大于 5cm，倾斜程度不大于 1%，护筒周围用黏土夯实，以防冒气，漏浆。

5.3　泥浆制作

在粘性土中成孔时，往孔内注入清水，以原土造浆即可。如在砂卵石层钻孔，则需加入适量膨润土配制泥浆。采用自拌方法制作泥浆，泥浆控制指标应满足下列要求：相对密度：一般土层 1.05～1.20，易坍土层 1.20～1.45；粘度：一般土层 16～22S，易坍土层 19～28S；静切力：一般土层 1.0～2.25Pa，易坍土层 3～5Pa；含砂率：8%～4%；胶体率：>96%；失水率：一般土层<25mL/30min，易坍土层<15mL/30min；酸碱度：8～10pH。

在钻孔中，泥浆顶面应始终高出孔外水位。为回收泥浆，减少环境污染，需设置泥浆循环净化系统。

5.4　钻孔

钻机就位后，对钻头中心和桩位中心校核无误后，方可开钻。钻孔时钻架必须稳固，钻头对准桩位中心，开钻前对钻机及其它机具进行检查，机具配套，水、电畅通。钻孔严格按规范和设计要求进行. 同时应符合下列要求：

5.4.1　循环钻孔应采用减压钻进，即钻机的主吊钩始终承受部分钻具的重力。孔底承受的钻压不超过钻杆、钻锥、压块重力之和（扣除浮力）的 80%，以避免和减少斜孔、弯孔、扩缩现象。

5.4.2　开钻时慢速推进，待导向部位全部进入土层后才全速钻进。钻机钻进时，应根据土层类别，孔径大小，钻机转速及供浆量来确定相应的钻进速度，钻进速度参考值：在淤泥及淤泥质土层中，不宜大于 1m/min. 在松散砂层中，钻进速度不宜超过 3m/h. 在硬土层中及岩层中，钻进速度以钻机不发生跳动为准。

5.4.3　钻孔一经开始，应连续进行，不得中断；应及时如实填写施工原始记录，严格执行交接班制度。

5.4.4　应经常对泥浆进行试验，以确保泥浆指标符合要求，泥浆太稀. 排渣能力小，护壁效果差. 泥浆太稠则增加钻孔阻力，降低钻进速度。

5.4.5　在地质变化处，应捞取渣样，判明土层，记入表中，以便核对地质剖面柱状图。

5.4.6　升降钻锥时要平稳，钻锥提出孔口时应防止碰撞护筒孔壁或钩挂护筒底部，拆装钻杆要迅速。

5.4.7　钻孔停机、提钻、捞渣时应保持孔内具有规定的水位和泥浆稠度，以防坍孔。

5.5　终孔及清孔

当钻孔达到设计终孔标高后，对孔深、孔径、孔位和孔形进行检查，然后填写终孔检查证明。清孔要求：摩擦桩沉渣厚度不大于 100mm；端承桩沉渣厚度不大于 50mm。清孔采用换浆法，即钻孔完成后，提起钻头至距孔底约 20cm，继续旋转，逐步把孔内浮悬的钻渣换出，在清孔排渣时，保持孔内水头，防止坍孔。清孔后调整泥浆，使其相对密度：1.03～1.10；粘度：17～20Pa.s；含砂率：<2%；胶体率：>98%。

5.6　钢筋

深孔钢筋笼宜分节预制。钢筋笼的绑扎、焊接、安装应符合规范及设计技术文件的规定和要求，同时还要做到：

5.6.1　钢筋笼就位过程中，焊接时应保证上下两节都垂直，防止因焊接原因导致钢筋笼中心偏位和下放困难。浇筑混凝土之前，由测量队用仪器对钢筋笼中心进行定位，定位后钢筋笼顶面要用有效的方法进行固定，一般用四根钢筋对称焊在护筒上，以保证钢筋笼顶面标高和中心位置偏差在允许误差范围内，并能防止混凝土浇筑过程中钢筋笼上升，还要防止钢筋笼移动和倾斜。

5.6.2 钢筋笼应事先安设控制钢筋笼与孔壁净距的隔离块，隔离块沿柱长的间距为2m左右，交叉排列。为了防止在下放钢筋笼过程中，钢筋笼碰撞孔壁，吊入钢筋笼时，应对准钻孔中心竖直插入。

5.6.3 混凝土导管和护筒拔出时，应防止钢筋笼上升。

5.6.4 钢筋笼底面高程的允许误差±50mm。

5.7 导管安装

导管直径为$\phi250$，安装前要进行水密、承压试验，保证在浇筑过程中不漏水，吊装就位时导管应位于孔口中央，导管下口至孔底一般为40cm。导管安装完成后，要对孔底沉淀物进行检测，并进行二次清孔，且应测量沉渣厚度是否符合要求。二次清孔完毕后宜在30mim内实施浇混凝土，否则须再次进行清孔。

5.8 水下混凝土灌注

5.8.1 水下混凝土配合比设计

拌制混凝土所用的材料应符合规范以及设计文件的规定和要求，一般水下混凝土应符合下列要求：

水泥强度等级不低于$P \cdot O42.5$，初凝时间不小于6h。粗骨料为级配良好的碎石，粗骨料最大料径小于4cm，且不大于导管直径的1/6，不大于钢筋笼最密净距的1/3。含砂率宜为0.4～0.5之间。坍落度为18～20cm。水泥用量不小于350kg/m³，当掺有适宜数量的减水缓凝剂或粉煤灰时，可不少于300kg/m³。水灰比应为0.5～0.6。水下浇混凝土应能自密实，无需振捣。

5.8.2 初灌量计算

因为清孔以后灌注以前在孔底会有一定量的泥浆沉淀，第一次灌注混凝土时必须保证灌入的混凝土能将导管埋置一定的深度，从而保证整根桩混凝土的连续性，这样在整根桩之间就不会出现泥浆夹层，防止出现断桩。所以第一批灌入的混凝土量必须经过计算并连续灌完，以保证将孔底泥浆翻起并将导管埋置一定深度。首批灌注混凝土的数量应能满足导管首次埋置深度（≥1.0m）和填充导管底部的需要，所需混凝土数量按公式计算。

$$V \geq \frac{1}{4}\Pi d^2 h_1 + \frac{1}{4}\Pi D^2 h_2$$

式中，V为灌注首批混凝土所需数量（m³）；d导管内径（m）；h_1为桩孔内混凝土达到埋置深度h_2时，导管内混凝土柱平衡导管外水（或泥浆）压力所需的高度（m），即$h_1 = (h - h_2) y_w/y_c$（m）。式中，h_2为初灌混凝土下灌后，导管外混凝土面高度（m）；h为桩孔深度（m）；y_w为泥浆密度；y_c为混凝土密度；D为桩孔直径（m）。

5.8.3 混凝土灌注

首灌混凝土导管埋深不得小于1m，在混凝土浇筑过程中导管埋置深度宜为2～6m。混凝土面接近钢筋骨架时，导管保持稍大埋深，放慢灌注速度，减少混凝土的冲击力。混凝土面进入钢筋骨架4m以上后，适当提升导管，使钢筋骨架在导管下口有2m以上的埋深后，方可恢复正常的灌注速度。浇筑混凝土时溢出的泥浆应引流至适当地点以防污染。混凝土应连续浇筑，直至浇筑顶面高出设计标高不小于设计标高。混凝土在终凝28d后才能凿除桩头，并应保持凿除后混凝土面的平整、清洁，不应有泥及其它杂物。

6 正循环回转钻孔施工易出现的问题及处理方法

6.1 钻孔过程中出现坍孔

其表征是孔内水位突然下降又回升，孔口冒细密水泡，出渣量显著增加而不见进尺，钻机负荷显著增加等。坍孔一般是因为泥浆性能不符合要求、孔内水头未能保证、机具碰撞孔壁等原因造成。查明坍孔位置后进行处理，坍孔部位不深的时，可采取深埋护筒法，将护筒填土夯实，重新钻孔；坍孔严重时，应立即将钻孔全部用砂类土或砾石土回填，如果无上述土类时可采用粘质土并掺入5%～

8％的水泥砂浆，应等待数日后采取改善措施重钻。

6.2　钻孔偏斜、弯曲

一般是因为地质松软不均匀、岩面倾斜、钻架位移、安装未平或遇探头石等原因造成。可在偏斜处钩住钻锤反复扫孔，使钻孔正直。偏斜严重的时，应回填粘质土到偏斜处顶面，待沉积密实后重新钻孔。

6.3　扩孔缩孔

扩孔多系孔壁小坍塌或钻锤摆动过大造成。钻孔缩孔常因地层中含遇水能膨胀的软塑土或泥质页岩造成，一般采用失水率小的优质泥浆护壁；钻锤磨损大也能使孔径稍小，应随时检查，及时焊补钻锤。当缩孔已发生时，可用钻锤上下反复扫孔，扩大孔径。

6.4　钻孔漏浆

一般采取护筒周围回填土夯实、增加护筒沉埋深度、适当减小护筒内水头高度、增加泥浆相对密度和粘度、倒入黏土使钻锤慢速转动、增加孔壁粘质土层厚度等措施。

6.5　糊钻

糊钻多出于正循环回钻钻进时，遇软塑粘质土层，泥浆相对密度和粘度过大，进尺快，钻碴量大，出浆口堵塞而造成。应改善泥浆性能，对钻碴进出口和排碴设备的尺寸进行检查，并控制适当进尺。若严重糊钻，应停钻提出钻锥，清除钻碴。

7　混凝土灌注易出现的事故及预防与处理措施

灌注水下混凝土是成桩的关键工序，灌注过程中应明确分工，密切配合，统一指挥，做到快速连续施工，防止发生质量事故，若出现质量事故时，应分析原因，采取合理的技术措施，及时设法补救，以期尽量减小经济损失。

7.1　导管漏水

主要原因：首批混凝土储量不够或导管底口距孔底间距过大，不能将导管底口下部封住，使水从导管底口涌入；导管接头不严，橡皮垫被高压气囊挤开，水进入；导管提升过猛，控制错误，使导管底口超出混凝土面，底口涌入泥水。

处理方法：第一种情况，立即将导管提出，进行清孔重新下导管，重新灌注。若是第二、三种情况，应换新导管，使导管口插入混凝土中，用吸泥机将导管内的水和沉淀吸出，继续灌注混凝土，起先混凝土应增加水泥用量，以后的混凝土恢复正常配合比。

7.2　卡管

主要是由于初灌时隔水栓卡管或坍落度过小，流动性差，夹有大骨料，混凝土离析或导管漏水引起。灌注过程中加强对导管的检查和混凝土各项指标的检查。

7.3　埋管

主要原因是导管埋入混凝土过深，使导管内外混凝土已初凝、与混凝土产生的摩擦力过大，或提管过猛将导管拔断。预防方法是严格控制导管埋深不得超过 6m，混凝土内加缓凝剂，加速混凝土灌注速度，提升导管不可过猛。

8　正循环回钻孔灌注桩常见的质量问题及补强措施

正循环回转钻孔灌注桩常见的质量问题有夹层、断桩、混凝土离析、空洞等，一旦检测发现有质量问题，应联系设计单位和建设单位，监理单位共同商定处理方案和措施进行补强处理，加固补强的主要措施有孔底钻孔高压注浆等。

9　结束语

正循环回转钻孔灌注桩施工工序繁琐，且每一道工序的失误，都将造成严重的质量问题，因此在施工中应加强施工管理，采取科学的施工方法和切实可行的实施方案，加强技术交底特别是操作工人的交底。只有严格按照规范、规程操作，加强监督、检测，才能避免或减少质量问题的发生。

参考文献：

[1] 204—1996. 泥浆护壁回转钻孔灌注桩施工工艺标准[S].

[2] 浙江省地标. 2004—浙 G23. 钻孔灌注桩[S].

[3] JGJ 94—2008. 建筑桩基技术规范[S].

[4] 上海市标准. DBJ08—202—92 钻孔灌注桩施工规程[S].

浅述地铁车站智能疏散指示系统安装

刘望云

（湖南天禹设备安装有限公司，株州 412000）

摘 要： 本文介绍了地铁车站智能疏散指示系统安装的技术优势，并且针对地铁车站智能疏散指示系统安装过程中出现的问题，提出了一些应对措施，为实际应用中保证地铁车站智能疏散系统安装提供一些参考。

关键词： 智能疏散；安全；信息技术；工艺

前言

地铁是大运量的城市轨道交通工具。近年来，随着我国地铁项目的大批建设，其运营的安全性已引起了大众的普遍关注。其中消防安全系统在安全运营中发挥着重要作用，而智能疏散指示系统更是保障人员安全疏散不可缺的组成部分。

智能疏散系统将以往标志灯"就近引导逃生"的理念转化为"动态安全避烟逃生"的理念，将人工日常维护的理念转化为系统智能维护的理念。系统通过和消防报警设备的联动，获悉现场火警信息，动态调整逃生方向，使逃生人员安全、准确、迅速的选择安全通道逃生，这种方式下引导人员逃生，使得整个疏散系统逃生通道的选择有章可循，避免逃生人员进入烟雾弥漫的区域。此外，系统解决了以往独立型应急标志灯日常维护检修的难题，提高了区域的安全系数，具备对底层设备24h不间断的故障巡检功能，以及声光主报故障点及定位故障点的功能，减少了维护所需的大量人力、物力，并保证了整个系统时刻运行在最佳状态，避免火灾发生时的逃生盲区。

智能疏散系统采用集中监控方式，通过信息技术、计算机技术和自动控制技术，对疏散标志灯实时监视和控制，达到安全疏散智能化和对疏散箭头指示标志灯、疏散出口指示标志灯等集中维护的目的。

1 车站智能疏散指示系统设计原则

智能疏散指示系统控制主机设在车控室，由车控室双切箱供电。通信中继设备设在车站两端的照明配电室内，由控制主机馈出一路通信总线把所有的通信中继设备串接起来；通信中继设备由就近一级负荷电源切换箱供电。每个通信中继设备到疏散指示或安全出口标志灯的供电距离不超过150m，每个通信中继设备最多不超过 8 个指示灯。系统在正常情况下，与火灾报警系统保持连接，时刻准备接收火灾报警联动信号，在收到火灾报警信号后，系统会自动进入智能应急指示模式，或可以由值班人员控制进入人工干预模式，控制地铁内所有疏散指示或安全出口标志灯的工作状态。

2 工艺流程图（图1）

3 施工要点

3.1 电气配管

暗配管埋入混凝土内的管子离表面的净距离不应小于15mm。进入落地式箱（柜）的电线管应排列整齐，管口高于基础，并不小于50mm。明配管弯曲半径不应小于管外径的 6 倍。埋设于地下混凝土内、楼板内应不小于管外径的 10 倍。在电线管满足下列条件时，中间应加装接线盒和分线盒：①管长超过 45m，无弯曲时；②管长超过 30m，有一个弯曲时；③管长超过 20m，有两个弯曲时；④

管长超过 12m，有三个弯曲时。水平和垂直敷设的明配管允许偏差 3mm/2m，全长偏差不大于管子外径的 1/2。注意明管敷设前喷刷防火漆。

3.2　管路跨接

本系统中吊顶内或明敷设的管路，需用铜导线连接成一连续导体，并与接地干线相连。管路的跨接采用 2.5 平方 mm 以上铜导线，将导线两端剥皮，分别缠绕在两根相接的管子端头处（离管口约 100mm），缠绕应不少于 7 圈，用专用接地卡子将导线紧固于管子上（图 2）。

3.3　线路检查

3.3.1　灯具连接线的检查：某个回路或某一层的灯具连接后，再回头来目视检查灯具的通信线和灯具的电源线是否接错，在灯具电源线、通信线都未接入中继电源控制器的情况下，满足以下条件范围，则表示灯具连接线无故障。

检查灯具连接线方法如下：

（1）用万用表检查灯具电源线总线两端电阻是否大于 $400\mathrm{k}\Omega$。

（2）用万用表信号线总线两端电源不大于 7 $\mathrm{k}\Omega$（灯具越多，电阻越少）。

（3）用万用表分别检测中继设备电源线和信号线的电阻（电源线正极对信号线正极，电源线正极对信号线负极，电源线负极对信号线正极，电源线负极对信号线负极），电阻值应大于 $400\mathrm{k}\Omega$。

3.3.2　检查对地电阻

（1）用万用表一个表头接电源总线正/负极，另一个表头接地，绝缘电阻大于 50Ω。

（2）用万用表一个表头接信号总线正/负极，另一个表头接地，绝缘电阻大于 50Ω。

3.4　通电检查（电源线接入中继电源设备，电源开关打开）

3.4.1　通电检查电路：用万用表检测中继电源设备 24V 电源输出端的电压是否为 24V，或者在最后一个灯具处，测量电源总线电压是否为 20V 以上。若中继设备电源输出端电压低于 24V，电源总线电压低于 20V 以上，则表示该回路中出现了漏电现象，则表示线路连接有故障或者检测灯具是否超多。

3.4.2　系统通电后，对疏散系统各设备进行下列功能检查。

疏散控制主机、中继电源设备：

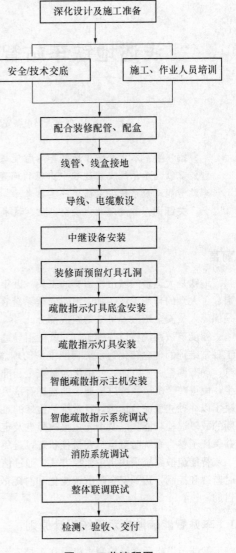

图 1　工艺流程图

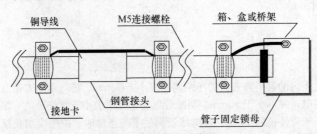

图 2　管路接地示意图

（1）疏散控制器、中继电源设备的自检、巡检功能。

（2）疏散控制器、中继电源设备的消音、复位功能。

（3）疏散控制器、中继电源设备的故障报警功能。

（4）疏散控制器、中继电源设备的火灾报警优先功能。

（5）疏散控制器电源、中继电源设备自动切换和备用电源自动充电功能。

疏散指示灯：

（1）疏散指示灯的自检功能。

（2）疏散指示灯的消音、复位、屏闪功能。

（3）疏散指示灯的故障报警功能。

（4）疏散指示灯的火灾报警优先功能（紧急状态，疏散标识方向正确更新）。

3.5 灯具通电检查无故障后，对各中继电源设备的灯具回路进行地址编码。

3.6 智能疏散指示系统主机安装

长沙地铁 2 号线每个地铁站均设置一台壁挂式疏散控制主机，安装于地铁站站厅层车控室消防控制主机附近，用 485 屏蔽线与消防控制主机联网，实现与消防系统联动控制。

4 系统调试及联动调试

4.1 智能疏散指示系统单体系统调试

消防应急照明和疏散指示系统调试，应在系统施工后进行。调试前应编制调试方案，并按调试程序执行。

4.2 消防等智能集成系统整体联调

智能疏散系统调试完成合格后，消防等智能集成系统整体联调前，根据消防防火分区划分疏散分区，制定疏散方案。

4.2.1 在消防等智能集成系统联调中检测疏散系统设备控制主机、中继电源设备及末端疏散灯具接收报警信号反馈，接收及系统启动时间是否符合规范和技术要求。

4.2.2 检测控制主机、中继电源设备是否启动应急备用状态并报警。

4.2.3 检测末端疏散指示灯具在紧急区域的紧急状态下疏散标识方向是否符合制定的疏散方案中的应急疏散方向及逃生线路，并发出语音报警提示。

4.2.4 检测疏散设备在紧急状态撤销后是否恢复正常状态。

5 应用情况

疏散方案的编制和系统的联调，现以长沙市地铁 2 号线车站区疏散方案予以说明。

5.1 地铁车站智能疏散指示系统概况

长沙市地铁 2 号线袁家岭广场站为例，在车站站厅及站台两端各设置配电室 1 间，承担本层智能疏散供用需求。袁家岭标准站设有中继通讯电源 17 个，分别放于 4 间配电室内，完成相应区域功能，智能疏散系统主机放置于车站控制室。

5.2 疏散方案编制

车站紧急疏散是指在紧急状况下将站内的人员（包括乘客和工作人员）疏散到安全区域。对于火灾强度较小的大型、人员密集型公共建筑，人员疏散设计的指导思想是火灾发生时允许人们先向防火设施（如防火分隔、探测灭火、烟气控制及疏散走道等）齐备、疏散指示清晰的非火灾防火分区疏散，再通过借用疏散出口到达室外最终安全地点。

站台层公共区发生紧急状况时，将站台人员通过扶梯和楼梯向上站厅层疏散、然后通过出入口向地面疏散；站厅层公共区发生紧急状况时，将站厅人员直接通过出入口向地面疏散；车站设备区发生紧急情况时，将人员通过紧急疏散通道向地面疏散或就近向相邻防火分区（公共区）疏散。

在车站出入口、站厅、站台、疏散通道、通道拐弯处、交叉口、楼梯口、防火分区末端出口处均设智能疏散指示标志灯。智能疏散指示标志灯沿疏散路线埋设，疏散箭头就近指向安全出口或安全的地方。所有智能疏散指示标志灯通过总线方式将信息汇总至系统总机。

非火灾情况时，智能疏散主机时刻监视每一只智能疏散指示标志灯的工作状态，当智能疏散指示标志灯本身或连接线路出现故障时报出故障灯的编号和地址，以便于及时进行维修；火灾时，智能疏散主机接收到来自 FAS（火灾自动报警系统）的报警位置信号后，从智能逃生路线数据库中查找出最佳疏散路线，采用高亮度显示，利用文字、图形及采用切屏显示、滚屏显示和闪烁显示灯能够醒目地显示火灾报警信息及疏散提示信息，同时通过语音提示，使逃生者能够快速的疏散到达安全出口。

随着火势的蔓延，发生新的火情时，例如当某一安全出口在火灾蔓延的过程中由安全变为不安全或有防火卷帘门将疏散通道阻断时，智能疏散主机将根据火灾的变化情况，自动形成新的最佳疏散路线，控制智能疏散指示标志灯按新情况下的疏散路线指示安全出口方向，从而形成新的安全疏散路线。

5.3　疏散预案执行

地铁车站智能疏散系统与 FAS（火灾自动报警系统）有专业接口。接口位置在 FAS 专业 FACP 盘通信网关上，火灾时 FAS 通过通信电缆向智能疏散主机提供火灾模式指令、FAS 下达火灾情况时开始执行。根据火灾区域探测器、手动按钮的编号及地址等信息，智能疏散主机判断着火点，再根据着火点位置启动最佳疏散预案。

5.4　火灾时智能疏散系统现场命令

FAS 主机在收到现场火警信号时主机发出报警，同时发送信号给智能疏散主机，智能疏散控制器根据火灾报警系统发出的火灾报警信息，在 2s 内可控制在安全通道等处指示灯显示火灾发生的部位信息，并根据设定的预定方案对火灾发生部分进行分析，控制不同部位的指示灯显示相应正确的疏散指示信息，指引现场人员正确疏散。并做出如下动作：

智能疏散指示灯转入应急状态，按照系统指示的疏散预案执行命令。

智能疏散指示灯显示详细的着火位置。

智能疏散指示灯启动频闪功能，对危险区域的灯具方向进行调整，通向危险区域的出口应急灯具显示禁止通行，原指向危险区域的应急灯具调整为指向安全区域。

本站相隔站层的所有应急灯具进行中文语音提示"发生火灾，请按指示方向从安全出口疏散"。

6　存在问题分析

在施工过程中注重施工顺序的合理化安排，注重场地的合理化分配，注重了施工规范的严格执行和施工流程的控制，注重了协调沟通的重要性，注重了抢工的科学性。通过对施工工序的合理化安排、施工场地的规范化管理达到缩短工期，提高施工质量的目的。解决了在狭小空间、狭小场地下，材料的运输问题和多专业、多家施工单位的施工协调配合问题。

7　结束语

近年来，随着我国地铁项目的大批建设，其运营的安全性已引起了大众的普遍关注。其中消防安全系统在安全运营中发挥着重要作用，而智能疏散指示系统更是保障人员安全疏散不可缺的组成部分。相信我们总结出来的施工方法适用于城市地铁智能疏散指示系统安装工程，尤其是闹市区的地下站智能疏散指示系统安装。同时可适用于轻轨车站、高铁车站、大型公共场所、高层建筑等工程的智能疏散指示及应急照明系统安装和调试施工。

参考文献：

[1]　GB 50157—2013. 地铁设计规范[S].

[2]　GB 50016—2006. 建筑设计防火规范[S].

[3]　GB 17945—2010. 消防应急照明和疏散指示系统[S].

[4]　GB/T 16275—2008. 城市轨道交通照明[S].

[5]　DB 43/487—2009. 智能型火灾报警信息显示及疏散指示 系统设计、施工及验收规范[S].

[6]　湖南汇博智能疏散指示产品技术资料.

加筋麦克垫工艺原理和施工方法研究

张 锐

（湖南省第五工程有限公司，株州 412000）

摘 要：加筋麦克垫指的是一种加筋型三维土工垫，具体而言，将三维聚丙烯材料挤压在机编六边形双绞合钢丝网面，并且在钢丝上进行高尔凡镀层，使用性能较强。本文加筋麦克垫一般应用于边坡治理中，因此本文将对加筋麦克垫的施工方法和应用进行详细探究。

关键词：加筋麦克垫工艺；施工；应用

1 引言

加筋麦克垫的抗腐蚀能力强、防冲刷能力强，能够适应于各种土工合成材料。通过实践应用，加筋麦克垫施工便捷，而且抗侵蚀能力强，将其应用于边坡治理中能够取得良好的效果。

2 加筋麦克垫概况

2.1 材料介绍

加筋麦克垫是由聚丙烯土工垫结合六边形双绞合钢丝（镀 10％铝锌合金钢丝）网构成的土工合成材料。通过创造能够提高植物在土工垫上生长能力的环境来增强土壤的抗侵蚀能力。施工初期主要用于防护土坡避免受到风、雨、地面径流的侵蚀，防治坡面土壤在植被生长前即被冲刷；其后阶段生长出来的植被的根系可提供附加稳定性，同时形成更加自然美观的边坡外观。这种合成材料结合了土工垫的抗侵蚀性能以及钢丝有较高强度的特点，因此，具有机械张拉力及更强的防冲刷结构，能够有效保障位于滑坡面、路堤、排水渠、河道和其他易受冲刷破坏的表层土壤的稳定性。

2.2 加筋麦克垫的特点

与传统的固土防冲结构相比，加筋麦克垫的应用优势更加明显，具体体现在以下几点：

（1）强度高。加筋麦克垫中双绞合六边形金属网的强度很高，一般可以达到 35～50kN/m 之间，因此，加筋麦克垫不仅保留了传统麦克垫网孔细密、表面粗糙的特点，而且由于其应用了金属网骨架，因此自身强度较大。

（2）连贯性好。在实际应用中，使用绞合钢丝或者金属环，将加筋麦克垫边端进行绑缚，能够有效提高防护系统的连贯性。

（3）损耗最小。加筋麦克垫的强度较高，因此在实际施工过程中，能够减少受到以外损坏的几率。同时，加筋麦克垫的连贯性较高，因此能够减少加筋麦克垫之间的搭接，有利于减少材料重叠用量，提高施工经济效益。

（4）施工简便。与传统的施工方法相比，加筋麦克垫的施工更加简便，除了需要防护范围边界范围内进行挖锚固沟，将网垫填埋外，其余部分只需要根据施工方案，将成卷的网垫按照施工方案中设定的方向展开，再使用 U 形钉将加筋麦克垫固定在护坡表面，不仅施工速度快，而且经济效益较高。

（5）抗冲刷性能好，促淤效果强。加筋麦克垫的聚合物垫比较细密，因此能够防治河水对于护坡表面的冲刷；另外，加筋麦克垫表面比较粗糙，因此能够降低其附近水流的局部流速；对于局部有植被生长条件的区域，植被的根系能够与麦克垫紧密的缠绕结合，提高抗冲刷能力。

3 工程概况

某综合枢纽工程位于所在城市下游，洲长约 4.5km，宽约 200～350m，高程约 31.0m。根据设计要求，位于洲右侧 L5＋380～L5＋1958（标高 23.5m 以上）、L5＋380～L5＋2140.5（标高 26.0m 以上）及洲尾和洲下段（标高 26.0m 以上）铺设加筋麦克垫。

4　施工方法

4.1　场地准备

4.1.1　清理

采用挖掘机修整坡面，清除坡面的突岩和灌木等杂物，并在低洼处补填土、压实、人工平整坡面，人工铺设土工布，接缝处搭接长度不小于 50cm。坡体表面保持 2.5～5cm 厚松散土层，以利于草籽快速生长。

4.1.2　植草准备

若麦克垫用于控制侵蚀，在铺设麦克垫前，先在土壤上播种施肥，或铺设完成后进行播种；若麦克垫用于植被加固，则在麦克垫铺设完后，覆盖表土并播种（或喷种）。

4.2　铺设及锚固

铺加筋麦克垫：一般采用与水流方向平行铺设，当要将加筋麦克垫与水流方向垂直铺时，则需要保证两垫之间的搭接宽度（一般不小于 8cm）同时要保证上游垫铺在下游垫之上。加筋麦克垫具有粗糙和平滑两面，将平滑面置与表土接触，沿坡面自上而下铺装。使用直径 8 钢筋做成 U 形金属锚钉将麦克垫固定于坡面，铆钉间距为 1m，钉入坡面以下 50cm 深。锚钉穿过钢丝网格锚固于地面，且与地面齐平，以提供最大的抗拔出力并保持边坡稳定。

4.3　锚固沟施工

一般情况下，将麦克垫沿坡面简单折叠即可将其固定于地面，对于易侵蚀土壤，宜开挖一个距坡边缘 0.6～1m、30cm 深、1m 宽的沟，将麦克垫沿沟底进行锚固。

4.4　锚固间距与交叠

锚固间距为沿坡顶边缘 1m，沿距坡边缘 0.6～1.0m 的锚固沟底布置锚钉；对于坡角为 1∶1 或更平缓的边坡及渠道护砌，在与坡角垂直方向，锚固间距采用 1.0m；在与坡角平行方向，则采用 1.2m 布置。加筋麦克垫边缘应至少有 8cm 的交叠，并将交叠部分锚固。若是加筋麦克垫且相邻两垫卷由锚固钉连接，或对于渠道护衬，由钢环连接，则能提供牢固紧密的连接，而无需交叠。

4.5　渠道护衬施工

作为渠道护衬，对于较小渠道，应将加筋麦克垫平行于水流方向铺设，对于具有陡坡的大渠道，则应垂直于水流方向；如果加筋麦克垫垂直于水流方向，则将其边缘重叠，以保证下游加筋麦克垫边缘锚固于上游加筋麦克垫边缘之下。

4.6　坡面绿化

蔡家洲护岸工程坡面绿化总面积 108501m²，其中加筋麦克垫护坡面绿化 31426m²。在撒种植土之前要将坡面进行清理，清除杂物。采用人工铺撒种植土，加筋麦克垫上撒种植土厚度为 1～2cm。种植土铺撒好后，喷撒草种，然后立即覆土 2～4mm，盖上无纺布防护。坡面禁止行驶机械，及时浇水养护。

4.7　应用结果分析

2010 年，工程所在地水位曾达到 38.46m，超过保证水位 0.09m，枢纽为迎托主流、保护滩岸、束深河道，在洪水来临之前建设水坝，水坝上部铺设加筋麦克垫，洪水退后加筋麦克垫护面保护完好，取得了良好的施工效果。

5　施工质量控制要点

5.1　施工中潜在的问题

（1）加筋麦克垫具有质量轻、抗掀起能力弱的特点。因此，在一般的河道护底工程中施工完成后，需要在表面根据一定的布置距离和形式插入锚固钉。特别是在防护范围的边界位置，需要设置锚固沟，并且将加筋麦克垫埋入其中，避免在水流的作用下被掀起。对于水流速度小，流态混乱的地区，可以加强锚固防护，提高防护面的有效性。

（2）加筋麦克垫一般是在工厂制作成为成品，然后运输至施工现场直接铺设，在出厂后，加筋麦克垫的单幅宽度和长度都是固定的，而且与传统排体相比，幅宽较窄，便于施工。在具体的施工过程中，需要综合考虑工程实际情况，确定加筋麦克垫的铺设方案，包括铺设方向以及相邻加筋麦克垫的搭接顺序，以此保证施工质量。

（3）在加筋麦克垫表层没有形成植被覆盖前，加筋麦克垫裸露在水流中，抗冲性能较小。因此，锚固钉的尺寸、分布密度控制，是保证施工质量的关键。

5.2 控制方法及要点

（1）为了保证整个防护范围内，防护施工都能够达到施工质量，必须根据具体的设计方案，将加筋麦克垫埋入锚固沟底，在沟底插入 U 形钉锚固，并回填碎石压实。

（2）为防止加筋麦克垫铺斜，首先需要将预先测量网垫铺展开后的位置，并用小木桩及细绳将铺展范围标记出来，在此过程中，注意调整偏差。每一幅加筋麦克垫铺设完成后，应对网垫的铺设方向、搭接顺序及搭接量进行验收。

（3）根据具体的工程设计要求，加筋麦克垫的铺设间距可以有适当的调整，但是应该尽量靠近，这样才能保证加筋麦克垫紧贴滩面、平整，无局部鼓胀现象。

6 结语

综上所述，加筋麦克垫是近年引进国外的一种新技术、新材料，与常规护岸施工相比，优势明显，经实践证明是一种经济、环保的结构形式，在增强岸坡抗侵蚀能力，美观岸坡自然环境等方面效果显著。由于加筋麦克垫的造价较高，可在有一定经济能力的地区广泛推广。

参考文献：
［1］ 王宏俊. 生态材料在河道生态工程治理中的应用[J]. 人民长江，2013(S1)：86-88.
［2］ 常俊德，汪恩良. 北引干渠边坡防冻胀衬砌结构研究[J]. 黑龙江大学工程学报，2014(02)：175-177.
［3］ 葛丽繁. 平顶山市湛河上游(凌云路湛河桥—新城区污水处理厂)河道整治方案设计[J]. 城市道桥与防洪，2014(06)：177-179.

螺旋体钢结构坡道与柱连接板错口影响分析

王其良 朱方清

（湖南省第一工程有限公司，长沙 410011）

摘 要：双螺旋体钢结构是目前世界上的新型结构形式，以环绕螺旋体圆周线为中心的斜立柱为支撑，内外环道外挂在钢柱翼缘上的连接钢板上，在钢柱内部灌注一定高度的自密实混凝土，将钢柱的一定长度埋入钢筋混凝土基础中，上下部将结构共同作用形成一个受力结构。本文主要通过分析环道与钢柱连接处钢板的安装错口使连接板产生偏心受力，部分焊接部位截面变窄造成应力集中现象，通过采用有限元分析，确定错口的大小尺寸偏差对受力的影响，得出最大允许值，以便于指导施工。本文以长沙梅溪湖城市岛项目的螺旋体钢结构为例进行阐述。

关键词：螺旋体钢结构；环道与钢柱连接板错口；应力分析；有限元分析；偏差数据；最大允许值

1 工程概况

城市岛螺旋体钢结构，最高点35.08m，环道外边界直径最大约86m，由两条相互环绕螺旋上升并采用三角支撑架结构的环形通道，连接一列密集的柱廊组成。螺旋体斜立柱共32根，立柱与水平面的夹角为62.02°，相邻立柱在平面上的投影夹角11.25°。相邻斜立柱之间以钢棒连接保证结构的整体稳定性。旋转环道平面投影内侧边界最小半径为10559mm，最大半径为36854mm。斜立柱为箱型变截面，材质为Q345B，宽度均为300m，沿高度方向变截面。最大截面为口2600mm×300mm×28×35mm，最小截面为口800mm×300mm×28×35mm。32根斜立柱为螺旋体结构重点支撑体系，其制作质量及外观均有较高要求。三角形坡道与钢柱连接采用60mm厚钢板直接焊接，柱顶与坡道采用90mm厚钢板与

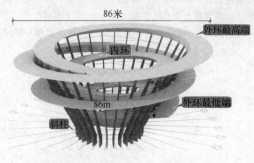

图1 螺旋体钢结构概况图

坡道连接板焊接。因此上述连接是整个结构传力的关键点。螺旋体结构参见图1。

2 钢结构坡道与钢柱连接板错口形式

城市岛项目螺旋坡道主要靠悬臂板承受荷载，并将荷载传递至钢柱。由于制作精度、安装误差、收缩变形等等多种因素，60mm厚悬臂板在全熔透对接焊接时，部分位置存在错口现象，根据现场情况，主要偏差形式为悬臂板的上下（高度）错口偏差和左右（厚度）错口偏差，以及两种错口情况共存于一个节点，以左右（厚度）错口偏差为主。参见图2。

（1）厚度方向错边，参见图3。

（2）高度方向错边，参见图4。

（3）厚度和高度方向同时错边。

由于错边安装造成悬臂板的轴线不在同一平面内，出现偏心受力，且焊接部位截面变窄，存在应力集中现象，故需对错边安装的结构进行验算，分析其应力分布特点，确定应力是否满足要求。

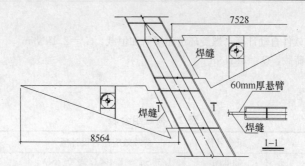

图 2 悬臂板结构示意图

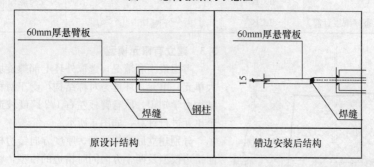

图 3 厚度方向错边示意图

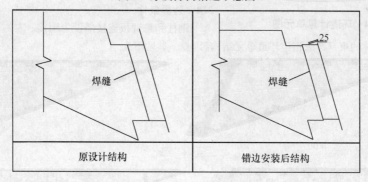

图 4 高度方向错边示意图

3 错口允许偏差验算

首先我们假定一个偏差范围，左右偏差设定在 5~15mm，上下偏差设定为 5~25mm，5mm 以下认为无须整改。通过对错口板接口的应力计算，考虑正常使用阶段坡道所承受的恒载和动载，采用 Midas8.0 有限元分析软件进行分析。观察分析悬臂板根部的受力特点和应力分布以及通过分析判断焊缝部位应力是否满足要求[1]-[4]。模拟过程中，采用的钢材材料机械、力学属性见表 1。

表 1 钢材机械及力学性能表

序号	性能	指标/参数
1	钢材牌号	Q345
2	容重	$7.85 \times 10^{-5} \text{N/mm}^3$
3	弹性模量	206000N/mm^2
4	泊松比	0.3
5	线膨胀系数	1.2×10^{-5}

3.1 荷载取值

结构自重：$G_1 = $ 软件自动计算，螺旋环道面层附加恒载：$G_2 = 2.1 \text{kN/m}^2$。

螺旋环道均布活荷载：$Q_1 = 5 \text{kN/m}^2$。

3.2 荷载组合

荷载组合参见表 2。

表 2　荷载组合表

状态	组合名称	荷载效应组合设计值	备注
承载力极限状态（强度计算）	sLCB1	$1.35 S_{G_k} + 1.4 \times 1.0 \times 0.7 S_{Q_k}$	永久荷载控制
	sLCB2	$1.2 S_{G_k} + 1.4 S_{Q_k}$	可变荷载控制（施工荷载）
正常使用极限状态（刚度计算）	sLCB3	$1.0 \times S_{G_k} + 1.0 \times S_{Q_k}$	

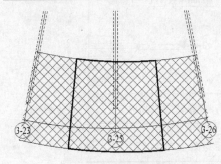

图 4　环道计算单元图

3.3 建立有限元模型

考虑最不利情况，选取外环上部螺旋坡道（重量最大单元）单元，环道为对称结构，受正对称荷载，根据结构力学知识，取悬臂板左右 1/2 跨度坡道箱体作为一个单元进行计算，如图 4 所示。

分别建立原结构模型、厚度方向错边模型、高度方向错边模型及两个方向同时错边的模型，将应力结果进行对比并复核，判断是否满足要求。参见图 5。

3.4 边界条件

钢柱和悬臂板连接部设为刚接。左右钢箱梁 1/2 跨处分别设正对称约束（考虑相连环道单元结构影响）。参见图 6。

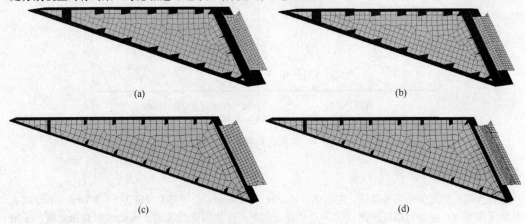

(a)　　　　　　　　　　　　　　　(b)

(c)　　　　　　　　　　　　　　　(d)

图 5　错边模型比较图

（a）原结构模型；（b）厚度方向错边模型；（c）高度方向错边模型；（d）两个方向同时错边模型

3.5 安装阶段计算结果

3.5.1 变形情况

坡道最大位移为 6.0mm＜5288/400＝13mm，满足《钢结构设计规范》附录 A.1.1 要求。悬臂坡道变形情况参见图 7。

3.5.2 应力情况

坡道与钢柱节点对接焊接错边结构构件最大组合应力为 131MPa，应力小于材料设计拉压抗压强度 310Mpa，满足规范要求。参见图 8。

图 6 悬臂坡道边界条件图

图 7 悬臂坡道变形图

（a）四类结构变形图（单位：mm）；（b）变形图（单位：mm）

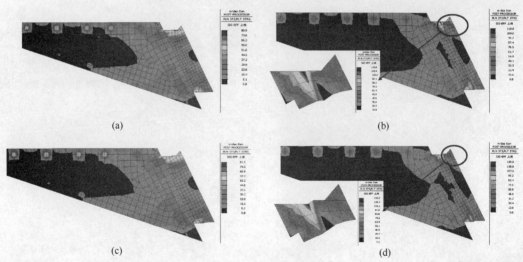

图 8 坡道与钢柱节点应力图

（a）原结构应力图（$M_{ax}=81MPa$）；（b）厚度方向错边结构应力图（$M_{ax}=120MPa$）；
（c）高度方向错边结构应力图（$M_{ax}=82MPa$）；（d）两个方向错边结构应力图（$M_{ax}=131MPa$）

4 结语

根据以上应力分析，悬臂板应力最大位置位于连接板根部的上、下侧。焊缝位置设计在中间，已避开应力最大部位。由于现场安装产生错边，造成悬臂板的轴线不在同一平面内，出现偏心受力，且焊接部位截面变窄，存在应力集中现象。对错边的结构进行验算后，其应力满足规范要求。但因此工程为公共建筑，结构安全要求较高，故在现场施工中还须将制作及安装精度控制在偏差 5mm 以内，超过此偏差的节点须采用千斤顶进行矫正。

参考文献：

[1]　童根树．钢结构的平面外稳定[M]．北京：中国建筑工业出版社，2007.

[2]　陈骥．钢结构稳定设计理论与设计．4版[M]．北京：科学出版社，2008.

[3]　陈绍蕃．钢结构稳定设计指南．3版[M]．北京：中国建筑工业出版社，2013.

[4]　戴为志，高良，贾宝华．建筑钢结构工程焊接技术及实例[M]．北京：化学工业出版社，2010.

梅溪湖城市岛双螺旋体异型钢结构安装施工技术

李鹤鸣 谌为 莫忠

（湖南省第一工程有限公司，长沙 410011）

摘 要：梅溪湖城市岛双螺旋体异型钢结构属于大截面空间弯扭结构，工程主体由 32 根钢斜立柱及两条相互环绕螺旋上升的采用三角支撑架结构的全钢环形通道组成。整个工程异型钢结构的地面拼装、吊装及施工过程中定位精度、焊接变形的控制要求高，高空焊接工艺、细部节点的处理都充分体现了施工的难度。本文通过工程实践，对于今后大型异型钢结构的安装具有借鉴意义。

关键词：双螺旋体；异型钢结构；钢结构吊装；施工工艺

1 工程概况

长沙梅溪湖国际新城城市岛工程的标志性构筑物为双螺旋体景观构筑物，最高点约 35m，环道外边界直径最大约 86m，两条相互环绕螺旋上升的采用三角支撑架结构的环形通道，环道由内部螺旋外扩上升，绕过柱顶在外部螺旋收缩下降，连接着一列密集的廊柱。双螺旋体斜立柱共 32 根，立柱与水平面的夹角为 62.02°，相邻斜立柱在水平面上的投影夹角为 11.25°，相邻斜立柱之间以钢棒连接保证结构的整体稳定性。钢构件总量约 6500t，该种造型目前在国内鲜有出现，该构筑物高空吊装作业多，焊接量大，精度控制要求高。图 1 为双螺旋体钢结构分布图。

图 1 双螺旋体钢结构分布图

2 工程的重点与难点

（1）节点对口精度要求高、吊装难度大，斜立柱箱型柱体、环道三角撑节点形状相似却又不同，规律性小，且为外露结构，形成整体后的表面平整度和对接口的错边要求高。

（2）螺旋体柱与环道三角撑焊接位置多，焊缝形式多样，焊缝等级要求高。特别是小夹角焊接，变形控制难度大。现场焊接作业条件差，高空焊接平台搭设、安全防护措施设置难度大，对焊工操作、焊缝成形质量影响大。

（3）本工程钢结构构件分段较重，特别是螺旋体柱体截面大，均需要进行高空组装，安装精度难保证。柱体一次安装到位难度大，需考虑分段吊装。安装过程中结构体系受力复杂，施工中结构的受力状态与设计受力状态有很大的差别，需确保施工每一阶段的结构变形、应力变化和稳定性都符合规范要求。

（4）螺旋体顶部距地面高度约 35m，高空坠落、物体打击、机械电气伤害等危险源控制难度较大，对高处作业的安全管理与防护有较高要求。

（5）整个工程工序多、交叉施工频繁、体量大、工期极为紧张，进度管理是一大难点。

3 双螺旋体钢结构吊装总体思路

双螺旋体钢结构主要采用"地面散件拼装，分段整体吊装，单元高空组装"方法进行安装。

螺旋体一节柱脚施工选用 1 台 STC750 型 75t 汽车吊，在环道内侧布置一台 ST80/75 塔吊用于环道单元拼装、斜立柱分段吊装及环道单元吊装。施工过程中按照每次完成一圈环道单元的原则依次进行。施工从内圈一层环道单元开始顺时针进行安装，然后逆时针进行外圈二层环道单元安装，依次由内向外完成环道单元安装。安装完成后，使用 2 台 SAC3500 型 350t 全地面起重机分别布置在双螺旋体的内外侧分节拆除塔吊大臂并将散件吊运至环道外侧。

4 吊装单元分段及设备选择

4.1 钢斜立柱分段

钢斜立柱根据内外环道分布情况分为三段或四段进行吊装。钢斜立柱分段示意图如图 2 所示。

4.2 螺旋环道分段

为了考虑螺旋环道的吊装整体性，环道的分段以环道三角支撑的中心线（即两块三角板之间的中心线）为分割线，将环道切成一段段整体三角梁段（最重节段约 25.85t）。螺旋环道分段示意图如图 3 所示。

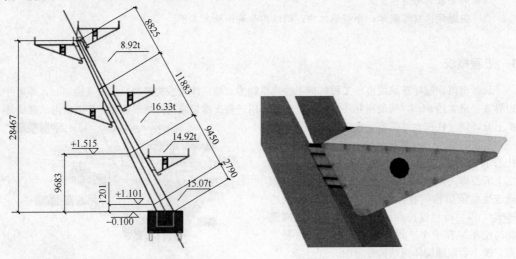

图 2　钢斜立柱分段示意图　　　　　图 3　螺旋环道分段示意图

4.3 设备选择

4.3.1 吊装设备选择

双螺旋体钢结构选用 1 台 ST80/75 塔吊（60m 臂长）完成吊装。ST80/75 塔式起重机 60m 臂时的起重性能见表 1。

表 1　ST80/75 塔吊起重性能表

起吊范围（m）	30	35	40	45	50	55
起重量（t）	31.7	26.3	22.3	19.2	16.8	14.8

4.3.2 最重吊装单元吊装分析

最重吊装单元吊装分析如图 4 所示。

由图 4 可知，最重吊装单元为 3—8 轴线顶部环道单元，重量约 25.85t，吊装距离为 31.6m，根据塔吊性能参数表可知，塔吊在 35m 范围内起重量约为 26.3t > 25.85t，满足吊装要求。

4.3.3 最远吊装单元吊装分析

最远吊装单元吊装分析如图 5 所示。

由图 5 可知，最远吊装单元为 3-29 轴线顶部环道单元，重量约 18.31t，吊装距离为 42.5m，根据塔吊性能参数表可知，塔吊在 45m 范围内起重量约为 19.2t＞18.31t，满足吊装要求。

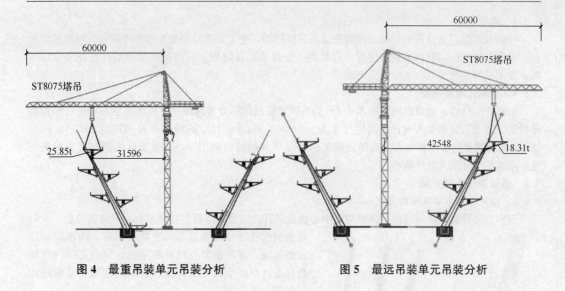

图4　最重吊装单元吊装分析　　　　　图5　最远吊装单元吊装分析

5　双螺旋体钢结构安装

5.1　柱脚锚栓安装

5.1.1　锚栓安装流程

柱脚锚栓进场验收→按图纸尺寸进行测量放线→制作并安装锚栓固定支架→现场拼装锚栓群→整体吊装锚栓群就位→测量、校正、固定→钢筋网绑扎完成后整体交验→混凝土浇筑→测量校正→完毕后复检→记录测量数据。

5.1.2　锚栓预埋测量控制

（1）根据现场实际情况，采用"BIM＋智能型全站仪"测量方法，以场区控制网点位坐标值为依据，对钢柱柱脚定位锚栓的定位轴线进行实地放样，然后对放样点进行自检并校核[1]。

（2）在柱脚基础混凝土垫层上确定轴线交点及各柱中心点，并在每个柱脚的位置进行标记作为定位轴线。

（3）将钢柱的锚栓固定支架放置在各个钢柱中心的位置，并将支架的中心点对准钢柱的中心并与钢筋进行点焊。

（4）在柱脚基础钢筋的绑扎过程中，派两名测量员实时进行测量校核以保证位置的准确。在钢筋绑扎完成后，再对各个柱脚的预埋螺栓进行测量校核并进行牢固固定。

（5）地脚螺栓固定后，在浇捣混凝土时，由于受振动和混凝土倾倒流淌时的侧向挤压会产生偏移。因此，在混凝土浇捣时应派两名测量员在两个互相垂直的轴线上监视偏差情况，及时调校正确；混凝土凝固后，重新投测埋件控制线、复查埋件及地脚螺栓偏移量并做好记录。

5.2　钢柱柱脚安装

5.2.1　测量放线

柱脚安装前，施工人员应认真审图，对于每组钢柱柱脚的形状尺寸、轴线位置、标高等均应做到心中有数。根据测量控制网再测设细部轴线，用智能型全站仪定位埋件控制点的位置，并做好放线标记。

5.2.2　柱脚吊装与螺栓穿孔定位

采用ST80/75塔吊吊装一节柱，安装过程采用锥形引孔器实现锚栓的快速精准穿孔就位。

5.2.3　钢柱柱脚校正

柱脚初步就位后，用智能型全站仪进行坐标的复测，对埋件的位置进行校正，校正时采用千斤顶及缆风绳等措施对柱脚的标高及轴线进行微调和固定。

5.2.4　跟踪测量

柱脚基础混凝土过程中，振动棒避免碰到钢柱柱脚，施工员跟踪测量柱脚埋件位置，随时校正偏差。混凝土终凝前，对柱脚埋件位置进行复测，发现偏差及时校正；混凝土终凝后，对柱脚定位放线，复测柱脚预埋偏差并做好测量记录。

5.3　环道单元地面拼装

根据施工分段，坡道纵向宽度大于4m的节段需在制作厂分为两段，然后运输至现场进行地面整体拼装。坡道拼装胎架的设计，采用尺寸为5.6m×1.3m×0.14m的路基箱和HW200mm×8mm×10mm的型钢及枕木组装而成。为保证施工进度及塔吊的综合利用率，双螺旋体内侧布置为拼装场地，双螺旋体外侧为散件堆场。

5.4　钢斜立柱分段安装

5.4.1　钢斜立柱吊装及临时固定

钢斜立柱吊装前提前放样，根据构件中心设置吊耳，安装前搭设好操作平台。吊装就位后，及时将钢斜立柱对接处焊接临时连接板固定，两端同时拉设缆风绳，保证钢斜立柱的稳定性，钢斜立柱内部加劲板通过焊接手孔完成焊接。钢斜立柱吊装及临时固定如图6所示。

图6　钢斜立柱吊装及临时固定

5.4.2　钢斜立柱测量校正

对于第二节以上的钢柱吊装首先是柱与柱接头的相互对准，塔吊松钩后，用智能型全站仪进行三维坐标点测量，校正上节钢柱垂直度时要考虑下节钢柱相对于轴线的偏差值，校正后上节柱顶相对于下一节柱顶的偏差为负值，使柱顶偏回到设计位置，从而便于钢柱的顺利吊装以及保证钢柱安装的精度。

5.4.3　钢斜立柱焊接固定

钢柱对接焊缝施工，拟采用爬梯＋脚手架施工操作平台，施工时，提前将爬梯临时固定在钢柱上，方便人员上下，同时在地面搭设好操作平台，保证人员可站立在平台内焊接施工。

5.4.4　钢斜立柱空间定位复测

当焊接完成后，对钢柱再次复测，并做好记录，作为资料和上节钢柱吊装校正和焊接的参考依据。

5.5　螺旋体环道单元安装

5.5.1　环道与钢柱连接措施

环道单元安装时，在钢斜立柱箱型连接件上下端及环道三角支撑板上下端分别设置连接耳板，耳板之间用M36高栓连接，通过两者之间的耳板对接来固定和定位各环道节段，同时相邻环道间采用马板焊接。

5.5.2　环道单元就位调校步骤

环道吊装采用四点吊装法，其中①④号吊耳设置在重心线上，为主受力吊耳，②③号吊耳与①④号吊耳垂直设置，为调节吊耳。环道吊装至待安装位置处，调节①号倒链使得待就位环道单元与已安装环道单元上表面中心齐平，调节②③号倒链使得环道上表面与已安装环道单元齐平，同时调节三角悬臂板就位，立即使用马板将端部与已安装环道单元连接，并将三角悬臂板临时措施连接牢固。环道单元吊装如图7所示。

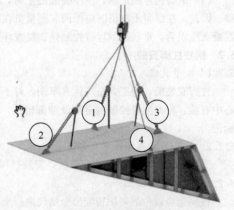

图7　环道单元吊装

5.5.3 环道单元的测量校正

环道单元临时固定后，使用智能型全站仪逐一校核各点，根据移动端显示的三维坐标差值，利用倒链微调环道的空间位置，直到移动端显示的三维坐标差值为零。

6 结语

钢结构的吊装是控制钢结构安装精度的重要影响因素之一，是一个系统性的工程。一方面，在施工前必须做好相应的准备工作，包括技术准备、人员准备、机具准备及材料准备等；另一方面，采用有限元分析软件 Midas 对施工过程进行分析，结合计算目的、计算分析依据、材料性能、荷载取值、边界条件等影响因素论证钢结构在安装各阶段的刚度及应力情况以确定安装流程。

梅溪湖城市岛双螺旋体异型钢结构在施工过程中运用 BIM 技术对施工工艺、工程进度、施工组织及协调配合进行模拟管理，并使用"BIM＋智能型全站仪"测量技术，确保了各构件的节点安装在空间定位±5mm 的预定精度，是的顶部钢结构最后安装合龙时，其定位测量控制到最后的闭合差仅为 10mm，最终顺利完成了所有钢构件的空中安装对接，形成了受力稳定的双螺旋体异型钢结构。本工程提升了 BIM 应用价值，同时还为解决复杂异型钢结构安装施工提供了新的思路，为今后类似工程施工提供了借鉴。

参考文献：

[1] 湖南省建工集团总公司. 拓普康测量仪器全新 BIM 硬件产品推荐方案[R]. 2015.

梅溪湖城市岛双螺旋体异型钢结构施工难点分析及对策

石艳美

（湖南省第一工程有限公司　长沙　410011）

摘　要：通过对梅溪湖城市岛双螺旋体异型钢结构安装施工中技术重点与难点分析，对材料及构件加工、测量定位、构件吊装、构件安装步骤、构件焊接质量方面遇到的施工问题进行了一些探索与尝试，提出相应的方法和对策。

关键词：双螺旋体；异型钢结构；安装技术

1　工程概况

长沙梅溪湖国际新城城市岛工主要包含双螺旋体观景平台及人行天桥结构施工，其标志性构筑物为双螺旋体景观构筑物，最高点约35m，环道外边界直径最大约86m，两条相互环绕螺旋上升的采用三角支撑架结构的环形通道，环道由内部螺旋外扩上升，绕过柱顶在外部螺旋收缩下降，连接着一列密集的廊柱。双螺旋体斜立柱共32根，立柱与水平面的夹角为62.02°，相邻斜立柱在水平面上的投影夹角为11.25°，相邻斜立柱之间以钢棒连接保证结构及施工时的整体稳定性。图1为双螺旋体观景平台及人行天桥效果图。

图1　双螺旋体观景平台及人行天桥效果图

2　安装施工的重点与难点

项目部根据设计院提供的图纸，对安装施工中的问题进行分析识别，确定如下方面的施工控制重点、难点。

2.1　材料及构件加工

螺旋体结构主要构件由变截面斜立柱箱型钢（Q345B 口型）、加劲肋（Q235B12mm厚/25mm厚）、环道外包钢板（Q235B12mm厚）、三角悬臂板（Q345B60mm 厚、90mm厚）组成。构件尺寸较大、现场加工难度大，需要具有专业设备的工厂加工制造。

2.2　测量定位

螺旋体钢结构空间变化多样，多为大截面弯扭结构交错形成双螺旋体状，测控精度要求高。高空平面控制网和高程控制点的布设受场地限制，定位测量控制难度大。内业计算和外业施测工作量较大，其数据处理、测控方法的选择，放样工具的选择，直接影响测量放样的精度和速度。

2.3　构件吊装

螺旋体结构总体采用"地面拼装、分段吊装"的思路进行施工，由于自身结构体系复杂，且结构周围场地条件局限大，局部螺旋体环道结构投影至岛边界外部，对设备选择及结构施工过程中稳定性要求较高。需要综合经济、效率及安全的角度考虑，合理选择吊装施工方案。

2.4　构件安装步骤

本工程钢结构构件分段较重，特别是螺旋体柱体截面大，均需要进行高空组装，安装精度难以保证。安装过程中螺旋体结构体系受力复杂，施工中结构的受力状态与设计受力状态有很大的差别。为确保施工每一阶段的结构变形、应力变化和稳定性都符合规范要求。确定构件安装步骤尤为关键。

2.5　构件焊接质量

螺旋体柱体与环道三角撑焊接位置多，焊缝形式多样，焊缝等级要求高。特别是小夹角焊接，变形控制难度大。现场焊接作业条件差，高空焊接平台搭设、安全防护措施设置难度大，对焊工操作、焊缝成形质量影响较大。

3　重难点实施对策

3.1　材料及构件加工对策

（1）加工任务分析，根据图纸分析本工程钢结构主要构件种类与尺寸，确定加工任务表。

（2）计划投入制造资源，针对本工程各类构件制作需要，拟投入如下预处理、切割、压制、卷制、焊接、端铣、表面处理、涂装、起重等各设备。

（3）拟定制造工艺准备，确定加工制造总体流程。

（4）项目部技术准备，技术部门认真研究业主提供的设计文件（结构设计图纸、设计规范、技术要求等），积极参加进行设计交底，经技术部门消化理解后，编制制造组织设计方案，完成施工图深化设计、焊接工艺评定试验、火焰切割工艺评定试验、涂装工艺评定试验、工艺文件编制、工装设计和精度控制标准以及焊工、检验人员培训等技术准备工作。

3.2　测量定位对策

（1）采用"BIM＋智能型全站仪"测量控制技术进行重点控制。

（2）螺旋体造型中重要构件多为变截面或异型曲面，在高空安装现场其倾斜角度及位置坐标难以准确计算及定位，必须依靠 BIM 技术建立三维实体模型获取测量所需的精确数据。

（3）将 BIM 三维实体模型测量坐标导入安装有"测量放样应用程序"的平板电脑（移动端），利用 Wi－Fi 或其它无线网络将其与智能型全站仪（固定端）进行连接并建立数据通信[1]。

（4）用后方交会法或后视法在施工现场进行智能型全站仪的设站，在平板电脑（移动端）选中 BIM 模型中需放样的点，智能型全站仪（固定端）自动跟踪棱镜的坐标，棱镜的位置自动显示在 BIM 模型中，并提示棱镜与放样点的坐标（X，Y，Z）差值，根据提示移动棱镜直至坐标差值为零，则此时棱镜的位置就是需要放样点的位置。逐步建立真实三维空间坐标系与 BIM 模型中三维空间坐标系之间的映射关系。

（5）通过上述测量定位过程结合构件安装步骤，合理有序组织构件安装及校核。

3.3　构件吊装

（1）为满足双螺旋观景台建筑施工材料的水平与垂直运输要求，设置一台 ST80/75 固定式塔式起重机，塔机安装高度 48.3m；起重臂长度 60m，起重臂臂端额定起重量 13.2t（钢丝绳四倍率）。塔机套架开口方向朝西（指向城市岛进出场道路）。塔机混凝土基础中心位置设置在双螺旋观景台中心向北 3000mm、中心向东 2000mm 二线交点处[2]。

（2）经现场勘察，塔机安装位置在双螺旋观景台中间，需确保 ST80/75 塔机安装时现场临时运输道路及徐工 QYA200 汽车吊和 QY130K 汽车吊的站位区域平整、夯实、畅通，塔机安装区域周围 30m 范围内无任何建筑周转材料，满足摆放塔机拼装部件和安装的必备场地。

（3）塔机拆卸时由于安装位置在双螺旋观景台中间，无法按照塔机安装的反向方式进行常规拆卸。安装完成后，使用 2 台 SAC3500 型 350t 全地面起重机分别布置在双螺旋体的内外侧分节拆除塔吊大臂并将散件吊运至环道外侧。

3.4　构件安装步骤对策

本工程螺旋体结构的安装复杂，施工过程需进行全过程施工模拟计算分析，主要基于以下几点：

（1）考察安装过程各阶段结构的安全性。

（2）通过计算分析，提炼部分结果，对现场的实施提供有益参考和依据。

（3）通过施工模拟，确定钢棒预拉力。

（4）为施工临时措施提供科学依据，如通过施工模拟来确定是否需要临时支承等。

通过有限元分析软件 Midas 对施工过程进行分析，提取出十个施工阶段的分析结果，对结构以图解形式详细描述，主要论证钢柱在安装各阶段的刚度及应力情况，确定环道安装起始位置，如图 2 ～图 4 所示。

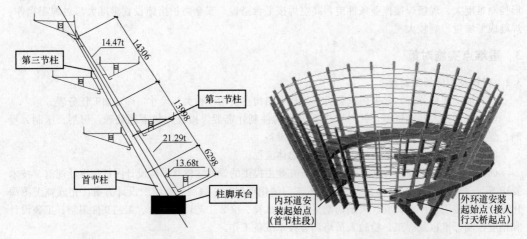

| 图 2 （3-1）轴钢柱分段示意图 | 图 3 内外环道安装起始位置 |

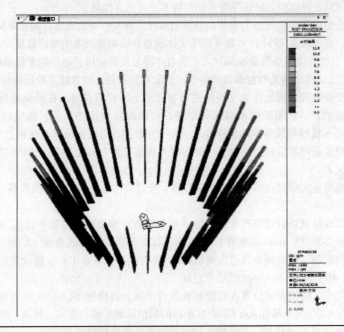

第五阶段钢柱变形（$M_{AX}=11.9mm$）

图 4 钢柱在安装阶段的刚度及应力情况图

施工顺序主要为：首节钢柱安装（包括柱脚承台）→首节钢柱内环道节段安装（内环道安装起始点开始）→第二节钢柱安装→柱间钢棒安装→第二节钢柱内侧环道节段安装→第二节钢柱外侧环道节段安装（外环道安装起始点开始）→第三节钢柱安装→第三节钢柱内侧环道节段安装→第三节钢柱外侧环道节段安装→柱间钢棒安装（未张拉）→柱顶环道安装→整体结构安装完毕后进行钢棒张拉→整体卸载。

3.5　构件焊接质量对策

（1）厚板焊接：CO_2 气体保护焊时，CO_2 气体流量宜控制在 $40\sim55$ （L/min），焊丝外伸长 $20\sim25$mm，焊接速度控制在 $5\sim7$mm/s，熔池保持水准状态，运焊手法采用划斜圆方法，在焊缝起点前方 50 mm 处的引弧板上引燃电弧，然后运弧进行焊接施工。全部焊段尽可能保持连续施焊，避免多次熄弧、起弧。穿越安装连接板处工艺孔时必须尽可能将接头送过连接板中心，接头部位均应错开。CO_2 气体保护焊熄弧时，应待保护气体完全停止供给、焊缝完全冷凝后方能移走焊枪。禁止电弧刚停止燃烧即移走焊枪，使红热熔池暴露在大气中失去 CO_2 气体保护[3]。

（2）填充层：在进行填充焊接前应清除首层焊道上的凸起部分及引弧造成的多余部分，填充层焊接为多层多道焊，每一层均由首道、中间道、坡边道组成。首道焊丝指向向下，其倾角与垂直角成 $50°$ 左右，采用左焊法时左指约 $20°$，采用右焊法时右指约 $20°$；次道及中间道焊缝焊接时，焊丝基本呈水平状，与前进方向呈 $80\sim85°$ 夹角。坡边道焊接时，焊丝上倾 $5°$。每层焊缝均保持基本垂直或上部略向外倾，焊接至面缝层时，均匀的留出上部 1.5mm 下 2mm 的深度的焊角，便于盖面时看清坡口边。

（3）层间清理：采用直柄钢丝刷、剔凿、扁铲、榔头等专用工具，清理渣膜、飞溅粉尘、凸点，卷搭严重处采用碳刨刨削，检查坡口边缘有无未熔合及凹陷夹角，如有必须用角向磨光机除去。修理齐平后，焊接下一层。

（4）面层焊接：直接关系到该焊缝外观质量是否符合质量检验标准，开始焊接前应对全焊缝进行修补，消除凹凸处，尚未达到合格处应先予以修复，保持该焊缝的连续均匀成型。面缝焊接前，在试弧板上完成参数调试，清理首道缝部的基台，必要时采用角向磨光机修磨成宽窄基本一致整齐易观察的待焊边沿，自引弧段始焊在引出段收弧。焊肉均匀地高出母材 $2\sim2.5$mm，以后各道均匀平直地叠压，最后一道焊速稍不时向后方推送，确保无咬肉。防止高温熔液坠落塌陷形成类似咬肉类缺陷。

（5）焊接过程中：焊缝的层间温度应始终控制在 $100\sim150℃$ 之间，要求焊接过程具有最大的连续性，在施焊过程中出现修补缺陷、清理焊渣所需停焊的情况造成温度下降，则必须进行加热处理，直至达到规定值后方能继续焊接。焊缝出现裂纹时，焊工不得擅自处理，应报告焊接技术负责人，查清原因，订出修补措施后，方可进行处理。

（6）焊后热处理：母材厚度 25mm$\leqslant T\leqslant80$mm 的焊缝，必须立即进行后热处理，后热应在焊缝两侧各 100mm 宽幅均匀加热，加热时自边缘向中部，又自中部向边缘由低向高均匀加热，严禁持热源集中指向局部，后热消氢处理加热温度为 $200\sim250℃$，保温时间应依据工件板厚按每 25mm 板厚 1 小时确定。达到保温时间后应缓冷至常温。

（7）焊后清理与检查：焊后应清除飞溅物与焊渣，清除干净后，用焊缝量规、放大镜对焊缝外观进行检查，不得有凹陷、咬边、气孔、未熔合、裂纹等缺陷，并做好焊后自检记录，自检合格后鉴上操作焊工的编号钢印，钢印应鉴在接头中部距焊缝纵向 50mm 处，严禁在边沿处鉴印，防止出现裂源。

（8）焊缝的无损检测：焊件冷至常温≥24h 后，进行无损检验，检验方式为 UT 检测，检验标准应符合《钢焊缝手工超声波探伤方法及质量分级方法》规定的检验等级并出具探伤报告。

4　结语

本文通过梅溪湖城市岛双螺旋体异型钢结构安装施工中技术重点与难点分析，对材料及构件加工、测量定位、构件吊装、构件安装步骤、构件焊接质量方面遇到的施工问题进行了一些探索与尝试。特别是随着近年来 BIM 技术的应用与普及，传统钢结构施工与 BIM 技术的结合日趋紧密，亦为将来体量大、结构复杂的钢结构工程施工提供了有效的技术工具。

参考文献

[1]　湖南省建工集团总公司．拓普康测量仪器全新 BIM 硬件产品推荐方案[R]．2015.
[2]　梅溪湖城市岛塔式起重机安拆方案[R].
[3]　熊健民等．厚板焊接中焊接残余应力的分布规律[J]．湖北工业大学学报．1997(3)：5-10.

大面积地坪激光整平机施工技术探讨

周新民

（五矿二十三冶建设集团有限公司，长沙　410000）

摘　要：随着国民经济迅速发展，建筑呈现大型化的趋势，且对地下室、仓库、停车场等大面积混凝土地面的平整度、色泽等提出了更高的要求。传统施工工艺已不能在施工进度和质量方面满足建设单位的要求。

大面积地坪采用激光精密整平机进行地面一次成型技术施工，解决了传统工艺施工的分仓施工施工缝留设多，易发生空鼓起壳，平整度、观感较差等技术问题，摆脱了传统施工人员密集、工作量大等诸多弊病，激光整平机不论从技术、工艺及成本上都大大优于传统施工方法。

采用激光整平机大面积地面一次成型施工技术适合大面积水泥混凝土地面工程。作为一种新型的施工方法，具有施工简单，易于操作，工作量小、施工进度快、质量优良等优点，故该技术应用前景十分广阔。

关键词：大面积地坪；激光整平机；整平施工技术。

1　工程简况

某项目 2－6#栋工程建筑面积约 106250.6m²，2－6#栋地下为整体地下室，地下室建筑面积为 23500.8m²（地下一层）。地下室顶板以上为单栋建筑，地上层数 32 层。框架-剪力墙结构。

2　工艺原理

激光整平机的工艺原理是依靠液力驱动的整平头，配合激光系统和电脑控制系统在自动找平的同时完成整平工作。整平头上配备有一体化设计的刮板、搅拌螺旋、振动器和整平梁，将所有整平工作集于一身，并一次性完成。采用独立的标高控制措施，激光找平原理见图 1。

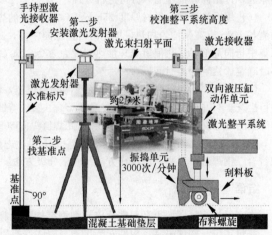

图 7　激光找平原理示意图

3　施工工艺流程及操作要点

3.1　施工工艺流程

施工准备→基层处理→铺垫层→设置安装周边模板→混凝土送料→激光整平机铺注、振捣密实→机械压光提浆→机械收光抛光→表面撒水养护或喷养护剂→锯缝机切控制缝→聚氨酯填缝。

3.2　操作要点

（1）技术人员熟悉图纸，掌握地坪做法、施工流程、施工进度安排等情况，确定浇筑流向和浇筑方法，做好平面放线的工作、确定分仓缝。

（2）为防止大面积混凝土产生沉降裂缝，将对基层进行反复压实，做土方夯实度试验以确定基土的压实质量，在基础开挖范围内等薄弱处必要是采取换填等措施。

（3）基准点的设立，在地面的大约中央位置设立脚点固定不变的永久性基准点，一般设立设备基础或柱脚基础上或固定的柱子上，该基准是从地面标高和激光束之间的精确距离。

（4）设置激光发射器：根据设置的地面水平基准点和施工的位置布设激光发射器的位置，位置确保激光扫平机在施工过程中任何位置均可接收到激光发射器的信号。

（5）激光扫平机找平板调试：根据已设置的激光放射器及已做完的地坪反复调整找平机的找平板，保证找平板的两端高差不超过 0.3mm。

（6）使用 [18 侧模，其余 2cm 为标高控制余量（设地坪厚度为 20cm），具体做法为事先在找平层是弹出侧模的位置线，侧模下方做灰饼，以控制标高，间距不大于 1500mm。待侧模顶标高达到设计要求后使用钢筋棍钉入地面下与侧模点焊使槽钢水平固定，再在槽钢下方用横向钢筋棍点焊与立棍和槽钢上，使其纵向固定。从而到达严格控制侧模标高的要求。

（7）混凝土采用商品混凝土。坍落度要严格控制在进场时 16±2cm，混凝土的初凝时间应严格控制一致。由混凝土罐车运至现场，汽车泵驶入厂房内，将混凝土泵送入模，人工协助摊铺至设计厚度＋虚铺高度（虚铺高度根据经验为 2～3cm）。摊铺混凝土时应连续摊铺，不得中断。

（8）采用精密激光整平机来压实、振动、整平、提浆，柱边及墙边采用人工配合整平。

（9）激光整平后混凝土初凝前后采用抹平机提浆收面压光，致少采用圆盘机械进行多次抹压作业。

（10）养护：地坪完成以后的 5～6h，采用在其表面涂敷养护剂或洒水后敷设养护膜的方法进行养护，以防止其表面的水分的激剧蒸发，保障耐磨材料强度的稳定增长。养护时间为 7d 以上。

（11）周边休整：浇捣后拆围挡时将多余的部分弹线切掉并凿下 60mm 深，这样就可形成十分规整美观的板块。

（12）卸模作业可以在耐磨材料地台完成后的第二天进行，卸模作业时应注意不损伤地台边缘。

收缩缝的切割可以在耐磨材料完成后的 48h 内进行，收缩缝的切割按设计图纸进行，缝宽以 3～5mm 为宜，缝以板厚的 2/3 深度为宜，夹缝以板厚的 1/3 深度为宜，再以聚氨酯填缝，这样可以避免地面产生裂缝，以及微裂缝。收缩缝的设置位置应与混凝土施工缝重合，以避免混凝土施工缝日后开裂。

4　材料与设备

4.1　混凝土

（1）混凝土必须由商品混凝土生产厂生产、输送或泵送到地坪工程现场。

（2）混凝土规格：严格按照设计图纸执行。水灰比：不大于 0.5，送料过程中不得随意加水。

（3）水泥：采用不低于 42.5 级的普通硅酸盐水泥。

（4）骨料：应采用级配良好的骨料。粗骨料用卵石，最大粒径不大于 25mm。细骨料采用洁净河沙，细度模数 2.4～2.7 为宜。

（5）混凝土配合比：水泥用量不小于 350kg/m³。为避免产生表面质量问题，砂率应控制在 35%～40%。

（6）混凝土坍落度：16±2cm，最大 18cm。

（7）凝结时间：初凝时间应控制在 3～5h。

（8）每次送到地台上的混凝土坍落度必须一致。

（9）确保混凝土供料速度达到 40m³/h 或以上，且每批混凝土的初凝时间必须一致。

4.2　混凝土施工机具

激光整平机 1 台、手推车 2 部、插入式振动器 3 台、铁锹 7 把、小线、木拍板、刮杠、木抹子若干。

4.3　其它施工机具

（1）泌水工具：橡皮管或真空吸水设备。

（2）抹光机：底盘为四叶钢片，可通过调整钢片角度（用于较软面层时角度小，用于较硬面层时角度大）压光地面面层。

（3）平底胶鞋：混凝土初凝后使用；防水纸质鞋或防水纸袋；面层叶片压光使用。

5　质量控制

5.1　检查验收标准

5.1.1　主控项目

（1）基土夯实时需测定最佳含水率及夯实功，保证基土的夯实质量，并作密实度试验。

（2）耐磨材料的粒径应符合要求，并不能有其它杂质。检查方法：观察检查材料材质合格证明文件及检测报告。

（3）混凝土强度等级应符合设计要求。检查方法：检查配合比通知单和检测报告。

（4）面层与下一层结合必须牢固，无空鼓。检查方法：用小锤轻击检查。

5.2　质量保证措施

（1）进行施工前的教育，牢固树立质量第一的思想，在专业任务分工上，应根据个人的技术能力、熟练程度进行分工，对施工人员进行优化组合。

（2）严把质量关，材料使用之前，提供全套技术资料，包括说明书、质保单、检测报告、合格证等。

（3）施工环境的控制：工程在施工前应检测现场温度和湿度，严格控制施工环境以确保施工质量。温度高于 2℃，相对湿度小于 85%。

（4）施工方法的控制：施工人员严格按照施工各项规范及行业标准，严格按设计要求进行施工。编制切实可行的施工方案确保工程质量、工程进度。

（5）施工机械的控制：通过加强对设备的维护保养，使设备处于最佳的使用状态以满足工程进度和施工工艺规程的要求。

（6）施工负责人会同质量负责人对每道工序严格确认合格后，再由业主或指定监理人员工程师验收，方能进行下一道工序施工。接受专业质检人员随时对施工质量进行抽检。

（7）检验混凝土的强度试块组数，按每一层（或检验批）建筑地面工程不应小于 1 组。当每一层（或检验批）建筑地面面积大于 $1000m^2$，每增加 $1000m^2$ 应增做 1 组试块，小于 $1000m^2$，按 $1000m^2$ 计算。当改变配合比时，亦应相应地制作试块。

6　效益分析

采用地面大面积一次成型施工工艺，相比传统工艺，效益分析如下：

（1）能减少施工缝的留置，比传统施工工艺方法节约施工缝长度 309%。同时减少 75% 的质量问题，节省 75% 的维护费。

（2）节省 45% 的人工投入，传统施工工艺方法中采用 12m 长的梁式振动器作业投入人数为 18 人（抹光 8 人、铺注 10 人）。而采用激光整平机投入人数为 10 人（抹光 4 人、铺注 6 人）。

（3）施工质量的提高，采用激光整平机铺设的地面平整度比传统施工工艺方法人工找平压光的平整度提高 3～5 倍，平整度控制在 ±2mm 之内

7　结束语

（1）采用上述施工方法之后，施工缝减少，大大减少了装卸钢模作业，避免是施工缝质量通病的产生。

（2）作为一种具有创新性的施工方法，与传统施工施工方法相比，在施工进度、节能环保性、实用性等方面都具有显著的优势，具体体现在以下三个方面：

① 本方法施工工期短，节约了劳动力。

② 本方法施工完成品质量高，消除了质量通病，且后期维护费用低。

③ 本方法技术简单，操作容易，实用性强。

（3）该方法工艺合理、技术先进、适用性和可操作性强，经工程应用表明符合国家节能环保要求，取得了显著的经济效益和社会效益，其关键技术的应用有创新，并具有国内先进水平。

参考文献

[1] 上海宝冶建设有限公司. 激光整平大面积超平地坪施工工艺研究[Z] 2007.

[2] 大面积超平地坪激光整平机一次成型施工技术[J] 建筑施工，2010，32(2)：145－147

预应力框架结构模板支承体系设计探讨

刘黎明

（五矿二十三冶建设集团有限公司，长沙　410000）

摘　要：分析预应力框架结构在未张拉预应力之前的受力特点，针对影响预应力张拉的影响因素的分析，提出加快预应力张拉的措施及模板与支承体系的简化设计及控制要点。

关键词：预应力强拉；支承体系；荷载传递简化设计

1　工程概况

湖南城陵矶综合保税区通关服务中心是集海关、检验检疫、综保区服务、办公及会议为一体的综合性办公楼，建筑面积42950m²，地下一层，地上六层，由上海建筑设计研究院有限公司设计。由于设计追求大跨度，自二层至屋顶层的大跨度主梁采用有粘接预应力梁，预应力梁的最大跨度为27m，最大截面1000mm×1500mm及800mm×2000mm。

2　模板支承体系设计

2.1　模板支承体系设计方案选择

本着就地取材的原则，选择钢管扣件支承体系或承插式钢管支承体系。

2.2　受力特点分析

较非预应力框架结构比较，预应力框架结构的模板及支承体系的受力具有以下特点：

（1）未经预应力张拉的构件，其受力大小由非预应力配筋决定，与构件的预应力配筋无关。

（2）即使混凝土强度达到设计强度，在预应力未张拉之前，一般也不能承受楼层本身的自重，这样，较非预应力结构相比，在预应力张拉前，楼层结构的一部分自重会继续向下传递，这个特点也是进行预应力框架结构模板支承体系设计的难点。

2.3　影响构件预应力张拉的因素分析

根据前述预应力构件受力特点分析可知，通过构件预应力张拉提高结构自身承载力，显得十分重要，下面对影响预应力张拉的因素进行分析：

（1）根据混凝土《结构工程施工质量验收规范》（GB 50204）规定，混凝土强度不小于设计强度的75％方可进行预应力张拉，混凝土养护期的温度及湿度是影响预应力混凝土的技术因素。

（2）施工组织与进度管理是组织及管理因素。

（3）一个楼层，自预应力开始张拉至完成孔道灌浆，存在一个施工周期。

2.4　模板支承体系设计要点

对于单层预应力结构或逐层施工逐层张拉结构，设计及计算与非预应力结构的设计方法相同［参见《建筑施工模板安全技术规范》JGJ 162 或《建筑施工扣件式钢管脚手架安全技术规范》JGJ 130］。对于多层预应力结构，一般由于工期不允许，预应力结构逐层施工逐层张拉的可能性小，这里我们来探讨不受预应力张拉影响的设计方案。

（1）按单层预应力结构或逐层施工逐层张拉结构，根据《建筑施工模板安全技术规范》（JGJ 162）或《建筑施工扣件式钢管脚手架安全技术规范》（JGJ 130）对模板体系、支承体系的小梁、大梁及立杆进行设计。

（2）在模板支承体系增量荷载计算前，需要设定或确定下述指标：

① 施工期混凝土养护条件设定；

② 进度计划表；

③ 预应力张拉及灌浆周期。

(3) 推算出各楼层的混凝土浇灌期、预应力张拉完成时间及混凝土强度的推测值，作为计算依据。

(4) 简化设计的思路

① 现浇板按直接逐层下传假定，不考虑板荷载传递至相邻预应力梁。也可以假定楼面板及支撑荷载传递至次梁，次梁的荷载传递至主梁，但计算明显较为繁杂。

② 对预应力梁，可选择未张拉楼层一至二根代表性的梁，计算出非预应力配筋的承载力，确定未张拉的预应力梁的自重下传的荷载及模板、支承体系下传的荷载，将未张拉楼层的下传荷载汇总，确定最不利楼层的支承立杆的轴心压力设计值（N_n），将单层计算法计算的支承立杆的轴心压力设计值（N）比较，得到修正系数 $k = N_n/N$，按此方法修改立杆的承载力，即可满足安全要求。

③ 通过对结构承载力进行验算，确定保留支承架的层数，对多层建筑，大多都考虑荷载传递至底层的天然地基或地下室底板。

3　实施阶段需要注意的事项

(1) 结构混凝土养护环境可能与事先设定的环境存在差异，在实际施工时，应当对混凝土强度进行验证，并对施工进度进行修正。

(2) 加强对预应力结构混凝土的养护。

(3) 立杆搭设要求上下层对齐，使荷载得到有效传递。

(4) 预应力张拉时间必须符合规范要求，严禁通过提前张拉，但具备张拉条件后，宜尽快完成张拉及灌浆工作。

(5) 模板及支承体系的构造要求，需严格执行《建筑施工模板安全技术规范》（JGJ 162）或《建筑施工扣件式钢管脚手架安全技术规范》（GJ 130）的规定。

(6) 模板及支撑体系的拆除：模板及支撑体系的拆除，除满足《结构工程施工质量验收规范》（GB 50204）规定外，还应当与模板及支承体系相适应，严禁提前拆除。

(7) 对支承体系，要求按重大危险源的规定进行监控管理。

4　结束语

随着建筑市场的快速发展，预应力的应用越来越广泛，多层及高速预应力结构的模板及支承体系设计，事关建筑施工安全，显得尤为重量。

浅谈建筑电气设计中节能措施的应用

白 桦

（湘潭市规划建筑设计院，湘潭 411100）

摘 要：随着我国经济的不断向前发展，在建筑电气的设计中采用一些列节能措施，已是现今必然的趋势，对建筑的节能降耗和社会的可持续性发展都有着非常重要的作用。本文从多个视角阐述了电气节能的重要性以及其中存在的一些问题，同时，对现今的建筑电气节能提出了可行性较强的改革措施，力求使能耗降至最低，维护社会的可持续性发展。

关键词：建筑电气；节能措施；电气节能

能源建设是我国国民经济建设的战略重点之一，能源建设，其中也包含了电力的建设，现今，包括我国在内的世界多个国家都面临着不同程度的能源危机，给经济的发展带了了巨大的障碍，所以，如何做好能源建设，如何将能源的利用率达到最大、减少能源的损耗，是现今的一个比较重要的问题。我国目前能源情况比较紧张，尤其是电力建设方面，在很多地区由于电力供应的不足，导致了一系列的问题的发生，严重阻碍了工业和经济的发展，实施电力节能措施，势在必行。节约电能，分为许多个方面，包括减少电能传输途中的损耗、降低发电厂的电能损耗以及在建筑的电气设计中采用节能措施，下文就将从节能的重要性、节能中存在的问题以及具体的施行措施，来综合全面的分析建筑电气设计中节能措施的应用，旨在加强电力建设，减少电力的损耗，为社会和经济的发展做出贡献。

1 建筑电气设计中节能的重要性

电气节能在各行各业都有着广泛的运用，几乎存在与人们生活中的每一个角落，常见的如配电系统中的节能措施的应用、空调系统中的智能控制开关、节能光源、电梯的节能设计等等，在许多个领域，都能够发现电气节能技术的存在，正因为我国目前紧张的能源情况，所以很好的施行电气节能措施，是非常有意义而且也是非常重要的。在现代的建筑中，能源消耗的情况非常严重，据有关部门统计，建筑中的能耗占到了全社会能耗的百分之三十，而其中电力的损耗情况尤其严重，所以，在建筑中有效的施行电气节能措施，是现今节能减排的重点内容。一般的来讲，现代建筑中电力的损耗是由两个方面的原因引起的，即变压器的功耗和电力电缆的能耗，所以选择和设计节能型的变压器，不仅可以减少其中的能源损耗，还可以为建筑的电气节能带来非常大的帮助，另外一个方面，电力电缆的能耗是由于电线内部的电阻原因引起的，所以会导致电力在传输的过程当中会损耗掉一部分，有时由于电缆线的传输距离太长，会导致有很大一部分的电力被损耗掉，造成了严重的能源流失。所以在建筑的电气节能设计中，要充分的考虑这两个方面的原因，找出解决的关键点，真正意义上建设出节能性强的建筑，不仅可以为人民的生活带来极大的方便，也可以为社会的可持续性发展，我国经济建设的不断加强做出很大的贡献。

2 建筑电气节能中存在的问题

根据对建筑节能的重要性进行详细的分析，可以得知现今社会在建筑中进行节能建设的必要性，接下来的一步，就是要对建筑的节能设计中存在的主要问题进行详细的分析，在上面的分析中已经得知，建筑的能耗大主要是由于两个方面的原因造成的，即变压器的功耗和电缆线的电能损耗，除此之外，设备的选择、风机和水泵设备的建设，以及相关标准和规范没有制定完善，也在一定程度上造成了电能的损耗，下面就将对这几个方面的问题进行详细的分析，力求找出问题的关键所在，提出一套可行性较强的改善方案和具体的施行措施，在真正意义上对建筑的电力节能设计做出贡献。

目前，在我国的建筑节能建设上面，有关部门的监管和具体的条例规定已经比较完善，相关部门在这一方面也有着较高的重视程度，但是其中依然存在有许多的问题，一方面是当前的节能技术规范和建设的标准依旧没有到位，造成节能设计往往都达不到相应的要求，另外一个方面，则是建设方面的技术原因，使节能措施不能够很好的施行，这一方面的原因是建筑节能问题的根本所在，所以，把握建筑节能设计中的问题，主要从这两个方面来入手，真正的找出建筑能耗较大的问题根源所在，切实的提出有建设性的方案并且进行解决。首先，相关部门和政府要制定严格的建筑节能标准，对检测的规范要逐步的完善，然后，在建筑的节能设计上，要加强设计技术，对于比较容易出现的问题，如变压器远离电力负荷的中心而导致变压器的容量选择过大，变压器的电力负荷无法达到均匀的状况造成的电力损耗，要从根本上进行解决，研究配置高效率节能性强的变压器，根据建筑的具体情况和规模来选择变压器，是解决此类问题的关键所在。另外一些常见的问题，如不合理的系统设计、不合理的设备型号的选择、不合理的设备配置，也会造成水泵、风机长时间的处于高功耗的状态下工作，这样不仅会造成设备寿命的缩短，更是造成了严重的电力损耗，所以在设备的配置和选择上，需要慎重，包括电缆线、灯具、光源等等多个方面，都需要根据实际的建设情况来选择最佳的设备进行配置和建设，力求以最低的能耗，达到最佳的使用效果，为社会和经济的发展做出微薄的贡献。

3　建筑电气节能的措施

在建筑中施行电气节能措施，需要分舵个步骤多个方面来进行，首先要逐步的减少电力在传输过程当中的损耗，选择合理的、适合建筑规模和类型的变压器，其次需要对照明装备进行合理的配置，建立起一套科学合理的建筑设备监控系统，通过这些方式，来对建筑的节能性进行逐步的改造，逐渐的设计出节能性强的节能系统，为社会的可持续性发展和国家经济的建设作出努力。

第一点，减少电力传输过程当中的能源损耗。由于电力在传输途中，电缆线电阻的存在，所以会造成一定程度上的能源损耗，而且，电缆线越长，能源的损耗越大，所以，在电力的传输过程当中，减少能源的损耗，对整个建筑的电气节能设计有着非常重大的意义和作用。首先的一点，就是需要选择合适的导线，而导线的选择，要从其横截面积、材料、长度等方面来进行综合的考虑，一般的来讲，需要选择电导率比较小的材质，在电线的走线上尽可能的使用直线的方式，导线的横截面积要尽可能的增大。选用电导率较小的材质，可以有效的减少电力在传输过程当中的电阻情况，从而减少能源的损耗，一般时候，会选择铜芯，但是现在比较提倡使用新型铜铝的复合材质的母线，可以很好的节约铜资源。在电线的走线上尽可能的采用直线的方式，可以减少电线的长度，减少供电的距离，进一步的减少电力在传输过程当中的能源损耗。而增大导线的横截面积，也可以在一定程度上减少电力在传输过程当中的电力损耗，一般适用于电力传输线路比较长的情况。

第二点，变压器的选择和设计要合理。在建筑的节能设计当中，减少变压器的功耗，可以有效的降低建筑的电力损耗，为节能建设作出较大的贡献。变压器的有功损耗，需要按照其公式来进行计算，即 $\Delta P = P_0 + K_T \beta 2 P_K$，其中的 ΔP 是指变压器的有功损耗，而 P_0 是指变压器的实际空载的电力损耗，P_K 则是指变压器的实际的短路损耗，β 为变压器的负载率，以上各值在进行计算的时候，单位都是千瓦。运用变压器的有功损耗公式，来对建筑中的变压器的能量损耗进行准确的计算，是掌握其电力情况的关键标准。在变压器的实际选择上面，一般是采用优质的冷轧钢片进行设计的变压器，由于其独特的处理技术，可以使变压器内铁芯涡流的损耗降至最低，逐渐减少能源的损耗。另外，在变压器的选择上面，还应注意其电阻情况，一般时候，选择电阻值较小的绕组，因为在其它情况一定的时候，绕组的电阻值越小，其中的电力损耗就越小，可以达到节能的目的。还需要进行考虑的是变压器的容量和台数，需要根据建筑的实际的规模和负荷的情况，综合进行分析，对预算情况有详细的掌握的情况下，选择最佳的数量和变压器最佳的容量，力求以最好的分配方式，达到最佳的节能效果。

第三点，照明设备的节能措施和建筑设备监控系统。首先来对建筑的照明设备的节能措施进行详细的分析，选择最节能的光源自然是首要的一步，然后需要对照明设备进行合理的安装和配置，使其可以根据自然光线的变化而进行照明度上的变化，用最少的数量，达到最大的照明范围。在室外照明系统的设置上，应当采取感应的装置来逐步的替代物理的开关，这样可以在一定程度上达到节约电能的效果。另外一个方面，要对照明设备的安装功率进行合理的配置，对其控制的单位面积要有详细的规划，严格按照实际的建设要求来配置照明设备，保证设备的视觉要求、照明度的标准和照明的质量，同时，在光源的用电附件的选择上，要注意选择能耗较低的型号，如节能型的电子镇流器、电子变压器以及触发器等等，以求进一步的节约电力的损耗。在分析完了照明设备的节能措施后，需要对建筑节能设计中的最后一个方面，建筑设备的监控系统配置来进行分析，这种系统最初出现在上个世纪七十年代，由于当时正在经受能源危机，所以当时的人们就提出了建立一套建筑设备的监控系统这个概念，对建筑中的各个设备实施监控，对其实际的能耗情况进行实时的掌握，可以非常有效的帮助人们对建筑中的设备进行更加完善的改造，以求更加的节能效果。现今，这项技术发展已经比较的成熟，技术也是越来越完善，可以更好的应对现在的建筑规模和类型，通过通讯网络，将建筑中各个设备的通信接口和供电的开关等等全部连接起来，使用电子计算机，对实时的数据情况进行及时的反馈，帮助监控建筑中电流、电压以及功率的状况，确保工作人员可以很好的进行电力管理，对其中的一些问题和故障可以进行很好的操作解决。通过对建筑设备监控系统的良好运用，可以达到对建筑中各个设备实施功耗情况进行详细的掌握，对建筑的节能建设必将大有帮助。

4　结束语

综上所述，在建筑中实施节能建设，完善节能建设的措施，可以起到很好的效果。通过对其中存在问题进行详细的探究，找出问题的根源所在，提出一套有建设性的方案，对电力在传输过程的能源损失进行合理的控制，选择合适类型的变压器，对建筑照明设备进行科学性的建设和配置，然后建立起一套完善的建筑设备监控系统，可以逐步的达到建筑节能的目的，在实际的使用和操作当中，也具有较好的效果。根据对建筑节能建设中具体措施的探究，应用于实际的设计当中，必将有效的对电力损耗的情况进行控制，很好的推动工业和经济的发展。

参考文献

[1] 李明. 浅析建筑中节能设备的设计[J]. 现代工业，1999(6).
[2] 王刚. 建筑电力设计中节能措施的应用探讨[J]. 科技资讯，2006.2.
[3] 张润为. 浅析建筑电气设计中的节能措施应用[J]. 民营科技，2010.6.

长距离大落差向下输送混凝土施工方案比选

钟昌富 陈 昊 吴 智 黄 虎 郭朋鑫 曹 平

（中建五局第三建设有限公司，长沙 410004）

摘 要： 为解决长距离大落差向下输送混凝土的难题，本文提出了三个施工方案，并通过试验证明，"溜管＋常规泵送"方案能确保混凝土经长距离大落差向下输送后仍能保持较好的工作性，能满足后续施工的要求，且工艺流程简单，成本低，易推广，可为类似工程提供参考。

关键词： 长距离；大落差；向下输送；溜管；泵送

1 工程概况

冰雪世界项目位于长沙市岳麓区坪塘镇山塘村～狮峰山地段，坪塘大道东侧、清风南路南侧，原湖南省新生水泥厂采石形成的矿坑上。采石坑为周边长直径约 500m、短直径约 400m 的类椭圆形，经人工采石而成深度达 100m。上宽下窄，坡度较陡，坡角约为 $80° \sim 90°$，其平面面积约为 $150000m^2$。采石坑场地呈四周高中间低，建筑物±0.000 相当于绝对高程 52.00m（黄海高程）。

冰雪世界主体结构主要功能位于 17m（绝对标高）平台，从坑底岩石面直接布置竖向构件。16m 标高平台近似一个 175m×220m 的椭圆，处于矿坑的中间区域，周边进入矿坑范围 10m 至 40m 不等。坑底岩石面的绝对标高为 -31m 至 -42m 不等，支撑 16m 标高平台的竖向构件采用大截面钢筋混凝土柱子及剪力墙，16m 标高平台采用大截面钢筋混凝土箱型梁及工字型梁，16m 标高以上的屋顶结构采用钢柱及钢桁架结构。

图 1 矿坑全貌

图 2 冰雪世界主体结构

16m 平台以下主体结构的混凝土强度等级及方量见表 1 所示：

表 1 冰雪世界 16m 平台以下混凝土等级及方量

序号	部位	混凝土强度等级	混凝土方量（m³）
1	基础		
2	剪力墙	C60	30000
3	柱		
4	基础梁	C40	6100
5	-17m 处连系梁		

图3　下坑干道

16m平台以下混凝土输送施工难点如下：

（1）从坑顶至坑底只有一条干道通行（图3），大量搅拌车向下行驶会影响材料（包括贝雷片、立柱等）进出，并降低混凝土施工效率。

（2）下坑底干道坡陡路窄，混凝土运输车不能满载通行，降低了车辆运输效率。

（3）下坑底道路坡陡弯急，一旦下雨，会造成路面湿滑，增大了行车风险，存在安全隐患。

（4）本工程工期紧，混凝土浇筑方量大，最大日浇筑方量达1230方。

由上述难点可知，仅靠搅拌车沿道路向下运输混凝土，满足不了施工需求，须借助管道输送工艺。

2　向下输送混凝土施工方案比选

针对16m平台以下基础及墙柱混凝土输送的问题，本文提出了三个施工方案，以供比选：

（1）方案一：沿下坑道路布管（一泵到底）

如图4所示，在D区（即非结构施工区）下基坑道路拐弯处设置混凝土拖泵，沿下坑道路道路铺设高压泵管至坑底结构施工区，泵管最长距离为739m，垂直落差近80m。

向下泵送混凝土最关键的问题是合理选择管路，防止混凝土过快地自流。混凝土自流会使输送管内出现空洞或混凝土离析，进而造成管道堵塞。2015年7月份我部根据此线路进行了试验（如图5所示）。经试验发现，由于该条管路线路太长，节头太多，且节头处因密封圈损坏漏水造成坍落度损失过大，造成泵送局部压力太大，形成多次堵管和爆管，造成泵送困难。矮寨特大悬索桥在进行锚碇混凝土施工时曾做过类似的试验[1]，试验结论相同。

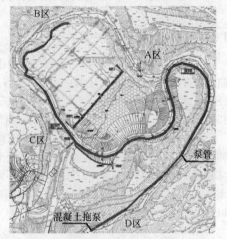

图4　沿下坑干道布管（方案一）

（2）方案二：沿梯级护坡布管（一泵到底）

在A区沿梯级护坡曲折向下布管（图6），管道长约200m，垂直落差近95m。该方案的优点是：

图5　方案一试验现场情况

图6　方案二管道布置图

①相比方案一，管道迴回总长相对较短。②场地宽敞，施工布料方便，便于混凝土料的连续作业。③从坑壁形态看，坑顶往下40m左右有多级梯形护坡，便于布管、检修、故障处理。④与方案一相比，距离短，节约了施工泵送成本及试验成本。该方案的缺点是：①坑壁向下存在2个垂直段，岩壁陡峭，布管及维护难度增加。②人员施工及维修安全因素难度增加。③一旦发生堵管现象，排除时间较长。④根据《混凝土泵送施工技术规程》[2]第5.0.9条规定，对于下行倾斜配管，当倾斜度大于7°时，除了水平管的长度大于高差的5倍外，且应在斜管上端设置气门。该方案2个垂直管的高度

总和为 51m，根据规定，坑底水平管的长度至少需大于 255m，坑底现场条件无法满足此项要求。

（3）方案三：溜管＋常规泵送

根据现场情况，溜管布置场地选择在非结构施工区，如图 7 所示。溜管长 72m，垂直落差近 50m。管道混凝土经溜管溜至坑底后，再利用混凝土运输车进行二次搅拌，并运至输送泵停靠点。

溜管输送工艺的优缺点如下：①输送管道结构简单。②工艺流程操作简单，输送混凝土不堵管。③设备造价及使用成本低。④施工噪音小。⑤普通混凝土经溜送易离析，需优化混凝土组分及配比，并进行二次搅拌。

经过多次试验、查阅文献及讨论研究，混凝土大落差长距离向下泵送遇到的问题主要包括：①在泵送过程中，混凝土自落的速率超过输送泵的泵送速率，使混凝土自流而形成离析，最后造成堵管。②停泵时，下坡段混凝土因自重自流，使管道

图 7　方案三溜管布置图

中形成空气柱，继续泵送过程中，空气柱相当于一段弹簧，将泵送压力吸收，造成泵送不动而卡管。③混凝土的可泵性受其组分材料的品种、规格及配合比等多种因素的影响。④管卡处漏浆。⑤管卡及泵管使用次数太多而造成脱管、爆管。⑥停泵后反泵造成混凝土离析。因此，我部采用方案三（即"溜管＋常规泵送"），并通过试验解决混凝土离析等问题。

3　溜送装置简介

该装置主要由受料斗、主溜管、支撑设施及人行通道组成。溜管分为 3 节，各节间通过料斗承接混凝土，受料斗底部与溜管口通过焊接相连，如图 8 所示。

图 8　溜管现场布置图

现场试验证明，改善组分及配比后的混凝土，经长距离溜管输送后，仍然保持较好的工作性，能满足后续施工的要求。

4　结语

试验表明，长距离大落差向下泵送混凝土施工困难，本文所提出的"溜管＋常规泵送"施工方案能简单有效地解决大落差向下输送混凝土的难题，可为类似工程提供参考。

参考文献

[1]　黎昌斌等. 矮寨特大悬索桥重力锚大体积混凝土向下泵送技术研究[J]. 武汉：世界桥梁，2009，[2]：75～78.
[2]　JGJ/T 10—2011. 混凝土泵送施工技术规程[S]. 北京：中国建筑工业出版社，2011.

百米深矿坑冰雪世界施工升降机设计与施工

吴　智　郭朋鑫　章燕清　黄　虎　陈　昊　张泽峰

（中建五局第三建设有限公司，　长沙　410004）

摘　要： 冰雪世界项目依托百米深矿坑而建，上宽下窄，成喇叭形，坡角约为76°，岩壁凹进最大水平距离约为13m，下坑道路仅有一条，绕坑长达700m，人员及少量材料垂直运输是现场施工面临的主要问题。鉴于百米矿坑复杂地形，现场项目部设计出施工升降机间接附着的施工方案，即施工升降机标准节附着于塔吊标准节，塔吊标准节附着于岩壁，坑顶搭设钢栈桥连接塔吊标准节的方式，成功解决这一难题，不仅大大提高了冰雪世界现场施工和管理的效率，而且降低了项目的成本，取得了一定的社会效益。

关键词： 百米深矿坑，施工升降机，塔吊标准节间，接附着方式；有限元分析

1　工程概况

冰雪世界工程位于长沙市岳麓区坪塘镇山塘村～狮峰山地段，坪塘大道东侧、清风南路南侧，原湖南省新生水泥厂采石场桐溪湖矿坑西侧。深坑冰雪世界位于采石形成的矿坑上。

采石坑为周边长直径约500m、短直径约400m的类椭圆形，经人工采石而成深度达100m。上宽下窄，坡度较陡，坡角约为80°～90°，其平面面积约为150000m²。采石坑场地呈四周高中间低，坑底施工区域主要绝对标高有三处，−41m、−32m、−20m，建筑物±0.000相当于绝对高程52.00m（黄海高程）。

冰雪世界结构体系主要分为下部支撑（独立墩柱）、−17m绝对标高处的连系梁、16m绝对标高处的预应力钢筋混凝土平台（简称"16m平台"）、以及53m绝对标高处的钢结构屋盖。16m平台为冰雪世界结构核心区，从坑底至16m平台最深部位达到60m。为解决矿坑内人员、材料的垂直运输问题，需在矿坑岩壁区域安装施工升降机。图1为冰雪世界效果图。图2为冰雪世界现场地形图。

图1　冰雪世界效果图

图2　冰雪世界现场地形图

2　方案设计

2.1　选址

冰雪世界主体结构16m平台落于三面岩壁上，施工16m平台前需对三面岩壁进行坑壁加固，因此，施工升降机选址需避开这些区段。同时，经过现场踏勘，结合岩壁区域地勘资料，以及冰雪世界施工图纸仔细研究，矿坑东北角处岩壁没有溶洞、裂隙，为安装施工升降机最合适位置，见图1中标记处。

2.2 施工升降机施工技术介绍

矿坑东北角处岩壁坡角约为76°，垂直高度为54m，岩壁凹进13m，考虑到常规施工升降机的附墙长度难以满足13m长的要求，正常附墙长度仅有2.9～4.1m[1]，因此需考虑施工升降机间接附着的方式。

将塔吊标准节TC6517作为施工升降机标准节的附着，施工升降机标准节与塔吊标准节采用槽钢与高强度螺栓连接，施工升降机标准节首次附着高度为4.55m，以后每隔9m附着一道。塔吊标准节塔身高为58.8m，塔吊自由高度为60m，塔吊标准节设置两道附着，两道附着高度在30.8m和54m，分别锚固于崖壁及刚性混凝土墩，见图3所示。图3仅显示塔吊标准节顶端附着情况，由于塔吊54m处的高度已超出崖壁，故在崖坑面布置两块刚性足够大的钢筋混凝土墩台，每个墩台设置三根锚杆，方向远离崖壁，锚杆总长度为12m，锚固段长度为6m，入射角为15°，锚杆为28钢筋，浆体为M30水泥浆，墩台内部预埋螺栓，螺栓与支座耳板相连，塔吊标准节附着撑杆连接于支座耳板。高度为30.8m处的护臂，采取深植筋的方式附着于陡峭岩壁，植入18钢筋8根，植筋深度为0.5m，48h后做拉拔检测，抗拔力满足要求后，方能进入下一道工序，而后，采用穿孔焊将长、宽、厚分别为600mm、600mm、30mm钢板（钢板上焊有螺栓）焊接于拉拔力检测合格的18钢筋上，焊缝高度为10mm，最后将塔吊标准节附着撑杆连接于钢板。

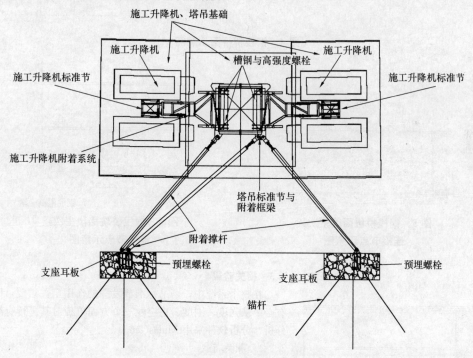

图3 塔吊标准节附着平面示意图

从坑顶至塔吊标准节边有10m左右的悬空长度，因此需设置钢栈桥。钢栈桥的设计如图4所示。整个钢栈桥分为两部分，第一部分为坑面段，第二部分为坑面段与塔吊标准节连接的悬空段，两者由岩壁边界划分，见图4所示。图4中，数字10、11、12分别代表I16a工字钢梁、I32a工字钢梁、L70＊5的槽钢梁。整个钢栈桥长25.4m，宽为2.2m。承载体系为：主梁为I32a工字钢梁11，沿长度方向分布两侧，两侧工字钢梁采用I16a工字短钢次梁10连接。坑面段两侧I32a工字主钢梁11由8个1m×1m×1m的钢筋混凝土墩承担，每个刚性墩与钢梁节点处理：采用钢梁下翼缘焊接20mm厚钢板，而后在钢板上焊接3×3排Φ20钢筋锚固连接钢筋混凝土墩，不铺设花纹钢板，整体现浇400mm厚C30混凝土板，见图5，图6，图5为钢栈桥坑面段主次梁连接节点示意图，图6为钢栈桥坑面段主梁与刚性混凝土墩连接示意图；悬空段中间沿长度方向布置两排L70×5的槽钢梁12，见图4，钢栈桥面铺设5mm厚花纹钢板，见图7。

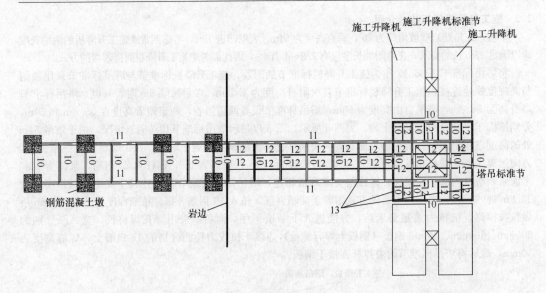

图 4　钢栈桥平面示意图

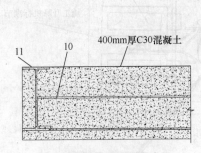

图 5　钢栈桥坑面段主次梁
连接节点示意图

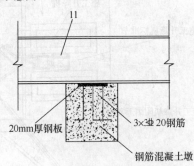

图 6　钢栈桥坑面段主次梁
连接节点示意图

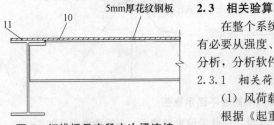

图 7　钢栈桥悬空段主次梁连接
节点示意图

2.3　相关验算

在整个系统中，塔吊标准节发挥的作用至关重要，因此有必要从强度、刚度、稳定性三个方面单独对其进行有限元分析，分析软件采用 MidasGen。

2.3.1　相关荷载

（1）风荷载计算

根据《起重机设计规范》（GB T3811—2008）[2] 中关于风荷载的相关规定，经计算得正向迎风面荷载大小为 11.2kN。

由于塔身截面为正方形，根据规范，风沿塔身截面对角线方向作用时，风荷载最大，可取为正向迎风面风荷载的 1.2 倍。则作用于塔身的最大荷载为 13.5kN。

在有限元模型中，将风荷载延轴向进行分解，并等效为延高度分布的线荷载，其大小为 162N/m。

（2）恒载及活载

恒荷载包括钢栈桥本身传递给塔吊标准节的自重及标准节自身的自重，该部分在有限元模型中自动考虑，活荷载包括钢栈桥上行驶的人、少量小型设备及材料传递给塔吊标准节的活荷载，按钢栈桥上均布荷载 5kN/m² 进行考虑。

（3）荷载组合

根据《建筑结构荷载规范》（GB 50009—2012）[3]，竖向荷载组合考虑如下：

1.2×恒荷载＋1.4×活荷载。

2.3.2　有限元模型

塔吊标准节底部采用固定端，在＋30.8m 及＋54m 处用固定铰支座模拟塔身连墙件。有限元模型如图 8 所示。

图 8　有限元模型示意图

2.3.2　有限元计算结果

杆件最大应力为 119.9MPa，小于 Q235 级钢的强度设计值 215MPa。构件最大位移为 14.6mm，小于《钢结构设计规范》（GB 50017—2003）[4] 中墙架构件支柱的变形容许值为 $L/400$（即 14.7cm）。屈曲临界荷载系数为 16.3。构件的应力云图、位移云图、屈曲模态分别见图 9～图 11。

图 9　应力云图

图 10　位移云图

图 11　屈曲模态

综上所述，塔吊标准节的承载特性、刚度特性、稳定性均符合要求。

3　方案实施

冰雪世界项目现场按照此方案实施后，施工升降机运行安全平稳，见图 12 所示。

图12 冰雪世界施工升降机现场图

4 结语

间接附着式的施工升降机施工方案，创新性的解决了冰雪世界百米深矿坑内施工人员及少量材料的垂直运输问题，提高了冰雪世界现场施工和管理的效率，降低了项目相应的成本，取得了一定的社会效益。

参考文献

[1] 陈华良．施工升降机的设计与分析[D]．成都：西华大学，2007：2-6
[2] 起重机设计规范[S]．北京：中国国家标准化管理委员会，2008.
[3] 建筑结构荷载规范[S]．北京：中华人民共和国住房和城乡建设部，2012.
[4] 钢结构设计规范[S]．北京：中华人民共和国住房和城乡建设部，2003.

超高层核心筒加强层的施工技术要点

吴掌平 宁志强 李 玮 谭 俊 李 璐

（中建五局第三建设有限公司，长沙 410004）

摘 要：结合湖南长沙世茂广场超高层写字楼工程核心筒加强层的应用实际情况，具体介绍了超高层核心筒加强层的施工工艺及质量控制要点，其包括铸钢棒、环带钢板梁的安装以及钢筋安装、模板加固体系等内容和施工要点，旨在保证超高层核心筒加强层施工质量，并说明该技术具有较好的经济效益、实用性及优越性，为类似工程提供可借鉴经验。

关键词：超高层建筑；核心筒加强层、施工工艺；质量控制

1 前言

在目前的超高层结构设计中，由于超高层结构高度较高，高宽比较大或抗侧刚度不够时，必须在结构层中设置加强层，由于加强层的结构形式为整栋建筑最复杂的部分，施工难度大，通过对钢骨构件、钢筋、模板加固等工序穿插的协调和工艺及流程的优化，确保施工的科学性及合理性，避免返工，节约工期，降低工程造价。本文针对加强层各施工难点的处理方法进行研究与应用。

2 工程概况

本工程核心筒地上为 75 层，其结构形式为钢骨混凝土组合结构，建筑总高度约 350m，核心筒加强层总共为三道，第一道为四层；设置楼层：20 层～24 层，第二道为三层，设置楼层 37 层～39 层，第三道为四层；设置楼层：50 层～54 层，钢骨具体分布为：在核心筒四角内置铸钢棒，中柱内置 H 型钢柱，贯穿整个加强层，环带钢板梁环绕核心筒外围贯通布置。具体如图 1 所示：

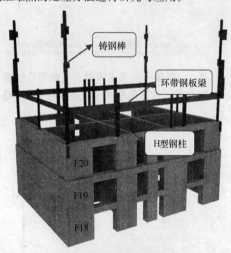

图 1 钢骨混凝土组合结构

3 加强层施工难点

（1）铸钢棒每根最大高度为 18m，每根重量达到了 26.5t，由于高度高，重量大，吊装过程中安装难度高，标高、垂直度不易控制。

（2）混凝土梁钢筋密集，排数多，在端部因型钢柱的阻挡，梁钢筋节点水平段锚固长度不够。

（3）约束边缘柱内置环带钢板梁，箍筋无法穿过，设计上禁止在钢板梁上穿孔。

（4）核心筒外围一圈内置环带钢板梁，在钢板梁高度范围内对拉螺杆无法对拉进行模板加固。

（5）工序穿插多，作业面窄，如何合理安排各工序进行穿插作业，既保证施工工期的同时又确保施工质量。

4 主要施工技术

4.1 核心筒钢结构安装

4.1.1 铸钢棒安装

（1）铸钢棒吊装措施

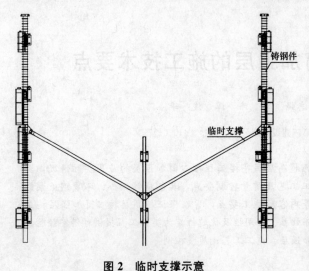

图2 临时支撑示意

（2）铸钢棒吊装流程（图3～10）

在铸钢棒顶部焊接吊耳板作为铸钢棒吊装用吊点。铸钢棒最长 18.1m，直接用一台吊装设备起吊，铸钢棒易变形，影响安装精度。在铸钢棒中部设计第二个吊点，吊装过程中用 150 吨汽车吊辅助吊装，减小铸钢棒的变形量。

铸钢棒吊装就位，在贯通梁安装前，需要采取措施临时固定（图2）。塔楼采用"不等高同步攀升"的施工方法，核心筒领先外框 6～8 层，铸钢棒位于核心筒剪力墙的四角，临时固定措施只能设置在两个方向的剪力墙上，不适合采用缆风绳固定。铸钢棒安装采用 $\Phi219 \times 10$ 圆管作为临时支撑，与铸钢棒或 H 型钢柱连接位置设计连接耳板。

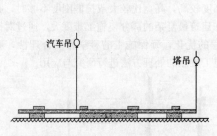

图3 步骤一：吊点安装。塔吊吊点设置在柱顶，汽车吊吊点设置在离柱底 6m 处

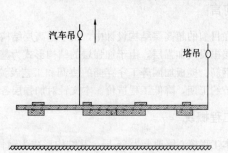

图4 步骤二：两吊机同时起勾，离地 3m 后停勾

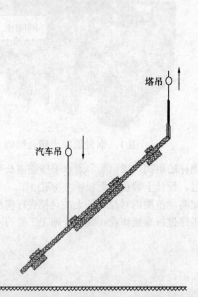

图5 步骤三：塔吊匀速缓慢起勾，匀速缓慢落勾。铸钢棒荷载逐步向塔吊转移，该过程要求在空中完成

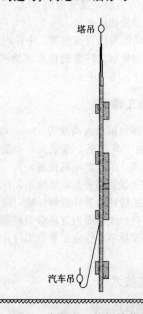

图6 步骤四：铸钢棒荷载全部由塔吊承担。汽车吊松勾

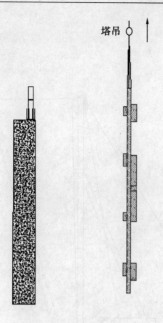

图7　步骤五：塔吊
垂直运输铸钢棒

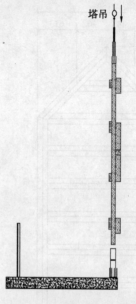

图8　步骤六：铸钢棒运输至钢管柱
顶部200mm，塔吊停机稳定。轴线
对准后，将铸钢棒插入钢管柱

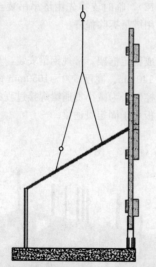

图9　步骤七：采用桅杆安装临时支撑
杆件，形成稳定框架

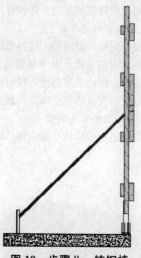

图10　步骤八：铸钢棒
安装完成

4.1.2　临时支撑

铸钢棒吊装就位，临时支撑未安装前，塔吊暂时不能松勾，斜向临时支撑采用桅杆吊安装。

桅杆基座（图11）采用 H250×150×8×10 型钢（总长 25m）制作，桅杆采用 Φ219×10 无缝钢管（10m 长 3 支，8m 长 2 支，2m 长 1 支），卷扬机起重能力为 5t，钢丝绳采用 6×37＋1－170－17.5mm（总长 140m）。

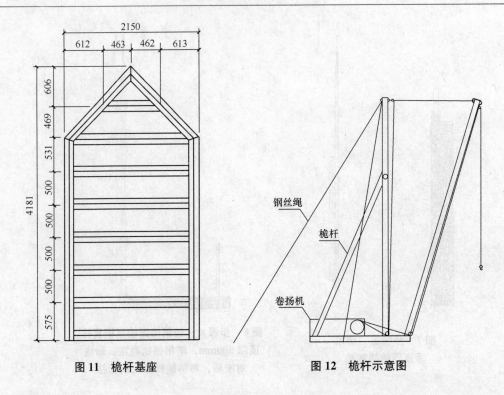

图 11 桅杆基座   图 12 桅杆示意图

桅杆采用 M600D 塔吊吊装至核心筒组装成型（图 12），临时支撑先由塔吊吊装至安装部位，铸钢棒安装时再由桅杆吊装就位。铸钢棒安装完成后，采用塔吊拆除桅杆。

4.1.3 环带钢板贯通梁安装

型钢柱安装完成，及时插入柱间贯通梁安装，以形成稳定框架。常规钢梁安装，只需在梁端部焊接靠板即可临时固定钢梁。本工程贯通梁为厚度 100～140mm、高度 500～1050mm 钢板带，贯通梁对接为全焊连接，相比常规构件焊接时变形更大，难以控制。为减小贯通梁焊接过程的变形，以及确保安装的稳定性，在贯通梁上部及两侧安装临时连接耳板用于固定贯通梁。

4.1.4 加强层钢结构安装流程

（1）以第一道加强层核心筒内钢结构安装流程为例（图 13～图 32）

图 13 1. F18 核心筒钢筋绑扎完成，
安装 F19 核心筒钢柱柱脚锚栓，再浇
筑 F18 核心筒混凝土

图 14 2. 安装 F19 核心筒钢柱

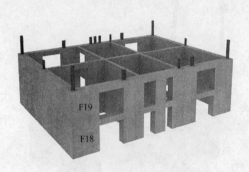

图 15 3. F19 核心筒钢筋、混凝土施工

图 16 4. 安装 F20-F21 核心筒钢柱，土建暂停核心筒施工作业

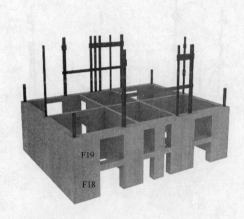

图 17 5. 安装 F21 型钢柱间贯通暗梁

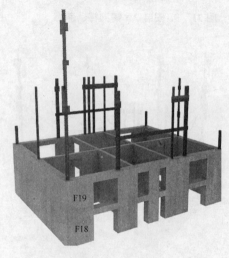

图 18 6. 安装 1♯铸钢棒，将铸钢棒插入圆管柱内，临时焊接固定

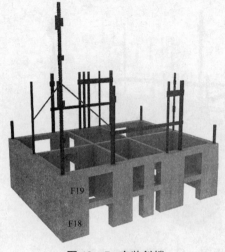

图 19 7. 安装斜撑

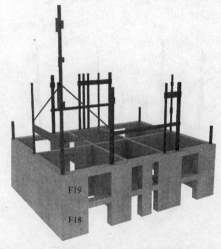

图 20 8. 安装 F21 与 1♯铸钢棒相连贯通暗梁

图21　9.安装2♯铸钢棒、斜撑

图22　10.安装F21与2♯铸钢棒相连贯通暗梁

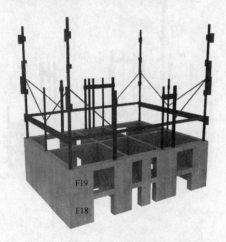

图23　11.采用相同方法依次安装3♯、
4♯铸钢棒及其对应的斜撑、F21贯通暗梁

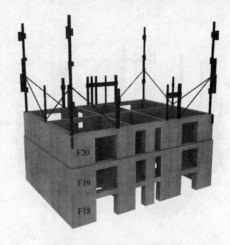

图24　12.F20核心筒钢筋、
混凝土施工

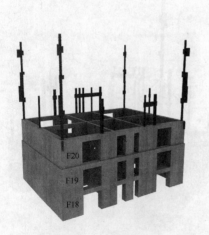

图25　13.拆除斜撑

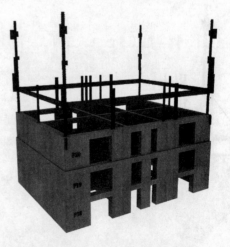

图26　14.安装F22贯通暗梁

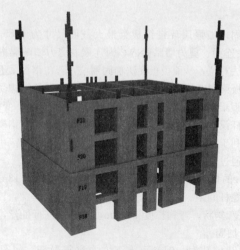

图 27　15. F21 核心筒钢筋、混凝土施工

图 28　16. 安装 F22-F23 核心筒钢柱

图 29　17. 安装 F23 贯通暗梁

图 30　18. F22 核心筒钢筋、混凝土施工

图 31　19. 安装 F24 贯通暗梁

图 32　20. F23 核心筒钢筋、混凝土施工

4.2 环带钢板梁处模板安装及加固

核心筒外墙采用爬模定型铝模对墙体进行加固，加强层环带钢板梁最大截面尺寸为 8885mm（长）×1050mm（高），环绕核心筒外围一圈布置在连梁、剪力墙暗梁内，因连梁、剪力墙暗梁内置环带钢板梁，在环带钢板梁高度范围内对拉螺杆无法对拉，从而模板无法加固到位，若在钢板梁上钻孔，对拉螺杆穿孔进行加固，因钻孔数量较多，钢板梁刚度将会下降，从而影响整个建筑的结构受力体系，存在较大结构风险；若将对拉螺杆焊接在钢板梁上，定型铝模上的螺杆眼间距是固定不变的，这样就对对拉螺杆的定位精度要求非常高，对拉螺杆没有调整的余地，假如定位错误，又需在铝模上重新钻眼，如若钻眼较多，铝模只能进行更换，不利于材料节省及铝模的周转。

既要保证模板加固体系，又要杜绝材料损耗，通过创新加固方法遂采用如下处理措施：

（1）利用长度为 100mm，型号为 40×40×4mm 的角钢，中部进行开槽，开槽孔洞直径为 18mm，将角钢与钢板带进行焊接，角钢间距等于铝模对拉螺杆间距。

（2）采用 14 "7"字弯钩钢筋，一端加工成 90°弯钩状，弯钩长度 100mm，另一端进行扯丝，扯丝长度 100mm，代替穿墙对拉螺杆对墙体模板进行加固。

（3）将加工成型的 "7" 钢筋插入角钢中部的开槽孔洞，钢筋可上下左右进行微调。如图 33 所示。

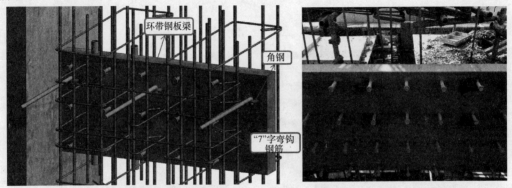

图33　环带钢板梁处模板安装

4.3 钢筋安装

4.3.1 钢筋等强代换

混凝土梁钢筋数量多，空间排布狭小，如果按照普通钢筋混凝土连梁进行排布，在梁柱节点处，部分钢筋势必要贯穿钢结构方能满足锚固长度要求，增加施工难度，故对梁钢筋采取等强代换，用大直径钢筋代换原有钢筋，使钢筋数量减少，将所有梁筋绕过钢结构，避免钢筋贯穿钢结构。

4.3.2 钢筋排布深化设计

约束边缘柱构件中，由于环带钢板梁的存在，柱箍筋无法贯通施工，经过项目深化设计后，在环带钢板梁高度范围内的箍筋将其一分为二，钢板梁两侧分别设置箍筋，并在紧邻钢板梁两侧附加与柱规格相同的纵筋，如图图 34 所示。

5　结语

目前在建筑行业钢骨混凝土组合结构应用越来越广泛，但在钢骨混凝土组合结构中，钢构件自重大；跨度长；数量多，安装质量难以保证，混凝土结构中的钢筋密集，钢骨众多，钢筋排布困难，且无法形成可靠的模板加固体系，在常规施工方法下，施工质量很难保证，

工程中通过 BIM 及 tekla 软件对所有钢骨混凝土组合构件进行深化设计，优化钢构吊装施工工艺，保证安装精度；优化排筋、布筋，创新模板加固方法，避免在钢结构构件上开孔，保证施工质量，降低了施工难度，提高了作业效率，工期有效缩短。

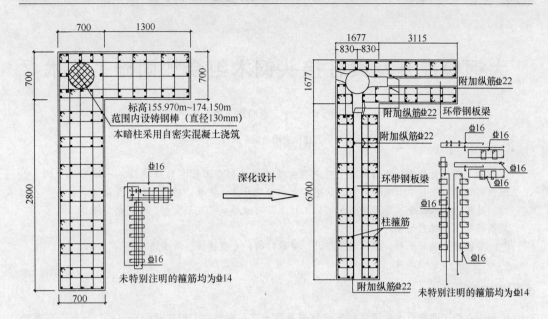

图 34　钢筋排布涤化设计

（a）原结构设计图；（b）深化设计图

参考文献

［1］（04SG523）．型钢混凝土组合结构构造［S］.

［2］（JGJ138—2001）．型钢混凝土组合结构技术规程［S］.

［3］（GB50204—2015）．混凝土结构工程施工质量验收规范［S］.

［4］（GB50205—2001）．钢结构工程施工质量验收规范［S］.

［5］（12SG904—1）．型钢混凝土钢筋排布及构造详图［S］.

大钢模提升及梁柱接头钢木组合加固施工技术

陈水源　刘　科　李明阳　田　冰

（中建五局第三建设有限公司，长沙　410004）

摘　要：大钢模的使用解决了现浇框架结构裙楼部分因标高与标准层不一致而产生的配模问题。以保利中心项目为例，阐述了大钢模提升施工技术，同时，针对复杂梁柱接头部位，总结出钢木组合工具式模板加固施工技术，有效解决了截面变形、加固拼拆难度，大大提高混凝土的观感质量。

关键词：混凝土框；架大钢模提升；梁柱接头；定型模板；质量通病

1　工程概况

保利中心位于西安市未央区凤城十路与未央路十字东南角，工程建筑面积：157209m²，25♯楼地下 3 层，地上 32 层，为框架核心筒结构。框架柱截面尺寸为 1500mm×1500mm，每层 14 根；边框架梁截面为 450mm×1150mm，内框架梁截面截面尺寸多，有 300mm×500mm、400×600mm 等多种规格。主体施工过程中，核心筒剪力墙和框架柱均采用定型钢模板，其中裙楼 1 层高 6m，2～3 层高 5.3m，与标准层 4.2m 层高不同，裙楼 1～3 层采用大钢模提升技术。梁板模板采用竹胶板施工。由于梁柱接头模板构造繁杂，胶合板模板刚度低，现场拼装费时，周转次数少，难以保证混凝土外观质量，在梁柱接头处采用工具式钢木组合加固施工。

2　框架柱、核心筒剪力墙钢模设计原理、制作及安装

（1）原墙柱钢模生产技术指标（图 1、图 2）

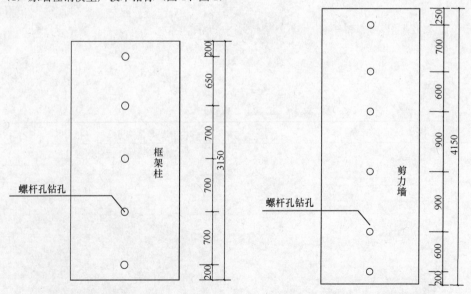

图 1　节点 1　柱钢模正立面图　　　　**图 2　剪力墙钢模正立面图**

（2）框架柱、梁节点技术指标

（3）从图 3、图 4 可以看出，框架柱钢模距梁底尚有 1750mm 的距离，剪力墙钢模距梁底 600～900mm 的距离，需要进行二次提升钢模。以框架柱为例，框架柱浇筑至梁底，若先完成下部 3100mm 柱（钢模高 3150mm，50mm 混凝土浮浆需凿除）的混凝土浇筑，由于钢模螺杆孔不成模数，无法加固上部钢模，故采取"倒置余数高度浇筑法"解决此问题。即：

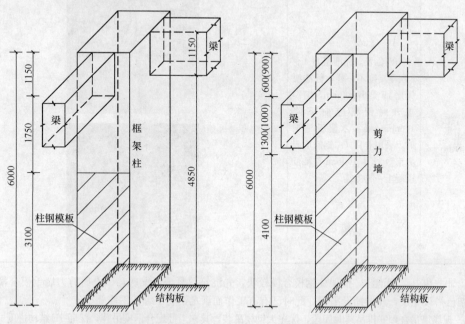

图 3　节点 2　框架柱与梁钢模安装节点　　　图 4　剪力墙与梁钢模安装节点

① 先安装下部钢模，在混凝土浇筑时，把上部余数 1750mm 高程段移至下段浇筑，使上部形成空挡，使任何不成模数的螺杆孔距无障碍，穿过并加固。

② 具体考虑到混凝土成型面不会平整，若将来下段混凝土真正浇筑至 1750mm 高程，便不利于上部钢模安装时的底部穿墙螺栓的孔洞问题，并且无导墙段。鉴于螺栓孔最小间距为 700mm，柱脚首段浇筑高程为 1750mm＋700mm＝2450mm，为了保险起见，决定首段框架柱浇筑高度为 2400mm。

③ 核心筒剪力墙首段浇筑高度为 2400mm。框架柱、核心筒剪力墙混凝土浇筑施工工序见表 1、表 2。

表 1　框架柱混凝土浇筑工序

第一次	先浇筑 2.4m 高	钢模板立地
第二次	浇筑至梁底	提升钢模板，底部钢管与顶托支撑
第三次	梁柱接头位置混凝土与梁板混凝土一起浇筑	柱头木模板，做法见后附

④ 混凝土浇筑注意事项

a. 对于先绑梁，支模架应先搭设，方便钢筋工绑扎梁筋。

b. 1F 先绑梁梁高比标准层梁大 50～100mm，钢模提升时钢模应向下降 50～100mm，上部梁板施工时，木模板多卡 100mm。

c. 1F 先绑梁连高比标准层梁大 200～700mm，采用木模板接钢模板。

d. 1F 先绑梁位置相对于标准层偏位 325～350mm，可将剪力墙阳角模与大板交换位置，内侧阴角膜同时移动，保证螺栓孔一致。

e. 对拉螺杆刷黄油，润滑效果好，方便混凝土浇筑后螺杆拆除。

表 2　核心筒剪力墙混凝土浇筑工序

第一次	先浇筑 2.4m 高	钢模板立地
第二次	浇筑至板底	提升钢模板，底部钢管与顶托支撑
第三次	个别位置，标准层与 1～3 层梁高度不一样，标准层梁比 1F 梁小 100mm，钢模提升时钢模应向下降 100mm。梁板木模板施工时，采用卡具（"钢筋爪或方钢"）多卡 100mm 与梁板混凝土一起浇筑	

f. 非先绑扎梁埋泡沫，框架柱钢模合模较快，先浇筑混凝土至梁底，核心筒剪力墙钢模合模后，支模架已搭设完成，开始铺设平板，此时已有有工作面满足钢筋工绑扎钢筋要求。

g. 现场塔吊合理安排吊装时间段，优先大钢模吊装，其它工种配合钢模吊装，保证 1F 结构进度。

（4）首段钢模安装方法

弹线→焊柱脚支撑→钢模吊装就位→钢模拼装并临时固定→安装斜拉钢丝绳和斜顶撑→轴线和垂直度校正→钢模最终固定→隐蔽验收→混凝土浇筑。

① 弹线：弹好柱边线及 200mm 控制线，并将边线延长 1m，便于吊垂直线或架设激光投线仪。

② 焊柱脚支撑：用 $\phi16$ 钢筋头长度为 80～1000mm，在柱底 1000mm 高度范围内－50mm 柱主筋焊接，$\phi16$ 钢筋头应切平。焊接时，应用带水平尺的三角板对正柱边线及柱边 2000mm 的控制线，点焊固定，校正之后最终焊接，间距@3000mm。

③钢模吊装就位

吊绳：钢丝绳 $\phi18$：　6×19＋1×8。

吊环：U 型吊环 $\phi16$。

计算式如下：

单片钢模重：长×宽×高×110kg/m³ ＝3150×1500×1500×110＝779kg＝0.779t。

钢丝绳破断拉力：34950kg。

用塔吊将钢模吊至柱边与边线吻合，用钢管撑每边四根临时固定，第二次吊装时应将钢模安置在第一榀钢模的对面，对准柱脚边线后，稳定模板，不允许脱钩，将对拉螺栓与对面模板穿好加固之后，方可脱钩。

重复上述施工流程安装另一组模板。

④ 钢模拼装并临时固定

当钢模在第二组吊装时，可一并完成与第一组的拼装，将拼装紧固件安装就位，主要需一开吊车的力量，局部需要用撬棍校正、对孔，便于安装。

⑤ 安装斜拉钢丝绳及钢顶撑

a. 钢丝绳规格：$\phi18$：　6×19＋1×8。

b. 钢丝绳中部需配置紧固件，便于调整。

c. 钢丝绳上部连接后钢模上部的吊装孔下部预埋的 $\phi6.5$ 钢筋环地埋相连，若所有墙柱段混凝土浇筑完，未设置钢筋环地埋，也可与上部墙柱主筋连接。

d. 在每边安装 4 根钢顶撑，形成力量平衡。

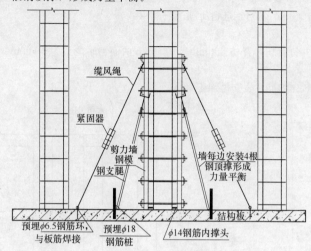

图 5　节点 3 钢模安装示意图

⑥ 钢模校正及最终固定

用吊线锤柱钢模的垂直度，用撬棍校正下部柱边线，提用钢顶撑和紧固器校正，达到要求为上，并最终固定。

(5) 上段钢模安装方法

上段钢模安装的的工艺流程同首段，现在最需要解决的是支撑体系的问题；其支撑体系如图 6、图 7 所示。

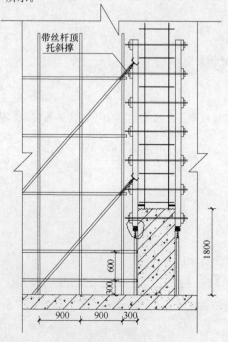

图 6　节点 4 核心筒剪力墙上部钢模安装图

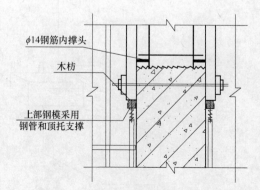

图 7　上部钢模底部支撑节点放大图

3 柱头模板制作与安装施工方法

（1）模板材质要求

模板：用两张 15 厚板叠加成厚板，具体操作：先用木工专用胶粘牢两块板，再裁料。

木枋：500mm×1000mm 木枋，选料压刨。

（2）裁料与制作

按图 8 尺寸裁料并钉背枋，背枋 500mm×1000mm 两面刨平之后为 400mm×800mm，保证所有木枋截面尺寸相等。

现场制作时将图 8 详细尺寸表交付加工。

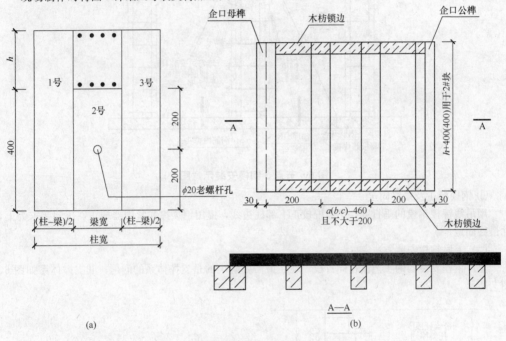

图 8 木枋尺寸示意图

（3）柱头模板安装

① 焊定位筋

用通长 $\phi20$ 定位筋 l＝柱截面尺寸（图 10），用靠线板靠正已成型的混凝土柱边，再施焊，确保内撑平头在同一垂直平面上。

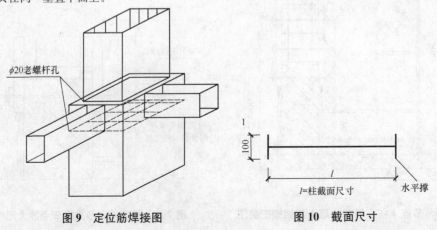

图 9 定位筋焊接图   图 10 截面尺寸

② 弹线：将模板下口安装标高线弹好。

③ 挂模：将 1♯、2♯、3♯ 模板上部用 8♯ 双股铁丝穿板与背枋挂在相应的柱钢丝上，临时固定（图 11）下部在弹线周围安一周槽钢托板。

④ 梁柱模板加固

a. 模板安装流程

柱头模板安装→梁底板安装→扎梁钢筋→梁侧模板安装→梁柱接头模板拼缝与校正。

b. 90°直角槽钢横向加固三道措施，保证梁柱阴角 90°且阴角垂直的应用（图 12）。

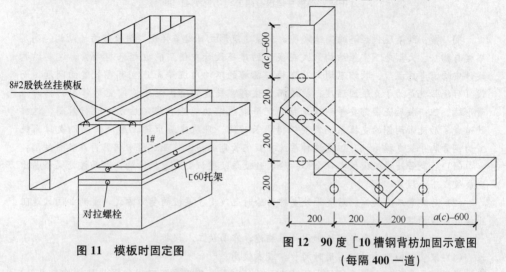

图 11　模板时固定图

图 12　90 度 [10 槽钢背枋加固示意图
（每隔 400 一道）

5　模板的拆除及维护

模板拆除时，要从搭设处搬至维护场地，不得让其自由落地砸在点上，以免模板受破坏。在维护场内，模板清理修整合格后，及时刷油质脱模机，并按编号堆码整齐，以备后用。

6　小结

现浇框架施工中，采用大钢模提升及梁柱接头钢木组合加固技术，提高了竖向结构混凝土成型质量，把梁柱接头复杂的模板组合简化成工具化模板支搭方式，提高了梁柱接头模板支搭的效率，在本工程的使用中取得了良好的效果，可供其它现浇框架结构采用大钢模施工借鉴。

后浇带可周转式构件支撑施工方法

佟晓亮　杨　勇　李　天　何剑锋　张艳艳

（中建五局第三建设有限公司，长沙 410000）

摘　要：随着现代经济的高速发展，房屋建筑形式日趋多样化，超长剪力墙结构、高层塔楼与裙房、大型地下室等结构形式在我们的建筑设计中使用的也越来越频繁。这些结构设计中均需考虑温度、收缩不均匀及塔楼与裙楼的不均匀沉降而产生有害裂缝的问题。而设置后浇带就是为了克服因温度、收缩而产生有害裂缝的消化沉降收缩变形作用的临时性带形缝。但一般后浇带都要等到建筑物的沉降或收缩功能基本稳定后方可进行封闭，这样就造成了后浇带两侧的支撑系统需要保持很长时间。目前建筑市场上后浇带两侧支撑系统多为钢管脚手架支撑系统，但是这种系统在我们长期的施工作业过程中仍然存在各种缺陷：

（1）后浇带处梁板模板支撑全部拆除，致使该处梁板变成悬挑结构，因而该处梁板易出现裂纹或下垂现象；

（2）后浇带二次换撑。后浇带处支撑拆除时已改变了梁板的受力方式，重新加固只是阻止该处梁板的继续变形。

（3）后浇带支撑体系与模板加固体系相连，容易被工人误拆。

（4）架管、扣件等材料占用时间长，成本较高。

针对钢管脚手架支撑系统的上述缺点，总结创新，改用采用可周转式构件支撑后浇带。世茂城 1B 项目在现场实施、试验和改进后，收集数据，总结了该施工方法。

关键词：地下室；后浇带；可周转

1　特点

（1）便于施工管理：钢管脚手架支撑系统需要项目部对木工各道工序把关，特别是后浇带支模架系统需独立搭设、拆模时不可拆除和回顶等。而后浇带可周转式构件支撑只需在主次梁交界部分模板单独配模，支模时按图支撑，减少很多施工工序。

（2）施工经济、节约成本：减少模板、木枋、架管和扣件的占用量，减少其租赁及磨损费用。且支撑构件可循环利用，项目占用成本较低，节约成本。

（3）避免了后浇带拆除后回顶且拆模后占用空间少，即美观又不影响后续地下室管道安装等工序施工。

（4）支拆简单方便，节约施工工期，实用性强，便于推广。

2　运用范围

适用于层高 3.5～4.5m 建筑工程的后浇带结构施工。

3　工艺原理

本工法原理是在后浇带两侧梁端头梁底单独配模，支模时于此设置一根可周转式支撑构件（当悬挑长度超过 3m 时在悬挑端头增设一根支撑构件）进行加固支撑，而不再另行单独设置钢管脚手架支撑系统，拆模时处梁底支撑处模板和支撑构件保留，其它部分模板与支撑系统均可拆除，待塔楼屋面结构完成后，塔楼与地下室沉降趋于稳定封闭后浇带后再拆除该支撑构件（图1）。

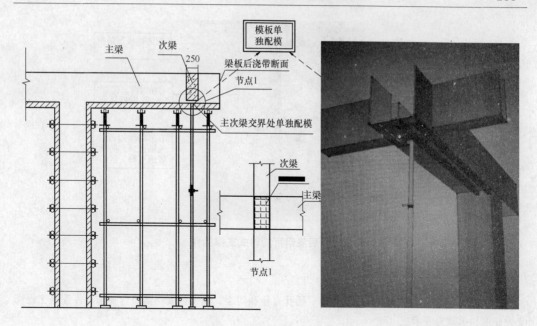

图 1　后浇带支撑原理图

4　施工工艺流程及操作要点

4.1　施工工艺流程

深化设计→支撑处梁底单独配模→后浇带两侧梁模板安装→于支撑部位支设支撑构件→后浇带两侧梁板加固、钢筋绑扎及混凝土浇筑→后浇带混凝土浇筑封闭后浇带（沉降进本稳定后）→拆除支撑构件。

4.2　施工要点

4.2.1　深化设计

收到设计图纸后，需对后浇带数量、部位进行仔细复核，与设计沟通后浇带的设置位置，尽量将后浇带短悬挑的一侧长度控制在 2m 以内，以减少两侧支撑构件的数量。

根据后浇带的位置，结合现场施工图纸确定支撑构件的支撑点和支撑根数。

4.2.2　支撑处梁底单独配模

根据设计图纸及支撑构件布置方案，确定支撑部位梁底模板大小，单独配模。只有支撑处模板单独配模才能确保混凝土浇筑后不影响梁底其它部位的模板、木枋单独拆除。

4.2.3　支设支撑构件

支设支撑构件时需根据支撑的高度将高强插销插入上部内筒对应的插孔内，然后将支撑杆件竖直立起后旋转中部调节旋转盘，调节顶撑高度，确保支撑杆件上部钢板直接顶撑于梁底模板上。

4.2.4　拆除支撑构件

待塔楼和地下室沉降基本稳定后，浇筑后浇带处混凝土，后浇带混凝土强度达到设计要求后才能拆除支撑构件。拆除时，旋转中部调节旋转盘，取下支撑构件，敲出高强插销后，分类堆码整齐，便于其周转使用。

5　材料准备

后浇带可周转式支撑构件，外观及性能见图（图2）。（注：根据承载力要求，可适当增加支撑杆件的直径，增加受压钢筋的直径）

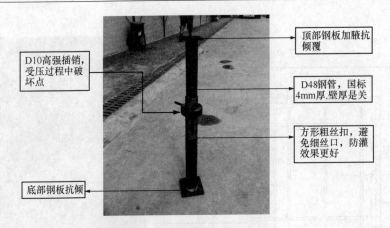

图 2　后浇带可周转式支撑构件

6　质量控制

（1）进场的支撑构件的内外杆件壁厚、插孔直径和间距、插销强度均需符合要求以保证施工现场支设高度和承载力要求。

（2）支撑构件需按支撑方案支撑，混凝土浇筑前管理人员需对支撑点进行检查，确保无漏设。

（3）支撑构件需直接顶撑模板，不能将支撑构件顶撑于木枋上，以防止无法拆除梁底模板和木枋，造成周转材料占用量增加，增加项目成本。

（4）支撑构件需待后浇带混凝土达到设计要求后再拆除，严禁工人在此之前拆除或回顶。

7　应用实例

成都市世茂城一期 B 区总承包工程使用可周转式构件支撑（图 3），满足设计和规范要求，不仅安全可靠而且节约了工期和成本。该工程 2015 年 5 月开工，迄今为止支撑构件已支撑约 400m 后浇带，支撑效果良好（图 4）。

图 3　后浇带构件支撑施工图

图 4　拆模后效果图

8　结语

本施工技术通过可周转式构件支撑系统取代传统钢管脚手架或构造柱支撑系统，通过其与后浇带支模体系独立支撑，科学有效的解决了模板拆除后回顶问题，避免了由于后回顶改变了梁板的受力方式，造成致使该处梁板变成悬挑结构，因而该处梁板易出现裂纹或下垂现象。

　　后浇带可周转式构件支撑施工操作简单、便捷，与传统的钢管脚手架相比较，过程控制简单，节省了钢管、扣件等周转材料的租赁和损耗费用，根据实践运用，经过商务核算，安照周转材料"3322"成本分配原则，相对于传统支撑方案节约成本 60% 左右。

参考文献

[1]　建筑施工手册编写组等. 建筑施工手册，第四版(缩印版)[M]. 北京：中国建筑工业出版社，2003，9.
[2]　GB 50010—2010. 混凝土凝土结构设计规范[S].
[3]　GB 50007—2011. 建筑地基基础设计规范[S].
[4]　GB 50017—2014. 钢结构设计规范规范[S].

铝合金模板内支外爬体系在超高层结构施工中的应用

李 璐 吴掌平 谭 俊 李 玮 李卓灿

(中建五局第三建设有限公司，长沙 410004)

摘 要：通过长沙世茂广场超高层建筑施工的应用实践，总结了适用于超高层核心筒施工的内支外爬施工方法，创造性地解决了外爬模与内支铝模、动臂塔吊、钢梁预埋件、楼承板预埋钢筋、加强层铸钢棒及环带梁、屈曲支撑等协同施工的技术难题，实现了塔楼结构水平竖向同步施工，确保了超高层建筑核心筒结构施工进度和交叉作业安全，能广泛应用于超高层建筑的核心筒结构施工。

关键词：铝合金模板；超高层结构；内支外爬；协调作业

1 工程概况

世茂广场项目位于长沙市建湘路与五一大道交汇处，地下4层，地上裙楼5层，塔楼75层，为一栋超高层写字楼和商业裙楼组成的城市综合体。建筑总高348.5m，总建筑面积约23万 m^2 。塔楼核心筒为钢筋混凝土结构，外框为钢管混凝土框架，设有3道伸臂桁架。标准层高为4.2m、4.5m，四个避难层层高为5.0m。剪力墙厚度由地下室的1800mm逐变截面缩减到400mm。核心筒剪力墙结构混凝土强度等级为C60，梁板为C35。动臂塔吊以外挂的形式布置在核心筒东侧剪力墙上。核心筒平面如图1所示。

2 支模架体系选型

2.1 提升系统选型

目前市场上较常见的超高层结构提升系统主要有顶模系统和爬模系统（表1）。顶模系统已成功运用在440.75m的广州西塔、441.80m的深圳京基以及530m的广州东塔项目。由于顶模系统的钢平台系统、模板系统、围护系统、支撑系统用钢量较大，因此对于400m高以下的建筑，在工期不增加的情况下，进度和经济性两方面都不具备明显优势。世茂广场项目核心筒面积约为600 m^2 左右，高度348.5m，综合考虑，决定采用爬模提升系统。

表1 提升系统对比

提升系统	优点	缺点
顶模系统	工艺成熟，作业条件好，变截面适应性好	内部结构后支，造价偏高
爬模系统	工艺成熟，结构简单，安装容易，施工速度快，劳动力投入底	爬升点位多，平台堆载量小，造价适中

2.2 爬模形式选择

爬模系统施工核心筒结构一般分为内外全爬以及内支外爬两种形式。为了实现整个核心筒结构水平竖向施工同步进行，避免水平后支而造成的安全隐患，故采用内支外爬形式。

2.3 模板材料选择

既已确定内支外爬形式，那么核心筒外爬模板是采用大钢模板还是大铝模板，内支是采用木模还是铝模才能在满足工程需求的情况下，在进度和经济性上达到最优呢？通过对几种类型的模架体系进行经济测算和技术性能分析，采用外爬铝模＋内支散拼铝模的内支外爬系统经济性最优、质量

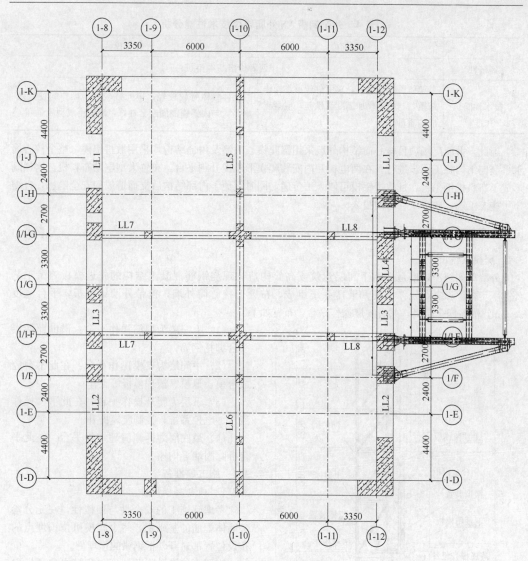

图1 核心筒结构平面图

效果最佳（表2~表3）。

表2 外爬模＋内支散拼铝模经济测算

序号	工程内容	单价	工程量	总价
1	爬模	110元/m²	26363m²	290万元
2	内外模板加固费	38元/m²	327.08m²/层×75层	92万元
3	内铝模	73元/m²	—	—

表3 外爬模＋内支木模经济测算

序号	工程内容	单价	工程量	总价
1	爬模	110元/m²	26363m²	290万元
2	内外模板加固费	38元/m²	327.08m²/层×75层	92万元
3	内木模（竖向）	82元/m²	—	—
4	内木模（水平）	76元/m²	—	—

表 4   外爬钢模 VS 外爬铝模技术性能分析

项目	外爬钢模	外爬铝模
经济性	两者价格基本相同	
技术性能	架体整体荷载大，单元件较重，操作笨重，与内铝模加固配套性差，混凝土成型质量好	架体整体荷载较轻，单元件较轻，操作简便，效率高，与内铝模加固配套性好，混凝土成型质量好

因此，世茂广场项目核心筒结构外墙采用铝爬模，内墙及内部结构均采用散拼铝模，整个核心筒水平竖向结构施工同步进行。在两电梯井内安装爬模形成提升刚平台，布置大型电动布料机。这样既形成了布料机钢平台，且散拼铝模可以人工传递，同时避免了内部结构后支而造成的安全隐患，且缩短了施工工期，减少了材料的投入。

3   内支外爬体系设计

3.1   爬模系统设计

外墙单侧液压爬模是适用于高层建筑或高耸构造物现浇钢筋混凝土结构的先进模板施工工艺（图2）。整个系统由架体系统和液压系统组成，布置于核心筒外墙，携带外墙铝模板，平台宽度2.35m，覆盖四个层高，共有6层操作平台，布置如下：

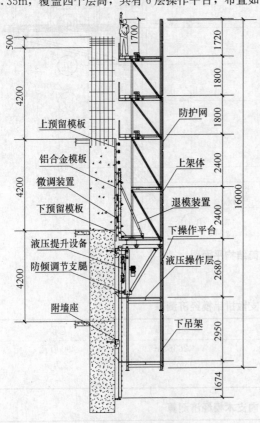

图 2   液压爬模侧立面图

（1）上三层为绑筋操作平台：借助此两层平台绑扎钢筋；

（2）中间层为支模操作平台：在此平台完成合模、退模、清理模板等工作；

（3）下层为爬升操作平台：在此平台操作液压、电控系统，控制爬模提升。

（4）最底层为拆卸清理维护平台：在此平台拆除附墙导向座。

3.2   施工前准备

3.2.1   确定爬模机位

考虑到施工的安全性与便捷性，在充分参考墙体配筋的基础上，每个爬模机位预埋点的布设位置都避开外框钢梁的预埋件。

为了不使塔吊附臂预埋与爬模机位预埋发生冲突，机位排布时爬模机位应和塔吊附臂错开，架体与塔吊标准节也保证有350mm以上的安全距离。

机位的确定解决了外爬模爬升与外框钢梁预埋件及动臂塔吊附墙预埋件的协调安装问题。

3.2.2   确定爬升规划

依据动臂塔吊高度、爬模架体高度、层高变化制定爬升规划。用BIM技术进行爬升模拟，协调爬模、动臂塔吊、加强层铸钢棒的爬升节奏，防止碰撞，避免相互影响造成窝工等待。制定爬升规划解决了外爬模系统与布料机钢平台及外挂动臂塔吊的协调爬升问题。

3.2.3   确定配模及加固方案

采用300宽铝合金模板为主拼板，补充模板宽有：250mm、200mm、150mm、100mm、50mm，配模时优先使用 300mm 宽标准模板，需要嵌补模板时按从大到小的原则为补充，模板之间用快速锁销连接。开孔模板与未开孔模板交替安装，开孔模板上安装穿墙螺栓，背楞用两条矩形钢管焊接而成，穿墙螺栓之间的距离不大于 600mm，L 形剪力墙内墙安装直角背楞。背楞加固方案见图 3。

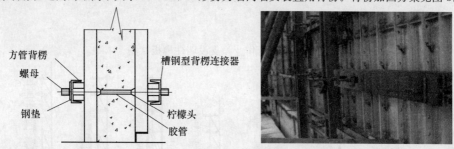

图 3　剪力柱内墙背楞配模及加固方案

4　内支外爬体系施工

4.1　体系安装阶段

（1）爬模附墙装置预埋

预埋件固定在模板上，而不是固定在钢筋上，这有利于确保埋件的埋设位置精准。通过安装螺栓，将埋件固定在模板上，待墙体混凝土浇筑完后，取出安装螺杆，埋件仍留在墙体内，实现多次周转使用。埋件预埋安装时要保证水平高差在 ±1mm 以内。

（2）安装爬模及布料机钢平台

利用动臂塔吊，吊装爬模架体，爬模架体安装流程如图 4 所示。

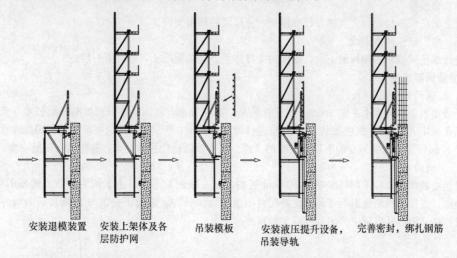

| 安装退模装置 | 安装上架体及各层防护网 | 吊装模板 | 安装液压提升设备，吊装导轨 | 完善密封，绑扎钢筋 |

图 4　爬模安装流程图

布料机通过下支座固定在钢结构底座上，钢结构底座通过钢结构桁架固定在液压爬模架上并传递施工荷载，不需自带动力系统，在爬模爬升时同步带动其爬升。

（3）安装铝模以及内支撑

铝模的运输，第一次用塔吊后，后续采用人工传递。采用独立早拆钢支撑，在保障强度的前提下，侧面铝模可先拆除，提高模板周转率。

4.2　体系运行阶段

（1）浇筑混凝土

梁板钢筋绑扎完成，铝膜板加固完成，利用电动布料机进行混凝土浇筑。先分层浇筑外墙体，再浇筑内墙体，最后浇筑梁板结构。

（2）拆模退模，铝模传递至上层

爬模退模，内墙铝模板拆除，利用洞口将铝模板传递至上层。提升布料机钢平台，完成墙柱钢筋的绑扎工作。

（3）提升爬模

提升导轨，爬升爬模架体，铝模穿插进行作业，支设墙柱模板（图5）。

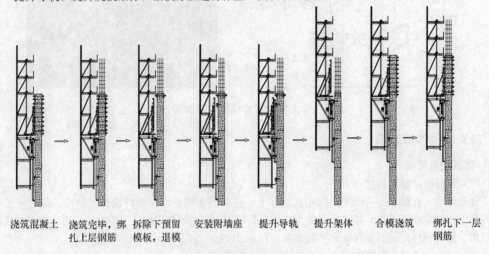

| 浇筑混凝土 | 浇筑完毕，绑扎上层钢筋 | 拆除下预留模板，退模 | 安装附墙座 | 提升导轨 | 提升架体 | 合模浇筑 | 绑扎下一层钢筋 |

图5　爬模爬升流程图

（4）合模校准

进行墙柱模板加固，合大模，校准模板，完成墙柱模板支设。

（5）水平结构模板支设

进行水平梁板结构模板的支设，搭设内支撑体系。浇筑混凝土，进行下一层施工。

4.3　质量保障措施

4.3.1　K板的设置

外墙模板上部配置水平向300mm高开孔K板，K板顶部与楼面平齐，长度与外墙长度一致。在K板开孔处用M16X100螺栓安装M16螺母进行固定，如图6所示。拆除这层模板时不用拆除这个水平放置K板模板，它作为安装上层模板时的支撑。可有效防止浇注时漏浆，避免错台现象发生。

4.3.2　变截面处理

遇到变截面墙体，采用每次缩小100mm板的方式。截面缩小后，由于凿毛后剪力墙顶不平整，留有缝隙，支设模板易造成漏浆，因此特配置压顶模板（图7），通过阴角条与K板和剪力墙外大模板连成整体，阻拦从缝隙中流出的混凝土砂浆。

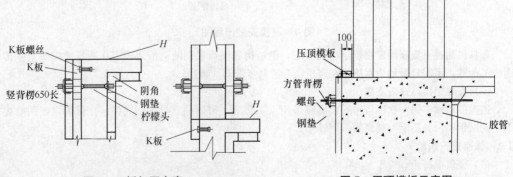

图6　K板加固方案　　　　　　**图7　压顶模板示意图**

5 效益

(1) 内支外爬施工技术应用，加快了超高层核心筒结构的施工进度，节约了钢管扣件模板木方等大量周转材料和耗材，实现了绿色施工目标。

(2) 内支外爬施工技术的应用，能够保证核心筒水平竖向结构同步施工，避免了水平结构后支施工的安全隐患，保证了作业人员的操作安全。

(3) 爬模加铝模板施工技术的应用，提高了混凝土的实体以及外观质量，减少了质量通病的发生，为企业赢得了美誉。

6 结束语

(1) 内支外爬施工工法以水平竖向结构同步施工，保障作业安全为前提，通过研究外爬与内支的相互协同工作，解决了施工过程当中遇到的"四个协调"问题。外爬模系统与内支铝模系统之间的协调加固；外爬模爬升与外框钢梁预埋件及动臂塔吊附墙预埋件的协调安装；外爬模系统与布料机钢平台及外挂动臂塔吊的协调爬升；外爬模系统与加强层铸钢棒及钢板环带梁的协调施工。

(2) 内支外爬体系实现了超高层建筑施工水平竖向结构同步施工的问题，避免了水平结构后支而造成的安全隐患。

(3) 爬模集成铝模板的体系周转次数多，混凝土成型质量好。铝模从投入使用后至结构封顶只需一套模板，较木模板更环保节能。实测实量合格率达 95% 以上，观感质量达到清水混凝土的效果。

参考文献

[1] JGJ 195—2010. 液压爬升模板工程技术规程[S]北京：中国建筑工业出版社，2010.

[2] GB/T3766—2001. 液压系统通用技术条件[S]. 北京：中国标准出版社.

[3] 万利民，李和根，任海波等. 超高层核心筒斜墙液压爬模施工技术[J]. 施工技术，2014，43(23)：8-11，57.

[4] 邹建刚. 苏州现代传媒广场办公楼核心筒爬模选型与施工[J]. 施工技术，2015，44(22)：13-17.

城市污水处理厂伸缩缝构造优化

宋鑫 覃川 李诚 刘栋

（中建五局第三建设有限公司，长沙 410000）

摘　要： 为进一步提高城市污水处理厂构筑物伸缩缝防水效果，针对传统伸缩缝设计和施工做法容易出现渗漏、施工速度慢的弊端提出了一种新的伸缩缝施工工艺。在传统设计的伸缩缝做法基础上，提出在伸缩缝的表面喷涂一种新型的防腐防水材料喷涂速凝橡胶沥青防水材料，实现伸缩缝处防水多道设防的目标。在内池墙与与底板相连接处在混凝土浇筑前，用模板预留矩形洞，使底板处迎水面嵌缝材料和外贴式止水带保持连续性，与外池墙迎水面嵌缝材料和外贴式止水形成封闭的"U"形带，确保伸缩缝处水不外流优化后的伸缩缝做法能有效提高伸缩缝处防水能力，减少运营期间停产维修费用。

关键词： 城市污水处理厂；伸缩缝；喷涂速凝橡胶沥青；防水

前言

城市污水处理厂构筑物长度和宽度尺寸一般较大，根据规范要求应设置适应的温度变化作用的伸缩缝，钢筋混凝土构筑物伸缩缝间距要求 15～30m 设置一道。构筑物伸缩缝做成贯通式，在同一剖面上连同基础或底板断开[1]。伸缩缝处防水构造一般由橡胶止水带、填缝材料和嵌缝材料组成。根据以往污水处理厂构筑物伸缩缝处漏水原因分析，伸缩缝处橡胶止水带受空气、污水、温度变化、混凝土收缩以及地基不均匀沉降影响，容易出现老化、破损的现象，施工过程中橡胶止水带破损、移位导致水池渗水、漏水，甚至引发工程事故[2]。伸缩缝处渗水和漏水修补难度大，修补过程中污水处理系统需停止运营，修补后还需养护一段时间才能投入使用，影响正常运营。

1　传统伸缩缝处构造做法（图1）

伸缩缝处防水构造一般由橡胶止水带、填缝材料、嵌缝材料和雨水膨胀止水条组成。嵌缝材料一般在迎水面，应具有止水密封作用并能适应变形缝的变化。嵌缝材料与混凝土面的粘结力不得小于0.2MPa。底板和池墙迎水面填塞嵌缝材料，背水面采用雨水膨胀止水条，池墙两侧均为迎水面，填塞嵌缝材料。

2　优化后的伸缩缝做法

传统的达伸缩缝处构造做法存在如下弊端：

（1）防水系数较低。一方面嵌缝材料与混凝土接触深度一般在 3cm 左右，接触面积较小粘结力有限，另一方面伸缩缝宽度一般在 3cm 左右，伸缩缝两侧混凝土界面难以规范处理，施工难度大，尤其是底板伸缩缝处容易积泥积水，不易干燥，导致嵌缝材料难以与混凝土界面有效粘结。填缝材料只具有填塞缝功能，不具备防水功能，因此构筑物内污水容易直接与埋入式止水带接触，加快止水带老化，同时温度变化、混凝土收缩以及地基不均匀沉降影响容易导致止水带破损。止水带破损后水池构筑物容易漏水，污染周边环境。

（2）伸缩缝路径（长度）较大，增大漏水风险。污水处理构筑物因工艺需要会在池内设计多条内池墙或导流墙，导流墙在伸缩缝处断开，与底板和外池壁伸缩缝保持贯通。由于内导流墙两侧均为迎水面，因此两侧伸缩缝嵌缝材料施工均应按规范施工。导流墙越多，嵌缝长度越大，漏水风险约大。

针对传统伸缩缝构造弊端，提出一种新伸缩缝构造做法。

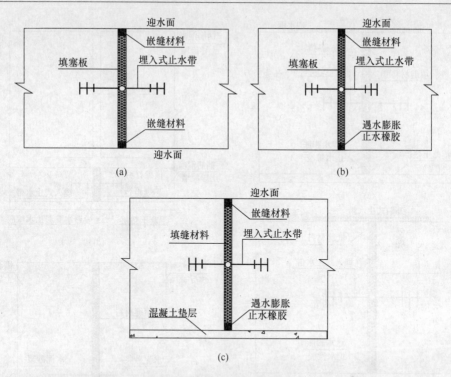

图1　传统伸缩缝构造做法

（a）内池墙伸缩缝构造；（b）外池墙伸缩缝构造；（c）池底伸缩缝构造

为提高伸缩缝处防水系数，在伸缩缝池壁和底板迎水面增加一道外贴式止水带，如图2（a）和图2（b）所示。外贴式止水带应具有防腐防水功效，与混凝土具有良好粘结力，伸缩变形能力比埋入式止水带变形能力强。即使埋入式止水带因温度应力、混凝土收缩以及地基不均匀沉降断裂后，外贴式止水带仍然可以继续起到防水作用。外贴式止水带可以定期进行更换，保证材料发挥正常功效。

在内池墙与与底板相连接处在混凝土浇筑前，用模板预留矩形洞，矩形洞长度约600～1000mm，矩形洞宽同内池墙宽度，矩形洞高100mm左右，如图2（d）所示。这样在矩形洞形成后，可以确保底板处迎水面嵌缝材料和外贴式止水带保持连续性，与外池墙迎水面嵌缝材料和外贴式止水形成封闭的"U"形带，确保伸缩缝处水不外流，如图2（e）所示。因此内池墙伸缩处是否密水性无关紧要，可以用遇水膨胀橡胶填塞。底板伸缩缝处理完成后用水泥砂浆将矩形洞口填塞密实，如图2（c）所示。

3　优化后的伸缩缝构造施工要点（图3）

在某城市污水处理厂工程中运用此伸缩缝构造做法取得了良好的效果。其中，外贴式止水带采用速凝橡胶沥青防水涂料，埋入式止水带采用CB-300×6-30橡胶止水带。

3.1　常规部分施工要点

伸缩缝两侧的混凝土构件采用跳仓法施工，先施工一侧混凝土构件，橡胶止水带预埋进与混凝土一起浇筑，再施工另一侧混凝土构件。止水带中线与伸缩缝中线重合，第一侧混凝土浇筑前，在距离止水带边1cm处打1～2mm孔洞，孔洞间距50cm，用扎丝穿过孔洞使止水带固定在主筋上，避免混凝土浇筑过程中移位。

采用木模板从止水带两侧沿中轴线夹住止水带，用斜撑和铁丝固定模板，保持竖直和平整。混凝土浇筑过程中防止振动泵直接在止水带上振捣，防止漏振，确保止水带下层混凝土振捣密实。

一侧混凝土浇筑完成后，对于底板先用不锈钢钉将遇水膨胀橡胶带固定在垫层表面与已浇筑混凝土紧密联系；用双面胶将泡聚乙烯沫板粘贴在已浇筑混凝土面，务必粘贴牢固，防止泡沫板移动，

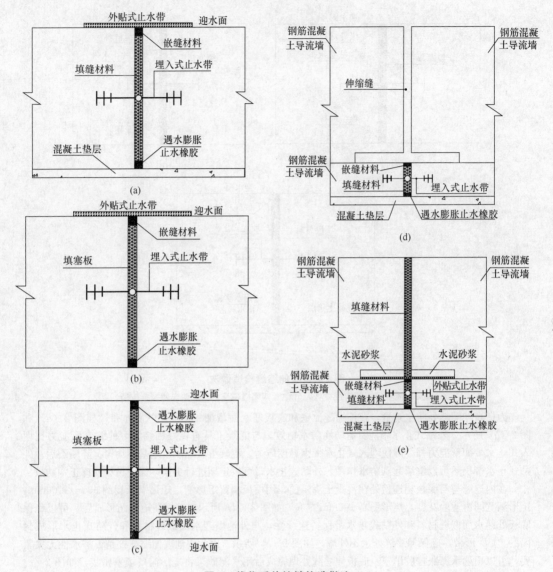

图 2　优化后伸缩缝构造做法

（a）底板伸缩缝构造；（b）外池墙伸缩缝构造；（c）导流墙（内池墙）伸缩缝构造

（d）导流墙与底板连接处开矩形洞；（e）导流墙与底板伸缩缝构造剖面图

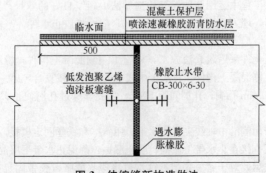

图 3　伸缩缝新构造做法

脱落。然后浇筑另一侧混凝土构件。

混凝土达到设计强度后，首先用钢钎剔除伸缩缝内预留的的 30mm×30mm 的泡沫板条，将混凝土变形缝内及表面的杂物清除干净，除去灰尘，保证基面干燥。对蜂窝麻面和多孔表面用磨光机、钢刷等工具，将涂胶面打磨平整并露出牢固的结构层。潮湿界面用电吹风将表面水分吹干。

基层处理完毕的变形缝用空压机将缝内的尘土与余渣吹净。对变形缝两侧非密封区，施工前在其两边 10mm 处贴上 20～30mm 宽的防护胶带，以防施工中多余的聚硫胶把构筑物表面弄脏。

双聚流密封膏配置完成后，将枪嘴插入待密封的变形缝内，按设计深度均匀密度的将密封胶注入变形缝内，然后用带弧度的专用整形工具进行刮压整形，整形后的缝面呈月牙形，固化后的胶体表面应光滑平整无气泡，胶体内部应保持密实无断头，并保持黏结牢固，无脱胶断裂、渗水现象。

3.2　喷涂速凝橡胶防水材料性能

（1）完美包覆

涂灵涂膜可完美包覆基底，实现涂层同基底间的无缝粘结，从而实现卷材难以实现的不窜水、不剥离特性。液态储存、常温喷涂，触变性好，特别适用于异形结构或形状复杂的结构，施工更加简便。

（2）超高弹性和复原率

涂灵涂膜断裂伸长率平均值可达 1000％以上（国内主流产品的延伸率只有 450％），复原率达 90％以上，特别适用于伸缩缝及变形部位，能有效解决各种结构物因应力变形、膨胀开裂、穿刺、或连接不牢等造成的渗漏、锈蚀等问题。

（3）自密自愈易于修补

涂灵涂膜具备较强的自愈能力，当防水层受到破坏的情况下，其能够自身得到愈合和修复，确保防水效果的万无一失，能够有效防止下一道工序的野蛮施工对防水层造成的破坏。

（4）优越的附着性

涂灵涂膜对混凝土、金属、玻璃、橡胶材料、陶瓷、石材等具有超强的粘附力，对于基本材料的粘结力大于 0.7MPa，实现整体无缝、皮肤式防水层，不剥离、不脱落，对基底起到良好的保护作用。

（5）抗老化和耐紫外线性能强

涂灵涂膜抗老化达 40 年，抗紫外线达 40 年，而传统的防水材料一般只有 5 年时间，这大大提高了防水层的使用年限，降低防水产品使用成本，提高产品的性价比。目前在国内已有使用超过 5 年的多个成功案例，国外已有使用超过 15 年的多个成功案例。

（6）可在潮湿基面施工

可以在潮湿的基质表面施工，对基质的表面处理也比传统防水材料更简单，使得涂灵©喷涂速凝橡胶沥青防水涂料可以在任何无明水的作业基面进行施工，这为涂灵©喷涂速凝橡胶沥青防水涂料大规模应用在地铁、轻轨、隧道、水利等领域提供广泛基础。

3.3　基面处理

处理基层，使基层无尖锐棱角和凹槽；其表观应坚实、平整，无酥松、起砂、起皮现象。

（1）清扫（或冲洗）基层，使基层无浮尘或杂物。

（2）阴角、突出基层的转角部位应抹成圆弧，圆弧半径宜为 50mm，且整齐平顺。

（3）基层可潮湿但不得有明水。

（4）采用水泥砂浆找平层时，水泥砂浆抹平收水后应二次压光和充分养护，应压实平整，不得有酥松、起砂、起皮现象；

（5）基层的排水坡度应符合设计要求。

（6）当基层不满足要求时，应进行打磨、除尘和修补。基层表面的孔洞和裂缝等缺陷应采用聚合物砂浆进行修复。结构找平（坡）层应使用聚合物砂浆，且与基层之间的粘结强度不宜小于 2.0MPa，聚合物砂浆的配比及性能应符合国家现行有关标准的规定。

3.4　喷涂施工

涂灵®喷涂速凝橡胶沥青防水材料为双组份涂料，防水涂料主剂 A 组分为棕褐色粘稠状液体，固化剂 B 组分为无色透明液体，其采用专用喷枪喷涂，两组分在空中交汇、混合并落地析水成膜，成为完整的橡胶质防水层。喷涂作业前应缓慢、充分搅拌 A 料。严禁现场向 A 料和 B 料中添加任何其它物质。严禁混淆 A 料和 B 料的进料系统。

细部构造附加层采用涂刷法施工，分遍涂刷，铺实粘牢，不空鼓，不翘边。

喷涂作业时，喷枪宜垂直于喷涂基层，距离宜适中，并宜匀速移动。应按照先细部构造后整体的顺序连续作业，一次多遍、交叉喷涂至 2.0mm 厚度。

当出现异常情况时，应立即停止作业，检查并排除故障后再继续作业。

喷涂作业完毕后，应按使用说明书得要求检查和清理机械设备，并应妥善处理剩余物料。

参考文献

[1]　GB 50069—2002. 给水排水工程构筑物设计规范[S]. 北京，2012.

[2]　徐齐东. 水工建筑物仲缩缝漏水的处理措施及预防方法[J]. 防渗技术，2002，8(1)：43-46.

高压喷射灌浆防渗技术在电厂
灰坝治漏工程中的应用

俞　剑

（中能建湖南省电力设计院有限公司，长沙　410007）

摘　要： 本文介绍了高压喷射灌浆防渗墙的垂直防渗技术在湘潭电厂一期工程灰场 1# 副坝防渗险加固中的应用。

关键词： 灰坝；渗漏治理；灌浆防渗

1　灰场概况

大唐湘潭电厂一期工程装机 2 台 300MW，贮灰场位于湘潭市荷塘乡，距电厂北面约 5km，为典型的山谷水灰场，灰场建主坝一座，副坝二座，灰场主坝初期坝按一期装机贮灰 10 年设计，坝顶高程 90m，坝高 27m，后期分 2 级子坝加高，各级子坝均高 5m，规划最终坝顶高程 100m。灰场 1# 副坝一次建设完毕，坝顶高程 100m，坝高 33m，坝顶宽度 5.0m，上游边坡 1∶2.0～1∶2.5，下游边坡 1∶2.5～1∶3.0，坝前铺设土工膜防渗层，干砌块石护面，坝后植草皮护坡。

目前主坝已完成了两级子坝的加高。现贮灰灰面高程约 98m，接近坝顶。据灰场运行管理人员介绍，灰坝运行近几年来，1# 副坝在 88m 高程以下出现渗漏，渗漏面积较大，见明显的地表泉流现象，目前其状况在加剧。根据目前情况，湘潭电厂委托长沙科创岩土工程技术开发有限公司对大唐湘潭电厂一期清水灰场灰坝进行了岩土工程勘测，并委托武汉大学进行渗流稳定分析计算。

2　灰坝工程地质条件（1# 副坝）

2.1　筑坝材料性质

通过勘探、取土仔细鉴别，对整个坝渗漏，渗漏面积较大，见明显的地表泉流现象筑坝材料及质量有了较为详细的了解。勘探结果表明，坝体筑坝材料除坝下部土体来自土料场外，其它均取自灰库及附近山坡残坡积硬塑粘性土及全风化～强风化板岩、砂质板岩夹石英砂岩碎块、碎石、角砾。由于含多量块石、碎石，素填土质量密度较大，不均匀系数 C_u 亦较大，曲率系数 C_c 值较小，根据有关规程判断为级配不良的土。通过标准贯入试验知，标贯锤击数稍湿填土中最大值为 21.7 击，最小值为 2.7 击，变异系数为 0.408；很湿填土中最大值为 18.4 击，最小值为 4.4 击，变异系数为 0.348，标贯击数变化均较大，较离散，从另一个角度反映了坝体材料的不均匀性。

2.2　坝体岩土物理力学指标

坝体素填土大致分为干燥状态素填土层（①层）和浸水或局部浸水状态素填土层（①1层）以及以卵石为主混粘性土的素填土层（①2层）。通过室内土工试验，并进行统计计算，得出各岩土层物理力学指标如表 2 所示。

3　灰坝渗流试验及坝体稳定验算

根据地质勘测结果及 1# 副坝现有状况，对坝体进行了二维及三维渗流计算分析，给出坝体浸润线及其下游逸出点的位置、等势线分布等参数，并与目前灰坝的渗流情况进行比较，根据渗流试验结果及灰坝目前的渗流情况对灰坝的整体抗滑稳定性进行验算，判断各灰坝的安全性。目前灰场 1# 副坝抗滑安全系数见表 2：

表 1 物理力学指标统计表

岩土编号	岩土名称	统计项目	质量密度 ρ（g/cm³）	天然含水量 ω（%）	土粒比重 G_s	天然孔隙比 e	直剪 内摩擦角 ϕ_q（度）（快剪）	直剪 粘聚力 C_q（kPa）（快剪）
①	素填土	统计个数	31	40	45	31	10	10
		最大值	2.15	27.0	2.82	0.806	25.9	131.2
		最小值	1.91	11.4	2.65	0.424	10.2	21.6
		平均值	2.02	20.4	2.74	0.649	19.3	62.1
		变异系数	0.029	0.225	0.014	0.165	0.235	0.463
		修正系数	0.991	1.061	0.996	1.051	0.862	0.729
		大值平均值	2.07	23.5	2.77	0.731	22.1	85.8
		小值平均值	1.97	15.7	2.71	0.549	15.1	46.3
①₁	素填土	统计个数	13	16	18	13	5	5
		最大值	2.15	27.0	2.79	0.821	26.3	91.0
		最小值	1.93	14.5	2.67	0.438	17.0	30.2
		平均值	2.03	21.2	2.73	0.626	21.2	53.8
		变异系数	0.031	0.173	0.013	0.156	0.164	0.468
		修正系数	0.984	1.077	0.995	1.078	0.845	0.556
		大值平均值	2.09	24.1	2.76	0.719	24.4	77.5
		小值平均值	1.99	18.2	2.70	0.568	19.0	38.1
④	粉质黏土	统计个数	3	3	3	3	3	3
		最大值	2.04	24.5	2.77	0.691	30.7	99.0
		最小值	2.02	16.4	2.69	0.570	11.0	13.5
		平均值	2.03	19.8	2.73	0.613	22.3	55.8
		变异系数	0.005	0.212	0.015	0.110	0.456	0.766
		修正系数	0.993	1.319	0.978	1.165	0.315	−0.151

表 2 1# 副坝边坡稳定成果汇总表

坝型	工况	安全系数 瑞典圆弧法	安全系数 毕肖甫法	要求安全系数
均质素填土①	设计	1.209	1.347	1.20
	校核	1.198	1.345	1.05
均质素填土①1	设计	1.288	1.476	1.20
	校核	1.280	1.473	1.05
均质粉质黏土④	设计	1.164	1.354	1.20
	校核	1.155	1.348	1.05
地质分层	设计	1.217	1.432	1.20
	校核	1.202	1.424	1.05

根据表 2 知 1# 副坝其安全系数满足规范要求，不会产生滑动破坏。

但根据坝体的渗透稳定计算知坝体的渗透坡降为 0.31～0.38，大于土体的抗渗允许坡降 0.19～0.225，土体不能满足抗渗稳定要求，需要进行加固处理。

4 1# 副坝防渗处理方案设计及主要施工技术参数

4.1 防渗处理方案设计

适合处理灰坝渗透破坏的除险加固措施很多，目前主要常用的有：库内辐射井式排渗管法、坝前坡防渗铺盖法、坝体垂直防渗法、坝后坡压重平台法、贴坡排水法、坝后坡排渗管法等。根据目前灰坝现有的运行状况和试验成果，认为采用坝体垂直防渗比较适合本工程。

垂直防渗加固的方法较多，比较常用的有混凝土防渗墙、高压喷射灌浆、锥探灌浆、劈裂灌浆、深层搅拌、垂直铺塑等。垂直防渗方案的选择主要考虑适应工程性质、条件，可满足工程防渗目的和要求及工程量、工程进度、造价等因素综合考虑。本工程经技术经济比较，最终确定采用高压喷射灌浆方案。

4.2 高压喷射灌浆设计

高压喷射法就是利用工程钻机钻孔至设计处理的深度后，用高压泥浆泵，通过安装在钻杆（喷杆）杆端置于孔底的特殊喷嘴，向周围土体高压喷射固化浆液，同时钻杆（喷杆）以一定的速度边旋转边提升，高压射流使一定范围内的土体结构破坏，并强制与固化浆液混合，凝固后便在土体中形成具有一定性能和形状的固结体。

根据 1# 副坝加固方案与渗流稳定分析结果，本工程采用 500mm 厚高压喷射防渗墙，墙体要求进入不透水层 1.0m，渗透系数小于 $1.0×10^{-7}$。高压喷射灌浆孔轴线布置尽量布置于坝轴线偏上游处。根据筑坝材料的性质（$N<20$）可形成加固体直径为 1.8m 左右，当压力为 30～40MPa 时，加固体直径为 1.1～1.8m 左右，本工程按 1.4m 设计，孔距按 1.2m 布置。防渗墙顶部伸入坝身壤土层不小于1.0m，底部插入不透水层深度不小于 1.0m。高压喷射灌浆采用三重管喷射工艺。分两序孔施工，如图 1 所示。

本工程的高压喷射注浆的主要材料是水泥，设计要求采用普通硅酸盐水泥或硅酸盐水泥，水泥强度等级不低于 42.5，灌浆所用的水泥应保持新鲜无受潮结块，其细度为 0.080mm 方孔筛余量不大于5%，水泥出库使用前应对其质量作鉴定，合格后方可使用。搅拌水泥浆所水，应符合《混凝土用水标准》JGJ 63—2006 的规定。水泥浆由制浆机搅拌而成，水灰比 1.0～1.5，搅拌时间不小于 2min，超过4h 的水泥浆作为废料处理，不得用于高喷灌浆。

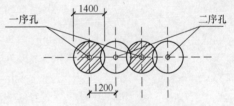

图 1 1# 副坝高压旋喷防渗墙布置图

4.3 主要施工技术参数

高压喷射灌浆施工参数的确定是防渗墙成墙质量的重要环节，严格按照规范操作和高喷灌浆施工技术参数进行施工，是确保施工的关键，施工主要技术参数由室内配方和现场试验决定，本工程施工主要技术参数如下：

（1）高喷灌浆的孔距为 1.2m，高喷灌浆的成墙厚度不小于 500mm；

（2）防渗墙钻孔为垂直孔，其偏斜应小于 0.3%；

（3）高喷灌浆孔位与设计孔位偏差应小于 5cm；

（4）高喷灌浆的形式为摆喷，摆角 15°；

（5）提升速度：提升速度的快慢直接影响浆液用量，提升速度过快，则墙后不稳定、易产生空洞，且切割半径不符合要求，会造成防渗墙搭接处产生薄弱环节。提升速度太慢，则冒浆量过大，造成水泥浪费，因此需根据灌浆试验确定不同土层的提升速度。本工程基的提升速度为 6～8cm/min。

（6）高喷灌浆的水压为 37～40MPa，流量为 80l/min；空气压力为 0.5～0.7MPa，风量为 1.1～

2.0m³/min；水泥浆压力为 0.8～10MPa，流量为 80l/min。

（7）注浆水泥浆比重控制在 1.6～1.7g/cm³，回浆比重控制在 1.2g/cm³。

5 结语

（1）燃煤发电厂贮灰场灰坝下游坡经常出现渗透湿片及渗漏现象，危及坝体运行安全，必须进行渗漏治理。适合处理灰坝渗透破坏的除险加固措施很多，在具体工程设计中采用何种渗漏治理方案应通过技术技经比较确定。高喷灌浆具有施工速度快、固结体强度大、水泥灌浆不会造成环境和地下水污染，且耐久性较好，施工噪音较小等优点，是坝体渗漏治理的一种有效工程措施。

（2）工程竣工完成后，坝后渗漏，地表泉流现象消失，说明高喷灌浆效果是非常理想的。实践证明，1# 副坝采用高压喷射灌浆术，在含多量块石、碎石，素填土层中进行除险治漏是正确的，达到了理想的效果，为类似除险加固工程方案选择提供了第一手资料。

（3）针对不同的工程情况为确保高喷防渗墙施工质量，必须根据不同土层，合理确定高喷施工参数，针对性的采用不同的施工工艺，才能保证高喷施工质量，使墙体均匀，连续性好，连接可靠。

GRC 水泥轻质保温屋面板施工技术

杨 浪 蔡延庆

（湖南省第二工程有限公司，长沙 410015）

摘 要：GRC 水泥轻质保温屋面板施工是通过在工厂使用定型模板加工，并根据建筑的特点量身定做，板上还可根据需要开洞，加工成屋面板后，到现场进行分段式安装，安装后，就已完成了钢筋混凝土结构层、保温层及屋面找平层的施工，与原始工艺相比，使用极为方便，可明显降低结构系统的用量，缩短施工的工期，综合经济效益显著。

关键词：房屋建筑工程；复合保温屋面；施工速度快

1 工程概况

奥园新城二期 B3-1 区 119♯ 楼位于沈阳浑南，该工程为钢结构网架屋面，总建筑面积 $777m^2$ 本工程屋面结构形式为坡屋面，GRC 轻质板为 $1.5 \times 3.0m$（70 厚保温芯材），板材使用量约为 180 块。

2 施工工艺流程

施工准备→屋面板堆放→屋面板吊装→屋面板接缝处理→配套侧立板接缝处理→验收。

3 施工操作要点

3.1 作业前准备

（1）认真熟练掌握屋面板安装规范，以及屋面排板布置图。

（2）根据施工现场安装顺序进板，进入施工现场后，应按照规格、型号、安装顺序分别垛放，应设有明显标志牌。

（3）对现场管理人员，安装人员进行施工前培训、质量、技术、安全交底，对特殊工种如：焊工、电工应持证上岗。

3.2 吊装及堆放

（1）要四角平稳起吊，吊车在吊装过程中，四角吊装，起车平稳，不能过急，失去重心，甩力过大，易造成脱勾事故，须避免。

（2）堆放场地须平整、坚实、通风良好，防止构件自重产生地面不均匀沉降、受力不均造成底部的第一块拉裂、压坏。

（3）屋面板码放高度网架板不大于 6 层。

（4）屋面板要平放，设 4 个垫点，一般置于板角（挑檐板位于悬挑的埋件处），上下四角垫块保持竖向一致。避免失重、板受力不均匀。不允许不同尺寸规格板堆放在一垛，最底层的板垫块必须用整块红砖或木方四角设垛，放置完第一块后，须检验四个垫点是否平整，有无挠曲。

（5）构件堆放应放单位、型号、数量、外形、大小等统一堆放，集中保管和发放。

3.3 屋面板吊装

（1）屋面板吊装采用汽车吊或塔吊，每次吊装不宜超过两块板，大型板吊装为一块。

（2）屋面板每块板采用四点吊装，要求屋面板预埋钩与吊车吊钩搭接牢固，吊钩必须设有保险舌，以免脱钩。

（3）屋面板与网架支托，搭接长度≥60mm，应保证在一个平面，如有缝隙应垫上铁板或钢筋。

（4）屋面板吊装后，按区域调整，板与板间隙缝应在 15～25mm。

（5）屋面板应保证三点焊接，焊缝长度≥35～40mm，焊缝高度 4mm。由于有个别地方空间不足无法焊接，故未焊到的板角其吊环或埋件与相邻板的吊环或埋件用钢筋焊接。

（6）如有配套侧立板安装焊接，应用连接件（铁板、角铁、钢筋头）焊接，上下满焊，涂刷防腐漆。

3.4 屋面板接缝处理

（1）屋面板企口处残渣清理干净。

（2）接缝料配制（表1）：

表 1 屋面板接缝料配制

材料	水泥	粉煤灰	珍珠岩	苯板球
用量	100kg	25kg	0.25m³	0.2m³（8 小桶）

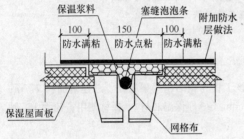

图 1 屋面板接缝处理示意图

外加剂：夏季减水剂按水泥量的 1%。冬季防冻剂按水泥量的 2%，且有其它可靠的冬季施工保证措施，方可冬季施工；春秋季节防冻剂按水泥量的 2%，加盖塑料膜及草帘子做保温养护。

（3）板与板接缝企口处放一层玻璃纤维布，嵌入泡沫条（根据缝隙大小选择）。

（4）将拌合好的料浆灌入企口中，抹平、压实。

（5）板缝处理示意简图，见图 1。

（6）珍珠岩或苯板为保温填料，现场可根据实际情况，酌情小范围调整。

（7）保温浆料不宜搅拌过稀，减少板缝处的泌水。

3.5 配套侧立板接缝处理

（1）接缝料配制（表2）：

表 2 配套侧立板接缝料配制

水泥	粉煤灰	珍珠岩
100kg	25kg	0.25m³

注：以上材料用 707 胶液拌合，707 胶：水＝1：5。

（2）板与板接缝，嵌入泡沫条或苯板条（根据缝隙大小选择）。

（3）将拌合好的料浆压入板缝中，勾缝压实。

（4）板缝处理示意简图，见图 2。

3.6 其它注意事项

（1）绝对不允许在板肋处钻孔或打镙栓，可从板缝处穿下吊挂用 T 字型钢筋。

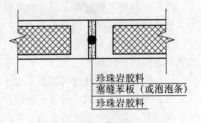

图 2 侧立板缝处理示意图

（2）板应避免尖锐重物冲击，车辆不应直接载物通行，须采用铺设垫板等方法分散集中荷载。

（3）不宜作为土建施工作业面，即：不宜在屋面上搭设脚手架，尽量避免集中堆码重物，必要时采取相应的保护措施。

（4）不允许在板面开洞，如需要须在厂家人员指导下进行。

（5）安装过程中，为防止集中力对结构件及屋面板的不利影响，已安装的屋面板局部只允许放一层板作为临时堆放地。

3.7 验收

施工完成后，完善好相关技术资料，及时向监理（建设）单位申请分项工程验收。

4 质量控制

（1）上一道工序验收合格后方可进行安装。

（2）安装前的施工准备，包括人员安排，并进行上岗前的培训，小型安装工具准备，原材料准备，吊运设备的准备。货到现场进行质量检验，合格后方可使用。

（3）根据排板图的位置，进行屋面板安装施工，在安装过程中进行校正。

（4）按设计要求进行焊接，保证每块板三点焊接，并设专人进行焊接检查。

（5）板缝处理，清理板缝，在板缝处嵌塞泡沫条及聚苯乙烯泡沫板，配制料浆。

（6）屋面板施工完毕后，进行质量自检工作，同时将板面清理干净。

（7）自检合格后，对整个屋面施工进行验收后交付使用。

（8）堆放规程

① 堆放场地须平整、坚实、防止构件自重产生地面不均匀沉降、受力不均容易造成下面板拉裂、压坏。

② 屋面板构件垫块采用红砖或木块。

③ 屋面板码放高度不易超过 7 层。

④ 屋面板要平放，设 4 个垫点，一般置于板角（挑檐板位于悬挑的埋件处），上下四角垫块保持竖向一致。避免失重、板受力不均匀。不允许不同尺寸规格板堆放在一垛，最底层的板垫块必须用整块红砖，必要时在四角设砖垛，放置完第一块后，须检验四个垫点是否平整，坚实。

⑤ 构件应按安装顺序、型号、数量、规格等堆放。

5 安全措施

（1）成立现场安全管理班子，设专职安全员；

（2）因属高空作业、必须采取如下安全防护措施：

① 如需搭设脚手架，其操作人员应持证上岗；

② 脚手架必须有完善的安全防护设施：按规定设置安全网、安全护栏；有适当的防电、避雷装置；有爬梯或斜道；

③ 安装工必须熟悉并严格遵守安全技术操作规程，配戴和使用劳动保护用品（风帽、口罩、安全带等）；

④ 遇六级以上的大风以及大雨、大雾天气暂停作业；

⑤ 经常检查脚手架有无立杆沉陷、接头松动、架子歪斜变形、空头板问题，若发现及时处理。

6 结语

沈阳浑南奥园新城二期 B3-1 区 119♯楼采用 GRC 水泥轻质保温屋面板施工工法，工程竣工后进行了相应的检测，结构稳定、质量优良。

建筑工程防水防漏技术及措施的探讨与实践

王海波

（湖南省第二工程有限公司，长沙 410015）

摘 要：一个项目防水质量的好坏，是工程品质的最直接的体现，湖南地区属于多雨的南方气候，防水质量是工程质量管理的重中之重，商品房物业后期维修中，房屋渗漏的质量问题占有很大的比例，也是业主投诉最多，后期维修费用最大的质量通病之一，是大多开发商比较头痛的问题，如何避免和减少渗漏现象，一直是开发商加强工程管理的一个重要环节，防水防漏的工程质量管理，也越来越得到开发商的重视。

关键词：建筑工程；防水措施；防水材料；细部处理

1 常见防水材料简析

防水与同为隐蔽工程的电线、水管一样，通过外包装难分真伪和优劣，一般无法当时判断其品质，通过使用才能得出切身体会，而如果发生问题，后果却相当严重。为避免消费风险，应选择知名度高、口碑好、有质量保障体系、环保认证和千家万户实践考验的品牌产品，并按规范施工，才能确保防水效果，避免和杜绝渗漏问题。

1.1 沥青

在施工中和施工后长期挥发有毒物质，污染环境，是国家明令淘汰、禁用的产品。

1.2 卷材

柔性防水材料，分为 SBS、APP 改性沥青卷材等。

特点：柔韧性好，特别是低温柔性，易于施工，不脆裂，在承受结构允许范围内荷载应力和变形条件下不易断裂，但易老化，丧失弹塑性，防水耐久年限低。一般适用于屋顶，铺设完毕后，须再铺设 20～30mm 的防水砂浆层作为保护层。

1.3 自粘式防水卷材

自粘型卷材具有变形协调性、耐久性、环保等优点，在工厂生产时，在其底面涂有一层压敏胶，胶粘剂表面敷有一层隔离纸。施工时只要剥去隔离纸，可直接铺设在屋面结构上，不用水泥砂浆找平层，每平米可以节约找平层费用约 20～30 元。且自粘型卷材铺贴不受外部环境影响，无论基层是否干燥，都可以施工，为缩短工期创造有利条件。

1.4 防水涂料

属柔性防水材料，就成分而言，常见为丙烯酸、聚氨脂、氯丁胶、水泥基等。

特点：延伸性好，自重小，成膜无接缝，能应变结构变化大的部位（如预制板屋顶等），多为石化制品，易老化、分解，耐久年限一般为 5～8 年。须由具备专业知识和技能的施工人员操作，否则无法确保防水效果。

1.5 砂浆防水剂

属刚性材料，就成分而言，分为无机铝盐、有机硅、高级脂肪酸。

无机铝盐：渗透性较好，但呈酸性，对金属有腐蚀性，并降低水泥砂浆强度，易造成龟裂。作为砂浆防水剂，正逐步被淘汰。

有机硅：对饱和水（例如雨水）具有较好的防水效果，在欧、美、日等国家及地区普遍用于外墙憎水。但如用其搅拌水泥砂浆，用于卫生间等出现不饱和水的地方，很短时间内就会失去防水作用，且会降低水泥砂浆的强度，易龟裂。

2 防水层的设置及施工

2.1 屋面

2.1.1 屋面防水施工

SBS 改性沥青防水卷材

特点：对基层的要求较高，基层需找平并干燥，雨天不能施工；防水性能较好。

有伸出屋面的建筑物或构筑物，阴角转角处应做成圆角，防水层在屋面找平、保温层厚度的基础上上翻 250mm，收头压入上部建筑物或构筑物的墙体内。

管道口细节处理如图 1 所示。

管道口位置增设加强附加层并做翻边处理，确保接口不渗漏。防水层上口用钢箍箍牢，防止雨水从上口渗入。管道口细节处理如图 2 所示。

图 1 管道口防水处理　　　　　图 2 与墙体交接处防水处理

屋面与墙体交接处基层抹成圆角，防水层在屋面找平、保温层厚度的基础上上翻 250mm，上口压入墙体内或者用钢钉钉牢。细节处理如图 2 施工不完全正确。

2.2 外墙

2.2.1 外墙防漏的细节处理（图 3）

墙体与梁上口、柱交接处加设一道 200～300mm 宽的铁丝通长网片，用射钉枪钉牢，以免该处出现通长裂缝而渗水。

2.2.2 外墙防漏的细节处理（图 4）

图 3 外墙防漏处理　　　　　图 4 外墙砌筑砂浆不饱满

外墙砌筑砂浆不饱满，有盲缝，或孔洞，也是外墙渗水的隐患。

2.3　门窗

2.3.1　外墙窗防水施工（图5）

图5　窗框填缝处理

外墙窗框与墙体留出 20mm 间隙进行发泡剂填缝，确保窗框与墙体间的密实性。

2.3.2　外窗墙边防水施工（图6）

图6　外窗墙边处理

外窗墙边塞填后做 JS 防水涂料并做淋水试验，确认不漏后才窗边抹灰，抹灰后再做淋水试验，如果发现漏水立即返工处理。

2.3.3　门窗留洞不规范（图7）

门窗洞口尺寸预留应该准确（尤其是弧形门窗容易有偏差），正常留缝 20～30mm，图片上门窗洞留置不规范，有 100～200mm 宽的缝隙，只有通过后期的修补洞口，才能进行塞缝处理，增加了施工难度，也留下了渗漏的隐患。

2.3.4　外窗台的坡度处理细节（图8）

图7　门窗留洞不规范　　　　　　图8　外窗台坡度处理

外窗台设置20％的排水坡度，保证窗台不积水，以免水从窗框处渗入室内。

2.3.5　门窗上口的细节处理（图9）

门窗上口做鹰嘴或滴水槽（传统做滴水线），防止雨水倒灌，造成门窗渗水。

2.3.6　门窗框边的防水细节处理（图10）

图9　门窗上口处理

图10　门窗框边的防水处理

门窗框边预留5×8mm凹槽，打防水耐候胶，防止外墙雨水流入窗边。

2.4　卫生间/厨房

卫生间立管的防水处理如图11所示。

排水立管加设止水套管，用油膏嵌缝。预留洞口封堵前先用清水将洞边清洗干净，用加入膨胀剂的混泥土浇注，使新旧混泥土结合密实。

2.5　地下室

2.5.1　地下室侧墙/顶板防水施工

防水材料：贴必定自粘卷材。

粘贴方法：具有自粘性和水泥浆粘贴。

特点：基层不需做找平层，施工简单，工期较短，不受外界环境影响（可以雨天施工）；接口处施工质量不易控制。

图11　卫生间立管的防水处理

2.5.2　地下室防水保护层细节（图12）

图12　地下室防水保护层

保护方式：砖墙保护层、挤塑板（XPS）保护层、聚苯板（EPS）保护层。

砖墙保护层特点：保护效果较好，工期较长，费用较高。

挤塑板保护层特点：施工简单，工期较短，费用适中，保护效果中等。

聚苯板保护层特点：施工简单，工期较短，价格便宜，保护效果一般。

保护层是埋在地下，对美观、验收均无影响，建议采用聚苯板。

2.5.3 地下室顶板防水的细节处理（图13~图16）

图13 地下室顶板防水

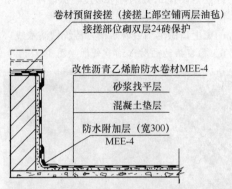

卷材预留接搓（接搓上部空铺两层油毡）
接搓部位砌双层24砖保护

改性沥青乙烯胎防水卷材MEE-4
砂浆找平层
混凝土垫层
防水附加层（宽300）
MEE-4

图14 地下室底板和侧墙卷材预接搓处理

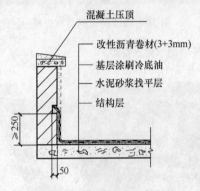

混凝土压顶
改性沥青卷材(3+3mm)
基层涂刷冷底油
水泥砂浆找平层
结构层
≥250
50

图15 女儿墙泛水细部处理

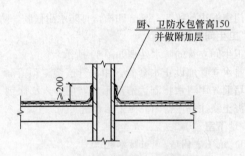

厨、卫防水包管高150
并做附加层
≥200

图16 厨卫穿楼板管道细部处理

地下室顶板与墙体的转角处做了圆角处理，并加铺了一层卷材，防水做了加强处理。

3 防水常见问题及预防解决方案

3.1 屋面常见渗水部位及预防措施

3.1.1 屋面排气管、烟道洞口周边渗水

预防措施：（1）烟道上口做挑檐，上翻竖向的防水卷材必须压入挑檐墙体内；（2）上翻的防水卷材必须要贴牢在墙上，不得有空鼓现象；（3）烟道与屋面连接处必须做附加层；（4）屋面瓦与烟道用柔性高分子防水材料封堵。

3.1.2 有高差的两垂直屋面阴角处渗水

预防措施：（1）设计时尽量调整排水方向，屋面水不直接排向另一屋面山墙上；（2）阴角处墙沿屋面坡度增加300mm梁，混凝土浇筑密实；（3）防水材料上翻山墙高出完成面300mm；（4）此处做一沟瓦，屋面水流至沟瓦处改变方向，避免屋面水与墙体直接接触。

3.1.3 伸出屋面的墙体（如露台）与屋面交接处渗水

预防措施：（1）阴角部位抹成圆角；（2）防水材料上翻墙体高出完成面250mm；（3）在墙体砌筑时候预留60mm宽凹槽；（4）阴角处附加层必须按规施工；（5）上翻墙体的防水材料一定要粘贴牢固；（6）上翻墙体的防水材料外面需要做保护层。

3.1.4 现浇天沟边渗水：

预防措施：（1）天沟一般都是都是悬挑结构，施工时一定要保证受力钢筋放在上部位置，避免跟部裂缝；（2）阴角处抹成圆角；（3）防水材料不能用卷材，要用防水涂料；（4）保证排水坡度通畅，不积水。

3.2　外墙墙体渗漏预防措施：

3.2.1　外墙墙体砌筑砂浆要饱满，不能有通缝；

3.2.2　梁柱与墙体交接处应挂钢丝网，避免墙体出现裂缝；

3.2.3　对于外墙施工中留下的孔洞如脚手洞、穿墙螺栓孔洞、套管的预留孔等必须用膨胀混凝土塞填密实；

3.2.4　GRC线条上口与墙体的接缝要密实，可以采用防水胶进行勾缝，防止雨水从接缝处渗入GRC线条内部，造成线条内部积水，在膨胀镙栓处外墙出现渗水。

3.2.5　水、电预埋管道敷设应同主体工程同时进行，避免以后墙体凿洞开槽。

3.2.6　外墙装饰完成后要做淋水试验，发现问题应及时处理。

3.3　外墙门窗渗漏预防措施

3.3.1　主体结构施工时，预留洞口比设计尺寸大30mm，预留尺寸一定要准确，尤其是圆弧形状的要特别注意；

3.3.2　窗户上口做成鹰嘴或者滴水槽；

3.3.3　门窗周围要用加微膨胀剂和防水剂的水泥砂浆塞堵密实；

3.3.4　窗边塞缝完成应该做JS防水，然后淋水试验，有渗漏重做防水；

3.3.5　内窗台要按要求高出外窗台20mm；

3.3.6　外窗台应做15%的排水坡度；

3.3.7　外窗框抹灰完成后进行二次淋水试验；

3.3.8　玻璃胶应该均匀、密实。

3.4　卫生间渗漏预防措施

3.4.1　卫生间、厨房墙体处应该做150mm高混凝土反边，且应与结构梁板同时浇筑；

3.4.2　按设计坡度做好找坡；

3.4.3　卫生间、厨房楼面浇筑时不能留置施工缝；

3.4.4　防水材料反边高度要大于250mm；

3.4.5　楼面穿管位置预留要准确，避免事后打洞；

3.4.6　管道处加设防水套管，周边用密封膏嵌填严实；

3.4.7　管道边堵洞前应先将洞口松散混凝土凿除，清洗并保持湿润，堵洞混凝土宜浇筑比楼板混凝土强度等级高一级的细石混凝土内掺适量膨胀剂。

3.4.8　防水层施工完试水一次，面层完工后试水一次，时间均要求超过48h。如有漏水，立即返工。

3.5　地下室渗漏预防措施

3.5.1　水平施工缝处极容易漏水

预防措施：（1）留缝标高要正确，一般都是离地下室底板300～500mm；（2）止水条或者止水板要固定牢固，移位则失去止水功能；（3）剪力墙模板安装前将接口处的砂浆清理干净；（4）浇筑上层混凝土前先铺设50mm厚砂浆。

3.5.2　剪力墙部位渗水

预防措施：（1）墙体用防水混凝土、墙体外侧要做柔性防水层；（2）不能留施工冷缝；（3）剪力墙穿墙螺杆未使用带止水环的穿墙镙杆；（4）混凝土下料要均匀、不能发生离析现象；（5）剪力墙柔性防水层要与底版防水层连接形成一个整体；（6）外墙壁管道出墙预留洞处，必须设置预埋刚性防水套管。

3.5.3　地下室底板渗漏

预防措施：（1）底板用防水混泥土、底板下侧要做柔性防水层；（2）不能留施工冷缝；（3）防水材料卷入基础梁不小于100mm；（4）细部构造要按规范做。

4　建议各部位使用的防水材料类型

4.1　屋面使用高聚物改性沥青防水卷材，如SBS；

4.2 地下室使用自粘性防水卷材，如贴必定；

4.3 卫生间、阳台、露台使用高分子防水涂料，如JS；

4.4 外墙窗户使用专用的防水涂料。

参考文献：

［1］ 建筑防水工程技术规范［S］. 北京：中国建筑工业出版社.

［2］ GB 50207—2012 屋面工程质量验收规范［S］. 北京：中国建筑工业出版社.

［3］ GB 50345—2012 屋面工程技术规范［S］. 北京：中国建筑工业出版社.

［4］ GB 50208—2011 地下防水工程质量验收规范［S］. 北京：中国建筑工业出版社.

［5］ GB 50108—2008 地下室工程防水技术规范［S］. 北京：中国建筑工业出版社.

塔吊桩基础逆作式施工技术

赵志平　薛波

（湖南省第二工程有限公司，长沙　410015）

摘　要：通过研究塔吊基础逆作式施工技术与格构式塔吊基础相结合，总结出一套完整的施工工艺。通过工程实际应用证明，该项施工技术操作简单、安全可靠、经济适用，有效的缩短了主体施工工期，具有很好的推广应用价值。

关键词：塔吊；桩基础；逆作式；圆柱

在深大基坑工程的施工中，越来越多地采用围护桩加一道或多道支撑的围护体系，由于周边环境和空间的限制，使施工所需的塔吊布置困难，为了施工需要，塔吊必须布置在地下室基坑内。由我公司施工的常德地下人防工程项目，考虑到塔吊需要在基坑开挖前使用，且因基坑地质情况复杂，地下水丰富，为承压水，基础持力层有大面积流砂及管涌现象，同时可减少塔吊基础施工时的土方挖深，所以将塔吊桩基础及承台在土方开挖前先完成，安装好塔吊后再挖土，土方挖到持力层后对钻孔桩进行加固处理，承台通过钻孔桩的支撑悬在空中的塔吊桩基础逆作式施工技术，通过在工程中的应用，证明该塔吊基础安全性高、塔吊安装方便，对深大基坑工程的施工平面布置及施工安排极为有利。为此，在总结该塔吊基础施工技术方案的基础上，形成了塔吊桩基础逆作式施工技术。

1　关键技术及原理介绍

1.1　突破了塔吊布置的空间限制，使施工总平面布置方案的灵活性得以提高，有利于施工组织。

1.2　塔吊立于基坑内，能减小塔吊的臂长，使之最大限度地满足基坑垂直及水平运输要求，并避免碰撞相邻已建建筑物或构筑物。

1.3　能使塔吊在基坑土方开挖前投入使用，满足前期围护结构施工的水平及垂直运输工作，对加快施工进度有利。

1.4　与埋入地下室底板标高以下的塔吊基础相比，可不必先为塔吊基础施工进行土方开挖及临时支护，减少了开挖深度，确保了施工安全，对周边环境的影响较小。

1.5　钢筋混凝土承台可破除，其中钢筋、塔吊基础预埋件可回收，可有效节约资源。

该施工技术具有工艺简易、可控制性强、速度快、节约成本、无污染等特点，使用效果显著取得了较好的效果和经济效益，具有很广阔的推广前景。

1.6　塔吊桩基础由钻孔灌注桩、承台、和钢筋混凝土基础、塔吊螺栓或锚脚组成。

1.7　塔吊基础由钻孔桩一次完成，土方开挖后悬空段桩按圆柱考虑，持力层以下钻孔桩按桩基础考虑，塔吊塔身的竖向荷载和弯矩荷载通过钢筋混凝土基础传至圆柱，进而传递给桩承台及桩基，最终由桩周边以及桩底部的土层承担。

2　施工工艺流程及操作要点

2.1　施工工艺流程

施工工艺流程：钻孔桩钢筋笼制作→钻孔桩成孔→钻孔桩下钢筋笼→钻孔桩混凝土浇筑→开挖承台→承台混凝土浇筑及预埋→塔吊安装、验收及投入使用→土方分层开挖至持力层→桩承台开挖及混凝土浇筑→底板浇筑前对圆柱植筋及防水处理→主体结构完成→塔吊正常拆除→圆柱整体破除。

2.2　施工操作要点

2.2.1　塔吊基础设计：根据所选塔吊型号，按照塔吊在各工况下的内力情况，利用计算软件进行计算（或请设计院进行设计），确定钻孔桩的长度、截面和配筋、混凝土强度等级（不小于底板混凝土强度）等级；确定塔吊基础承台尺寸及配筋。

2.2.2 钻孔桩成桩：钻孔桩成桩前需做好定位放线，成桩过程中严格控制好桩的垂直度和成桩质量。

2.2.3 塔吊承台混凝土浇筑：塔吊承台混凝土底标高与顶板顶标高至少需预留1.2m，以提供顶板浇筑时施工人员的作业面。钢筋混凝土承台与垫层之间必须设置隔离层（可垫彩条布），以便垫层在下部土方开挖后能顺利脱落。

2.2.4 塔吊预埋与安装需由塔吊租凭公司派专业安装人员按规范要求进行安装及拆除。

2.2.5 土方开挖：塔吊基础附近的土方开挖需分层对称开挖，以免造成土方侧压力造成对桩基础剪切破坏。

2.2.6 桩承台混凝土浇筑：桩承台起到连接圆柱与桩基础的作用，为确保塔吊的使用安全，土方开挖到持力层以后需马上完成桩承台混凝土浇筑，桩承台顶面与地下室底板垫层面相平。

2.2.7 底板混凝土浇筑：底板浇筑前须对圆柱进行凿毛处理，并绑二道橡胶止水带；底板钢筋穿过圆柱处，需双层双向植筋，间距同底板钢筋。

2.2.8 圆柱穿过地下结构各层楼板时，顶板须在圆柱处留洞；穿过室外顶板时，除在顶板上留洞外，还须在洞口四周设置止水钢板。

3 材料与设备

3.1 主要机械设备

3.1.1 主要机械设备见表1。

表 1 机械设备配备表

序号	名称	单位	数量	备注
1	桩机	台	1	钻孔灌注桩施工
2	泥浆泵	台	1	钻孔灌注桩施工
3	电焊机	台	1	焊接钢筋
4	钢筋弯曲机	台	1	加工钢筋
5	钢筋切断机	台	1	加工钢筋
6	钢筋调直机	台	1	加工钢筋
7	木工圆盘锯	台	1	制作模板
8	挖土机	台	1	塔吊边土方开挖
9	插入式振动器	台	1	浇筑混凝土

4 质量控制要求

4.1 使用的材料必须要有质量证明书或合格证，并按要求进行取样送检。

4.2 钻孔灌注桩在成桩过程中必须严格控制桩的垂直度及桩身质量。

4.3 钻孔灌注桩的钻孔深度必须符合设计要求。

4.4 埋入塔吊基础内的塔吊螺栓或锚脚，必须准确定位，安放平整。浇筑混凝土过程中不得碰撞，并加强校验，避免移位。

4.5 塔吊基础浇筑完成后应做好养护工作，及时设置沉降及位移观测点，在塔吊安装后应立即进行沉降及位移的原始观测，做好记录。

5 安全措施要求

5.1 施工负责人每日工作前，必须对全体工作人员进行有针对性的安全技术交底教育，教育负责人认真作好教育记录，全体操作人员签字确认。

5.2 全体操作人员及管理人员工作时间内严禁喝酒；严禁吸烟；严禁嬉戏，否则一经发现严肃处理。

5.3 施工人员严禁带病工作感觉身体不适，必须立即停止工作并及时到医院诊治。

5.4 进入施工现场，必须遵守安全生产六大纪律。

5.5 使用的配电系统必须严格执行（JGJ 46—2005）的有关规定。

5.6 严禁非电工人员接设电气设备，电工操作人员必须持证上岗。

5.7 使用的手持电动工具导线部分严禁有接头，严禁导线不通过开关直接接入电器。

5.8 临电设备、导线及电动工具发生故障，必须由专业人员检查维修，严禁非维修人员维修。

5.9 在挖塔吊桩附近土方时，应沿塔吊桩周边将土方均匀挖除，挖除后立即将圆柱及承台上多余的混凝土、渣土清除干净，钢筋混凝土承台下的垫层必须全部清除，以免脱落伤人；土方挖至持力层后需立即做好桩基承台。

5.10 在土方开挖过程中对圆柱进行观察，并对塔吊基础进行监测。

6 环保措施要求

6.1 所有材料均选用符合国家有关产品环境要求的材料。

6.2 现场塔吊上使用照明灯具宜用定向可拆除灯罩型，使用时应防止光污染。

6.3 夜间施工做到噪音控制，施工现场不喧哗，禁止不必要噪声发生。

6.4 选用低噪声设备或有消声降噪设备的施工机械。

7 结束语

该施工技术适用于因周边空间限制塔吊无法在基坑外布置以及需在基坑土方开挖前安装塔吊的工程，以及需要安装塔吊但因地质情况复杂，土方开挖后无法安装塔吊的工程。

该施工技术连接方式简单，虽在单价上比传统的桩基础做法贵，但能减少塔吊数量、减少塔吊臂长、节约塔吊租赁费用，节约搭设防护棚所需的钢管、扣件、竹笆、安全网、油漆等材料；能节省人工、节约工期、提高工作效率，综合效应比传统的桩基础做法提高。

该施工技术优化了施工现场的平面布置，减少了塔吊臂长，并使塔吊更靠近主体建筑，便于塔吊附墙，提高塔吊的使用效率；减少了施工场区内外防护棚的面积，使场区内外更简洁，不影响场区外的市貌。

在基坑土方开挖前完成，便于塔吊安装，塔吊验收合格后即可投入使用，保证了基坑围护支撑体系、地下室钢筋混凝土结构施工过程中材料的垂直和水平运输，极大的提高了劳动效率、减轻了施工人员的劳动强度、加快了施工进度，提高了公司在建筑施工市场上的竞争力。采用塔吊桩基础逆作式施工技术对施工现场的平面布置方案可以提供更多的选择，对周边环境限制较大的工程尤为有利，解决了深大基坑工程和场地限制工程塔吊无法布置的难题，对今后类似工程有极大的技术应用价值。

参考文献：

[1] 吴海涛.逆作法施工中塔吊在高桩承台上的布置[J].建筑施工，2013(8)：771

[2] 袁晓虎.深基坑塔吊基础逆作法实践[J].中华民居，2013(36)：306.

[3] 裴黎明，逆作法格构式塔吊基础施工技术应用[S].中华民居，2011(7)：884-885.

BIM 在暖通施工中应用

刘 鸿

（湖南六建机电安装有限责任公司，长沙 410000）

摘 要：随着经济发展，暖通技术在民用及工业方面应用也越来越广泛，也对暖通施工提出了更高的要求。近几年 BIM 技术蓬勃发展，在建筑工程应用逐渐得到推广，从碰撞检测到成本再到进度控制以及施工交底方面都有相关应用，在暖通专业方面，从设计源头，施工过程以及运营维护方面也有着巨大的应用空间，基于 BIM 技术的暖通施工质量控制及生产管理应用实践中也取得一些成果。

关键词：暖通；施工；BIM

随着现代工程项目大型化和工程技术的发展，暖通系统越发错综复杂，其中空调部分方式多样化，技术更新快，产品日新月异，传统的管理方法在工程实际应用中已经存在一定的不足，工程管理混乱，工作效率低下等问题时常出现。

近年来，工程建设行业在推动产业升级中，积极借鉴制造业发展的成功经验，结合工程建设行业自身特点，积极推进建筑信息模型技术（Building Information modeling）在行业内的应用，并取得了显著的成果。利用 BIM 技术创建并利用数字化模型对建设项目施工全生命周期进行管理、优化。

目前施工单位的暖通专业施工模型来源有两种：

（1）设计单位提供的专业模型。如果项目设计阶段应用 BIM 技术，可以将三维信息模型从设计阶段延伸到施工阶段。

（2）由设计图纸及相关设计信息自行建立的专业模型。如果设计阶段采用传统二维图纸设计，施工单位可利用 BIM 建模软件分专业快速建模。目前，这种方式在工程实践中应用较多。

无论哪种方式建立 BIM 模型，对于施工企业来说，BIM 模型的建立是 BIM 技术应用的基本点，模型的数据信息越多，在施工阶段来说，应用范围也越广。

1 应用点一：暖通工程算量

算量软件在国内工程行业中应用已经比较广，其中传统暖通专业算量是基于二维 CAD 图纸。在 BIM 模型建立和信息完善的基础上，BIM 软件可以简单直接导出工程量清单，相对于传统算量来说，BIM 软件更为简单快捷，误差更小，数据更准确。常用软件有广联达和鲁班。现阶段也存在一个问题：不同软件厂商推出的 BIM 软件数据对接存在问题难以实现全周期全范围应用：在机电专业方面，主流建模软件有欧特克公司的 Revit 软件及 Bentley 的 ABD，因为国家标准和文化差异，还未能很好的解决工程清单本地化问题，导出的工程清单量无法在本土算量中很好得到使用。而国内厂商如广联达、鲁班等建模软件和国外厂商还有一定的差距，准确算量需单独建立模型，但相信经过市场的磨合，今后这些问题都会得到有效的解决。

2 应用点二：暖通管线优化及设备安装定位

随着现代建筑大型化，暖通专业的管线也越发复杂庞大，同时空调系统管线都有一定的坡度要求，因此暖通的设备管线对于建筑物楼层的净空影响大。常规二维图纸管线综合难度大，易有漏缺，且费时费力。利用 BIM 三维可视化技术可以直观有效地检测管线碰撞并对碰撞管线调整优化，使管线布局合理，系统更整洁美观。同时以往的管线间距设置相对保守，在 BIM 中，模型构件贴合实际尺寸，模型与实际情况相符，可适当减小设备管线间距，提高建筑物楼层净高。管线间距的减少必定会对施工精度要求高，传统的粗放型施工模式也不在适用，利用 BIM 模型的信息辅助高精度定位设备精准化施工也势在必行。

3　应用点三：施工交底

利用 BIM 技术管线综合后，常常会出现局部管线错综复杂，对安装精度和工序都有着严格的要求。暖通的设备管线的安装会相应出现一些施工难点和易错点，技术管理人员需采用相应的技术交底，传统二维图纸交底难以表述清楚注意事项和技术要求，通过展示局部模型，不同角度的图片加文字说明，甚至可以采用视频的方式。但一般不建议采用视频的方式，尽量避免增加人员的工作量。

4　应用点四：施工进度管理

利用 BIM 实现工程施工进度模拟，严格控制施工进度，在控制时间节点的前提下，利用 BIM 技术对进度计划实行反复推敲验证，提前发现解决问题，并及时修改进度计划，实现进度计划最优化。同时将进度与工程实际进度情况进行对比，调整进度规划值，提高对项目的控制能力，加强企业对项目一线的管理。

与传统施工计划相比，利用 BIM 技术可对暖通专业的设备吊装、支吊架的预理和安装以及暖通末端设备的安装过程都可以提前模拟，提前发现问题并解决问题，同时可检测暖通专业与其它专业施工进度是否有冲突矛盾，合理优化劳动力配置，错开与其它专业的交叉碰撞，由传统控制节点的方式改为实时精准控制暖通专业每一项工作，及时更新项目情况，使项目管理人员对进度有着清晰明确的了解。

5　结语

在建筑工程行业，BIM 技术的价值已得到初步的认可，随着 BIM 技术逐步完善深化，BIM 技术在施工阶段将发挥更大的作用，体现出更大的价值。对于传统施工过程中长期存在的薄弱环节和问题，BIM 不仅仅提供一个先进技术手段，同时也是一种先进的管理办法。作为建筑工程类的一个分支，暖通专业也需要逐步融合 BIM 技术，探索 BIM 技术在暖通专业更广泛的应用。

参考文献：

[1]　清华大学 BIM 课题组 上安集团 BIIM 课题组，机电安装企业 BIM 实施标准指南[M]. 中国建筑工程出版社，2015.3
[2]　何关培，BIM 总论[M]. 北京：中国建筑工业出版社，2011.

失效树在连续刚构桥体系可靠度中的应用

彭子茂

(湖南望新建设集团有限公司，长沙 410000)

摘　要：基于连续刚构桥破坏机制及失效准则，采用全局临界强度分枝—约界准则作为结构的失效模式，并通过 JC 法计算结构失效可靠指标，提出了连续性刚构桥界结构体系的可靠性计算过程。以工程实例分析了构件的失效形式及顺序，建立了失效树，并对可靠性指标、概率以及结构可靠性进行了计算。应用表明主桥结构比桥墩容易失效，该可靠性的计算过程能够可靠便捷地体现连续刚构桥结构体系可靠性。

关键词：连续刚构桥；失效树；可靠度

连续刚构桥在我国应用极为广泛的一种桥梁，由于其独特之处，为我国桥梁的建造带来了非常大的经济效益和社会效益。该种桥型由于桥墩固结，梁体连续的特点，因此，该桥型既具有无伸缩缝和行车平顺的优点，而且具有不设支座和无需转换体系的特点。这种结构桥梁能够简化施工，在顺桥向、横桥向分别具有较大的的抗弯和抗扭刚度，且可以适应于大跨度桥梁[1]。

桥梁结构构件渐变失效引起结构体系失效，不同类型和顺序的失效产生了不同的失效模式，失效形成的路径也具有不唯一性。目前，结构体系的失效概率的计算方法多种多样，而其应用还不成熟。利用有限元分析手段来得到失效模式的方法主要运用在建筑结构中，桥梁中的应用也大都集中于连续梁桥，而在连续刚构桥中的应用很少[2-4]，因此，找到结构的失效模式是连续刚构桥设计和可靠性分析中的一个关键点[5-6]。基于可靠度理论，应用概率分析的方法对连续钢构桥梁可靠性设计进行分析。将进一步推进大跨径桥梁的可靠度设计进展，提高结构设计的安全性及促进经济技术效益的发挥。

国内外研究人员对桥梁结构构件可靠度计算开展了大量的工作，基本达成了统一的共识，实现了量化计算。对于桥梁结构构件可靠度的计算方法多种多样，而 JC 法最为简易，且精度可以符合规范的要求，被广泛的运用。对比来讲，结构体系可靠度分析方法更为全面，但往往在实际中运用比较困难，特别是在桥梁可靠度分析中的应用。大量的研究文献表明，桥梁结构体系可靠度的研究都是通过桥梁构件的可靠指标来反映整体桥梁体系的可靠度，而实际上桥梁结构体系可靠度不能完全依据关键构件的最低可靠度指标来反映，需要进行特定的研究[7]。综上所述，本文将以某连续刚构桥为例，对桥梁结构体系的可靠度进行研究。

1　连续刚构桥失效机理及模式

1.1　失效机理

依据桥梁运营期的特点和需求，对连续刚构桥的破坏准则进行定义：一旦桥梁的任意桥跨产生相当量的塑性铰而形成破坏结构，那么可以认为桥梁整体遭到破坏[8]。通常连续梁内可能产生的失效截面将对应多个塑性铰。

连续刚构桥属于超静定结构，在外力作用下，即使某截面出现塑性铰，连续钢构桥依然能够承受荷载而不会立马破坏。通常塑性铰截面上的弯矩达到极限，随着荷载作用的增加，该界面的弯矩大小不发生变化，而弯矩方向产生转动，随即产生其它的塑性铰，最终变为可变结构。连续桥梁的失效形式与钢架结构的失效形式相似。单跨钢架结构的失效如图 1 所示。

1.2　失效路径的查找

假设某个结构中含有 N 个单元体，且有 K 个 $(r_1, r_2, \cdots, r_k)$ 已经失效，相应的荷载增量为

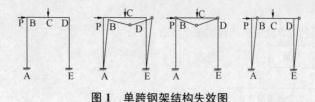

图 1　单跨钢架结构失效图

ΔF_1，ΔF_2，$\cdots$，ΔF_k；在某一阶段，记完好单元为 $r[i \in (1,2,3,\cdots,n), r_i \notin (r_1,r_2,\cdots,r_k)]$，那么荷载增量满足以下方程[9-10]：

$$
\begin{cases}
I_{rk} = \text{sgn}[a_{rk}^{(k)}] \\
R_{rk}^{(k)} = R_{rk}^{I_{rk}} - I_A I_{rk} \sum_{i=1}^{k-1} a_{rk}^{(k)} \Delta F_{ri}^{(i)} m_{ri} \\
\Delta F_{rk}^{(k)} = \dfrac{R_{rk}^{(k)}}{a_{rk}^{(k)}} \\
\Delta F_{\min}^{(k)} = \min[\Delta F_{rk}^{(k)}]
\end{cases}
\tag{1}
$$

上式中，I_A 计算方法的选择参数，$a_{rk}^{(k)}$ 表示结构构件的荷载系数；$R_{rk}^{I_{ra}}$ 表示构件的强度；$\Delta F_{rk}^{(k)}$ 表示第 k 阶段失效过程相对应的构件失效的外荷载增量因子；m_{ri} 与材料相关参数，当构件为理想弹塑性材料时，$m_{ri} = 1$，当构件为理想弹脆性材料时，$m_{mi} = 0$。

构件失效发生时，$\Delta F_{rk}^{(k)}$ 表示荷载沿着失效路径 $r_1 \rightarrow r_2 \rightarrow \cdots \rightarrow r_k$，第 $k-1$ 阶段到第 k 阶段的增量因子，取最小值 $\Delta F_{\min}^{(k)} = \min[\Delta_{rk}^{(k)}]$，因此，保证了外荷载增量最小值的构件的考虑。

全局临界强度分枝—约界法与下面的复合操作相同。在结构体系失效的第 k 个阶段中，考虑复合约界条件，如下：

$$
R_{S(rk)}^{(k)} \leqslant \min[C_S R_S *, C_S R_{S(\min)}^{(k)}]
\tag{2}
$$

当结构单元满足式（2）时，即可进行下一步，预先筛选出失效单元；当不满足时，那么可不考虑该情况下的失效树分支。若进入失效过程的第 k 步，包括可能失效的单元 N_K 个，通过循环可能失效的单元，即可得到下一步可能失效单元序列，周而复始，直至满足失效标准为止。

得到的每一个失效模式，将通过调整柔性控制边界。当满足如下（3）式：

$$
R_{S(r_q)}^{(q)} \leqslant R_S *
\tag{3}
$$

即取：

$$
R_{S(r_q)}^{(q)} \Rightarrow R_S *
\tag{4}
$$

若不满足，则保持不变。

一般认为，当平均临界强度小于该最小值约 1.2 倍时，失效模式对结构体系的总体失效概率的影响很大，反之则可忽略失效模式，所以，C_S 取 1.2 时可符合要求。

1.3　主要失效模式的识别

通过分枝—约界准则来判断体系主要的失效模式，并画出能够描述结构体系失效路径的失效树，图 2 即为连续刚构桥的主要失效模式的判断流程图。

2　结构体系可靠度分析

连续刚构桥结构体系可靠度分析步骤：

（1）分析桥梁的有限元模型的建立，并通过软件计算该桥梁结构抗力和荷载作用。

（2）依据有限元模型得到各个截面的抗力大小，同时联合内力值运用全局临界强度分枝—约界法判断桥梁体系的主要失效模式，画出桥梁体系的失效树。

（3）通过失效树可以得到体系的主要失效模式，利用 JC 法计算体系的失效概率和可靠度指标。

　　连续刚构桥体系的可靠度分析流程如图3所示。

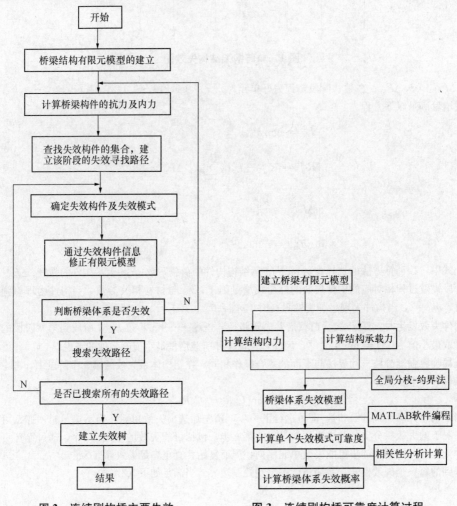

图2　连续刚构桥主要失效　　　　图3　连续刚构桥可靠度计算过程
　　模式的判断流程图

3　工程实例分析

3.1　工程概况

　　某四跨对称的预应力连续钢构桥的跨径形式为90m＋170×2m＋90m，桥墩高为30m。箱梁为变截面预应力混凝土单箱单室结构，采用C55混凝土，顶宽为12m，箱体宽6.5m，跨中截面梁高3.0m，其余截面梁高按二次抛物线分布；桥墩采用钢混空心薄壁墩，采用C40混凝土；预应力为纵、竖双向体系，预应力钢绞线的抗拉强度标准值为1860MPa。

3.2　建立失效树

　　依据有限元计算结果，对半桥的120个箱梁截面的内力数据进行分析，通过分枝－约界准则来寻找桥梁体系的失效模式。依据连续钢构桥的破坏机制及失效准则，并考虑到连续刚构桥跨中和边跨的失效情况。

　　表1例举了该桥主梁的边跨的部分箱梁截面在第一阶段失效过程中的内力计算结果。

表 1 部分截面第一阶段失效过程的内力计算结果

截面	荷载效应	抗力	承力比	增量因子	增量比
22	968431.0	1424954.3	0.6796	1.4524	1.0294
23	1076803.2	1565238.2	0.6879	1.4634	1.0169
24	1193029.3	1717084.4	0.6948	1.4378	1.0073
25	1315414.7	1880138.3	0.6996	1.4283	1.0000
26	1446100.5	2071413.7	0.6981	1.4325	1.0022
27	1537507.8	2693401.1	0.5708	1.7518	1.2255
28	1548897.4	2698353.6	0.5740	1.7421	1.2187
29	1553609.6	2619812.4	0.5930	1.6862	1.1796

其它失效截面均依据最小荷载增量比进行查找，得到第一级失效截面分别为主梁边跨 25♯截面、中跨 79♯截面、边跨桥墩 175♯截面以及跨中桥墩 187♯截面，并在有限元中将这些截面视为失效，不再进行下一阶段的计算。继续搜寻得到第二级和第三级失效单元，那么可以得到结构体系的失效过程的主要失效模式，如表 2 所示。失效模式一列中的数字编码表示每一级的失效截面，将跨中截面得到的三级失效截面形成一组失效模式，边跨搜寻得到二级失效截面形成一组失效模式。

表 2 组合失效模式

编码	每组失效模式	相应失效状态
A	25—6	边跨抗弯失效
B	79—62—50	
C	79—62—51	
D	79—62—52	中跨抗弯失效
E	79—63—50	
F	79—62—51	
G	79—63—52	
H	175—185	边跨墩偏压失效
I	187—188—197	中跨墩偏压失效
J	187—189—197	

通过过归纳该连续刚构桥结构体系的失效模式，建立连续刚构桥的失效树，如图 4 所示。

该连续刚构桥存在的可能半桥失效截面，见图 5 中的数字编码。

3.3 结构可靠指标及可靠度

结构极限状态方程为 $R-S_G-S_Q=0$，并将结构抗力 R、荷载效应的标准值 S_G 和 S_Q 与统计值的乘积当做结构抗力及荷载作用效应分布函数值，在结合 JC 法的计算程序，运用 MATLAB 处理软件编程得到每组失效模式的可靠性指标 β，结果如表 3 所示[11-12]。

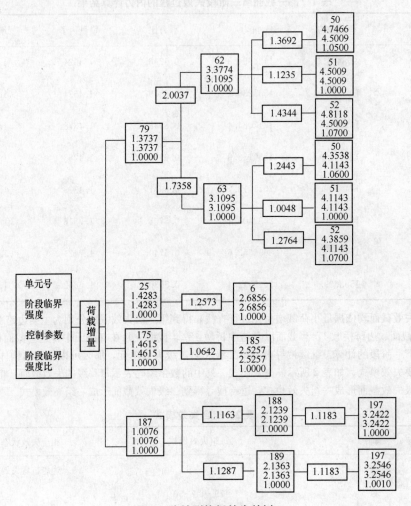

图 4　连续刚构桥的失效树

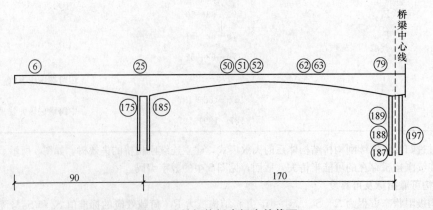

图 5　连续钢构桥半桥失效截面

表 3　各组失效模式的可靠指标及失效概率

每组失效模式	可靠指标 β 值	失效概率 P_f
25—6	4.4819	3.7063.E—06
79—62—50	4.5968	2.1431.E—06
79—62—51	4.3591	6.5359.E—06
79—62—52	4.4459	4.3620.E—06
79—63—50	4.8618	5.7985.E—07
79—62—52	4.4548	4.1927.E—06
79—63—52	4.2851	9.1687.E—06
175—185	6.9128	2.2317.E—12
187—188—197	5.7482	4.5212.E—09
187—189—197	5.8019	3.2644.E—09

　　各个模式之间的相关程度用相关系数表示，结果见表4。通过每组失效模式之间的联系的物理关系，来简化连续刚构桥可靠性指标的计算。模式之间联系的物理量即相关系数，各失效模式间的相关系数见表4所列。由表4计算结果看出，各个失效模式之间的相关系数都靠近1，表明各个失效模式之间的相关度极高。

　　结合各个失效模式小的可靠性指标β及模式间的相关系数，通过计算可以得到失效模式的失效概率大小及体系可靠指标。将相关系数0.9视为临界值，同时由于各失效模式之间的相关程度很高，因此，采用 PENT 法[13—14]计算连续刚构桥体系的综合失效概率和相对应的体系可靠指标，即 P_f 为 9.1687E—06，β_s 为 4.2851>β_t=4.2。综合上述计算结果，对比桥梁结构设计的可靠性指标目标值，表明该连续刚构桥还没有超过使用寿命。

表 4　失效模式之间相关度

失效模式	A	B	C	D	E	F	G	H	I	J
A	1.0000									
B	0.9998	1.0000								
C	0.9997	0.9988	1.0000							
D	0.9999	0.9997	0.9984	1.0000						
E	0.9991	0.9987	0.9903	0.9992	1.0000					
F	0.9995	0.9999	0.9992	0.9997	0.9954	1.0000				
G	0.9999	0.9979	0.9934	0.9999	0.9969	0.9997	1.0000			
H	0.9878	0.9918	0.9876	0.9768	0.9921	0.9901	0.9981	1.0000		
I	0.9868	0.9978	0.9899	0.9943	0.9976	0.9948	0.9995	0.9987	1.0000	
J	0.9873	0.9954	0.9991	0.9924	0.9923	0.9939	0.9995	0.9979	0.9998	1.0000

4　结论

　　(1) 依据本文所提出的连续刚构桥体系可靠度指标的计算流程得到的可靠指标，能够综合正确的描述连续钢构桥体系失效现象。

　　(2) 运用全局分枝—约界法来找到连续刚构桥的主要失效模式，研究各结构构件的失效形式和失效顺序，研究发现有限元单元的离散程度决定了失效模式对应桥梁失效截面位置的精确程度。

（3）计算得到的各失效模式之间的相关系数基本接近1，说明各个失效模式之间的相关度很高。

（4）由于单个构件的可靠指标要比体系失效可靠指标值大，因此，通过单个可靠指标进行桥梁设计不安全；桥墩失效可靠度指标比主梁大，说明主梁更为容易失效。

参考文献：

[1] 沈逢俊. 连续刚构桥结构体系可靠度分析[D]. 西安：长安大学，2007.

[2] 高峰. 混凝土简支桥梁的体系延性与可靠度研究[J]. 公路交通技术，2013(4)：66-71.

[3] 张业平. 连续梁桥结构体系的可靠度研究[D]. 合肥：合肥工业大学，2004.

[4] 秦权，林道锦，梅刚. 结构可靠度随机有限元理论及工程应用[M]. 北京：清华大学出版社，2006：10-135.

[5] 赵国藩. 工程结构可靠性原理与应用[M]. 大连：大连理工大学出版社，1996：56-194.

[6] 刘扬，鲁乃唯. 钢管混凝土组合高墩连续刚构桥体系可靠指标计算方法[J]. 公路交通科技，2011(9)：89-95.

[7] 袁新鹏. 公路预应力混凝土桥梁的可靠度分析[D]. 成都：西南交通大学，2009.

[8] 章劲松. 基于可靠度的公路桥梁结构极限状态设计计算原则及应用[D]. 合肥：合肥工业大学，2007.

[9] 董聪，杨庆雄. 冗余桁架结构系统可靠性分析理论与算法[J]. 计算结构力学及其应用，1992，9(4)：393-397.

[10] 陈卫东，张铁军，刘源春. 高效识别结构主要失效模式的方法[J]. 哈尔滨工程大学学报，2005，26(2)：202-204.

[11] 桂劲松，康海贵. 结构分析的响应面法及其MATLAB实现[J]. 计算力学学报，2004，21(6)：683-687.

[12] 张杨永，蔡敏. 基于响应面重构的一种可靠度计算方法[J]. 合肥工业大学学报：自然科学版，2006，29(4)：482-485.

[13] 田浩，陈艾荣. 寿命期内预应力混凝土连续梁体系可靠分析[J]. 哈尔滨工业大学学报，2011，43(10)：105-112.

[14] 何嘉年，滕海文，霍达. 基于改进PNET法的框架结构体系可靠度计算方法[J]. 北京工业大学学报，2012，38(5)：708-712.

浅谈沉井施工在人防工程中的应用

舒 刚

（湖南望新建设集团公司，长沙 410000）

摘 要： 本文根据作者自己亲身工作体验，以具体工程为例，对在软土地基上建设人防设施，分别从工程概况、施工方案、沉井施工等方面一一进行了较为详尽的阐述，实践证明，沉井施工技术在本工程中取得了较好的经济效益。

关键词： 沉井，施工，人防

1 工程概况

该工程位于浙江省温州市，地处该市开发区内河流南面，距离河堤 70m，地下静止水位埋深 3.6m。其中人防工程采用沉井施工，沉井深度为 14m，其内部设置中隔墙、框架梁及楼板。沉井混凝土强度等级为 C30，抗渗透等级为 S6，抗冻标准为 D150。沉井利用自重下沉。

划分为三个成因层：（1）上部陆相层，填深 0~1.7m，主要为人工填土及漫滩相粉质黏土，呈黄色，可塑至软塑，中压缩性至高压缩性；（2）上部浅海相层，填深 1.7~10.7，以含细砂淤泥和淤泥为主灰黑色，含贝壳碎屑及少量粗砾沙流塑状态，（3）上部浅海相层，填深 10.7~17.1 以淤泥质黏土为主，灰黑、灰色，呈很湿－饱和，软塑－可塑状态。沉井在第一层土上预制。沉井刃脚设计标高位于第二层土体中。

2 施工方案

因地质较软，地下水位高，沉井刃脚处于第二层土体为高流塑性淤泥层，此为软弱地基，故施工中采取以下措施。图 1 为施工现场平面示意图。

2.1 水泥深层搅拌桩地基处理

当在流塑状淤泥情况做沉井下沉时，非常容易易产生突然沉降、偏沉滑移，井内迅速涌水、涌泥或超沉不止现象，根据设计意图，在沉井内部必须预打水泥土搅拌桩打桩进行加固，因上部土方是挖除的，所以只需要对下部土体进行处理。

2.2 水泥深层搅拌桩连续墙控制下沉

（1）导向和防止突沉、涌土

根据当初的设计思路，在井壁密度范围内，预打水泥深层搅拌桩的目的是为了防止沉井突沉、沉降速度过快等。

（2）控制沉井下沉的设计深度

沉井下沉至设计标高后，刃脚底面之下土层仍为淤泥时，淤泥土承载能力太小，将会出现下沉，现采取刃脚下预打水泥搅拌桩地下连续墙，使沉井刃脚底面下沉至设计标高时，落在水泥搅拌桩地下连续墙的桩顶面上，这样就很好地解决了控制沉井下沉深度问题。

2.3 刃脚垫木的铺设

第一层土地基承载力 $[\sigma] = 130\text{kPa}$，综合考虑钢筋混凝土沉井自身重量、模板与脚手架重量、上部施工人员和机械重量、振捣荷载等因素，从而计算出最不利荷载组合 G，利用公式 $S \geqslant G/[\sigma]$ 计算承压面积。采用专用铁路轨枕，折算成单边铺设枕木根数 N，枕木下铺设 120mm 厚碎石的找平层，垫木面必须保持在同一水平面上。

3 沉井施工

泵站沉井施工的主要步骤如下：地基处理→阻水墙施工→明挖 2m 深基础→降水井施工→1 期沉井制作（7m 高）→取土下沉至预沉标高→2 期沉井制作（6m 高）→取土下沉至设计标高→封底及底板施工→浇注中隔墙→现浇楼板和顶板。

3.1 沉井的制作

沉井在制作时要注意以下几个方面：(1) 在混凝土中掺加 TL 型高效早强减水剂及 IC－2 型钢筋阻锈剂。严格控制混凝土的水灰比，采用混凝土输送泵输送，通过导管浇筑，振捣密实。(2) 模板采用组合钢模板，在墙壁对拉螺栓加设 60mm×70mm 的木条，竖向每 1000mm 设一道，模板外侧用两根 ϕ60mm 钢管作为横楞及竖楞。(3) 预埋件及套管必须准确就位，并与井壁筋焊接牢固，中心的最大偏差必须小于 1cm。(4) 模板间采用 ϕ16mm 的拉杆，中间设止水片，拆模后凿掉拉杆露出混凝土表面的部分并在局部剔除表面混凝土厚约 3cm，用膨胀水泥抹平，施工缝采用企口缝的型式。

3.2 沉井的下沉

(1) 施工准备：井壁外面设置观测标志，在沉井的四个角分别设水准观测点，观测下沉量与平衡情况；在中轴线处设置垂直线，观测沉井的位移和平衡。运土设备的安装。在北侧井口处架设 3 道工字钢梁，铺设人行步板，取土手推车自井底提升至井顶后由人工将土倒入沉井外侧的滑槽，滑至机动翻斗车内，运到弃土场。

(2) 取土下沉：先抽一般垫木，再抽定位垫木，定位点为每边距端头 0.25L（L 为沉井边长）处，每 20 根垫木为一组。采取此法必须由专人指挥，分区依次对称、同步地进行。将垫木底土挖去，使垫木下空，抽除垫木，每抽出 4 根随即用大砂砾回填夯实，定位垫木视情况对称抽除，被压断的枕木待取土下沉时逐一取出。

(3) 挖土下沉

采用人工台阶式挖土、利用自重下沉。挖土从提升架处开始挖向四周、均衡对称地进行，每层挖土厚度 55cm，边挖边运，在刃脚处留 1.2m 宽土台用人工逐层切削。每人负责 2m 左右，沿刃脚的方向对称、均衡同时进行。每次削 5～10cm。当地堆削至刃脚，沉井不沉或下沉不均衡时，则可按平面布置分段的次序逐段对称地将刃脚下的土挖空，并挖出刃脚 5～10cm，随后立刻用碎石回填并夯实，待全部挖空回填后，然后再分层取走碎石，使沉井均匀缓慢地下沉。

(4) 测量控制

在抽除垫木前，要在井外壁处测设井壁的轴线，标出的墨线用来观测轴线是否偏移。在墨线上要用红铅油标出设计的标高线，每 60cm 为一刻划，用以观测倾斜和下沉量。在井内壁十字中轴线处，由井口悬挂四个垂球，划出墨线，在下部划出标尺，每 1cm 为一分划，以便井内取土指挥人员观察垂直度，当垂直球偏离墨线 5cm 时，立即纠正。

(5) 下沉纠偏

沉井偏移、扭转是多种因素（如土质不均、倾斜、偏重等）造成的。总的纠偏原则是：先纠正位移，再纠正倾斜。纠正位移的方法有：①使沉井向偏位的相反方向倾斜，然后几次纠正倾斜 ②使沉井向偏位的方向倾斜，沿倾斜方向下沉直至刃脚中心线与设计中心线重合，再纠正倾斜。纠正倾斜的方法有：①在刃脚高的一侧增加取土，低的一侧少取或不取土；②在刃脚的一侧适当回填石块，延缓下沉。

此次沉井下沉以预防为主，发现偏斜，及时纠正。最终，测定整个沉井轴线南北向位移 1cm，东西向位移 0.5cm，刃脚高低差仅为 1.2cm，高程＋20mm，倾斜度为井深 0.2%，未发生扭转现象，下沉控制比较理想。

(6) 沉井封底

封底前应先将刃脚出新旧混泥土接触面冲洗干净或打毛，对井底修整使之成锅底型，由刃脚向中心挖放射性排水沟，填以卵石做成滤水盲沟，在中部设 2～3 个集水井与盲沟联通，使井底地下水汇集于集水井中用电棒排出，保持水位低于基地面 0.5m 以下。封底一般铺一层 150～500mm 厚卵石或碎石层，再在其上浇一层混泥土垫层，在刃脚下切实填严，挣捣密实，一保证沉井的最后稳定，达到 50％强度后，在垫层上铺卷材防水层，绑钢筋，两端深入刃脚或凹槽内，浇筑底板混泥土。混泥土浇筑应在整个沉井面积上分层，、不间断第进行，由四周向中央推进，并用振动器捣实，当井内有隔墙时，应前后左右对称，地促浇筑。混泥土养护期间应继续抽水，待底板混泥土强度达到 70％后，对集水井逐个停止抽水，逐个封堵。封堵方法是将集水井中水抽干，套管内用于硬性混泥土填色并捣实，然后上法兰盘用螺栓您经或四周焊接封闭，上部用混泥土垫实捣平。

4　结语

在地下水位较高、又离江河湖海较近的情况下，挖土下沉沉井施工，搅拌桩地基处理和搅拌桩连续墙控制下沉起非常重要的作用，对于防止流砂、突沉和涌土的发生非常有效；对于平面尺寸较大的沉井，在井内增加 3～4 个降水井可起到降水效果，同时可替代封底集水井，待沉井封底时，采用封集水井的办法封死降水井。设计方案中沉井施工已考虑了现场地基承载情况，将其分为二次浇注、一次下沉，从而保证了施工质量，提高了工程经济效益。

参考文献：

[1]　苏慧．土木工程施工技术［M］．北京：高等教育出版社，2015，79-96.

橄榄形超高层建筑单元式玻璃幕墙施工技术

田西良 匡达 肖辉乐 苏名海 许可

（湖南省第四工程有限公司，长沙 410000）

摘 要： 文博大厦工程为橄榄形的208m高度超高层建筑。其4层以上为单元式玻璃幕墙设计。在本工程幕墙施工中，针对独特的结构立面造型和复杂的场地条件，解决了场内材料转运、吊装结构设计及特殊幕墙位置安装等难点，为类似超高层建筑单元式玻璃幕墙工程施工积累了经验。

关键词： 橄榄形；超高层；单元式玻璃幕墙；吊装；轨道

1 工程概况

1.1 工程总体概况

文博大厦工程位于深圳市福田区新洲路与莲花路交汇处西南角，东侧为新洲路，北侧为莲花路。本工程为超高层办公楼，工程地下5层，地上45层，建筑高度约208m。建筑平面形状为椭圆形，长轴方向70m，短轴方向30m，焦距9m左右。立面似橄榄形，从地面到22层（约90m高）为从里往外扩，从23层开始到屋顶（约108m）由外往里收，造型独特。

文博大厦项目幕墙面积约为45000m²主要分裙楼与塔楼两部分，裙楼1～3楼主要以框架式玻璃或石材幕墙为主，4层以上为单元式玻璃幕墙。

1.2 单元式玻璃幕墙特点

1.2.1 单元式玻璃幕墙系统特点

（1）单元式支座：单元板块通过铝合金挂件固定在铝合金支座上，板块之间通过上下、左右插接形成整体。

（2）装饰条：装饰条包括横向不锈钢穿孔板和不锈钢杆，固定在单元板块竖料上，不锈钢穿孔板伸出玻璃面400mm，不锈钢杆伸出玻璃面160mm。需跟单元板块一同安装。

（3）椭圆弧形板块：塔楼东西面转角位置板块为弧形单曲面单元板块，南北立面大面单元板块依据主体弧线造型呈折线排列。幕墙椭圆弧形平面设计如图1所示。

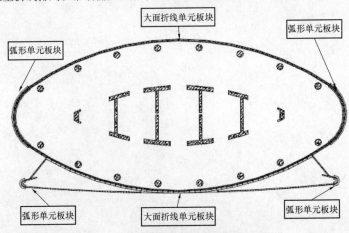

图1 文博大厦幕墙椭圆弧形平面图

1.2.2 单元式玻璃幕墙立面造型特点（单元式玻璃幕墙立面如图 2 所示）。

位置：塔楼34F以上南北立面（标高140m~208m）
面板：单元式玻璃幕墙
规格（最大）：1260×4000mm,重380kg。

位置：塔楼4F及以上（标高16m~192m）
面板：单元式玻璃幕墙
规格（最大）：1300×6000mm,重600kg。

位置：裙楼1-3F（标高16m以下）
幕墙类型：框架式
幕墙种类：玻璃幕墙、石材幕墙等

图 2　文博大厦幕墙橄榄形立面布置示意图

（1）南立面 22 层以下主体结构为外凸造型。

（2）东西面结构外沿自下而上逐渐向外增加，在 22F 以上东西面结构外沿又逐渐内收。

（3）南北大面 34F 以上结构有内凹造型，且自下而上结构外沿逐渐内收，内凹造型的错缝位置为弧形箱型钢结构。

（4）屋顶 44F 以上到屋顶结构 28m 均为架空层。结构随着高度增加逐渐内收，屋顶到 44 层结构面最大进出差达到 3.85m。

2　施工难点

2.1　施工场地狭窄

施工场地狭窄，而且现场东侧、北侧紧临市区主要交通要道，现场西侧、南侧靠近居民区。因此，幕墙材料运输、卸货、存放和转运的协调管理是幕墙施工的难点。

2.2　交叉作业多

由于施工进度快，幕墙施工时主体尚未封顶，且封顶后将有装饰、电气、消防及暖通等多个分包施工单位进场施工，导致交叉作业多，各施工单位随意拆除护栏增加了幕墙施工的危险性。

3.3　建筑平立面的形状制约单元式玻璃幕墙吊装

建筑立面为橄榄形，中间略鼓、两头稍小，而建筑平面呈椭圆形。因此，其复杂的结构特点给单元板块的吊装带来很大难度。

3.4　建筑 44 层以上到屋顶结构为 28m 高的架空层，而结构随着高度增加逐渐内收，屋顶到 44 层结构面最大进出差已达到 3.85m。架空层无操作平台，且屋顶结构向内倾斜幅度大，目前常规的吊运设备伸出结构面外沿通常不超过 1.5m，无法正常进行单元式玻璃幕墙的吊运和安装。44 层以上幕墙剖面如图 3 所示。

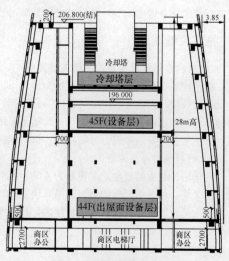

图 3　文博大厦幕墙 44 层以上剖面布置示意图

3 幕墙施工总体技术路线及流程

3.1 施工总体技术路线（表 1）

表 1　文博大厦幕墙施工总体技术路线

幕墙部位	施工技术路线
4 层～34 层单元式玻璃幕墙	25 层、34 层架设单轨道吊装
4 层～21 层南立面外凸结构部位单元式幕墙	南立面 21 层外凸结构屋顶架设单轨道吊装，自制吊车辅助吊装
34 层～44 层单元式玻璃幕墙	44 层架设双轨道吊装采用轨道及自制吊车吊装
44 层～屋顶单元式玻璃幕墙	屋顶 196m 标高处设双轨道吊装，并在屋顶架空层室内部位搭设脚手架辅助安装
单元式玻璃幕墙收边收口	单元式玻璃幕墙收边、收口设置在塔吊及施工电梯位置处，共计约 1300 块。采用自制炮车、塔吊及屋顶 196m 标高处设双轨道吊装进行收边、收口部位吊装

3.2 施工总体流程

根据幕墙施工特点，随主体混凝土结构施工时进行幕墙预埋件的安装，主体混凝土结构施工至上部时开始幕墙安装。

将幕墙施工划分 6 个施工区段，即：1-3 层施工段、4-22 层施工段、23-34 层施工段、35-43 层施工段、44 层以上施工段和幕墙收边收口施工段。各施工区段较为独立，施工方法较为统一，劳动力能够合理安排。幕墙立面施工顺序按从下到上的原则逐层施工，待塔吊及施工电梯拆除完成后再进行收口安装；每层幕墙平面按先施工东西向椭圆小曲率半径的立面、再施工南北向椭圆大曲率半径的立面，最后施工电梯及塔吊收边收口位置的幕墙。

3.3 单元式玻璃幕墙安装施工流程

定位放线→单（双）轨道架设→单元式玻璃幕墙运输→单元式玻璃幕墙结构支座安装→单元式玻璃幕墙装饰条地面组装→单元式玻璃幕墙吊装→清洗交验。

4 施工关键要点

4.1 场内垂直运输及楼层内转运关键要点

由于现场场地狭窄，为便于现场卸货及吊运，大尺寸材料运至北立面塔吊位置，借助塔吊进行卸车（单元板块、钢龙骨），单元板块连同运输架一起从运输车上吊运到板块转运地，并及时转运到塔楼的板块存放层内。小型材料从东入口运至幕墙材料周转地，人工配合进行卸车，通过现场施工电梯将材料运至相关安装楼层，分类摆放。材料场内垂直运输和转运平面示意如图 4 所示。

4.1.1 材料场内垂直运输

现场塔吊最大幅度额定起重重量为 4 吨，吊装时将单元板块连同篮体一次性吊起（最大单元板块可以起吊 2 块，标准单元板块可以起吊 3 块）。单元板块吊至相应楼层的卸料平台上，然后通过卸料平台上铺设的轨道将单元板块拉进楼层内，使用叉车进行转运、存放。根据本工程的特点，每 5 层设置一个卸料平台（如图 5 所示）。

4.1.2 材料楼层内转运

本项目每层幕墙单元板块单元板块平均为 168 块，每 5 层设板块存放区 400m²，作为板块来货周转场地。幕墙单元板块存放层分别为 7 层、12 层、17 层、20 层、25 层、30 层、33 层、38 层、43 层

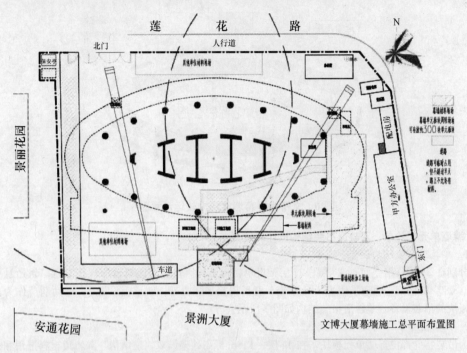

图4　文博大厦幕墙材料场内垂直运输和转运平面布置示意图

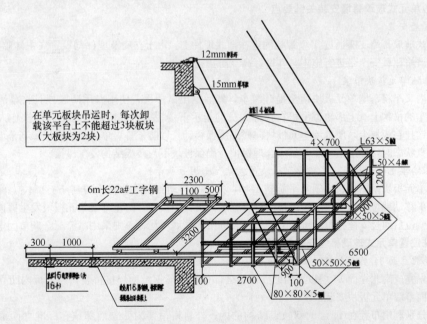

图5　文博大厦幕墙垂直运输卸料平台示意图

及44层。考虑楼板的承受重量，单元板块堆放时，靠楼层核心筒位置堆放，并控制堆放单元板块的数量。幕墙楼层内转运如图6所示。

根据现场施工条件和生产厂家的供应量，现场板块堆放楼层最多储存单元板块时，按累计储存4天的板块计算，每天到场30块，共储存120块。

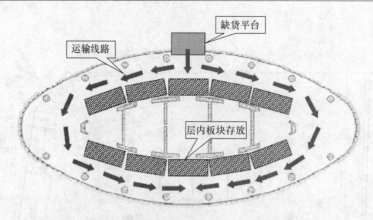

图6 文博大厦幕墙楼层内转运示意图

4.2 幕墙单元板块单、双轨道吊装结构设计关键要点

4.2.1 单轨道吊装结构设计

分别在21层（南立面）、25层、34层架设单轨道结构。轨道沿建筑轮廓环绕布置。轨道悬挑采用160×80×6槽钢，轨道采用16♯工字钢，背后焊接加强骨架，轨道上设置1T电动葫芦作为幕墙单元板块的吊装设备。单轨道吊装结构如图7所示。

4.2.2 双轨道吊装结构设计

为吊装特殊部位幕墙单元板块，在44层、196m标高处架设双轨道结构。双轨道材料选用和布置与单轨道相同。双轨道吊装结构如图8所示。

4.3 一般单元式玻璃幕墙安装关键要点

4.3.1 支座安装

单元式玻璃幕墙支座通过T型螺栓固定在槽式埋件上。由于支座及埋件均设置在主体临边位置，施工时应严格佩戴安全带进行施工，并做好高空防护措施。

4.3.2 幕墙单元板块吊装

楼层内叉车将幕墙单元板块运至提升滑车，然后推出出楼层，使用专用防脱挂具将幕墙单元板块挂在吊车的吊钩上。上部轨道吊机在指挥人员的指示下缓缓提升板块，同时楼层内操作人员使用专用的挂钩挂在板块上，使幕墙单元板块向楼外缓慢移动，以防止幕墙单元板块飞出。当幕墙单元板块接近垂直状态时，楼层上一层人员应合理保护，确保板块不与楼板结构发生碰撞。

4.3.3 幕墙单元板块就位（幕墙单元板块吊装就位如图9所示）

幕墙单元板块吊出楼层后须水平旋转180°，并水平移动到安装位置上方后下行就位。幕墙单元板块在水平移动就位过程中，所经过楼层均有施工人员保护板块，防止幕墙单元板块发生碰撞。幕墙单元板块就位后通过支座进行三维调节，带有装饰条的幕墙单元板块则采用吊篮配合调节固定。

4.4 特殊位置单元式玻璃幕墙安装关键要点

4.4.1 南北立面34层以上内凹立面部位幕墙单元板块安装

（1）先完成南北立面34层以上内凹立面错缝部位的弧形钢结构焊接拼装，再进行内凹立面部位和标准立面幕墙单元板块安装。

（2）分别利用布置在44层的双轨道结构的内、外轨道吊装内凹立面部位和标准立面幕墙单元板块。

4.4.2 建筑44层出屋面设备层幕墙单元板块吊装

（1）采用196m标高处架设双轨道进行板块吊装，层内搭设双排脚手架进行配合施工。吊装示意如图10所示。

（2）44层幕墙单元板块存放在44层内。随着吊装的进行，已吊装完成的板块将会阻碍单元板块从楼层内吊出，因此板块吊装需在塔吊和电梯缺口旁留洞口专门用于吊出板块，洞口需要有2个板块

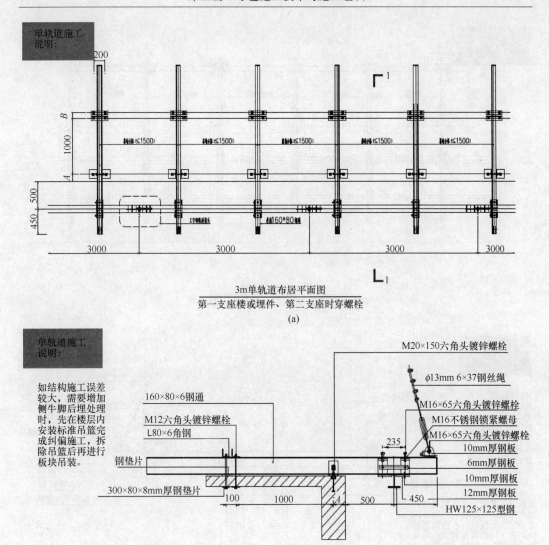

图 7 文博大厦幕墙楼单轨道吊装结构图

分隔的宽度，此洞口最终在大面板块全部吊装完成以及塔吊、电梯拆除后再进行收口安装。

4.4.3 建筑 45 层至屋顶幕墙单元板块安装

(1) 幕墙单元板块采用塔吊进行板块吊装，层内搭设双排脚手架进行配合施工。

(2) 由于屋顶结构逐渐内倾，45 层以上主体结构自下向上逐渐内收，外立面最大进出差达到 2m，因此采用塔吊进行幕墙单元板块吊装。

4.4.4 收边、收口部位的幕墙单元板块安装

(1) 安装顺序：施工电梯布置部位的幕墙单元板块→西侧小型塔吊布置部位的幕墙单元板块→东侧大型塔吊布置部位的幕墙单元板块

(2) 施工电梯、西侧小型塔吊布置部位的幕墙单元板块利用东侧大型塔吊及自制炮车吊装。44 层以下东侧大型塔吊布置部位的幕墙单元板块利用自制炮车分段吊装。44 层以上东侧大型塔吊布置部位的幕墙单元板块则利用屋顶 196m 标高处架设双轨道进行吊装。

(3) 屋顶层的幕墙单元板块无法从下部楼层移出，收边、收口安装前须将收边、收口部位的幕墙

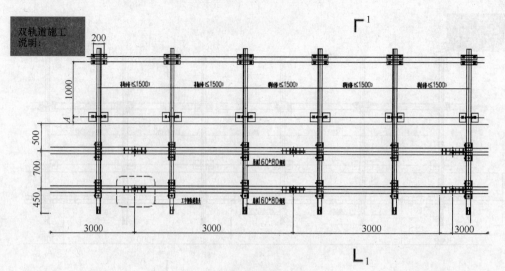

3m双轨道布置平面图

第一支座槽式埋件、第二支座对穿螺栓

(a)

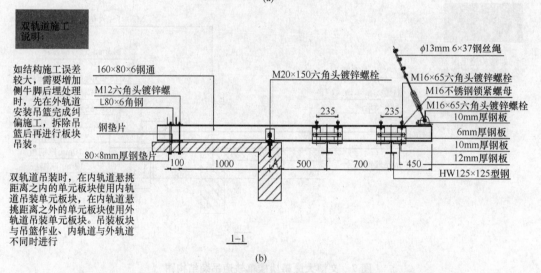

1-1

(b)

图8　文博大厦幕墙楼双轨道吊装结构图

单元板块放置在屋顶层，采用单臂吊机进行收口吊装，其它工序同普通楼层的收边、收口（如图 11 所示）。

5　主要安全措施

5.1　掌握气象资料，关注气象预报。尤其接到台风、暴雨消息时，停止吊装作业，启动应急管理程序，并对已安装的结构进行一次全面检查，以防止遭到破坏。

5.2　吊装作业时在地面划出 15m 安全区，设立禁止标志。

5.3　对于楼层安装幕墙单元板块而拆除的临边栏杆，在幕墙单元板块就位后要及时恢复。

6　结论

深圳文博大厦幕墙工程已通过验收，各项技术指标均达到设计和规范要求。由于本工程形状为形

图 9　文博大厦幕墙单元板块吊装就位示意图

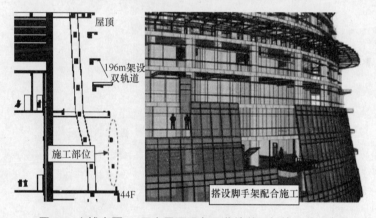

图 10　文博大厦 44 层出屋面设备层幕墙单元板块吊装示意图

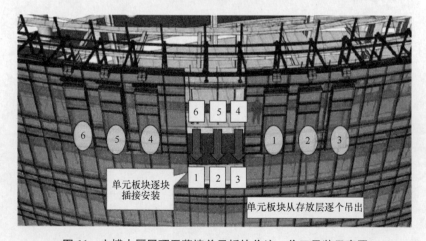

图 11　文博大厦屋顶层幕墙单元板块收边、收口吊装示意图

体复杂的超高层建筑，在单元式玻璃幕墙施工中，一方面要保证幕墙安装施工的精确性，另一方面还要保证施工过程的安全。施工过程采用的各种技术措施确保了单元式玻璃幕墙安装的顺利进行，为超高层建筑异形单元式玻璃幕墙的安装施工，积累了丰富的经验。

参考文献：

[1]　中国建筑科学研究院．JGJ 102—2003．玻璃幕墙工程技术规范[S]．北京：中国建筑工业出版社，2003．

[2]　国家建筑工程质量监督检验中心．JGJ/T 139—2001．玻璃幕墙工程质量检验标准[S]．北京：中国建筑工业出版社，2002．

[3]　建筑施工手册编写组．建筑施工手册[M]．北京：中国建筑工业出版社，2012．

预制直埋保温高密度聚乙烯外护管开裂施工对策

刘毅坚　张亚林

（湖南省工业设备安装有限公司，株洲　412000）

摘　要：在寒冷地区，高密度聚乙烯外护聚氨酯泡沫塑料预制直埋保温管施工过程中高密度聚乙烯外护管出现开裂现象。为解决和预防这一问题，对能够影响这一现象诸多因素逐个进行分析，以寻求找出解决问题的办法。

关键词：高密度聚乙烯外护管；开裂原因分析；施工对策

1　工程实例

预制直埋保温管在我国推广应用已形成较完善的保温结构，它由工作钢管、硬质聚氨酯泡沫塑料保温层、高密度聚乙烯保护壳构成。近几年，直埋保温管道在施工现场多次出现外护管破裂现象，冬季施工时尤为突出。针对包钢余热回收供暖工程预制直埋保温管安装的工程实践及开裂事例，追溯开裂原因分析，提出施工过程中的保护措施及开裂后的补救对策。

2014 年 12 月，我公司在包钢余热回收供暖工程高密度聚乙烯外护管聚氨酯泡沫塑料预制直埋保温管（以下简称聚氨酯保温管）施工时，已安装在管沟中的分布在不同区域 5 根聚氨酯保温直管外护管（DN800）产生开裂现象，开裂型式为沿管道轴线方向，开裂后的外护管脆性较大，不及时处理的外护管受外部条件影响，裂缝蔓延，裂纹较多，直至外护管成片脱落，当时施工现场气温 −18℃ ～5℃。

2　外护管开裂原因分析

2.1　产品质量

选用适宜原材料、严格控制生产过程工艺参数、控制聚氨酯泡沫投料量以及加强高密度聚乙烯外护层保护等。高密度聚乙烯外护管的生产原料由基础聚乙烯树脂与抗氧化剂、稳定剂等助剂混合而成。聚乙烯树脂的密度应为 $935m^3 \sim 950kg/m^3$，所添加的碳黑应满足下列要求：密度：$1500 \sim 2000kg/m^3$；甲苯萃取量：$\leqslant 0.1\%$（质量百分比）；平均颗粒尺寸：$0.01 \sim 0.25\mu m$[1]。有研究表明，外护管生产时组分、原料预处理时间、成型工艺中的挤出温度、冷却速度、牵引速度等对聚乙烯外护管耐环境应力开裂性能有影响[5]。因此，不合格产品中存在外护管开裂的质量隐患。

我公司在包钢余热回收供暖工程施工聚氨酯保温管 1200m，同样的施工环境中只有 5 根出现外护管开裂现象，不排除产品本身的质量问题。因此，在施工前对材料验收必须严格把关。进场的聚氨酯保温管外观应为黑色，内外表面不应有损害其性能沟槽，不允许有气泡、裂纹、凹陷、杂质、颜色不均匀等缺陷，同时要求厂家提供真实有效的材质证书、产品合格证及出厂检验报告。杜绝由于产品本身的质量问题影响后期的安装质量。

2.2　低温环境影响

包头寒冬低温环境下施工，且昼夜温差较大，聚氨酯保温管中碳钢管、聚氨酯泡沫、聚乙烯外护管受环境影响热胀冷缩所产生应力不同。因此，引来了关于聚氨酯保温管被"冻裂"的讨论。

（1）研究表明，温度降低会造成聚乙烯外护管及聚氨酯泡沫强度同时增高，由于此时聚氨酯抗压强度高于聚乙烯拉伸应力，聚氨酯泡沫不会被破坏。同时，由于聚乙烯此时所承受拉伸应力远远低于此温度下其屈服变形时的强度，因此，不会导致聚乙烯外护管的开裂[3]。当温度低时，聚乙烯外护管屈服时伸长率相对较低，易发生开裂，但由于温度越低其拉伸屈服强度越高，低温下必须具有较高的外力作用才能使其达到使聚乙烯管开裂的能量，聚乙烯外护管才会开裂[3]。

（2）环境因素的影响主要指温度影响。外护管材料为黑色高密度聚乙烯，具有较强的吸热能力。进行保温管施工时，日照对外护管表面温度的影响较大，在某些地方外护管向阳侧与背阳侧的温差高达 50℃～60℃，夜间温度降至环境温度。外护管各位置温差变化存在差异且交替进行，按每天一个周期，相当冻融循环。长期的冻融循环势必导致聚乙烯外护管发生疲劳断裂。

实践证明：我们在黑龙江伊春市西林钢厂余热回收供暖工程施工时，有露天存放两年的聚氨酯保温管，经历极端严寒气候，未发现聚乙烯外护管开裂现象。因此，经符合《高密度聚乙烯外护管硬质聚氨酯泡沫塑料预制直埋保温管及管件》（GB/T 29047—2012）技术要求生产的，不经过碰撞及划伤的聚氨酯保温管，在我国寒冷地区施工时是不会被冻裂的。

2.3 施工条件影响

聚乙烯在低温环境中的塑性较低、脆性较大。用于穿越冻土层、低洼和沼泽地区的保温管如需在冬季施工，开挖难度较大，且在运输和存放过程中，外护管极易受到划伤和磕碰。我公司在包钢余热回收供暖工程聚氨酯保温管安装时，曾出现一起因碰撞导致外护管开裂的事例。在穿墙洞下管时，由于视线盲区，起重工通过对讲机指挥吊车下管，由于管道摆动幅度较大，碰撞到墙洞上的砖棱角，聚乙烯外护管轴线方向产生约 2m 长裂缝。经观察，碰撞点刚好位于聚氨酯泡沫的注入口上。2m 长的裂缝当时没有及时用铁丝捆绑处理，经过作业人员施工时来回走动产生的人与聚氨酯保温管间的摩擦碰撞，裂缝开始蔓延。

低温下聚乙烯外护管的伸长率较低，经过碰撞后，很容易开裂，特别是已经开裂的聚乙烯外护管，二次碰撞损伤更严重。加上开裂处应力释放，聚氨酯泡沫与聚乙烯外护管间由于温差影响的应力作用更加凸显。开裂处的聚乙烯管的拉伸应力无法束缚聚氨酯保温管热胀冷缩产生的应力，导致裂缝蔓延。因此，对已经开裂的保温管应立即采取钢带捆绑修复及时进行保护，防止二次碰撞及由于应力原因而导致的裂缝蔓延。

3 聚氨酯保温管施工对策

3.1 吊装

在聚氨酯保温管进场后，无论是卸车、倒运或是安装时，吊装必须采用正确的吊装方式，宜采用垂直起吊方式。采用宽度大于 50mm 吊带吊装，严禁使用铁器撬动，不得采用钢丝绳直接捆绑外套管起吊，严禁在地面拖拽及滚动。集装箱装运时，可采用叉车、装卸机械配合作业，吊装时应做到稳起轻放，防止磕碰。

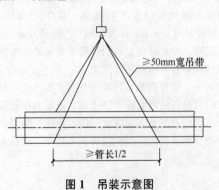

图 1　吊装示意图

正确的吊装示意图如图 1 所示。

3.2 堆放与保管

（1）存放场地应平整、无杂物、无积水，并有足够的承载能力。

（2）管材应放在距热源 2m 以外处，并有消防设施。

（3）堆放管材必须垫放管枕。管枕宽度应大于 150mm，高度应大于 100mm。同类管子存放，12m 长管道要从地面开始逐层放置枕块。短时间堆放时，每层也可不放枕块，但高度不得大于 1.5m。管道底部两侧应放置挡块，防止管道滚动。

（4）管材在露天存放时应采用毡布覆盖，禁止太阳暴晒、风吹雨淋。

3.3 安装回填

管道的安装必须在管沟底部土层处理合格后进行。

安装时注意以下要求：

（1）管道下沟前，应对聚氨酯保温管表面保温层进行认真检查，发现有损坏的，应及时进行处理。

（2）管道对接时，应保证管道设计轴线及坡度，对口完成后进行点焊固定，严禁强力对口。

（3）聚氨酯保温管可单根吊入沟内安装，也可 2 根或多根组焊完后吊装。当组焊管段较长时，宜用两台或多台吊车抬吊下管，严禁将管道直接推入沟内。

（4）工作钢管焊接完成，并经检验合格后，进行接头的保温、外套管连接的工作。可先立模进行聚氨脂发泡，再用热缩带将接头部分整体密封，两端和直管各搭接 100mm；也可先将外套管对焊处理，并经密封检查合格后开孔发泡。

（5）当日工程完工时应将管端封堵，以防泥土、水进入管内。

（6）管道周围 100mm 用细砂夯实。砂粒直径应不大于 8mm，砂层中不可含有黏土、砖、石铁件等杂物。

我公司在包钢余热回收供暖工程中，运行期间发生埋地聚氨酯保温管道漏水，经挖开土层检修时发现，漏水点处有大块尖锐石头。因此，管道回填应严格检查，必须清除砂层中的砖、石及铁件等杂物。

3.4　开裂的补救措施

（1）对现场外护管开裂管道应立即进行处理，防止裂纹蔓延。如外护管裂纹较多已成为碎片时，应进行返厂重新预制。

（2）对产生裂纹外护管，应立即采用捆扎带复原，并用钢带箍紧，然后采用粘弹体胶带密封裂缝，最后利用热收缩带缠绕进行修复。修复好的管道尽快回填，减少环境温度对修复材料的影响，避免二次开裂。

（3）管道下沟后，严禁施工人员在管道上行走。在冬季施工，聚乙烯外护管摩擦系数小，且具不粘附性，天气寒冷，外护管表面会结霜，表面很滑，在管道上方走动时极容易滑跌，对人身造成不必要的伤害。

（4）聚氨酯保温弯管预制结束后，先将中间焊缝打开，释放应力，下沟后再进行焊接；弯管现场补口时，尽量采取沟下补口，减少两端管段对弯管的影响。

（5）在聚氨酯保温管施工过程中，加强高密度聚乙烯外护层保护，避免磕碰、划伤、撞击。

（6）对已完成补口的保温管应及时下沟回填，未下沟的保温管应采取必要的遮阳保温措施，减少环境因素对保温管外护层的影响。

4　结语

本文结合我公司在包钢余热回收供暖工程的施工实践及所遇到的问题，分析聚乙烯外护管的开裂原因，提出聚氨酯保温管施工时的注意事项及开裂后的补救措施。旨在给同行同类项目的施工提供借鉴参考，尽可能的减少质量问题的发生。

参考文献：

[1]　GB/T 29047—2012. 高密度聚乙烯外护管硬质聚氨酯泡沫塑料预制直埋保温管及管件[S].

[2]　CJ/T 155—2001. 高密度聚乙烯外护管聚氨酯硬质泡沫塑料预制直埋保温管件[S].

[3]　蒋林林，等. 高密度聚乙烯外护保温管的开裂原因[J]. 油气储运，2012，31(7)：557-559.

[4]　赵敬云. 预制直埋式保温管低温下的性能变化研究[J]. 管道技术与设备，2004(3)：22-34.

[5]　陈祖敏. 影响聚乙烯管材耐环境应力开裂的因素及对策[J]. 塑料科技.

A48 微型开口钢管桩在钢管扣件式支模架中的应用

周白龙[1]　李栋森[2]

(1. 湖南湘源建设工程有限公司，常德　415000；2. 常德市怀德建设监理有限公司，常德　415000)

摘　要：介绍采用 A48 微型钢管桩，应对在地表软弱层上搭设钢管扣件式支模架的方法；列出了微型钢管桩竖向承载力的计算式和挖机压桩的操作事项。

关键词：软弱地基；微型钢管桩；压桩

1　前言

在楼层施工中，钢管扣件式模板垂直支撑系统被广泛应用，但在施工过程中，往往会遇到软弱地基必须事前进行处理，否则隐患无穷，重者造成上部构件沉陷破坏或出现重大安全事故。

在工程建设中，往往建设场地是一片未经夯实的回填土地基；对于一般地基加固的施工方法很多，在此不多叙述。当工期十分紧迫，而地基加固需移至后期进行时，其支模架体的地基处理，需要一个快速、可靠的方法。

文者在某工程遇到的类似情况，采用了 A48 微型开口钢管桩快速、成功完成了重型混凝土构件支模架的施工。现作简要介绍，供同仁参考。

2　工程概况

常德市德山区某纸厂制浆车间，长 110m、宽 30m；二层框架结构，檐口高度 14m；第一层层高 6.5m，纵向柱距 6m，横向柱距 10m；楼层为井梁结构，最大梁截面尺寸为高 1.2m、宽 0.9m、楼板厚 0.15m；柱混凝土设计强度为 C40，板混凝土设计强度为 C30。第二层车间中部无柱，屋面结构为 30m 跨预应力钢筋混凝土折线形屋架上盖大型钢筋混凝土预应力槽板。

场内地质地貌情况：场地已三通一平，在开始进行楼层施工时，工地才反映约有 1/5 不同部位的场地是推土机推填的土层，其深度约 2.5m 左右，且未经夯实处理，只是推土时推土机在表面来回碾压过两遍。

该项工程工期十分紧迫，若延误合同工期将会受到大额罚款，另为了赶工期，工地已调集了大量木工进入现场，此时若先采取一般性的地基加固后，再搭设模板支撑架，必定会引起大量劳动力窝工。

3　应对方案

面对软弱填土层的情况，经多种方案的比对，决定尝试采用 A48 微型开口钢管桩来承受支模架立杆的下传竖向荷载。

3.1　微型开口钢管桩的设计计算

3.1.1　前提条件：上部为 2.5m 左右深的松软土层，因填土较浅，在计算微型开口钢管桩受力过程中不考虑正负侧阻值，只计算微型开口钢管桩进入下部粉质黏土层的侧阻值和端承值。

查该项工程的地址勘察报告，场地内回填土下层是粉质黏土，厚度约 8m，再下依次为粉土、粉砂、卵石层。粉质黏土为棕黄色、硬塑、用于预制桩的桩侧极限阻值为 90kPa，桩端极限阻值为 800kPa。

3.1.2　微型开口钢管桩单桩竖向极限承载力标准值计算

计算依据：《建筑桩基技术规范》(JGJ 94—94)

$$Q_{uk} = Q_{sk} + Q_{pk} = \lambda_s \mu \sum q_{sik} l_i + \lambda_s q_{pk} A_p$$

因 $h_b / d_s \geqslant 5$　　$\lambda_p = 0.8 \cdot \lambda_s$

式中，q_{sik}、q_{pk} 为取与混凝土预制桩相同值；λ_p 为开口钢管桩桩端闭塞效应系数；h_b 为桩端进入持力层深度，取 $h_b = 1m$；d_s 为钢管桩外直径；取 $A = 48mm$；λ_s 为侧阻挤土效应系数，查表 $\lambda_s = 1$；μ 为桩身周长；A_p 为桩端面积。

代入数字计算　　$Q_{uk} = Q_{sj} + Q_{pk} = 1 \times 0.048 \times 3.14 \times 90 \times 1 + 0.8 \times 1 \times 800 \times 0.048^2 \times 3.14 \times 1/4 = 13.565 + 1.158 = 14.723kPa$

考虑作为临时受力的支架，其单根竖向承载力设计值按下式计算

$$Q_k = \frac{1}{1.7} Q_{uk} = 8.66kPa$$

3.1.3　施工钢管扣件式模板垂直支撑立杆的布设

为便于施工操作，初步方案为大面积支架立杆间距均按 800mm×800mm 考虑，再根据各梁位的施工荷载情况确定在梁底另增设顶杆。

该工程楼层最大的梁截面尺寸宽为 0.9m，高为 1.2m，板厚 0.15m，计算出大梁底施工总荷载为 41.1kN/m；为之，决定在梁底纵向每隔 0.8m 设置 4 根顶杆，顶杆的横向间距约 0.3m，参见示意简图（图1）。

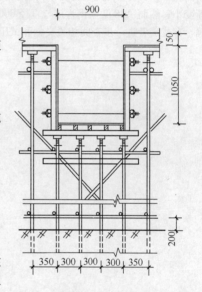

图1　大梁模板支撑系统剖面示意图

单根支架顶杆受力分配值约为：

$$N = 0.8 \times 1/4 \times 41.1 = 8.22kN < Q_k = 8.66kN$$

地面以上支架步距为 1.2m，其它构造要求按《建筑施工模板安全技术规范》（JGJ 162—2008）的相关要求执行。经通过模板设计软件计算，结论为可行。

4　A48 微型开口钢管桩的施工

4.1　施工准备

（1）进入现场，查明未经夯实土层的分布位置和范围，且在已绘制的支架立杆平面布置图中圈线标示。

（2）在需要压桩的部位备好 A48 钢管，钢管长度宜在 4m 左右；联系两台挖斗容量为 1m³ 的挖机进场，实施两组人员压桩施工，以便加快进度。

（3）每台挖机工作位安排 2 个工人，且对挖机司机和工人进行详细的技术和安全交底。

（4）对于需压桩位，按立杆平面布置图用白灰点标相应桩的位置。

4.2　压、拔桩操作事项

（1）先由 2 人对准标示点扶正安有桩帽的钢管，令挖机斗背将钢管徐徐压入土中；钢管进入软土约 1m 后，为确保人员安全，扶管人员迅速离开，随即使用叉棍扶正钢管继续施压。

（2）在软土深度范围，压入钢管的初始阶段，注意挖机斗背应多次调整垂直于扶正的钢管项，即要求每压入约 300mm，则迅速调整斗背的垂压面；否则因初始阶段地面以上的钢管较长，若挖机对其一次性压入的进深较大时，由于挖机臂的圆弧运动，必会对管顶产生较大水平力而使钢管整体弯曲。

（3）微型钢管桩压入软土层的进深速度很快，无需挖机过大施力；但当桩端进入粉质黏土层时，挖机司机会有明显感觉，此时司机可及时多次调整斗背的垂压面，加力施压至设计深度。

（4）值得注意的是：每次压桩之前，应在钢管顶套上桩帽。桩帽由一块−8×80×80 钢板和一根长约 150mmA60 钢管焊接制成。若不套上桩帽，则易使钢管顶部压卷边而不便与上部钢管支架立杆对接。参见图2。

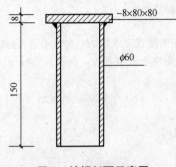

图2　桩帽剖面示意图

（5）对于相邻的微型钢管桩应采用不同长度的钢管，便于与上部钢管支架立杆对接点相互错位。

（6）在楼层混凝土达到龄期，拆除支架后，应及时用挖机将钢管桩拔出。

5　结语

制浆车间软弱地段实施该方案后，在该地段浇筑楼层梁板混凝土的过程中未发现立杆有沉降和弯曲变形情况；这一实践的成功，后又被应用到常德某船厂河滩位码头框架结构的支模架中，也得到了很好的效果。

文者长期在施工单位工作，对于设计方面专业性不强。在设计计算 A48 微型钢管桩时，采用了设计规范界定的≤600mm 小直径钢管桩的计算公式；该公式中的 $\lambda_s=1$ 系数不再随桩径变小而有所变化，规范中对＞600mm 直径的钢管，λ_s 值随直径加大而逐渐变小；然而 A48 微型钢管桩与直径 600mm 钢管相比较，数字相差很大，计算时仍取 $\lambda_s=1$ 是否精确，有待文者进一步查阅相关文献和试压检验；文者也盼望专家给予指导。

正顶斜交特大框架桥施工技术

彭 勇 李栋森

（常德市怀德建设监理有限公司，常德 415000）

摘 要：介绍正顶、斜制、斜交特大框架桥施工技术；预防框架桥顶部薄层路面侧移松动损坏、道路纵向背侧斜坡顶移、框架桥顶进漂移、扎头和抬头等措施，也介绍了框架桥顶面隔离薄钢板卷铺这一先进的专利技术原理。

关键词：特大框架桥；斜制；斜交；顶推；薄钢板卷铺

1 前言

近几年，我国道路建设仍在飞速发展，公路、铁路经常形成交叉网络分布，从而多跨大孔框架桥顶进施工越来越多被应用于下穿公路或铁路立体交叉。

采用顶进框架桥薄钢板卷铺施工具有以下几个优点：（1）顶进就位时间短，对上行线路基本无影响；（2）在线路外侧预制框架桥，占用场地少，可提前预制；（3）施工进度快、效率高，安全可靠。

顶进框架桥工作原理是以后背墙作为反顶支撑，利用千斤顶对已预制好的框架桥加顶推力，克服框架桥与接触面的摩阻力向前移动，通过添加顶柱实现框架持续向前推进，直至就位；薄钢板卷铺的工作原理是隔离顶部土体，基本消除顶部水平摩阻力，令其不随框架桥的顶进而跟动，保证路面的完整性。

2 工程概况

常德柳叶大道西延线（桃花源北路—陬市镇）在 K7＋081.113 与长张高速公路 K176＋500 处相交，设计采用两孔框架桥下穿长张高速公路，每孔框架桥长 51m，两孔相邻的墙边间距为 1.5m，其轴线与高速公路斜交夹角 63.881°，两孔框架桥两侧利用八字挡墙与两端线路相连接。两孔框架桥几何尺寸基本相同，即每孔总宽为 20.8m、内净宽 18.2m、总高 8.7m、内净高 6m。每孔框架桥分四节预制，前一节与钢刃角相连，预制长度 12.98m；第二、三节长度 12.98m；第四节长度为 11.98m。框架桥采用斜交、斜制、正顶。

两孔框架桥相互平行，且采用相同标高设计，底板底部进出口高程为 43.8m，框架桥顶部高程为 52.5m，则框架桥顶部覆盖厚度仅为 2～2.683m。见图 1。

根据地质报告显示，框架桥整体处于高速公路路堤的填筑土层中，填筑土平均厚度为 18.56m，即框架桥顶进后，框架桥底板将处在 7.5m 厚的填筑土层上。地基承载力为 $f_{ak}＝140kN/m^2$；另框架构件预制场地的地基承载力也为 $f_{ak}＝140kN/m^2$。设计要求地基承载力为 $f_{ak}＝200kN/m^2$，故对原地基需进行加固处理。

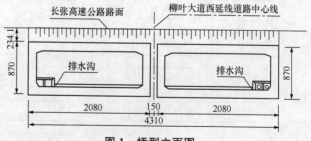

图 1 桥型立面图

3 框架桥顶进施工的重点、难点分析及对策

3.1 重点、难点分析

本工程为斜制、斜交、正顶特大框架桥，其施工顶推难度大，工期紧迫，需周密部署各环节；框

架桥顶土层薄，若采用一般顶推方法，极易发生上部路面跟动侧移而拉裂破坏；公路基底土层需随机加固；框架桥斜制且与高速公路斜交易出现漂移等不利因素。在巨大推力顶进框架桥的过程中，各环节稍有不慎，必会引起框架桥抬头、漂移、扎头等问题，这些问题的出现将会引起高速公路路面隆起、凹陷、开裂等，重者终止交通这一恶果。为此，确保高速公路正常行车安全和施工人员的人身安全将为本项目施工的重中之重。

3.2 主要对策

（1）地基加固：框架预制场和坑道内地基需加固，原设计方案为注水泥浆 4m 深。但因筑填土为黏土，考虑注浆不易注进，监理建议：预制场地基改用重锤夯实处理；坑道内地基加固随顶推进程而进行快速小型砂桩挤土处理。

（2）为了防止顶部路面跟动侧移、沉陷等形式的破坏，采用获得了国家专利技术的"组合式隔离薄钢板卷铺框架桥盾构机"进行施工，该项工法采用薄钢板卷铺能有效大幅度减小上部覆盖土体的跟动阻力，从而保证上部覆盖层不被随顶进而跟动侧移和沉陷。

（3）盾构开挖时，采用子盾构伸缩体超前顶进支护后开挖的方法，严格控制挖机和人工超挖、少挖现象，防止框架桥在顶进过程中出现抬头或扎头。

（4）在顶进过程中，进行严密的监控测量，当监测数据达到警戒值时，适时调整各项顶进参数；超过警戒值时，停止施工，修正参数后方能继续施工。这一过程，其动态应始终置于可控状态，从而克服框架漂移等事项。

（5）对高速公路路面加强测控，随时观测其路面的沉陷侧移开裂事项，一旦接近警界值，则应停止顶推施工，分析查明原因，且制定有效措施，确保道路安全通畅。

4 施工工艺流程（图2）

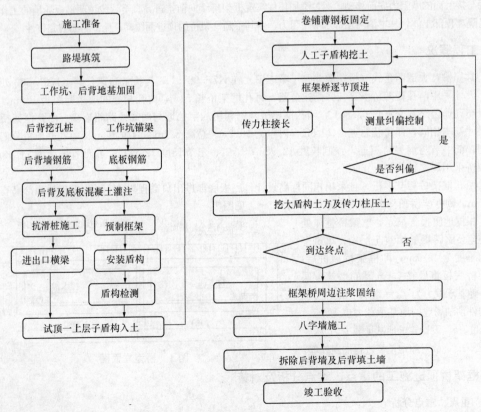

图2 工艺流程

5　顶推系统的构成

顶推系统由顶推后背墙、滑板、导向装置、千斤顶、顶柱及横梁构成。见图 3。

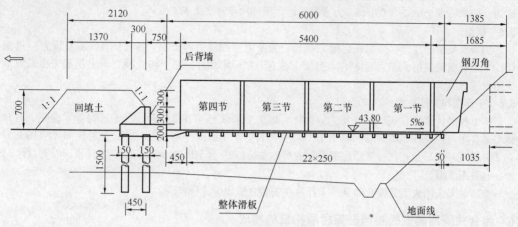

图 3　构件侧立面图

5.1　顶推后背墙

顶推后背墙是一个十分重要的临时构筑物，它必须能够提供充足的抗力，以满足顶推过程中各阶段的抗力要求，即 $F \geqslant KP$

式中：F——后背墙的设计抗力；

$\quad\quad P$——顶推过程中的最大顶推力；

$\quad\quad K$——安全系数，取 1.2～1.5。

其 P 值为顶推框架桥各方向与土体的摩擦值加刃脚正面及侧面阻力值（该值按现场测算或取经验值）。本工程的 P 值经计算为 50000kN。

按所需顶推力的大小及顶推千斤顶的布置位，合理设计背墙，做到顶推力能均匀扩散到整个背面，不得出现背墙局部损坏。在浇筑背墙基础时应将滑板的纵筋置于其内，力求减小背墙的规模，提高滑板的水平抗力。

本工程两个背墙基础各采用了 12 根 ϕ1500 人工挖孔桩，钢筋混凝土梯形挡墙，其背部为高填筑土。

5.2　滑板

滑板是预制框架桥的基础，也是框架桥被顶进时的滑行之路。滑板必须满足三个要求：第一具有足够的承载预制框架桥的重力；第二具有较好的基底抗滑移能力，防止顶推时和框架桥一起滑动；第三滑板表面应平整光滑，且表面应涂有润滑物质，以降低顶推过程的摩阻力；滑板应配置足够的纵向抗拉钢筋，防止在顶推时滑板出现横向裂缝。

本工程在施工滑板钢筋混凝土之前，对原地基的不足进行了重锤夯实处理，达到了 200kN/m² 这一要求；滑板厚度设计为 300mm，上、下纵筋设计为 ϕ16@150，横向构造筋为 ϕ12@200，滑板底部每 3000mm 设置了下凸 300mm×500mm 的横向枕梁，其混凝土为 C25；表面加浆抹平控制在 3mm 内，表面均匀涂上石蜡、机油再满铺塑料膜一层。另为防止顶推过程发生"扎头"现象，滑板设置为纵向 0.3% 左右的上坡坡度。

5.3　导向装置

为了控制框架桥在滑板上的前进精准方向，则在滑板两侧设置导向墙。导向墙高为 150mm、宽 300mm，距预制的框架桥侧边 20mm。预制框架桥之后在导墙内侧贴上 20mm 厚的泡沫塑料板，再施工导向墙，这一举措能使顶推框架桥行进更为精准和顺畅。

5.4 顶柱

顶柱是延长千斤顶行程的传力柱，要求承受千斤顶的压力不变形、耐用、搬运方便。本工程顶柱用 C 40 混凝土制成，且在顶柱两端铺设有两层 $\phi 8$ 钢筋网片防崩边，截面尺寸为 450mm×450mm，长度为 400mm、800mm、2300mm。为方便搬运，顶柱均设有 2 个 $\phi 14$ 吊环。

5.5 横梁

随着框架桥的顶出，其顶柱也随之接长，为了防止顶柱侧向失稳，需每隔 4m 左右设置一道横梁。本工程横梁采用 I_{16} 工字钢制作，且梁下设有卡扣固定顶柱。对于防止顶柱向上拱起失稳采取了压重处理。

5.6 千斤顶和高压油泵

本工程经计算需 50000kN 顶推力，为之，施工上采取分 4 节顶推时，在子盾构撑掌面左、右对称安装各 10 台 HSG300/200-200 千斤顶；在框架桥 3 个中缝间分别左、右对称安装各 11 台 HSG80/45-500 双耳环千斤顶；在框架桥尾部左、右对称安装各 10 台 HSG300/200-1000 千斤顶。以上总计 94 台，且备用 21 台千斤顶。

高压油泵采用大流量配套油泵。千斤顶在安装之前均应进行校验。

6 组合式隔离薄钢板卷铺框架桥盾构机的构成

该盾构机是一项先进的专利技术，其构造简单、安全、顶进速度快，防止顶部薄层土体（路面）沉陷、侧移效果极佳。其组合系统构成参见图 4。

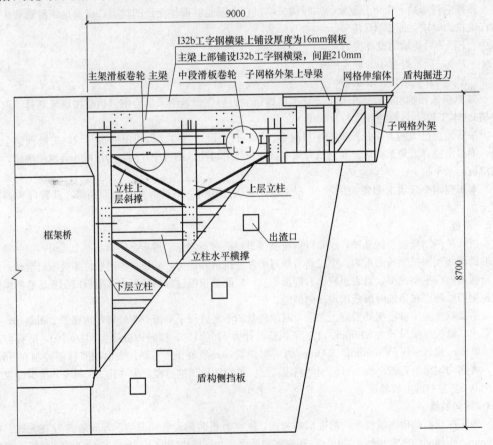

图 4 盾构内侧立面图

6.1　土体支档系统

由垫梁、组合支柱、主梁、横梁、外挡板、顶板、支架内挡板等组成。该系统安装固定在预制的混凝土框架桥前端。

6.2　子盾构掘进开挖支档系统

其组成有子盾构外架、子盾构伸缩框、掘进刀、伸缩动力（千斤顶）。

6.3　隔离薄钢板卷铺系统

有隔离薄钢板卷筒、卷筒轴承座、隔离薄钢板动力、隔离薄钢板导向槽、隔离薄钢板接长焊接架、隔离薄钢板尾部固定体。这一系统是先进的专利部分。

7　顶推框架桥施工操作过程

在预制的框架桥各部位完成验收和钢制盾构安装无误后，则可以进入顶推施工阶段。

（1）将各卷薄钢板后端固定在入孔洞顶的混凝土横梁上，要求连接牢固，正直。

（2）开启千斤顶贴紧顶推点，令顶柱初始受力。

（3）在子盾构内开挖前方土体至需前进位 a 点，盾构推进等量距离。

（4）伸缩动力（千斤顶）向前推动子盾构再顶进框架桥时，则带动隔离薄钢板卷筒，隔离薄钢板通过导向槽仰向定位铺设于盾构与覆盖土之间。

（5）启动第一节框架桥与第二节框架桥之间的动力（千斤顶），第一节框架桥和盾构主体向前顶进，而子盾构伸缩框、隔离薄钢板卷筒、掘进刀静止不动，伸缩动力（千斤顶）随框架桥和盾构主体顶进而收缩，至子盾构伸缩框回到初始状态，隔离薄钢板铺设完成了顶进长度 ΔL 的一段铺设。

（6）后几节框架桥，启动安装在节间的千斤顶，依次顶进靠拢。整个框架桥完成了第一个顶进循环。

（7）以后按第一个顶进循环进行后多个循环直至完全将整个框架桥顶到设计位置。事后及时对框架桥两侧邻土面空隙注入水泥浆填实。

（8）监控：顶推过程中，安排专职人员用仪器跟踪监测被推进的框架桥是否发生了漂移、标高变化等，将数据及时通知指挥人员，以便及时调整左或右位千斤顶的进油量，逐渐校正推进方向和调整土体开挖量。

8　顶推施工几个问题的注意事项和措施

8.1　掘进挖土

对于盾构顶部的土体应尽量控制与盾构顶部相平齐；对于盾构两侧土体宜超挖 20～30mm，这可大量减少两侧摩阻力；框架桥底部土体开挖后，本工程因需对基土加固，则在顶进前，采用挖机吊振动器和 2.5m 长 A120 钢管打入和拔出灌砂挤土，然后修整基土面与框架桥底平齐。在挖土过程中还应始终保持盾构内有核心土坡，以保证前进方向土体的稳定性。

8.2　纠偏

由于框架桥各部位的摩阻力不均衡或千斤顶性能差异，框架桥在顶推过程中易发生漂移，特别是斜制斜交框架桥在尖角方向漂移为多见。发生漂移偏位时，应及时进行纠偏，方法是：当前进方向出现在左偏时，将右侧的千斤顶停止进油或降低进油速度，否则反之。纠偏是一个逐渐的过程，如果不慎偏位过大，则需一个较长顶进距离才能逐渐完成纠偏值。

8.3　预制框架桥

（1）注意事项：在前三节的地面尾部应预埋 8mm 厚的钢板，且与后节框架桥的前沿搭接不少于 300mm，以便框架桥顶进后，其接口保持平整。

（2）在前三节的侧面尾部预理铁件，以便焊接 8mm 厚的遮盖钢板，且要求该钢板与后一节框架桥搭接不少于 300mm，以便在顶进时防止形成的缝隙有散土挤入。

（3）对于框架桥顶部应在顶进前满钉铺薄钢板，且要求满涂润滑剂。

（4）在每次框架桥顶进之前，应仔细检查各间隙是否有散落物，并清理干净后才能进行顶进。

（5）顶进之前还应及时对卷铺的薄钢板下表涂刷润滑剂。

（6）随着顶进的距离越来越长，要求对后座方向的顶柱及时安放横梁和压重。同时检查背墙和滑板是否有裂缝和较大变形，若出现这类现象，应及时采取有效的补救措施。

其他安全、质量、环保等措施，在此不再叙述。参见图 5。

图 5　现场顶推状况图片

9　尾言

本项工程目前是湖南省最大的顶推框架桥，顶推完成后，经严格检测，框架桥整体平整、顺直；各节合拢最大间隙仅 15mm；向尖角方向出口位漂移 120mm（设计要求≤250mm）；目测高速公路路面仍然完整，未发现裂纹，经检测，最大沉降点仅为 15mm（设计要求≤20mm）。顶推全过程，未中断过交通，也未发生过大小安全事故。

该特大框架桥能安全优质完成，可以说很大程度上得益于"组合式隔离薄钢板卷铺框架桥盾构机"这一先进的施工专利技术。

某电站压力输水管道岩石边坡滑坡整治

虞 奇 陈振邦

（湖南省第六工程有限公司，长沙 410015）

摘 要：针对某水电站压力输水管道岩石山坡局部滑动，采用大型锚杆加固，并结合防渗、排水等措施进行综合治理，保证了山坡稳定和电站的正常运行。本文对锚杆设计进行了详细计算，并对施工措施提出了具体要求，为岩石边坡的滑坡治理提供了工程实例。

关键词：大型抗滑锚杆；山坡滑坡综合治理

1 工程概况及滑坡成因分析

某高水头引水式电站，设计水头 165m，设计引用流量 7m³/s。由一条 3.5km 引渠和两条压力钢管引水。下设发电厂房，装机 4 台 1600kW 水轮发电机组。压力管道均坐落在花岗岩岩石基础之上。

该工程在 1# 压力管道建成、且 1#、2# 发电机组已进行试运行时，在多次暴雨后，压力管道山坡发生局部滑动。1# 压力管道长 281m，管径 1m。设有 8 个镇墩，镇墩之间设有支墩。主滑体位于 6# 至 7# 镇墩部位。山坡滑动范围约 794m²，滑动影响区面积 1564m²。

根据地勘报告，主滑体由于具有互相切割的三组节理，特别是倾向河床的节理面在常年受到水的侵蚀和风化后，形成软弱夹层带，其摩擦系数 f 和粘聚力均降低，构成了滑体的滑动面。三组节理互相切割形成了岩体滑动的内因。外界大气降水是诱发滑体滑动的主要外因。

2 滑坡整治方案设计

根据地质勘察和滑坡成因分析，我们对抗滑挡墙、抗滑桩、抗滑拉锚、大型抗滑锚杆及防渗排水五个方案进行了详细的技术经济比较，最终选用大型锚杆锚固、结合防渗排水措施的滑坡整治方案。

锚栓采用钻机造孔。开孔孔径 110mm，基岩内终孔孔径 91mm。锚孔穿过滑动面，达到稳定基岩内一定深度。每孔内插入 4 根 φ25 螺纹钢筋组成的组合锚杆。对锚孔进行压力灌浆。灌浆的作用，一方面使岩体与锚杆形成一个整体，并防止钢筋锈蚀。同时也对滑动面起固结作用，改变滑面性质。

根据地勘资料和现场实测，滑动岩体基本参数见表 1：

表 1 滑体基本数据表

名 称	符 号	单 位	数 值	备 注
滑动总面积	ΣS	m²	794	
滑动体总重量	ΣW	kN	123120	
滑动面平均长度	L	m	38	
滑动体平均长度	l	m	38	
滑动体平均厚度	H	m	6	
滑动体平均重度	γ	kN/m³	27	
滑动面内摩擦角	φ	度	16°42′	积水饱和时
滑动面单位粘聚力	c	kPa	10	
滑动面倾角	α	度	42	
滑动体平均宽度	B	m	20	

2.1 滑动推力计算

于主滑动线上取 1m 宽滑体计算。

（1）单宽滑体的自重：

$$G = b \cdot l \cdot H \cdot \gamma$$
$$= 1 \times 38 \times 6 \times 27$$
$$= 6156(kN)$$

式中　G——1m 宽滑体重量（t）；

　　　b——滑体单位宽度（m），$b = 1m$；

　　　l——滑体平均长度（m），$L = 38m$；

　　　H——滑体平均厚度（m），$H = 6m$；

　　　γ——滑体重力密度，$\gamma = 27(kN/m^3)$。

（2）滑动推力：

$$E = G \cdot \sin\alpha - \frac{1}{K}(G \cdot \cos\alpha \cdot \tan\varphi + c \cdot L)$$

$$= 6156 \times \sin42° - \frac{1}{1.35}(6156 \times \cos42° \times \tan16°42' + 10 \times 40)$$

$$= 2807(kN)$$

式中　E——平行于滑动面的滑动力（kN）。

　　　α——滑动面与水平面的夹角，$\alpha = 42°$。

　　　φ——滑动面的内摩擦角。采用 $\varphi = 16°42'$

　　　K——稳定安全系数。一级边坡设计时取 $K = 1.35$。

　　　c——滑动面土体单位粘聚力。采用 $c = 10kPa$。

　　　L——滑动面平均长度，$L = 40m$。

2.2 锚杆断面计算和断面设计

采用 16 锰螺纹钢筋。锚杆的抗滑主要由锚筋的抗剪控制。根据钻机条件，采用锚杆垂直插入滑动体。（图 1）

（1）1m 宽滑体内所需钢筋斜截面面积计算：

$$A' = \frac{E}{f_v} = \frac{2807 \times 1000}{190} = 14770(mm^2)$$

式中　A'——平行于滑动面的钢筋斜截面计算面积（cm^2）。

　　　E——平行于滑动面的下滑力（N）。

　　　f_v——钢筋抗剪容许应力。$\phi16$ 锰钢筋 $f_v = 190N/mm^2$

（2）1m 宽滑体内所需钢筋正截面面积：

$$A = A' \cdot \cos\alpha$$
$$= 14770 \times \cos42° = 11000(mm^2)$$

式中　A——钢筋正截面计算面积（cm^2）。

　　　α——滑动面与水平面的夹角，$\alpha = 42°$。

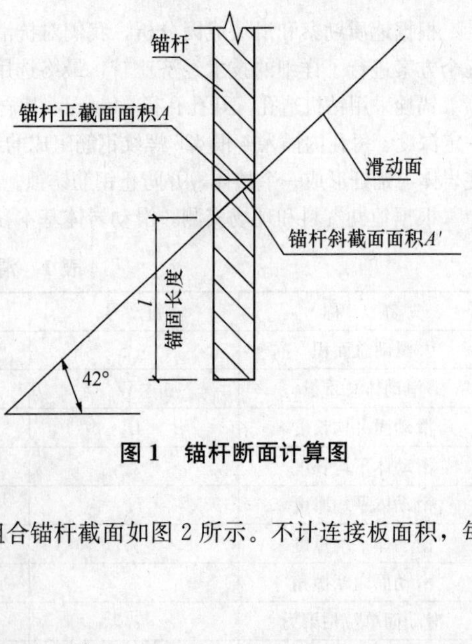

图 1　锚杆断面计算图

（3）1m 滑体内所需锚孔数计算：

设计每个锚孔布置 $4\phi25$ 钢筋，用－10 钢板焊成组合锚杆截面如图 2 所示。不计连接板面积，每孔钢筋有效截面积为 $As = 1963mm^2$。

则 1m 宽需锚孔数为：

$$n = \frac{A}{As} = \frac{11000}{1963} = 5.6(孔)$$

考虑各孔受剪面受力不均匀影响，采用每 m 滑动体布置八孔，每孔设置 $4\phi25$ 螺纹钢筋。

2.3 锚固深度计算

如前所述，基岩内的锚杆在压力灌浆后，与基岩成为整体不能发生挠曲变形和变位，在剪力作用下，滑动面内锚杆发生剪切变形，产生锚固段的拉力，此拉力近似取作锚筋达到抗拉屈服强度时的最大拉力以计算锚固长度，偏安全。故锚杆在基岩内的锚固深度由下列两种情况计算，取大者。

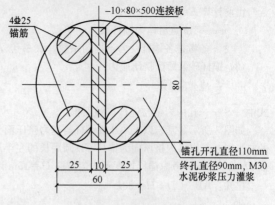

图2　组合锚杆截面图

（1）按砂浆与钢筋粘着力计算：

每孔钢筋平均直径 $d=50\text{mm}$

计算式：$l = K \cdot \dfrac{T}{\tau_g \cdot S}$

式中　l——锚杆锚固长度（mm）。

T——钢筋达到屈服强度时的最大拉力（N）

$$T = \sigma_L \cdot A = \sigma_L \cdot \frac{\pi d^2}{4}。$$

σ_L——钢筋抗拉屈服强度 16 锰钢筋取 $\sigma_L = 340$（N/mm²）。

τ_g——砂浆与钢筋粘着力。采用 M30 水泥砂浆 $\tau_g = 2.5$（N/mm²）。

S——钢筋周长。$S = \pi d$（mm）。

K——锚固安全系数。设计时取 $K=2$。

故：

$$l = K \cdot \frac{\sigma_L \cdot \frac{\pi d^2}{4}}{\tau_g \cdot \pi d} = K \cdot \frac{\sigma_L \cdot d}{4\tau_g}$$

$$= 2 \times \frac{340 \times 50}{4 \times 2.5} = 3400 (\text{mm})$$

（2）按砂浆与基岩孔壁粘着力计算：

计算式：$l = K \cdot \dfrac{T}{\tau'_g \cdot S'}$

式中　T——同前。$T = \sigma_L \cdot \dfrac{\pi d^2}{4}$（N）。

S'——砂浆与基岩孔壁接触面周长。$S' = \pi D_{孔}$。

$D_{孔}$——钻机终孔孔径。$D_{孔} = 90\text{mm}$。

τ'_g——砂浆与基岩的粘着应力。按较硬岩，取 $\tau'_g = 1.3$（N/mm²）。

l、K 同前。

故：

$$l = K \cdot \frac{\sigma_L \cdot \frac{\pi d^2}{4}}{\tau'_g \cdot \pi D_{孔}} = K \cdot \frac{\sigma_L \cdot d^2}{4\tau'_g \cdot D_{孔}}$$

$$= 2 \times \frac{340 \times 50^2}{4 \times 1.3 \times 90} = 3640 (\text{mm})。$$

计算得知，锚固长度最大须 3.6m。当考虑滑动面软弱夹层厚度不均及其他不利条件时，采用锚固深度为 6m。

2.4 挤压应力校核

（1）每个锚杆所受挤压力：

$$e = \frac{E}{n} \cdot \xi = \frac{2807}{8} \times 0.742 = 260 (\text{kN})$$

式中　E——1m 宽滑体内平行于滑面的滑动推力。

由前计算 $E=2807$（kN）。

  n——1m 宽滑体内锚杆数。$n=8$。

  ξ——考虑各锚杆受力不均匀系数，取 $\xi=0.742$。

（3）锚杆砂浆所受挤压应力：

$$\sigma = \frac{e}{S}(\mathrm{kg/cm^2})$$

式中 S——孔内岩壁与锚杆接触面积。

  如图 3 所示。基岩以上 AB 段锚杆与基岩挤压面为锚杆圆圈周长的右半周，基岩以内挤压面为锚杆 CD 圆周长的左半周。锚孔终孔直径 $D_{孔}$ 为 90mm。考虑锚杆长度不均匀，取 $\overline{H}=15\mathrm{m}$ 计。

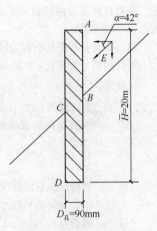

图 3 挤压应力计算图

  已知：$AB+CD \doteq \overline{H}=20\mathrm{m}$

  故：

$$S = \frac{\pi \cdot D_{孔}}{2} \cdot \overline{H}$$
$$= \frac{3.\dot{1}4 \times 0.09}{2} \times 15$$
$$= 2.12(\mathrm{m^2})$$

则

$$\sigma = \frac{260}{2.12}$$
$$= 122(\mathrm{kN/m^2})$$
$$= 0.122(\mathrm{N/mm^2})$$

压力注浆水泥砂浆强度等级为 M30，锚杆接触面挤压应力小于砂浆抗压强度，校核安全。

2.5 锚杆的布置及主要工程量

  根据以上计算，锚孔间距为排距 1m，孔距 0.5m，梅花形布置，如图 4 所示。

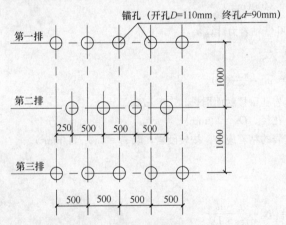

图 4 锚孔布置图（mm）

  设计于主滑体前沿布设三排锚孔，共计 121 孔。于被牵引体（主滑体后壁）布设三排，共 75 孔。于压力管道各镇墩处布设锚孔，共 68 孔。总计设锚孔 264 孔，预计锚杆总长度 4684m。

3 山坡排水防渗工程设计

3.1 山坡排水沟

  根据山坡实际地形、地质情况，于压力管道顶部、压力前池下沿设置截水沟，并在山坡各不同高程布设九条横向排水沟。在滑区内设枝状排水沟。排水沟的水分别从山坡两侧的纵向排水沟和前池溢水洩槽中排出厂区外下游河道。

山坡排水沟的设计不但考虑雨季排水，同时尚考虑到钻机施工排水及压力管局部失事排水。设计底宽分别为 0.9～1m，深 0.6～1.2m，坡比为 1/50～1/200。共长 720m。

3.2　山坡防渗

对山坡上约 490 条裂缝（隙）全部用水泥环氧砂浆注浆、勾缝封闭。较深的裂缝采用局部接触灌浆，并对山坡台地上的松散性堆积体进行平整，上设 200mm 厚的 C20 钢筋混凝土铺盖或 30mm 厚 1∶2 的水泥砂浆抹面。

3.3　滑体内部排水

在主滑体下沿布设八个水平排水孔，在牵引体下沿布设五个水平排水孔，并于山坡上六个季节性出水点各打一水平排水孔。排水孔由钻机水平钻进，要求穿过滑动面。排水孔出口处设地表排水支沟，将孔内排出的水引入山坡排水沟。

以上防渗排水设施要求在钻机进场前完成。

4　锚杆施工中的几个主要措施

4.1　施工中滑体的稳定问题

锚杆的施工是在滑体处于极限平衡状态下在滑体上进行的。针对滑体在施工过程中的稳定问题，采取以下几点措施。

（1）在滑区内布设七个灌浆孔，在下锚前对滑体进行一次性的全面固结灌浆，加强滑体的整体性，改变滑动面的结构性质，阻止钻机水在滑体内的流动。从而增加滑体的稳定性，同时也减少了锚孔施工时的串孔现象。

（2）合理布置钻机。

主滑体是整个滑区的动源，施工的前期和中期，应突击先抢主滑体的锚固稳定，尽量集中主要钻机在主滑体上，保证主滑体的锚杆进度和质量。也可减少其他部位施工时对主滑体施工的干扰和影响。同时，主滑体上先下的锚杆在施工过程中也将不断地增加滑体的稳定性。

（3）滑区内钻机施工部位增设临时小型排水沟和地表铺盖，使施工用水不在坡面漫流下渗。

（4）尽量减轻滑体上的施工荷载。如及时搬运废岩芯和暂时不用的锚杆、套管、机组等。锚杆随用随运，采用架空索道运输，不在工作平台上储存。

由于采用了以上措施，保证了施工期滑体的稳定，使锚固施工能顺利进行。

4.2　主要施工工艺要求

（1）灌浆压力

根据该工程的实际情况，灌浆压力一般采用 0.2～0.3MPa 为宜。

每孔灌浆过程中，灌浆压力须由小到大，逐渐稳定至 0.3MPa 灌浆的操作必须按灌浆规程进行。

（2）钻孔顺序

为防止串孔和钻机的互相干扰，采用"四序七孔"钻进法。

（3）锚杆组合

锚杆的组合焊接必须达到焊接规程要求。钢筋的接头在每一断面内不能超过 50%，并须避开滑动面的软弱层。

由于我们重视了施工质量，采取了保证质量的具体措施，所以该工程的锚杆工程施工质量是比较满意的。锚固工程竣工后，我们抽取了样芯进行检查（图 5）。纯水泥芯结构致密，混合芯中，夹层内的砂粒和矿物成分与水泥浆结合均匀，强度达到设计要求的。

图 5　灌浆质量
样芯照片

5　结束语

本工程压力管道山坡，自锚固工程实施以后，经过多次管道试压、机组试车、空载运行及带负荷运行，一直处于稳定；所设观测点均无异常反应。根据探孔资料，锚固竣工后原滑体主要参数指标与锚固前的参数指标对照如表 2 所示：

表 2 滑坡体锚固前后主要参数指标对照表

山坡参数名称	符 号	单 位	数 值		备 注
			施工前	竣工后	
滑动面内摩擦角	φ	度	$16°42'$	$28°$	$16°42'=16.7°$
滑动面单位粘聚力	c	kPa	10	95	
滑动体下滑力	G	kN	6156	6156	G 为滑体自重
单宽滑动面面积	A	m^2	40	40	由滑面摩阻力、粘聚力、锚栓抗剪力、被动土压力四部分组成
稳定安全系数	K_s		0.43	1.52	$K_s = \dfrac{G \cdot \cos42° \cdot \text{tg}\varphi + c \cdot A \times 1000}{G \cdot \sin42°}$

锚固施工后，山坡稳定系数由 0.43 提高到 1.52。山坡经锚固整治已属稳定。该工程自山坡处理后至今，多年来一直运行良好，实践表明，本工程所采用的大型锚杆和排水、防渗相结合整治岩体滑坡的方法是安全可靠的。

参考文献：

[1] GB 50007—2011. 建筑地基基础设计规范[S].
[2] GB 50843—2013. 建筑边坡工程鉴定与加固技术规范[S].
[3] CECS 22：2005. 岩石锚杆(索)技术规程[S].

网架格构式拔杆整体吊装施工技术

壮真才

（湖南省第六工程有限公司，长沙 410004）

摘 要： 网架安装有多种方法，具体实施应根据网架结构类型、受力情况和构造特点，在确保工程质量、施工安全的前提下，结合工程进度、施工现场技术条件综合确定。本文通过方案比选，阐述了大型网架格构式拔杆整体吊装施工技术的特点、范围、工艺原理、工艺流程和操作要点。

关键词： 格构式拔杆；网架；整体吊装

1 工程概况

安徽长丰扬子汽车制造有限责任公司汽车总装车间厂房网架工程采用焊接空心球节点网架结构，根据该厂制造设备工艺要求，车间内大部分管线、设备均需悬挂在网架上。网架平面尺寸：90m×282m，采用下弦柱网多点支承，支撑柱间距为 24m×24m，柱顶标高 9m。网格为 4m×4m，矢高为 3.2m。

2 施工方案比选

（1）分单元分片搭设满堂红脚手架高空散装法。脚手架搭设较高；网架高处拼装焊接量大且高空拼装定位无法确保施工质量；安装时间长；机具、周转材料租期长、投入大、租赁费用高；安全防护措施要求高、安全隐患多、难以实施。

（2）分条高空滑移法。网架长度长、跨度大，安装滑行轨道费用高、施工周期长、工期不易保证、滑行同步操作困难、空间合拢时补杆多、安全性差、难以实施。

（3）分单元分片地面拼装，利用起重机四角吊装。吊装时吊点受力与网架设计工作内应力相差较大，因拼装后重量大（最大分片网架重量约 100t），起重机选型较大，设备租赁费用高，且单元网架有一角或两角无起重机起吊停放位置，同时不利于网架拼装、吊装交叉同步施工，减少了作业工作面，工期影响较大。

2.4 格构式拔杆整体吊装施工法。根据大型焊接球网架或钢管网架结构的整体重量和建筑特点（如伸缩缝、施工段等）将网架分成若干施工单元，每个施工单元在地面拼装成整体，采用格构式拔杆、多台卷扬机（或葫芦）或起重设备整体同步提升施工单元超过设计标高，在空中微移后在柱顶支座上进行就位安装，然后将相邻的施工单元在空中进行补杆连接，使网架形成整体。

综合比较，第（4）方法最优，采用该方法不需要搭设高的拼装支承平台，高处作业少，易于保证焊接质量；对场地要求低，只需对拔杆基础部分进行基础硬化，与利用起重机吊装相比，解决了现场地面不平，回填土松软难题，节省了吊装设备进场道路的硬化费；同时，安装用拔杆其杆件可由人工安装与拆卸、转运，不需占用额外的施工场地，使网架拼焊、提升吊装、拔杆吊装设备安装拆卸、网架支座、屋面檩条的安装均可交叉同步施工，提供了施工工作面，提高了工程进度。

本工程根据现场条件及建筑结构特点将整体网架分成三个单元六大片进行拼装、吊装，再在高空对接，分片尺寸为：88m×48m；88m×42m；96m×48m、96m×42m 各 2 片。提升高度为 9.5m，每片采用 8 套格构式拔杆整体同时提升，平均每套格构式拔杆吊重约 40t。

3　施工工艺流程及操作要点

3.1　施工工艺流程（图1）

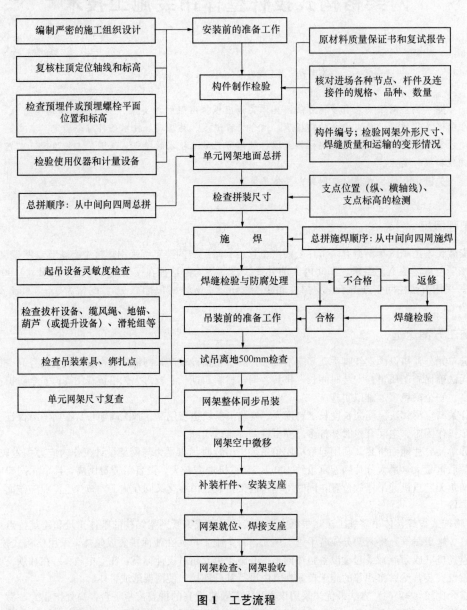

图1　工艺流程

3.2　安装前的准备工作

3.2.1　技术准备：编制《网架施工专项施工方案》；各种计量器具须经检验合格；所有焊工必须具有相应焊接形式的上岗证书；超声波探伤检测人员必须具备相应的检测资格。

3.2.2　材料准备：网架结构所用的焊接球、杆件、连接件等材料必须符合设计要求，且有出厂合格证等相关质量保证资料，并按规定进行力学性能试验，经检测符合规范标准和设计要求后方可使用；施工过程所用电焊条、气体保护焊实心焊丝、油漆等均应符合现行标准和设计要求。

3.2.3　拼装准备

（1）网架在拼装前须对焊接球、杆件和支座的外形尺寸、焊缝质量、构件在运输装卸过程中的变形情况等进行全面检查，符合设计要求方能进行拼装。

（2）在投影地面上准确地制作网架拼装平台支座和拔杆安装基础。拼装平台支座以网架下弦球为基准，综合考虑预先起拱值。要求拼装平台支座和拔杆安装基础标高、轴线准确并有足够的强度。

（3）网架平台支座是具有能调节钢管与球同心度的调节支点，在整个拼装过程中，应随时对支座位置和尺寸进行复核，如有变动，经调整后方可重新拼装。

3.3　单元网架地面拼装

依据设计图纸在网架拼装平台支座上进行单元网架的拼装，为保证网架在总拼过程中具有较少的焊接应力和便于调整尺寸，将按从中间向四周扩展的总拼顺序；焊接型网架在总拼前应精确放线。

3.4　网架焊接、焊缝检测

3.4.1　网架焊接

（1）网架焊接顺序应先焊下弦节点，使下弦收缩而略向上拱起，然后焊接腹杆及上弦节点。如先焊接上弦节点，易造成不易消除的人为挠度。

（2）在钢管—球节点的网架结构中，网架焊接主要是球体与钢管的焊接，一般采用等强度对接焊，为安全起见，在施焊处增焊 6～8mm 的贴角焊缝。当钢管壁厚大于 4mm 时，须开坡口。同时，焊接时钢管与球壁之间必须预留 3～4mm 的间隙，为此应加衬管，以保证焊缝的根部焊透。

（3）如需将钢管坡口与球壁顶紧焊接，则必须用单面焊接双面成型的焊接工艺。此情况下为保证焊透，采用开 U 形坡口进行焊接。

3.4.2　焊缝检测

焊缝质量达到二级焊缝，网架节点总拼焊接完成后，所有焊缝必须进行外观检查，并对杆件与球的对接焊缝抽样不少于焊口总数的 20% 进行无损超声波探伤检测。

3.4.3　防腐处理

网架的防腐处理包括制作阶段对构件及节点的防腐处理和拼装后的防腐处理。焊接球与钢管连接时，钢管及球均不与大气相通，对于新轧制的钢管，其内壁可不除锈，直接刷防锈漆即可；对于旧钢管，内外均应认真除锈，并刷防锈漆。

3.5　提升架和提升设备的选用

井字架拔杆单节高 3m，截面 1.8m×1.8m，四根主肢为 ϕ140mm×5mm 钢管、水平缀杆和斜撑采用 L75×6.0 的角钢组合焊接而成格构式，上下两节格构式拔杆采用高强度螺栓连接。顶端借助缆风绳稳定，下端固定在混凝土承台上。每组拔杆组合高度 18m，顶层沿对角线设两根互成 90°36a 的工字钢，工字梁端各悬挂 1 只 10t 的葫芦（或使用电动卷扬机作为动力的固定滑轮），如图 2 所示。

因拔杆只用于网架提升，且受力对称均匀，可以简化为轴心受压力学模型，根据每次提升网架重量和拔杆安装具体位置，对格构式拔杆进行整体稳定性、刚度、单肢杆件强度、水平缀条和斜撑强度及顶层十字形工字钢强度进行校核验算，满足各项要求。网架交叉施工如图 3 所示。

图 2　拔杆十字梁及提升设备　　　　　图 3　网架交叉施工现场

3.6　吊装前的准备

3.6.1　合理布置拔杆：确定拔杆的位置，使拔杆基本均分网架重量，同时核算吊点位置对网架杆件和节点受力的影响，避免产生超出允许范围的应力和变形。

3.6.2　对吊具、卡具、钢丝绳（包括吊索绳、缆风绳）进行验算，对起重设备按规定进行空载、负载和超载试验，确保安全可靠，检查拔杆、缆风绳、地锚与滑轮组安装牢固。

3.6.3　正确架设缆风绳：采用多套拔杆整体吊装网架时，保证拔杆顶端最小偏位是顺利吊装网架的关键之一。所有格构式拔杆顶部用钢丝绳串联紧固，保证所有拔杆形成一个整体。拔杆提升架外侧要设置缆风绳，缆风绳架设角度控制在30°～45°之间，并用葫芦张紧，缆风绳固定在地锚或建筑混凝土柱子上，缆风绳的初拉力宜适当加大。提升过程中，网架杆件可能与缆风绳发生干涉，此时，要预先架设紧固好备用缆风绳。

3.6.4　会同设计单位对网架的吊点杆件内力、挠度和风载荷作用下网架吊装时拔杆的稳定性及风载荷作用下网架的水平推力等进行验算，必要时采取加固措施。对网架靠近支座部分就位前未连接的杆件进行加强、对钢管杆件进行加固。

3.6.5　网架直接在其投影位置的地面拼装，因存在支承柱，导致与支座相连的杆件在吊装前无法安装，需要将网架吊装超出就位高度，降落就位于支座时方可拼装焊接，这样就削弱了网架设计强度，而且部分网格没有封闭，对此部位必须进行加强。如本工程经计算采用 $\phi60\times3.5mm$、$\phi76\times4mm$ 钢管进行加固，并将未封闭的网格进行对角封闭。做法如图4、图5所示。

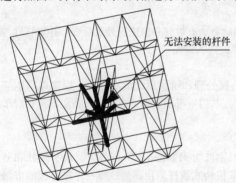

图4　支座无法安装的杆件

图5　杆件加强示意图

3.7　网架整体提升的同步控制

3.7.1　当网架离开拼装平台支座提升 500mm 时，检查网架各杆件、拔杆的受力状况、吊装用葫芦或起重设备受力状况，确定无问题时再进行正式吊装。

3.7.2　在网架整体吊装时，应确保各吊点起升及下降的同步性，使网架以均匀一致的速度上升或下降，以减少起重设备和网架结构的不均匀受力，并避免网架与柱或拔杆相碰撞。为确保网架整体同步吊装，须采取如下措施：

（1）选用同一型号、规格的滑轮和起重设备；

（2）选用同一规格的起重钢丝绳和索具；

（3）同步操作，尽量做到提升或就位下降速度一致；

（4）起升高度的跟踪测量：在每个拔杆吊点位置设立提升高度观测点，即在每个拔杆附近的网架下弦杆件相同高度处悬挂钢卷尺，在卷尺下方设立水准仪观测标杆，读出网架在提升时通过下弦的卷尺在标杆上的数值，比较各拔杆对网架的提升高差。提升高差允许值（是指相邻两拔杆间或相邻两吊点组的合力点间的相对高差）小于吊点间距的1/400，且不宜大小100mm。

3.8　网架空中移位

采用多套拔杆整体吊装单元网架的关键是空中移位，可利用每套拔杆两侧葫芦或起重设备滑轮组吊索产生的水平分力不等的原理推动网架水平移动或转动来进行就位。

3.8.1　网架在空中移动的力学原理简图（图6）。

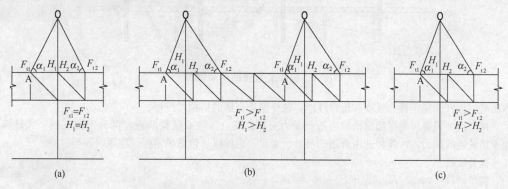

图6　网架空中移动的力学原理简图

（1）网架提升时（图6a）拔杆两侧起重设备完全同步，网架上升速度一致，由于拔杆两侧滑轮组夹角相等、两侧滑轮组受力相等（$F_{t1}=F_{t2}$），其水平力也相等（$H_1=H_2$），网架只作垂直上升，不发生水平移动。

（2）网架在空中位移时（图6b），网架吊装超过柱顶后，停止上升，进行空中移动时，每套拔杆同一侧滑轮组钢丝绳徐徐放松，而另一侧滑轮组不动。此时放松一侧的钢丝绳因松弛而使拉力F_{t2}变小，另一侧拉力F_{t1}则由于网架重力而增大，因此，两边的水平分力就不相等（即$H_1>H_2$），从而使网架空中移动。

（3）网架就位时（图6c），当网架移动至设计位置上方时，一侧滑轮组停止放松钢丝绳而处于拉紧状态，则$H_1=H_2$，网架恢复平衡，网架对准柱顶支座实施就位。

3.8.2　网架空中移动的运动方向与拔杆及起重滑轮组的布置有很大的关系。如图7所示是矩形网架采用4套拔杆成对称布置，拔杆的起重平面方向一致，且平行于网架一边，因此，使网架产生的水平分力H均平行于网架的一边，网架即产生单向位移。同理，如拔杆布置在同一圆周上，且拔杆的起重平面垂直于网架半径，如图8所示，这时，使网架产生的运动的水平分力H与拔杆起重平面相切，由于水平切向力H的作用，网架即产生绕圆心旋转的位移。

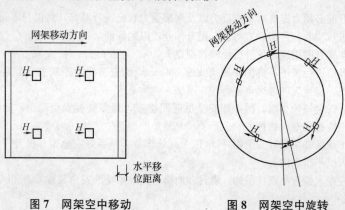

图7　网架空中移动　　　**图8　网架空中旋转**

3.8.3　网架为柱网支承，就位时必须将支座分别落在柱子中心，其偏差不得大于10mm，这样网架拼装纵、横向边长必须准确。利用斜拉装置辅助网架就位，斜拉装置由钢丝绳与葫芦组成，用以调节网架的水平位置，钢丝绳与地面的夹角以小于30°为宜，如图9所示。

3.9　起重滑轮组的拉力计算

采用多套拔杆集群吊装时，其起重能力将有所折减，计算时起重能力乘以系数0.75。在拼装前，依据单元网架整体重量、拔杆安装位置及重量分布情况，综合考虑拔杆的安装高度，验算网架单元整

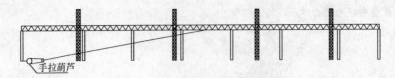

图 9　斜拉装置辅助网架就位

体吊装时拔杆的稳定性、强度和抗弯性能，选择确定合适的格构式拔杆。

　　网架吊装设备可根据起重的拉力进行受力分析。提升阶段或就位阶段，可分别按下列公式计算起重滑轮组的拉力，计算并选用合适的吊具、卡具、钢丝绳（包括吊索绳、缆风绳）等。

提升阶段 $\qquad\qquad F_{t1} = F_{t2} = G_1 / 2\sin\alpha_t$

就位阶段 $\qquad\qquad F_{t1}\sin\alpha_t + F_{t2}\sin\alpha_2 = G_1$

$\qquad\qquad\qquad\quad F_{t1}\cos\alpha_t = F_{t2}\cos\alpha_2$

其中　G_1——每根拔杆所担负的空间网格结构、索具等荷载（kN）；

　F_{t1}、F_{t2}——起重滑轮组的拉力（kN）；

　α_t、α_2——起重滑轮组钢丝绳与水平面的夹角。

　　网架移位距离（或旋转角度）与网架下降高度之间的关系，可用图解法或计算确定。

3.10　补装杆件、网架就位、安装支座

　　网架整体吊装就位到设计高度后，安装网架支座，补装因吊需要而无法安装的杆件，待所有件杆件全部组拼后，再按焊接规范和施焊顺序对网架的固定支座和补装的杆件进行有序焊接，同时对所有焊缝全部进行外观检测和无损探伤检测。

3.11　网架的检查

　　网架结构的制作、拼装及安装每道工序均按《钢结构工程施工质量验收规范》（GB 50205—2001）和《网架结构工程质量检验评定标准》（JGJ 78—1991）的要求进行检查验收；焊接球、杆件及焊接材料和辅助材料具有材质证明书、材料复验报告和焊接检测试验报告；网架交工验收时，应检查网架的纵、横向边长偏差、支承点的中心偏移和高度偏差；施工完成后测量网架的挠度值（包括网架自重挠度、屋面工程完成后挠度、网架附属吊架和设备安装后挠度）。

3.12　安全措施

3.12.1 网架提升前必须对提升时吊点反力以及网架受力状况进行验算，对提升架和葫芦、钢丝绳及锚固点、缆风绳进行验收，合格后方可进行提升作业，以确保网架提升的安全。

3.12.2 对提升架垂直度用经纬仪进行校验控制在 $L/1000$ 且 $\leqslant$ 20mm 内。

3.12.3 网架提升前进行试吊，将网架脱离支座 500mm，检查各受力系统有无异常情况，无问题后再正式提升。

3.12.4 现场成立安全领导小组，派专职安全员巡回检查，督促处理安全隐患，随时向指挥人员汇报，在提升过程中应指定专人指挥。

3.12.5 进入施工现场必须戴好安全帽，2m 以上高处作业必须系好安全带；提升作业区挂设安全警戒标志，非施工人员不得入内。

3.12.6 起吊前应专人检查吊点、吊钩、索具、地锚、提升系统的安全装置，清理网架上杂物及清除与网架所有连接。

3.12.7 提升架拔杆底部支承面必须压实平整。拔杆与拔杆之间应有水平缆风绳串联，缆风绳端固定在拔杆顶端，另一端固定在柱上或地锚上，与地面的夹角大于 30°小于 50°。

4　结论

　　安徽长丰扬子汽车制造有限责任公司汽车总装车间厂房网架工程 25380m^2 的网架采用格构式拔杆整体吊装施工技术，从拼装到吊装就位完毕，所用时间不到 90 天，网架在吊装过程中平稳上升，单元网架吊装时间仅用 5 个小时，有效的缩短了工期。设备简单、对关键技术能有效控制，使得这一

方法安全易行。网架格构式拔杆整体吊装施工技术适用于各种重型的网架结构安装。

4.1　网架格构式拔杆整体吊装施工，因网架在其投影位置分单元进行地面拼装，减少了高处作业、提高了工作效率；降低了拼装、焊接的工作难度和事故发生的概率；有利于控制网架的拼装、焊接质量，确保安全生产，并已总结成《湖南省工程建设省级工法》。

4.2　网架格构式拔杆整体吊装施工工艺成熟，其吊点位置与网架结构使用时的受力状况接近，网架整体吊装过程受力性能好。

4.3　安装拔杆时其杆件可用人工安装与拆卸、转运，不需要占用额外的施工场地，使网架拼焊、吊装提升、拔杆吊装设备的安装拆卸、网架支座、屋面檩条安装均可交叉同步施工，大大提供了施工作业面，提高了工程进度。

4.4　与其他方案相比不需要搭设高的拼装架，有效地降低施工成本，且安全平稳，对场地要求低、设备简单，对关键技术能进行有效控制。

参考文献：

[1]　陈海洲，王玉岭，韩淼兵等．超大面积焊接球网架整体提升过程的数值模拟与计算分析[J]．建筑技术．2013（03）：44.

[2]　张杰．大跨度钢屋盖施工与结构同步验算应用技术[J]．建筑技术，2012(10)：43.

浅谈高层建筑板式转换层施工技术的应用

韩赤忠

（湖南省第六工程公司，长沙 410004）

摘　要：板式转换层是工程结构的关键部位，施工难度大。本文结合工程实例，在施工技术方案分析的基础上，通过合理选用支撑体系，对转换层施工方法进行研究，有效地保证了板式转换层的施工质量，并对模板工程、钢筋工程、混凝土浇筑施工技术进行了详细阐述。

关键词：高层建筑；结构转换层；大体积混凝土

1　工程概况

某商住综合楼工程地下 3 层，地上 32 层，建筑物总高度 99.8m，建筑面积 126600m²。工程设有 4 层裙房，裙房为框架结构，做商务办公和大型超市。在塔楼 8 层上设有板式结构转换层，其上部为剪力墙结构。转换层平面尺寸为 38.60m×38.20m，建筑面积 1450m²，由框支剪力墙结构支撑，混凝土强度等级为 C40，浇筑量为 2550m³。

2　施工难点及施工方案的选择

（1）转换层因其自重超常，梁板钢筋密集复杂，同时作为"空中基础"，施工难度大。主要施工难点为：①模板支撑系统的设计与施工；②内墙柱、暗梁、板钢筋正确翻样、下料、就位，梁柱节点的质量控制；③温差裂纹和收缩裂纹的控制。

（2）方案选择：①常规支模一次浇捣混凝土，因 2 层楼板无法承受如此大的施工荷载，初步估算荷载需通过支撑逐层传递到地下室底板，共需搭设 5 层支模架，占用大量支模材料，不经济，工期也将拖后；②在 2 层剪力墙和柱上预埋钢板，安装钢牛腿，通过型钢支撑体系将大部分施工荷载传递至墙柱上，其余的小部分荷载通过搭设普通支撑架传给下层楼板，此法施工较复杂，需大量钢板和型钢，工期较长；③利用叠合法施工原理将转换层板分两次浇灌，第一次浇筑 700 厚，待其强度增至 90% 后再浇第二层 900 厚混凝土，支撑架考虑承受 700 厚混凝土自重和施工荷载，通过－1、1、2 层楼板变形协调来分担施工荷载，只需从－1 层楼板起搭设三层支模架（－1 层支模架不拆即可），投入少，成本低，施工工期能满足业主要求。

本着施工简便、安全可靠、经济合理的原则，通过征求专家意见和方案比较，决定采用方案③。

3　施工方法

3.1　工艺流程

根据楼层的支模排架布线→逐层安装钢管立柱及铺设木垫板→铺设板底模→测量放线→安设部分梁及四周侧模→钢筋支架搭设、暗梁钢筋绑扎→加固支撑体系及加剪刀撑、水平连系杆、斜抛撑等→绑扎第一层板钢筋、温度筋、验收→各层支撑体系的检查及加固→0.7m 板混凝土浇筑、养护→第二层板筋及剪力墙插筋（安装埋管）→验收钢筋及混凝土浇灌准备→浇捣第二层混凝土→保温保湿养护及各层模板体系的巡检。

3.2　模板工程

3.2.1　模板方案

采用满堂钢管脚手架支撑体系，$\phi48×3.5$mm 钢管立杆间距为纵距 600mm，横距 600mm，步距

1500mm，立杆上加可调式顶托，在顶托上用 $\phi48\times3.5$mm 钢管作主龙骨，50×100mm，间距 150mm 木枋作次龙骨，采用 1800mm×915mm×18mm 木胶合板为面板的支撑方案。架体每隔 1500mm 设置一道水平拉杆，上下道水平拉杆距立杆杆端部不大于 200mm。

3.2.2　支模架计算

（1）荷载设计值：①700 厚混凝土自重（含钢筋重量取 26.8kN/m³）$0.7\times26.8=18.76$kN/m²。②模板及支架荷载按 9.0kN/m² 计；③施工人员及设备荷载按 2.5kN/m² 计；④混凝土振捣及冲击荷载按 2.0kN/m² 计；则荷载设计值为 $q=1.2\times(18.76+9)+1.4x(2.5+2.0+2.0)=42.41$kN/m²；

（2）立杆承载力计算：$P=\phi Af=0.274\times489\times205=27.47$kN（其中 $i=15.78$，$\lambda=l_0/i=(h+2a)/i=(1500+2\times500)/15.78=158.4$，查稳定系数表 $\phi=0.274$）；

（3）立杆间距计算：$d_1\leqslant\sqrt{27.2/42.41}=0.8$m，2 层取纵横间距均为 600mm，$d_2\leqslant\sqrt{27.74/(42.41-0.75\times14.34}=0.9$m，1 层取纵横间距均为 900mm，－1 层为 1200mm×1200mm，－2 层 $\phi100$ 圆木在 1/3 板跨处支承－1 层楼板，即能满足要求，经计算，采用上述方案，各构件强度、刚度均能满足要求；

（4）各层楼板承载力复核：考虑多层支模架分流荷载，变形协调、协同受力，经设计院复核，（－1、1、2 层楼板无粉刷、找平及吊顶时）此三层楼板极限承载力为 $\sum qu=14.34+0.9\times22.45+0.75\times14.34=45.3$kN/m²>$q=42.41$kN/m²，为保险起见，在转换层以下各层支模架应进行相应的加固。搭设要求与 2 层相同。

3.2.3　主要技术措施

（1）每隔 4 排立杆设置剪刀撑（纵横向均设），并每排设与水平角成 60°抛撑传递部分荷载至剪力墙；

（2）在距地 200mm 处加设扫地杆，下部采用 80mm×100mm 方木作垫块，所有立杆下设 200mm×200mm×35mm 硬木垫块，以扩散立杆集中应力，避免楼板被冲切破坏；

（3）立杆上部采用可调丝杆顶托连接，丝杆中心与小横杆中心对齐，U 形处用木楔子楔紧，以使立杆轴心受压；

（4）立杆接长接头全部错开，接长杆小于总立杆数 25%，各层立杆排布时保证竖向对齐；

（5）模板跨中要求起拱 3‰，用可调顶托调节。

3.3　钢筋工程

（1）板含钢量大，布置较密，主筋长，接头多，尤其在梁柱节点区，绑扎难度相当大。因此正确的翻样和下料，合理安排好钢筋就位顺序是钢筋安装的关键。钢筋翻样前必须按设计意图，掌握现行规范的有关规定，翻样时考虑好钢筋之间的穿插避让关系，指定制作尺寸和绑扎次序。

（2）设计技术措施：经与设计协商，转换层暗梁和板钢筋全部采用直螺纹套筒连接，接头位置及截面接头率按Ⅰ级接头相关规范施工，所有套筒接头用扭力扳手：100%检验；梁板下层钢筋东西方向在下排，南北方向在上排且同排位于同一标高，上层与下层钢筋对称布置；上部结构插筋伸至第一次施工混凝土面并弯锚 15d，且不小于 L_{aE}，板上下层纵筋之间设 $\phi14$@500 拉勾，兼支撑架立筋；钢筋过于密集时，可采用开口箍，纵筋完后再焊接封闭。

（3）钢筋施工：施工时在模板上划出各钢筋位置线，先安装暗梁钢筋，绑扎暗梁钢筋前先搭钢管支架，间距为 1.5m，搁架下横杆高出板底 300～350mm，上横杆比板面高 100～150mm，在搁架下横杆上铺设最下排纵筋后，上横杆上铺放暗梁最上排纵筋，暗梁主筋铺完后套箍筋，逐排将纵筋与箍筋固定。放置暗梁底保护层垫块（采用 $\phi28$ 钢筋作垫块，间距为 1.5m，长度同暗梁宽），松动扣件，放下搁架的上横杆使骨架就位。混凝土浇筑后，对垫块表面作防锈处理。钢筋绑扎安装后需经过班组自检，质检员检查合格后报监理工程验收合格后方可隐蔽。转换层以上的剪力墙钢筋定位应严格按轴线拉线进行绑扎电焊固定。

（4）因带弯钩钢筋转动困难，采用正反丝扣式直螺纹套筒连接，即将两钢筋端部相互对接，然后拧动套筒，在钢筋不转动情况下实现连接，直钢筋采用标准型直螺纹套筒连接。

（5）与预留套管的配合：因上部标准层的排水套管穿过转换层。要求在预留管和洞口的数量准确，轴线位置、垂直度相当精确。为此先在模板上弹出轴线位置经过复验后，安装工再据此在模板上定位并用油漆划出标记。当套管与钢筋相碰，钢筋无法绕开，与设计院协商将相碰钢筋割断，在套管两侧各增加一根同规格钢筋补强，长度为套管直径加 2 倍 L_{aE}。

3.4　混凝土工程

（1）混凝土浇筑：板转换层混凝土属大体积混凝土，为防止温差、收缩裂纹的出现，主要采取以下技术措施：①原材料控制：水泥选用水化热较低的 42.5 矿渣水泥，在保证混凝土设计强度的条件下，尽可能减少水泥用量。拌制时还需要掺水泥用量 11％UEA、I 级粉煤灰及缓凝型减水剂，掺量根据试验室配合比确定，使混凝土缓凝，升温过程延长，水化热峰值降低。②严格控制水灰比，现场严禁加水，入模坍落度为 140＋20mm，采用两台混凝土固定泵输送，浇捣方式为斜面分层分皮法，即按其混凝土自然流淌形成的斜坡面进行，以每层 0.5m 厚、10～12m 长钢丝网分隔浇捣段，采用按"分段定点、一个坡度、分层浇筑，循序渐进"的顺序进行浇捣，以保证泵送混凝土质量，上下两层混凝土浇捣不超过初凝时间。③转换层板混凝土随浇随振，插入式振动器沿斜面自上而下振捣，每一振点须保持 15～20s 时间，移动间距应控制在振动棒作用半径的 1.5 倍，振动棒应插入下层混凝土5cm，确保上下层混凝土密实。④在梁柱节点及明显钢筋密集处，除了按常规操作工艺认真操作外，必要时选用 ϕ35mm 振动棒配合振捣，来保证其密实度。振捣以表面水平不再显著下降，不再出现气泡，表面泛浆为准。⑤商品混凝土流动性大，泌水多，会影响混凝土的密实性。为此在板的四周侧模的底部、上部开设排水孔，使多余的水分从孔中自然排空。商品混凝土表面浮浆较厚，浇筑后要做处理。在初凝前 1～2h，先用刮杠按标高刮平，终凝前再用铁辊筒碾压数遍，并用木抹子打磨压平，以闭合收缩裂缝。

3.4.1　混凝土养护

（1）0.7m 厚混凝土浇筑后，利用 ϕ16 抗剪钢筋搭设约 1.6m 高的密闭保温养护棚，棚顶及四周均用黑色塑料薄膜和麻袋封闭，养护期间，麻袋和棚内均保持潮湿状态。

（2）第二次 0.9m 厚的混凝土，在板上部钢筋绑扎之前，在距板面以下 0.5m 处埋设 ϕ40mm，间距为 1500mm 的两端相互连通的冷却黑铁管，在混凝土浇筑后，在其表面盖黑色塑料膜和麻袋，在冷却管中通入冷水降低混凝土的中心温度；将冷却水管中排出的热水浇到混凝土表面的保温层内，使表面处于湿热养护状态，养护时间不少于 14d。

3.4.2　混凝土测温：本工程按要求须进行测温

（1）测温目的：监测大体积混凝土在凝结硬化过程中的内部温度，以便控制内外温差，防止有害裂缝的产生。

（2）测温设备：采用 WZC-010 测温传感器，埋入混凝土后通过 SRE-64 数字温度巡测仪可直接测出混凝土内部各测温点的温度。

（3）测温点分布：测温点均匀布置在板长向的 1/4 处，每个支架上竖向设置 3 个测温传感器，上、下点离板面和板底各 100mm，板中设一点。

（4）测温支架在板中固定方法：浇捣前，先将传感器固定在 16mm 的钢筋支架上，然后根据编号按布置图插入板钢筋网焊接固定。

（5）测温要求：自浇灌时起第 1d～7d，每 2h 测定一次，自浇灌时起第 8d～14d，每 4h 测定一次环境温度和各测点温度，并作好记录存档，实时报告。

（6）本工程经测板中心温度最高为 72℃，表面温度最高为 58℃，温差均在规范允许范围内。

3.5　叠合层处理措施

为使转换层的整板抗力不因混凝土分两次浇筑而下降，必须在结合面采取处理措施，保证两层混凝土板协同工作。

（1）在两层混凝土之间留设抗剪墩，抗剪墩尺寸为 600mm×600mm×150mm，间距 1.5m，呈梅花形布置，每个墩上插 9 根 ϕ16 的钢筋，长 800mm，伸入混凝土面以下 400mm，均匀分布。

（2）第二次混凝土施工前，凿除多余浮浆，并用高压水枪冲洗后，刷水泥浆一道。

（3）在第一层混凝土表面增设一层 ϕ10@100 双向钢筋网以提高结构抗裂性，避免第二层混凝土受约束产生裂缝，同时有助于减少水化热引起的温度裂缝。

4　结语

在高层建筑中板转换层是工程结构的重要部位，不但施工难度大，而且质量难以控制。本工程通过采用叠合板施工法，合理设计模板支撑体系，节约了大量的支撑材料，降低了施工成本，取得了较好的经济和社会效益。在施工过程中正确翻样与下料，合理安排施工顺序及采取一系列针对性强的措施，保证了钢筋的施工质量；通过对大体积混凝土的配制、浇筑、测温、养护的有效措施，温度控制到位，未出现裂纹，解决了板转换层施工中的各种难题，确保了转换层的施工质量和施工安全，形成了成熟的技术理论，可作为类似工程推广应用。

参考文献：

[1]　彭斌，李传才；高层建筑转换厚板有限元模型的建立[J]；工程建设与设计；2001 年 06 期.

[2]　娄宇，丁大钧，魏琏；高层建筑中转换层结构的应用和发展[J]；建筑结构；1997 年 01 期.

[3]　彭斌，李溪喧；高层建筑厚板转换层整体分析方法研究[J]；武汉大学学报（工学版）；2003 年 01 期.

新型可移动式施工平台在异形檐口装饰中的应用

王立杰　武　磊　彭楚煌

（中建五局装饰幕墙有限公司，长沙　410004）

摘　要：根据西安阳光城林隐天下工程施工特点，通过对异型檐口施工方法的研究，新型可移动式外伸操作平台的研制与应用，复杂建筑结构外檐施工方法等关键问题的研究与应用，新型可移动式外伸操作平台在复杂建筑异型檐口结构中的施工得到成功应用。结果表明，施工效果良好，提高了可移动式外伸操作平台的应用范围。

关键词：新型、可移动式；操作平台；异型檐口；复杂结构

近年来，建筑业快速发展，传统式方方正正的建筑已越来越少，取而代之的是出现了大量高层、造型复杂的建筑。同时，随着结构的复杂，建筑外檐形状呈现多种多样，传统的施工方法、工具已渐渐跟不上时代的步伐，必然面临着淘汰，这就需要新的方法、工具来解决这种问题，这对工程施工造成了极大的挑战，通过对建筑异型檐口的研究，开发出一种专门针对此独有的施工平台——可移动式外伸操作平台，此平台的应用方便的解决了建筑异型檐口中施工问题，很大地提升了施工效率，提高了施工质量，使得复杂结构异型檐口施工方法有了进一步的推广和应用。

1　工程概况

阳光城林隐天下五期项目位于西安市，是由 1 幢甲级写字楼、1 幢五星级酒店、4 层商业街及 2 层地下室组成的新型一站式都市空间（图 1）。该项目精装修部分包含 4 层商业街异型檐口施工，该处施工范围狭长，地面车辆、工人来往密集，檐口形状上下不同，左右各异，同时业主对于工期要求紧，这就造成工程施工中的难度急剧上升，给现场管理造成了很大的问题，带来了极大的挑战。

图1　西安阳光城林隐天下项目

2　工程特点及难点

2.1　檐口装饰铝板质量要求高：由于本工程为业主第一个商业模式项目，故对过程中的施工质量要

求特别严格

2.2 建筑檐口为异型不规则体：对于造型效果的要求，建筑主体结构外檐形状为异型不规则体，结构上下、左右各不同，这就要求施工过程中对每一块地方进行实地测量，然后才能进行材料的加工和后续的安装工作（图2）

图2　现场建筑异型不规则檐口

2.3 施工区域狭长：现场商业街的性质造成施工区域狭长，层间檐口最大间距为6m，一层通道车辆过往密集，同时扶梯占用一定的施工面积，各种施工交叉作业，不适合进行大量门式架搭设，给现场管理造成较大的困难（图3）。

3　建筑异型檐口施工平台方法的研制与应用

3.1　现场实际考察研究

通过对工程施工现场的考察研究，现场各层檐口之间相互连接，构成一个整体，并无单独的一部分，各层檐口之间采用钢连桥进行连接，连接密度较大，且各处并没有层高差距，同时现场檐口区域狭长，这就导致可以采用以轮子为移动方式的操作平台进行每一层的施工区域覆盖。

3.2　施工平台材料选择

为了选材方便，提高适用性，故选取钢材进行焊接连接，而钢材焊接性能的好坏主要取决于它的化学组成。而其中影响最大的是碳元素，也就是说金属含碳量的多少决定了它的可焊性。钢中的其他合金元素大部分也不利于焊接。钢中含碳量增加，淬硬倾向就增大，塑性则下降，容易产生焊接裂纹。含碳量小于0.25%的低碳钢和低合金钢，塑性和冲击韧性优良，焊后的焊接接头塑性和冲击韧性也很好。焊接时不需要预热和焊后热处理，焊接过程普通简便，具有良好的焊接性，而现场

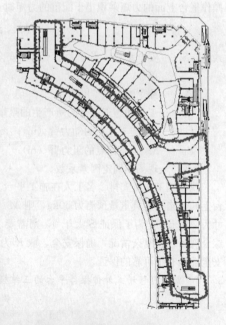

图3　粗线部分为施工区域

中使用的低碳钢为Q235钢管，故选取Q235钢管作为施工平台的主要材料，各杆件之间采用满焊处理。

3.3　施工平台的设计

3.3.1　施工平台的尺寸设计

通过施工现场的测量考察，每层檐口下边缘距离本层地面的高度为3.8~3.9m之间，檐口高度为0.8~1.0m，工人平均身高为1.7m，伸臂高度达1.9m，故施工平台采用以下尺寸完全满足工人进行施工操作（图4）

3.3.2　施工平台的力学性能分析

通过力学知识的分析发现，当工人在平台上进行施工操作时，整个施工平台以前轮为支撑点，当

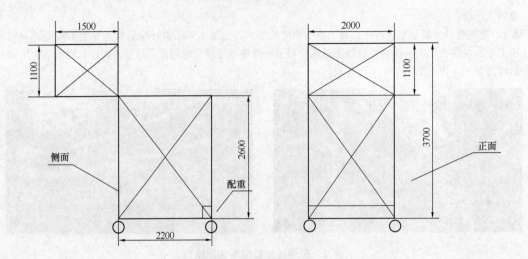

移动式外伸操作平台尺寸图

图4 新型可移动式外伸操作平台尺寸图（单位：mm）

操作平台上面的力矩乘积小于配重的力矩时，该施工平台为安全状态：

$$S = KM_1GL_1 - M_2GL_2$$

式中　S——安全系数，当 S 大于 0 时为安全状态，当 S 小于 0 时则发生安全事故，S 越大，安全越可靠。

M_1——配重的重量（kg）；

M_2——工人和施工工具的所产生的重量（kg）；

L_2——M_2 与支撑点的动力臂（m）；

L_1——M_1 与支撑点的阻力臂（m）；

K——现场不确定因素系数。

现场施工中将安排 2 名工人在施工平台上进行施工操作，每个工人的体重为 70kg，同时施工平台上其他施工工具重量预测为 50kg，则 M_2 为 190kg，L_2 最大尺寸为 1500mm，G 取 10，L_1 最大尺寸为 2200mm，为了保证 S 大于 0，则需要 $KM_1GL_1 > M_2GL_2$，从而 KM_1 大于 $M_2GL_2/GL_1 = 130$kg，综合现场各种复杂情况，确保安全，取 K 为 0.4，故需要 M_1 大于 325kg，实际中取 M_1 为 400kg，使安全性能有了可靠的保证。

3.3.3　新型可移动式外伸操作平台的三维模型图（图5）

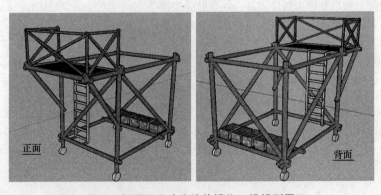

图5　新型可移动式外伸操作三维模型图

4 小结

新型可移动式外伸操作平台是项目部通过对现场实际情况的考察，以及对未来建筑异型檐口趋势的把握，进行的设计优化，通过公式计算，以及现场的测试实验得的出来的新型施工平台，该平台的推广有助于降低工程措施费用，提高施工质量，保障工人生命安全，具有普通门式架所不具备的优势条件。

参考文献：

[1] 柳冠中 . 工业设计学概论[M]. 哈尔滨：黑龙江科学技术出版社，1994.

[2] 恰安，博赫尔 . 创造突破性产品：从产品策略到项目定案的创新[M]. 北京：机械工业出版社，2004.

[3] 李爱寒 . 上海体育场施工新技术运用[J]. 建筑管理现代化 . 1998(2)：16-17.

[4] 中国建筑科学研究院 . GB 50210—2001. 建筑装饰装修工程质量验收规范[S]. 中国标准出版社，北京，2002年 .

铝合金门窗防渗水的施工技术

朱 军 孟仕潘

（中建五局装饰幕墙有限公司，长沙，410004）

摘 要：铝合金门窗渗水将导致内墙、外墙和地面的破坏，影响业主的日常生活，也影响施工单位的声誉。经过多次实地查看，发现渗水位置主要位于窗台、外框和内扇。导致渗水的原因是型材的缺陷，门窗施工的质量差，门窗设计不合理等。针对以上引起铝合金门窗渗水的因素，作者经过多次网上查询资料，现场实地观察。分析整个门窗的安装过程施工工艺的质量控制，提出一部分渗水的解决方案，以期提高铝合金门窗的施工水平，避免渗水问题的出现。

关键词：铝合金门窗；渗水；施工工艺

1 前言

铝合金门窗是建筑物中不可或缺的组成部分，也是建筑防水的薄弱点。近年来，随着建筑技术的发展，铝合金门窗型材和施工技术都改进许多，型材表面处理的改进带来建筑色彩的多样性，窗台的降低带来更佳的采光和通风效果等。然而，相关调查资料显示，仍有部分工程中的铝合金门窗交付使用后存在渗水现象，影响了建筑工程的整体质量和水平，也影响了施工单位的声誉。因此，如何提高铝合金门窗的施工技术水平，解决门窗渗水问题已成为建筑施工单位提高产品满意度的基本课题，解决这一难题的工作重点在于对铝合金门窗施工技术的高度重视和认真的处理施工中的每个工作环节。

2 铝合金门窗产生渗水的原因

2.1 铝合金门窗在设计过程中本身结构存在缺陷引起的

门窗主体结构强度和刚度未达到当地抗风压的指标要求，如断面小、壁厚薄，造成铝合金门窗的受力杆件、五金配件、密封杆件和粘接材料在正常风荷载作用下产生严重的塑性变形，导致门窗密封性能失效而产生渗漏。

2.2 铝合金门窗防水结构设计不合理引起

型材断面防水密封层次不够，没有多个排水通道。当雨水在室内外风压差的作用下很轻易的进入铝合金门窗腔内，进入铝合金腔内的雨水不能通过铝合金门窗的排水系统排出而滞留在腔内造成积水产生渗漏。

2.3 加工制作过程中达不到质量要求引起

铝合金门窗在加工制作过程中，加工精度达不到要求，铣料不标准造成装配间隙过大；型材转角和拼接搭接处虽采用防水贴，但防水贴规格偏小或搭接处未采用密封胶密封；外露钉头钉眼或挤压破损处为注胶封堵。

2.4 材料及附件材质分歧引起

铝合金门窗使用的密封胶、密封胶条和五金配件等辅材质量不合格。如过期密封胶和劣质密封胶抗变位能力差，易断裂；密封胶条过硬，易老化，收缩易拉断；五金配件质量太差，易变形或产生断裂而引起关闭不严实，导致渗水情况。

2.5 铝合金门窗外框与洞口墙体缝隙处理不当引起

铝合金门窗外框与墙体连接部位塞填不密实，窗台室内外无高差或找坡不足或铝合金门窗进出定位与外墙没有一定的距离。防水砂浆与铝型材导热系数不同，温度变化是变形量不同而产生裂缝产生渗漏情况。图1、图2为实际工程中出现的渗水情况。

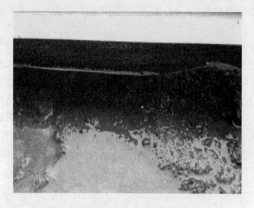 

图1　窗台渗水　　　　　　　　　　　图2　外框拼接处渗水

为了解决铝合金门窗的渗水这一问题，关键在对门窗施工技术的高度重视和认真处理门窗施工中的每一个环节。

3　铝合金门窗安装前的准备工作

3.1　制定科学的门窗施工方案

在铝合金门窗安装前，需结合工程实际情况制定施工方案，同时考虑到施工过程中可能出现的特殊情况提出应对方案。门窗设计的原则应遵循对雨水疏导及封堵相结合的方法来进行，为避免雨水渗漏，施工前应准备充分的设计文件，并正确计算铝合金门窗材料结构的强度和挠度。铝合金门窗安装之前，从下料到铝合金门窗的安装技术处理等都需要全部解释清楚，重点强调安装过程中的注意事项，并向具体操作人员详细的讲解分析每一个安装环节的技术要求。

3.2　严格选用铝合金门窗材料

材料质量不达标是铝合金门窗渗漏的主要原因之一，在选择型材时，要保证型材的壁厚和材质是否达到规范要求，尽量选择知名厂家和同系列的型材，并设计出详细的门窗图表，用以控制施工质量，选材的要求主要有：

从建筑外窗的抗风压设计角度出发优先考虑型材的刚度和强度设计，确定主受力杆件，提高关键杆件的惯性矩。

从工程实际出发确定门窗规格，铝合金门窗通常有推拉和平开两种规格，推拉门窗具有节点少，拼缝简单，质量好控制，且安装后不易变形等特点，因此推荐采用

采用断桥推拉型材时需注意下滑和边封这两种型材，市场上大部分下滑和边封的隔热条部位都是低于铝合金材料平面（图3），下滑隔热条处就会长时间积水，长时间积水可能导致水从隔热条或者下滑与边封拼接处渗漏。边封隔热条处由于防水贴不能紧紧贴着，也会产生渗水情况。优先选择隔热条和铝合金齐平的型材（图4）。优先选择图4所示截面的边封型材。

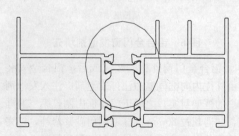 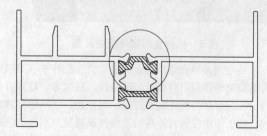

图3　隔热条低于材料平面　　　　　　图4　隔热条齐平材料平面

3.3 按照相关规定选择辅材

辅材质量的好坏直接影响建筑外门窗的空气和雨水的渗入，老化速度慢的辅材可显著提高其使用寿命，减少铝合金门窗渗水情况的产生。

3.4 安装前的环境准备

铝合金门窗安装前环境准备重点在于土建的配合。砌砖施工时应根据设计的门窗位置及尺寸按照规范要求留出洞口，铝合金门窗进场之后，施工人员首先应对材料进行检查和验收，核查无误之后开始弹线划平，保证建筑外窗洞口在水平和竖向位于同一位置，洞口宽度和高度的误差需根据飘窗和平窗的不同控制在 5～10mm，对角线误差不得大于 5mm。主体结构质量验收合格，湿作业完成后开始进行铝合金门窗的安装施工以避免型材的破坏，洞口周边及窗台要浇水湿润并进行混凝土的涂抹，以利于安装后塞缝的防水砂浆和窗边墙体的紧密连接。抹灰湿作业完成后进行门窗框的安装固定。

4 铝合金门窗安装过程中的质量控制

铝合金门窗外框安装工艺流程，施工准备—测量放线—防腐处理—固定外框—检查缝隙—发泡剂填充—安装窗扇—玻璃安装—清理、注胶—检查验收。

门窗框的安装质量控制：

铝合金门窗框安装应按照设计要求的位置和间距用螺钉钉在洞口或用内置式卡片卡紧钉在墙上，并检查门窗框的垂直度、平整度及窗框的对角线偏差等及时进行调整，同时墙厚方向距离控制应参考门窗安装节点图，并确保同层门窗位于墙厚固定的同一位置，安装铁片安装固定的间距保证边部不大于150mm，中部间距不大于500mm。图5为铝合金外框安装图。

施工过程中门窗与洞口墙体之间的缝隙处理是保证安装质量的关键环节，塞缝施工于框槽处先用防水砂浆充填密实，待凝固后再上墙安装。施工材料宜采用1/2配比的硬性水泥砂浆，再加上0.05的防水粉以及0.002的杜拉纤维，通过框槽，接缝整体塞缝的方法进行。在门窗框塞缝后，要进行室外侧密实平整以及塞缝砂浆密实平整的检查及养护，并对其进行淋水试验，抽查其防水性能，检查无渗漏现象发生后，方可视为合格。由于砂浆和铝合金型材的导热变形系数不同，长时间之后接触面一定会出现裂缝，并且任何震动也会产生裂缝，优先考虑采用发泡剂，如图6所示。

图5 铝合金门窗外框安装图

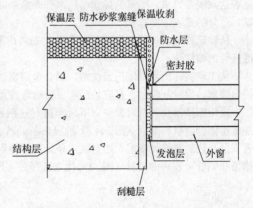

图6 铝合金门窗发泡剂填充

发泡剂的填充是铝合金门窗安装工程中的关键工艺。铝合金门窗外框安装完成后，铝合金安装人员需要清理洞口台面及缝隙垃圾、灰尘等，随即开始由外往内向框体缝隙注打发泡剂。注入发泡剂约10min后在门框外侧注打第一遍硅胶，并用砂浆将窗户的框架封实，之后于门窗框内侧打第二遍硅胶，施工中应注意对外露的连接件或者发泡剂进行隐蔽，如遇超过20mm的缝隙则用砂浆修补，打完发泡剂后用工具修平并检查验收，不得存在漏打、空隙等现象。硅胶填充不得出现缺漏和间断，操作完成后即可开始安装框扇。

5 铝合金门窗安装完毕后的检查和校正

验收是要确认铝合金门窗的安装质量是否达标，检查的内容包括门窗的垂直度和对角线是否达到设计要求，门窗全部安装后，还要进行水密性试验，检查门窗的渗漏情况。

6 铝合金门窗漏水问题及预防措施

铝合金门窗渗水将会导致内外墙和地面的破坏，给住家用户的生活带来不便，应引起施工单位的重视，渗水部位主要在窗台、窗框、窗扇这几个地方，解决方法如下：

6.1 窗台渗水的预防措施

如果塞缝前未清理、密封胶裂缝或者窗台内外高度不均等问题会引起窗台渗水，施工中应注意用细石混凝土浇筑窗台，并深入两侧砌筑墙体一砖长度，同时做成一定坡度，避免窗台下面渗水。

6.2 窗框渗水及预防策略

门窗边框产生渗漏的原因通常是由于密封胶产生间断，发泡剂填充不密实，或者由于窗边框与洞口接触面所抹砂浆与原基层不能牢固结合产生缝隙等，为解决这一质量通病，施工中首先注意提高窗框拼接部位的刚度、平面度和密封质量，增加阻水能力，提高窗的水密性能。其次，抹底灰时自内而外找坡，必要时在边框的外侧靠室外边垫密封胶条，可以有效预防雨水渗入。铝合金窗下框及推拉窗的下滑槽必须设置排水孔以保证积水排出；门窗框与墙体连接件应内外锚固，四周直角部位离直角 150mm 设置一个其它间距平均分配且不小于 500mm，连接件埋设确保牢固。

6.3 窗扇渗水及预防策略

渗水的发生通常有如下一个因素存在就能导致：窗外表面有雨水，室内外有压力差，窗扇或边框有室内外相通的缝隙。安装中要重视采取防渗措施，同时避免窗扇在加工、运输、安装过程中出现变形。另外，严格选用密封性优、老化速度慢的型材可以有效避免渗水。

7 工程实例

成都航天城上城项目一期铝合金门窗项目铝合金门窗面积约 15000m², 由于施工技术不到位，质量把控不严，细节控制不到位，导致该项目 50% 的门窗出现不同程度的渗水、漏水情况，直接和间接损伤达 20 多万元。通过一期发现的质量问题，在该项目二期铝合金门窗工程中从门窗设计-门窗加工-门窗安装-后期清理，各个环节严格把控质量，认真落实以上施工工艺。经实地查看，二期门窗渗水、漏水窗户比例占 7%，大大降低了渗水的窗户数量，保证门窗的施工质量。

8 结束语

综上所述，在建筑工程的施工中，特别是门窗安装施工过程中，细部的处理才能更好地保证建筑的质量。铝合金门窗的渗水是施工中的常见质量通病，只要施工人员对这一环节高度重视，按照施工设计和施工工艺认真施工，加强对型材、作业环境和事后验收的严格控制，就可以提高铝合金门窗的施工质量，避免渗水问题的产生。

参考文献：

[1] JGJ 214—2010. 铝合金门窗工程技术规范[S]. 北京：中国建筑工业出版社，

[2] 李省. 浅谈铝合金窗渗水的几种常见情况[J]. 广东建材，2007：118-119.

[3] 葛伟能. 门窗检测中渗漏水现象及原因分析[J]. 中国建设信息，2010：80-81.

PVC 管混凝土柱后浇带支撑系统设计施工

姜 超

（中国建筑第五工程局有限公司 长沙 410004）

摘 要： 以工程实践为例探讨了沉降后浇带支撑体系采用 PVC 管混凝土柱的设计及施工，研究类似工程特别是在超高层沉降后浇带中施工运用。

关键词： PVC 管混凝土柱；后浇带；支撑体系

1 综述

在工程沉降后浇带支撑中传统钢管支架系统往往占用时间长，造成资源浪费和成本增加。中建五局山东公司自 2014 年承建临沂红星国际广场综合体工程以来，借鉴以往施工经验，在施工过程中精益求精，通过各方面的努力总结出一套沉降后浇带采用 PVC 管混凝土柱支撑代替原始钢管支撑体系方法，在本工程施工中达到了预期的质量标准和经济效益，得到业内人事的高度评价。

PVC 管混凝土柱后浇带支撑系统施工工艺简单，无需特殊的技术措施，选用常规建筑材料及机具设备，可有效地降低施工成本。主要适用于高层与裙楼车库间沉降后浇带，也适用于留置时间较长的温度后浇带和施工缝位置。

2 工艺原理

整个 PVC 管混凝土柱支撑施工是一个系统的施工过程，从设计方案到施工方案都要听取各方面的专家的意见，确保达到一个最佳的效果，能更好的满足它的使用功能。

采用混凝土圆柱代替钢管支撑体系：在沉降后浇带梁及板位置按计算要求设置混凝土圆柱，沉降后浇带到期完成浇筑后拆除混凝土圆柱。

混凝土圆柱采用 PVC 圆管支模：采用 PVC 管在梁和板位置与普通模板体系支设，混凝土采用现浇，后期与混凝土柱一起拆除。普通钢管支架纵横向剖面图与 PVC 圆柱支撑纵横向剖面图对比如图 1～图 4 所示。

3 施工工艺流程及操作要点

3.1 方案选择

本工程沉降后浇带支架采用 PVC 管混凝土柱支撑代替传统钢管支架。后浇带传统钢管支架立杆纵横向间距 1m，水平杆 1.5m，15 厚模板，次楞木方间距 200，主楞双钢管。PVC 管混凝土柱支撑为两侧间距 2900 设置 φ250 圆柱，圆柱配筋纵筋：6φ14，箍筋：φ8@200。混凝土 C35。

3.2 需要解决的问题

PVC 圆柱与原有结构共同作用承载力是否满足要求。能否达到普通钢管支架作用。

计算简图如图 5 所示。

PVC 圆柱：

圆柱配筋纵筋：6φ14，箍筋：φ8@200。混凝土 C35，轴向力值 50kN，弯矩值 10kN，剪力值 5kN。

执行规范计算通过。

3.3 搭设及拆除施工工艺

预埋圆柱钢筋→绑扎圆柱钢筋→PVC 管支模→满堂支架→模板安装→梁板钢筋绑扎→混凝土浇筑→模板拆除→施工沉降→圆柱拆除。

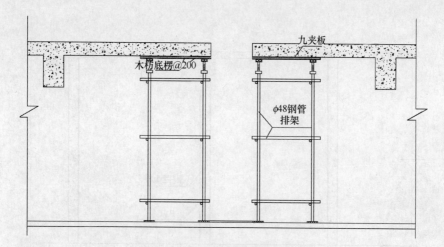

图1　普通钢管支架纵向剖面图

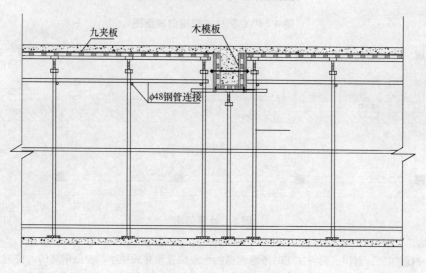

图2　普通钢管支架横向剖面图

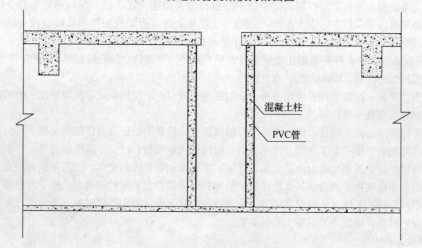

图3　PVC圆柱支撑纵向剖面图

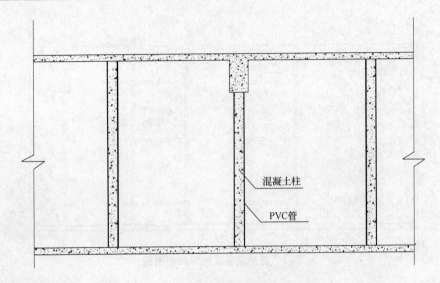

图 4　PVC 圆柱支撑横向剖面图

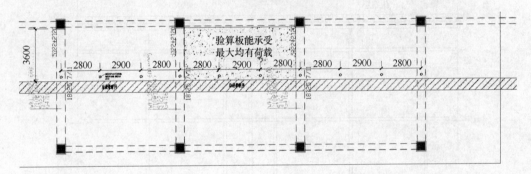

图 5　计算简图

3.3.1　钢筋工程

（1）钢筋加工、制作：钢筋加工时考虑钢筋的叠放位置和穿插顺序，根据钢筋的占位避让关系确定加工尺寸。重点考虑钢筋接头形式、接头位置、搭接长度、锚固长度等对钢筋绑扎影响的控制点，通长钢筋应考虑端头弯钩方向控制，以保证钢筋总长度及钢筋位置准确。各种钢筋下料及成型的第一件产品必须自检无误后方可成批生产，外形尺寸较复杂的应由配料工长和质检员检查认可后方可继续生产。受力钢筋顺长度方向全长的净尺寸允许偏差 $-10\mathrm{mm}$、$+4\mathrm{mm}$，箍筋内净尺寸允许偏差 $-3\mathrm{mm}$、$+2\mathrm{mm}$。一般斜柱因截面比较复杂，特别是箍筋，存在每个箍筋截面都不一样，下料前由钢筋工长进行详细的计算，确认无误后方可进行。

（2）钢筋安装：钢筋绑扎安装顺序为：柱主筋连接就位→上层标高处定位箍定位、中部设支撑定位→柱箍筋套入绑扎→垫块绑扎。

钢筋要保持清洁，无明显水锈、不得带有油污泥土；保证钢筋定位，任何情况都不得出现露筋现象；钢筋绑扎扎丝，拧不少于两圈，丝尾倒向应向构件内侧弯折，以免外露引起锈斑，影响清水混凝土的观感质量。柱钢筋绑扎前由测量放出各柱横、纵轴线和两轴线的交点，然后依据各交点分别用墨线画出基础的边线和柱子的边线，以便柱的立模和扎筋，并依据短柱的边线绑扎柱子的插筋，在柱施工中采用定位套箍，卡住主筋确保其位置。套箍按柱的截面设计制作。在混凝土浇筑前，对柱钢筋采取一定的保护措施，以免浇筑混凝土时污染钢筋。

3.3.2　模板工程

（1）模板设计：为达到混凝土无明显拼缝；无损坏，在工程中高度截取严格，同时与支模架固定。

（2）模板加工制作：根据方案，对模板进行加工制作，制作允许偏差为：长宽不超过 2mm。

（3）柱子底部在立模前，对柱根部模板支设处用 1∶2 水泥砂浆找平，找平层要用水平尺进行检查，确保水平平整。

（4）按照模板边线，在柱边四周表面设置模板定位钢筋，从四面顶住模板，以防止位移。柱模安装后，要检查并纠正移位和垂直度，最后再安装柱箍。

（5）安装柱模板时，PVC 管采用 φ48×3.5 钢管与支模架固定，间距为≤500mm。

3.3.3　混凝土工程

（1）混凝土配合比的优化设计：工程采用商品混凝土，工程技术人员在施工前通知混凝土厂家技术人员，对混凝土要求进行交底，混凝土的配合比设计应使混凝土在满足强度要求的前提下具有良好的施工性能。首先根据混凝土的性能要求及技术指标要求调整混凝土的配合比，确定混凝土的生产工艺参数及性能指标。

（2）混凝土原材料的要求：水泥采用普通硅酸盐水泥配制，粉煤灰掺量应适当减少，不得高于水泥用量的 15%。外加剂采用同一外加剂，水泥，砂、石子采用同一产地的材料保证混凝土色泽一致、光洁度好。所有进场原材料在进场后施工单位和监理工程师可对其进行抽查，不合格的原材料不允许用于清水混凝土的搅拌施工。在搅拌混凝土时，要严格按照配合比执行，每车用量必须严格按照配合比的比例进行称量，然后进行混凝土的搅拌。

（3）混凝土的拌制：混凝土采用泵送的方式浇筑，为了保证泵送能顺利进行，要求入泵时坍落度严格控制在 180~200mm。混凝土搅拌站根据气温条件、运输时间（白天或夜天）、运输道路的距离、砂石含水率变化、混凝土坍落度损失等情况，及时适当地对优化后的配合比进行微调，以确保混凝土浇筑时的坍落度能够满足施工生产需要，混凝土不泌水、不离析，色泽保持一致，确保混凝土供应质量。

（4）混凝土浇筑：混凝土浇筑是保证混凝土外观的重要环节。在正式浇筑混凝土前做好交底工作，落实操作人员岗位职责、作业班次、交接时间和交接制度，做好气象情况收集工作。混凝土浇筑前应采用与混凝土成分相同的水泥砂浆坐浆 50mm 厚度。对罐车运输的混凝土进行坍落度检查，发现不符合规定坍落度的混凝土不得使用。混凝土必须连续浇筑，其施工缝必须留设在明缝处，避免产生施工冷缝，影响混凝土观感质量。混凝土振捣时间，以混凝土表面呈水平并出现均匀的水泥浆、不再有显著下沉和大量气泡上冒时停止。

3.3.4　支模架拆除

（1）模板的拆除必须待混凝土达到要求的脱模强度后方可拆除。梁底模板在混凝土强度达到设计后方可拆除。

（2）一般拆模顺序：先支的后拆，后支的先拆，先拆非承重部位，后拆承重部位，有梁板先拆柱、墙模板，再拆顶板底模、梁侧模板，最后拆梁底模板。

（3）拆下的模板要及时清理粘结物，修理并涂隔离剂，分类堆放整齐备用；拆下的连接件及配件应及时收集，集中统一管理。

3.3.5　圆柱拆除

待主体完工后，沉降后浇带到达施工条件，支模后浇带浇筑高一等级膨胀混凝土。混凝土达到强度要求后拆除支模架，使用风镐破除 PVC 圆柱，将钢筋使用气焊割掉。若 PVC 圆柱不影响建筑使用功能也可不拆除。

4　实施效果

临沂红星国际广场位于临沂市政府三号地块核心部位，总建筑面积 56 万 m^2。高层公寓周圈设沉降后浇带，总长 1600m，沉降后浇带设计要求主体完成后两个月再施工，留置时间 7 个月。采用 PVC 管混凝土柱后浇带支撑系统，其主要优点有：

（1）自然区分了后浇带支撑与普通支模架，避免了支模架拆除时误将后浇带支撑一并拆除的风险，保证了工程安全。

（2）经济效益明显。相对于钢管支撑系统，采用 PVC 管混凝土柱后浇带支撑，能大大缩短钢管等材料的租赁时间，节省施工成本。以临沂红星国际广场项目为例，经测算，直接经济效益达 59.34 万元。测算过程见表 1、表 2。

表 1　钢管支架成本

序号	材料	型号	用量	成本	备注
1	模板	15mm	4000m²	12 万	残值 30％ 回收
2	木方	50×70	19200m	13.6 万	残值 30％ 回收
3	顶托		6400 个	1.34 万	租赁 7 个月
4	钢管	ϕ48	264000m	55.4 万	租赁 7 个月
5	人工费			4 万	
合计	86.34 万				

表 2　PVC 混凝土圆柱成本

序号	材料	型号	用量	成本	备注
1	PVC 管	150mm	6400m	5.2 万	
2	混凝土	C30	128m³	3.8 万	
3	钢筋	ϕ14、ϕ8	39.4t	12 万	
4	人工费			3 万	
5	拆除费			3 万	
合计	27 万				

参考文献：

[1]　国家规范. GB 50300—2001. 建筑工程施工质量验收统一标准[S].

[2]　国家规范. GB 50204—2002. 混凝土结构工程施工质量验收规范[S].

浅谈房屋建筑恒温恒湿恒氧系统设计施工

侯林涛　常爱祯　徐庆亮

（中国建筑第五工程局有限公司，长沙　410004）

摘　要：本文结合潍坊卓信EHO国际社区工程介绍了项目依托天棚辐射系统、置换式新风系统实现建筑物恒温恒湿恒氧效果的工程应用，重点介绍了各个系统的工作原理，施工流程和注意事项等，对以后绿色生态智能建筑的实现起到了很好的指导作用。

关键词：天棚辐射；置换式新风；施工方法

近年来，随着雾霾天气的不断加剧，市民对良好环境的需求不断增强，市民迫切想摆脱雾霾的困扰，潍坊卓信EHO国际社区工程顺势而为，全力打造绿色生态的智能建筑，以天棚辐射系统制冷采暖和置换新风系统相结合，使建筑达到了恒温恒湿恒氧的效果。

1　恒温效果的实现

1.1　天棚辐射系统的工作原理

建筑恒温的效果是使建筑物室内温度常年保持在 $20\sim26℃$，建筑恒温效果的实现依托的是天棚低温采暖制冷辐射系统，该系统主要利用辐射原理，使天棚与室内环境之间进行热交换，从而达到制冷或采暖的效果。

天棚低温采暖制冷系统的构造是：房间天棚的混凝土楼板内部均匀的埋设水管，管中有循环水流动。通过循环水吸热和散热，整个天棚以辐射的形式对室内温度进行调节。实际施工中将循环水PB盘管埋设于200mm厚楼板现浇层的下层钢筋之上、水电管线及上层钢筋之下的混凝土中，通过辐射方式进行热交换。天棚低温辐射采暖制冷系统主要是取代了以往的暖气片及户式空调系统，应用辐射的传热效率高，比对流和导热的方式快。在夏季将冷水通入埋在混凝土中的PB盘管里，冷水在夏季供水温度为 $20℃$，回水温度为 $22℃$，通过 $2℃$ 温差来吸收室内热量，有效地解决了夏季降温问题；而在冬季，PB盘管内供水温度为 $30℃$，回水温度为 $28℃$，同样是通过 $2℃$ 温差来向室内辐射热量，其均匀的温度创造了最佳的舒适环境。

1.2　系统的组成

1.2.1　冷源设置

在地下室设置电制冷机房，内设2台450RT离心机组和1台200RT螺杆机组，为整个小区供应冷源，机组使用环保型冷媒；为离心机组配置3台一次水循环泵，2用1备，配置3台冷却水泵，2用1备；为螺杆机配置2台一次水循环泵，1用1备，配置2台冷却水泵，1用1备。设置3组横流式冷却塔，每组配置3个冷却模块。冷却塔、冷却水泵、制冷机组一一对应。制冷机房夏季供应 $7/12℃$ 一次冷水，通过"整体式板换热机组"换热，为高区新风系统供应 $8.5/13.5℃$ 冷水，为顶板辐射系统供应 $20/22℃$ 冷水。

1.2.2　热源设置

设置燃气锅炉房，内设2台1400kW承压热水锅炉和1台700kW承压热水锅炉，为整个小区供应热源。为2台1400kW的热水锅炉配置3台一次水循环泵，2用1备；为700kW热水锅炉配置2台一次水循环泵，1用1备。锅炉房冬季供应 $80/60℃$ 一次热水，通过"整体式板换热机组"换热，为新风系统供应 $60/55℃$ 热水，为顶板辐射系统供应 $30/28℃$ 温水。

1.2.3　冷却塔设置

横流式冷却塔包括外循环水系统和内循环水系统，外部喷淋水通过与盘管和填料接触换热达到冷却盘管内部循环水的目的后，落入下部水槽，由喷淋水泵至喷淋水槽再次循环。内循环被冷却水通过盘管与管外喷淋水和空气进行热质交换，避免了被冷却水与空气直接接触而导致的水质污染。由于喷淋水经过了 PVC 填料预冷却，其换热效果更加明显。

1.2.4 天棚水循环水泵

天棚水循环水泵负责给冷热机房的水提供压力，提升到天棚 PB 中。

1.2.5 分集水器

分集水器安置于每层天棚循环水管所在管井中，带高精度浮子流量计，浮子可调节水利平衡并微调室温。

1.3 管材的选择

天棚制冷采暖系统采用 $DN20\times5.0\mathrm{mm}$（外径×壁厚）的聚丁烯管（PB 管）。PB 管有塑料黄金的美誉，它有很多优势。

（1）重量轻，柔软性好，施工简单。PB 管重量为镀锌钢管的 1/20，易于搬运，材质柔软，最小弯曲为 $6D$（D：管外径）。

（2）耐久性能好，无毒无害。因其高密度聚合物，分子结构稳定，使用寿命可达 50～100 年，且无害，不发生化学反应。

（3）抗紫外线，耐腐蚀。PB 管抗紫外线和微生物侵害，且能使贮存其中的水长时间不变质。

（4）抗冻耐热性好，在 $-20\mathrm{℃}$ 的情况下，具有较好的低温抗冲击性能，管材不会冻裂。解冻后，管材恢复原样，可耐 100℃ 以下的高温。

（5）管壁光滑，不结垢，同镀锌管比较可增加水流量 30%。

（6）热缩性好，连接方式先进，PB 管的热伸缩性大约为金属管的 1/60，膨胀系数与混凝土相近，连接方式为一体化热熔连接，因此在埋设时，可避免因温度变化和水锤现象引起管的移动及连接处的渗漏。

（7）节约能源，PB 管用于天棚辐射制冷采暖系统，可节省能源 30%。

1.4 天棚辐射施工

1.4.1 施工流程

天棚辐射系统施工流程为：施工前准备→划线→绑扎板底钢筋→盘管安装→敷设电线管→绑扎板面钢筋→浇筑混凝土。

施工流程现场见图 1。

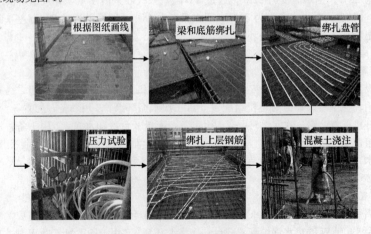

图 1　天棚辐射施工流程现场图

1.4.2 施工方法

（1）施工前准备

在施工前，需要准备好设计图纸及其他相关技术文件，组织好施工力量和机具，并对施工人员进行技术交底，使工人了解建筑结构、施工方案及与其他工种的配合措施，安装人员应熟悉管材的一般性能，掌握基本操作要点，严禁盲目施工。

具体准备内容：

① 材料 、工具及施工人员配备齐全，临时用水用电及现场施工条件到位 。

② 根据设计和合同要求，材料供应必须确保工期进度 。

③ 配置小型空压机 、打压水泵、热熔机、管材切割机 、卷尺等各种配套工具 。

④ 在正式进场前，所有施工人员需要熟悉图纸，熟悉施工规范，并进行施工培训

⑤ 对施工要点、特殊部位、重点部位确定施工方法，并对现场有关人员进行技术交底 。

⑥ 选定样板层，以便大面积施工前熟悉施工方法 ，掌握操作工艺，达到各工种紧密配合的目的。

（2）安装准备

管材进场前检验包括：

① 管材外观检查：管材应色泽均匀一致，内外表面光滑、清洁，无裂纹、划伤、斑点等。

② 管材技术参数检查：管材的规格、型号、生产日期等。

③ 管材的技术文件检查：合格证、检测报告等。

④ 如有必要，对进场管材进行复试。

⑤ 材料到场后由施工工人进行 PB 管打压测试，打压测试合格的管道才能用于施工中，打压不合格的管道做退厂处理。

（3）画线打孔

在支好的模板上，根据设计图纸标出 PB 管敷设的位置线路，然后引至分水器的供水、回水管在模板上打好孔。

（4）套管安装

当供水和回水管穿楼板洞引至分集水器时，该段 PB 管路需套上塑料保护管，以保证 PB 管完好，无破损及其事故发生。注意，PB 管进出梁，膨胀缝时也需加塑料波纹管保护。管道穿越楼板预留洞大小应比相应管道外径大 100mm，预留洞施工应与结构施工进度紧密结合，以免遗漏。

（5）排管安装

严格按照设计图纸上的盘管布置施工，以相应的间距按划好的线将 PB 管用尼龙绑扎带紧固在楼板下排结构钢筋上。注意 PB 管安装与外墙的间距不小于 250mm（公共区域除外）。排管时不得将管扭曲或折叠，同时保证弯曲直径不小于 8 倍管外径。天棚管在经过灯盒附近时，需绕行，保证管外缘距灯盒中心 25mm。在混凝土楼板中 PB 管和电管的排布关系如图 2 所示。

（6）打压试验

夏季施工盘管敷设完毕需要打水压试验，试验压力为 1.0MP。打压时，随时观察压力表的压降情况，如果有泄漏现象，需要更换整根盘管。稳压 1 小时，不渗不漏，压降不大于 0.01MPa 为合格；打压试验完毕，在浇筑混凝土时，保持压力为 0.6MP。在浇筑混凝土时，随时观察压力表的压降情况，如果压降比较大，立即停止混凝土浇筑，仔细找到漏点，处理完漏点后重新进行混凝土浇筑。打压过程如图 3 所示。

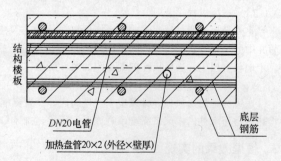

图 2　PB 管和电管的排布关系图

（7）试运行

系统试运行（初次加热）必须在混凝土面层浇筑完成 21d 之后或者是硬石膏敷设完成 7d 之后方可进行。开始加热时需确保地面干燥无积水，否则应采取措施排除积水，确保地面干燥。开始加热时进水温度在 20～25℃之间，至少保持 3d，此间应每隔 2 个小时检查一次盘管地面及地表温度情况，

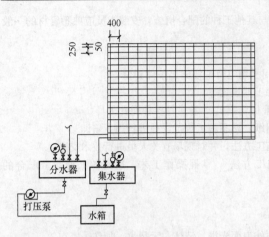

图 3　打压过程示意图

并作书面记录。运行 3d 后检查地面无空鼓现象，接着升温至最大供水温度 50℃并保持 4d，此间应每隔 2 个小时检查一次盘管地面及地表温度情况，若发现地面空鼓或地表平均温度（每 m² 随机抽取 3 个测点）超过 35℃，应降低供水温度至 45℃。冬季进行地暖盘管地面装饰面层施工时，需在地暖系统试运行合格后，且混凝土垫层表面温度达到 18℃时才开始进行。

2　恒氧效果的实现

2.1　置换式新风系统的工作原理

恒氧效果的实现依托的是置换式新风系统，新风系统的工作原理是采用置换通风时，新鲜空气直接从房间底部送入人员活动区。由于送风温度低于室内空气温度，送风在重力作用下先蔓延至地板表面，随后在后继送风的推动和室内热源产生的热对流气流的卷吸提升作用下由下至上流动，形成室内空气运动的主导气流，最后在房间顶部排出室外。整个室内气流分层流动，在垂直方向上形成室内温度梯度和浓度梯度。置换式新风系统的原理图如图 4 所示。

图 4　置换式新风系统原理图

2.2　置换式新风系统的组成

置换式新风系统由新风机组，送排风管，新风分配器，送排风口和通风器组成。通风器起到了平衡室内外风压的作用，通过在通风器的空气通道中加入不同的过滤器以去除空气中灰尘、花粉等有害物质。新风分配器将已经过滤好的新鲜空气分配到各个房间。

2.2　新风系统所需管材

新风支管置于地板夹层中，采用 φ63HPPE＋LDPE 双壁波纹管，内径 50mm，内壁光滑。新风风口采用成品地送风口，新风口需可开启，并有便于清扫的功能。选用双壁波纹管强度高，并且为圆形管，风阻力小。

2.3　新风系统的施工

（1）送风过程

室外新风先通过热回收式新风换气机与室内排风进行热量交换，再经过新风机组处理后由设于管井中的新风管送入各户内的集风箱，再由集风箱上的新风支管送入各房间的地送风口，新风支管置于地板夹层中。送风口施工剖面图如图 5 所示。

（2）排风过程

送风为地板送风口，排风位于卫生间内，设置侧墙式排风口，集中由屋面的新风机组回风机收集换热后排至室外。排风口高度示意如图 6 所示，排风口剖面图如图 7 所示。

3　恒湿效果的实现

在夏季，特别是北方的空气相对湿度大，其露点温度甚至达到 24～25℃，大大高于天棚辐射制冷采暖系统的工作温度，虽然这种天气出现机会不多，天数不长，但其缺点是显而易见的，极有可能出现天花板结露滴水的现象，更可能出现上层用户的地板上出现结露的情况，故此不能完全使用室外空气来对室内换新风，新风机组必须对空气进行干燥处理，以使其露点温度低于天花板的温度。

在冬天，北方干燥，新风机组设置冬季加湿段。加湿使用软化水，软化水设备设置在新风机房中，加湿采用高压微雾加湿器。

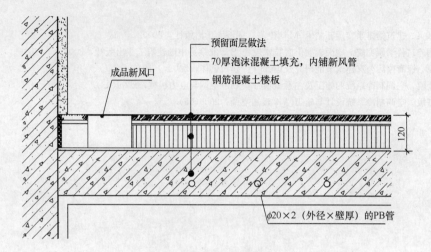

图 5　送风口施工剖面图

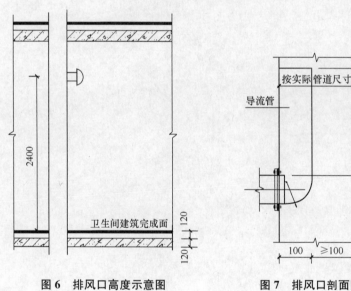

图 6　排风口高度示意图　　　　　　**图 7　排风口剖面图**

相关温湿度见表1。

表 1　新风机出口温度湿度控制

新风机出口	夏　季	冬　季
温度	14℃	20℃
湿度	95%	40%

4　结语

　　潍坊卓信 EHO 国际社区工程是潍坊地区首个尝试使用天棚辐射技术，置换式新风技术实现建筑恒温恒湿恒氧的工程。无论是施工过程中工序的协调，还是后期的维护，对施工方都是一个极大的挑战。目前，恒温恒湿恒氧系统在欧洲国家已经得到了广泛应用，但是在国内还处于起步阶段。随着国家绿色生态智能建筑的大力推广，恒温恒湿恒氧技术作为其重要组成部分，有着广阔的发展前景，对该项技术的研究有重大的意义。

参考文献：

[1] 赵基兴 . 建筑给排水实用新技术[M]. 上海：同济大学出版社，2000.

[2] 中国建筑科学研究院 . 地面辐射供暖技术规程[S]. 北京：中国建筑工业出版社，2004.

[3] 田原 . 锋商国际公寓建筑节能研究及设计[J]. 建筑创作，2002，(10).

[4] 陈金鹏 . 空调制冷系统的施工及注意事项[J]. 制冷空调与电力机械，2009(03).

[5] 王淑敏 . 空调制冷系统设计与施工[J]. 暖通空调，2006(05).

BIM 技术在地质薄弱且管网密布区域
桥梁下构施工中的应用

王善　杨帅章　雷露

（中建五局土木工程有限公司，长沙　410004）

摘　要：近年来，随着我国城市化发展及汽车普及化，城市交通压力日益增大，对城市交通通行能力有了新的要求，修建高架桥就是解决该问题的途径之一。但是城市有沿水而居的特性，沿江、湖地区地质薄弱，且城区管网密布，这就为桥梁下构施工带来了极大困难。在地质薄弱且管网密布区域使用 BIM 技术进行可视化建模，通过方案比选，选择合理的施工方案，有效解决了地质薄弱且管网密布区域桥梁下构施工问题。

关键词：地质薄弱；管网密布；BIM 技术；桥梁下构；拉森钢板桩围护

1　前言

武汉市西四环线沌口互通式立交桥位于东风大道与东荆河大道交叉口处，主线采用高架桥形式，主线桥沿东荆河路向南北两侧延伸。本标段位于后官湖区域，地质薄弱，且沿线管网错综复杂（高压线、国防光缆、给水、排水、燃气、弱电等管线征地拆迁较困难），与上述情况完全相同，为适应施工现场条件，需采用一种简单、安全、占地少的基坑支撑体系，在结合现场条件，调阅大量同类桥梁施工资料后，使用 BIM 技术进行可视化建模之后，我项目桥梁桩基础采用下沉护筒施工工艺、承台采用拉森钢板桩基坑围护施工工艺。

2　施工工艺

2.1　工艺特点

桥梁下构施工采用拉森钢板桩基坑围护工艺，在地质薄弱且管网密布的城区内，减少了基坑开挖范围及地质扰动，能较好地保证城市道路车辆通行及管网安全。同时拉森钢板桩基坑支撑体系结构简单、安全、占地少，满足现场条件的施工要求，且大幅度较少管网改迁费用。

2.2　工艺原理

在地质薄弱且管网密布的城区内进行桥梁施工，桥梁墩柱下构受管网影响、改迁困难而无法施工。故根据设计图纸及现场管网图，采用 BIM 技术进行可视化建模，经过对比，对桥梁墩位进行优化设计变更，便于施工。下构施工承台时，采用拉森钢板桩基坑支撑以减少基坑开挖范围和地质扰动，保障了车辆通行及地下管网的安全。

2.3　工艺流程

工艺流程：图纸会审→管线探测→桩基、承台位置放样→BIM 技术建模→设计变更（方案优化）→桩基施工→路面结构层破除→拉森钢板桩施工→基坑开挖→桩头破除→承台施工其他工序→基坑回填（路面结构层恢复）。

2.4　施工方法

2.4.1　图纸会审

施工图纸下发后，项目部组织进行图纸会审，并发现该图纸墩柱与现场管线有冲突，并要求对现场管线进行精确探明。

2.4.2　管线探测

（1）根据已经探测的管线分布情况，进一步确定管线的详细位置，测量队随时配合工作。

（2）对不明确的管线，采用人工开挖探槽、清理管线，暴露其具体位置。

2.4.3 桩基、承台位置放样

测量人员按照图纸数据现场放出桩基、承台等桥梁下构位置，查看是否受管线影响施工。

2.4.4 BMI技术建模

根据施工图纸及现场探测数据，采用BIM技术建立桥梁可视化模型，进行对比发现部分桥梁下部结构与管线有冲突。以武汉市西四环线沌口互通珠山湖大道桥梁下构施工为例，分别有雨污水管、弱电管、110kV高压电缆、10kV高压电缆、中压燃气管、铸铁自来水管，铸铁自来水管正好位于58♯承台中；110kV高压电缆正好位于59♯承台中，如图1所示。周围原有一个泵房，土质松软，承台基坑不宜放坡开挖。

2.4.5 设计变更（方案优化）

桩基、承台施工受管线影响，无法施工。管线改迁时间长，且费用昂贵，严重影响工期及工程成本。使用BIM技术，设计出最佳方位，并经过讨论、验证后，对图纸墩位进行变更。变更之后，在使用BIM技术进行可视化建模，进一步优化施工方案，桥梁桩、承台分别采用下沉护筒及拉森钢板桩基坑围护等施工工艺，保障车辆通行及地下管网的安全。

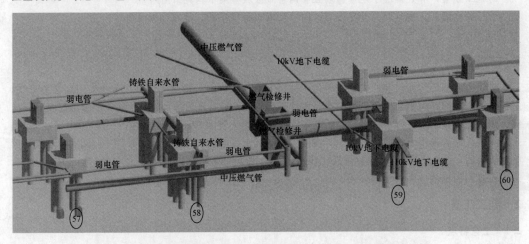

图1 变更前BIM模型（铸铁自来水管和110kV电缆位于承台内）

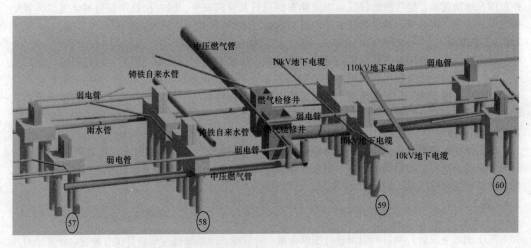

图2 变更后BIM模型（变更桩基、承台形式，有利施工）

2.4.6 桩基施工

图纸变更后，进行桩基施工。因管网密布且地质薄弱，表皮层厚、土质松散，且为加快施工进度采用旋挖钻施工，对地质扰动较大，如按照以往 3m 的钢护筒，无法保障桩基孔洞安全。为防止塌孔，根据地质情况下沉钢护筒，直至护筒伸入黏土层，防止地面表层土塌孔（桩基施工工艺为常规旋挖钻孔施工工艺，此处略）。

2.4.7　路面结构层破除

（1）测量队放出路面结构层开挖边线图，道路路面破除边线比承台尺寸每边放大 50cm。

（2）结构层进行破除，破除后的工程渣石碎料运至指定的废弃场。

2.4.8　拉森钢板桩施工

承台基坑采用 SP-Ⅳ（400mm）型拉森钢板桩作为支撑围护。

工艺流程：清除路基碎石→插打钢板桩→钢板桩加固→承台施工→基坑回填。

（1）清除路基碎石：采用人工将表面至原始土层的路基清除干净，人工挖土深度为 1.5m，具体以土层情况为准，避免钢板桩施工时插打到大石块。

（2）插打钢板桩

① 钢板桩运到工地后均进行详细检查、丈量。

② 钢板桩采用全围堰先插合拢后，再逐块（组）打入。插打钢板桩时，以承台开挖边线为界，应从开挖线转角处开始，直到边线另一头。插打钢板桩时从第一块（组）就应保持平整，几块插好后即插打一块深的以保持稳定，然后继续插打，为了使打桩正常进行，可安排一台汽车吊来担负吊桩工作。

钢板桩起吊后须以人力扶持插入前一块的锁口内旁边，开始插打时动作要缓慢，防止损坏钢板桩，插入以后可稍松吊绳，待插入站立稳定后，即采取动力锤击。

为保证钢板桩插打正直顺利合拢，应随时纠正歪斜，歪斜过大不能用拉挤办法整直的要拔起重打。钢板桩打入时如出现倾斜或有空隙，到最后封闭合拢时有偏差，需用特制楔形桩合拢，或采用插打相应尺寸槽钢的方式封堵缝隙。

③ 钢板桩打入深度以打桩机达到满荷载控制为主，尽量控制在钢板桩打入基底以下 2m 以上。

（3）钢板桩加固

承台基坑拉森钢板桩围护均采用上下两排 H30a 型钢进行横联加固，横联间距为 2m，并使用 $15cm \times 10cm \times 1cm$ 的钢板每隔 1m 上下各焊接 1 个，使钢板桩和型钢形成整体。槽钢与钢板桩采用点焊，钢板与槽钢、钢板与钢板桩之间按照规范要求进行焊接。为确保基坑土方不使钢板桩倾覆，在钢板桩伸出地面以上添加 2 道 H30a 型钢支撑，焊接牢固；钢板桩围护内倒角用斜支撑，保证钢板桩整体刚度。

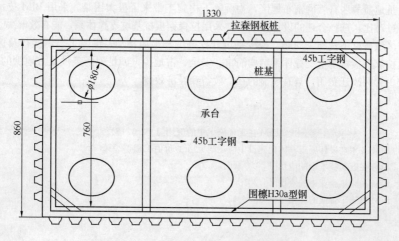

图 3　承台基坑拉伸钢板桩围护平面

2.4.9　基坑开挖

（1）承台基坑采用机械开挖与人工开挖相结合。在管线附近，采用人工开挖方式，应特别注意管线位置，控制作业速度，及时清理出管线位置，确保探出所有管线。

（2）开挖时，由于进行了钢板桩支护，不进行放坡。基坑开挖时基底深度不得超挖，预留 0.1m 采取人工清理至垫层底面标高。开挖时，开挖底边线比承台底边线放宽 0.5m，并设置一个集水坑。

（3）基坑开挖后，在钢板桩顶部挂设钢制爬梯，以便作业人员上下基坑。爬梯采用∠50×50 角钢焊制，爬梯宽度 50cm、步距 35cm，所有连接部位均采用满焊，焊高不小于 3mm。

（4）基坑开挖后，应及时进行土方弃除至 20km 远的弃土场，若未及时弃除的土方堆放应规则平整，并远离坑壁至少 2.5m 之外，确保承台施工作业安全。

（5）基坑安全防护：基坑开挖完成后，在基坑开挖线以外安装高度 1.2m 防护栏杆，并满挂绿色防护网，且在基坑外侧树立"基坑施工、不得靠近"、"不得翻越"等醒目的安全标识牌。

2.4.10 桩头破除

基坑开挖完成后，割除桩基伸出基底的护筒部分。测量人员根据桩基预留高度（深入承台内 15cm），确定桩头凿除线。用风镐凿除，待离桩顶标高约 15cm 处改用人工凿除，凿除时须防止损毁桩身、桩头钢筋及声波检测管。桩头凿除后保持伸入承台底面长度符合设计要求：凿除后的桩头伸入承台 15cm，钢筋锚入承台内部。

2.4.11 承台施工

承台按照常规施工工艺，此处省略。

2.4.12 路面结构层恢复

下构施工完毕后，保证道路正常通车及行车安全需对破除路面处进行结构层恢复。结构层恢复按破除前结构层形式恢复。

2.4.13 施工注意问题

（1）在地质薄弱地区进行桥梁承台施工时，特别注意基坑坍塌问题。采用拉森钢板桩基坑支撑围护施工工艺时，钢板桩入地尽量控制在钢板桩打入基底以下 2m 以上，且相邻钢板桩相互锁紧。同时添加钢围图及横梁进行加固。

（2）基坑开挖时，注意保护管线。在管线附近，采用人工开挖方式，应特别注意管线位置，控制作业速度。

3 技术及经济效益

随着我国城市化发展及汽车普及化，城市交通压力日益增大，修建高架桥就是解决该问题的途径之一。但是地质薄弱且管网密布地区，为桥梁下构施工带来了极大困难。采用 BIM 技术进行可视化建模，通过对比，选择合理的设计方案，并采用拉森钢板桩基坑支撑体系，能有效解决了地质薄弱且管网密布区域桥梁下构施工问题，减少基坑开挖范围和地质扰动，保障了车辆通行及地下管网的安全。并且拉森钢板桩基坑支撑体系结构简单、安全、占地少，满足现场条件及占地少的施工要求，且大幅度较少管网改迁费用，具有明显的社会效益和经济效益。

参考文献：

[1] 张建平，李丁，林家瑞，颜刚文 . BIM 在工程施工中的应用[J]. 2012(8).

[2] 武永锋 . BIM 技术在设计施工一体化建设中应用研究[J]. 价值工程，2014(32).

[3] 黄代超 . BIM 在施工技术中的应用[J]. 2014(6).

[4] 于晓明 . BIM 在施工企业中的应用[J]. 2010.

[5] 张培亮 . BIM 对施工企业的应用价值[J]. 2012.

移动模架在超宽鱼腹型现浇箱梁的研究与应用

谈 超 罗桂军 彭云涌 聂海柱 肖洪波

（中建五局土木工程有限公司，长沙 410000）

摘 要：鄂州市武四湖大桥是国内首个采用移动模架施工的鱼腹型现浇箱梁，针对本桥"宽幅、低墩、鱼腹型截面"的结构特点，移动模架在设计和施工应用中进行了创新。从移动模架选型及设计、移动模架制造与验收、移动模架拼装、移动模架预压、移动模架混凝土浇筑等多个方面介绍了本套移动模架的应用情况和创新点，为类似工程提供了有益的借鉴。

关键词：移动模架；鱼腹型现浇箱梁；应用；创新

1 工程概况

武四湖特大桥为水上现浇连续箱梁桥，全桥总长 1171m，宽 48m，分左右两幅，按双向八车道设计，桥梁跨度为 40m，单跨桥梁自重约 2000t。桥梁上部结构为单箱五室鱼腹式现浇连续箱梁，梁高 2.5m，梁底曲线半径 2989.1cm。

2 移动模架选型及设计

2.1 移动模架选型

根据结构形式分为上行式移动模架和下行式移动模架两种类型。主梁位于混凝土梁上方的称为上行式移动模架，反之则称为下行式移动模架。本桥墩柱低，最低墩仅为 3.5m，不满足下行式移动模架 7m 净空的需求，因此本桥选择了上行式移动模架。

2.2 移动模架设计

因移动模架为非标产品，设计十分重要，既要保证施工安全也要能满足现场施工特定性需求。本桥截面形式为单箱五室鱼腹型，宽 21.5m，这种桥型运用移动模架施工在国内尚属首次。为适应桥梁鱼腹型截面，本套移动模架采用了独特的鱼腹型挂梁形式。同时为解决超宽桥面、低墩情况下移动模架安全过跨的难点，提出了双折叠挂梁的技术，模架开合度有了很大提升，仅需横向打开很小的宽度即可折叠过跨，避免了以往挂梁横向一次性打开幅度过大导致的安全稳定性降低的问题。

本套移动模架长 90m、宽 24m，自重 900t，最大浇筑工况钢筋混凝土重量 2400t（浇筑 48m），施工总荷载达到了 3300t，为保证其整体刚度要求，该套系统设计挠跨比控制在 1/600 左右。在移动模架设计中加强系统集成，将移动模架结构、液压、电气、自动化控制等设备有机地结合起来，便于现场施工操作

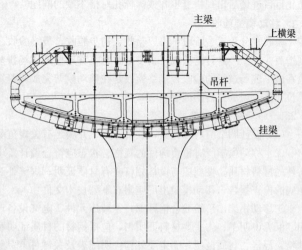

图 1 移动模架横断面示意图

和管理。本套移动模架采取千斤顶液压平衡阀装置，确保主要承重千斤顶受力基本保持一致，保障结构安全。在纵移千斤顶与主梁底部纵移轨道滑动底座之间采用卡槽自锁技术。

无需工人进行销轴插拔作业，减少了工作量也提高了施工安全性。

移动模架系统主要由主梁、鼻梁、上横梁、挂梁、前支腿、中支腿、中小车、后滑梁、龙门吊等组成，并配有相应的液压电气系统。

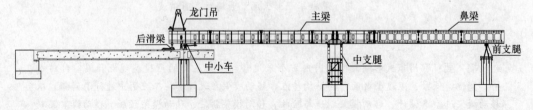

图2　移动模架纵断面示意图

3　移动模架制造与验收

3.1　移动模架制造

移动模架构件截面尺寸大、单件质量大、制作组装、翻身、焊接、运输都存在诸多困难。根据移动模架的使用特点，其焊接质量的好坏直接影响到移动模架的性能及使用安全。在移动模架的加工制造过程中，制造厂从主材、辅材、机械设备的选用、工艺过程控制等方面入手，采用先进的数控切割机、坡口机与一流的焊接工艺，使得所有的主梁、鼻梁关键部位拼接焊缝为一级焊缝，腹板与翼缘非关键受力部位T型焊缝为二级焊缝。焊缝检测委托两家专

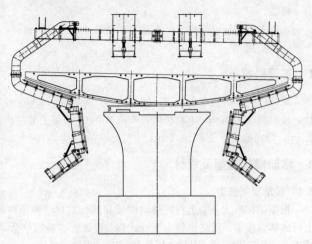

图3　移动模架挂梁双折叠示意图

业公司背对背进行，两家专业公司的焊缝检测结果均合格才认定该移动模架焊缝质量满足要求。

在移动模架各主要构件加工制造完成之后，需要求制造厂在加工厂内对移动模架进行预拼装，防止盲目进场后出现拼缝不齐或螺栓孔对接不顺的问题。

3.2　移动模架验收

验收宜分为三个阶段：出厂验收、初步验收、最终验收。出厂验收是在移动模架出厂前由用户和制造商在工厂中进行的验收；初步验收是在移动模架现场拼装完成后由用户、制造商、监理等相关单位在施工现场进行的验收；最终验收是在移动模架完成两跨箱梁施工后由用户、制造商、监理等相关单位在施工现场进行的验收。

3.2.1　移动模架出厂验收要求

（1）设计图纸应内容完整，签署齐全，并满足有关规范要求。

（2）移动模架所有重要构件的规格、状态应符合设计要求，必备的证书应齐全并经过审核；重要构件的材料材质、性能应与设计相符并有材质证明；焊缝外观及内部质量应满足有关标准要求，并有相应的检查报告。移动模架出厂应附有下列技术文件：

①移动模架出厂检验合格证书；②液压元件、电气设备产品合格证书以及鉴定文件等；③产品使用、保养说明书；④主要材料证明书，包括钢材的材质证明和高强度螺栓连接副扭矩系数和紧固轴力的检验报告、材质证明；⑤主要外构件明细表及关键件产品说明书；⑥易损件明细表；⑦随机附件、备件清单；⑧随机图纸：包括整机及各主要部件总图、液压系统原理图、电气控制系统原理图；⑨第

三方焊缝质量检查报告。

3.2.2　移动模架初步验收要求

（1）对终拧完毕的螺栓按节点数的 10% 进行抽查，且不应少于 10 个。如发现不符合规定的，应再扩大 1 倍检查，如仍有不合格者，则整个节点的高强度螺栓应重新施拧。

（2）按施工荷载的 1.15 倍进行预压试验，以检验移动模架的结构安全，并对比分析预压工况的挠跨比与设计挠跨比。

（3）必须满足施工监理、参建单位对移动模架提出的有关施工安全和施工质量方面的要求。

3.2.3　移动模架最终验收要求

使用性能必须满足使用要求。必须安全可靠、操作方便、各机构操作灵活。

4　移动模架拼装

4.1　移动模架拼装流程

根据现场地形情况，拼装不能采取地面整体拼装再提升的方法，因地制宜采用了顶推拼装法。通过搭设型钢支架作为支撑平台，移动模架主梁、鼻梁多节整体进行吊装、推进，边顶进、边拼装，前支腿、中支腿、上横梁、挂梁等工序穿插进行施工，具体工序图如图 4～图 11 所示。

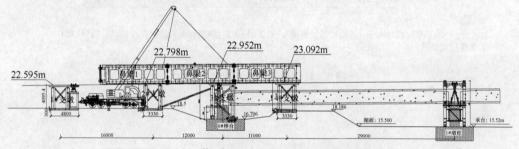

第一步：
1. 对 4# 支墩位置进行场地整平、压实，对汽车吊和车辆运输通道回填毛渣石加固地基；
2. 对 0# 桥台处进行抽水清淤，基坑与基坑之间回填级配碎石，并用人工夯实；
3. 陆续完成 4# 支墩、3# 支墩、2# 支墩、1# 支墩的加工及安装工作；
4. 根据上图所示，对 3# 支墩采取混凝土锚固处理；
5. 完成后支点钢管混凝土柱加固处理；
6. 从桥台两侧用两台 50 吨的汽车吊一次性吊装 3 节鼻梁(51t)，1 台 25t 吊车辅助。

图 4　移动模架拼装步骤示意图 1

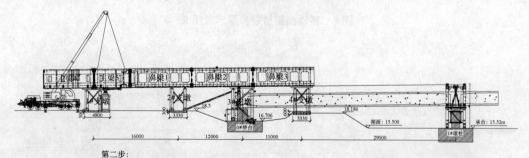

第二步：
1. 主梁 4、主梁 5 在地上组装好之后，用两台 50t 吊车一次性吊装到位，1 台 25t 吊车辅助(主梁 4 和主梁 5 共计约 35t)；
3. 安装中小车推进装置；
4. 在主梁 4、主梁 5 四氟板处涂刷黄油准备推进；
5. 在纵移推进前将 2# 支墩上方的横梁工字钢拆除，减小鼻梁推进过程的摩阻力。

图 5　移动模架拼装步骤示意图 2

4.2　移动模架拼装注意事项

（1）拼装场地大小最好能满足两侧起吊拼装的要求，这样使用的吊车吨位较小，还能加快拼装进

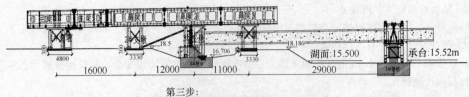

第三步：
　往前推进主梁5、主梁4。

图6　移动模架拼装步骤示意图3

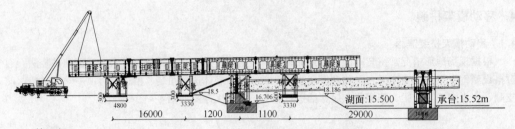

第四步：
1.用1台50t吊车和1台25t吊车（辅助）吊装主梁3，对主梁3和主梁4高强螺栓进行连接（主梁3约30t重）；
2.继续往前推进。

图7　移动模架拼装步骤示意图4

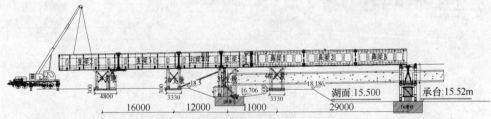

第五步：
1.用1台50t吊车和1台25t吊车（辅助）吊装主梁2，对主梁2和主梁3高强螺栓进行连接（主梁2约30t重）；
2.继续往前推进。

图8　移动模架拼装步骤示意图5

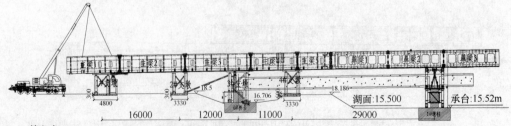

第六步：
1.用1台50t吊车和1台25t吊车（辅助）吊装主梁1，对主梁1和主梁2高强螺栓进行连接（主梁1约22t重）；
2.继续往前推进。

图9　移动模架拼装步骤示意图6

度。若单侧起吊（只能单侧站吊车）虽然节省场地，但会延长拼装时间，更严重的是吊车站在一侧大跨度（至少十几米）起吊另一侧的构件，所使用的吊车吨位会增大。

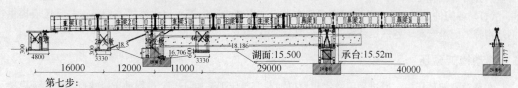

第七步：
1.继续推进直至1#支墩中小车不能推进为止。
2.将纵移油缸移至3#支墩处安装到位。

图 10　移动模架拼装步骤示意图 7

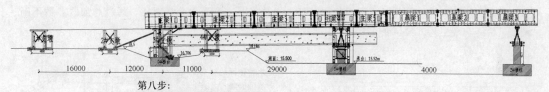

第八步：
1.继续纵移直至整体纵移到位；
2.对主梁1后支点位置进行加固处理。

图 11　移动模架拼装步骤示意图 8

（2）拼装时各个型钢支架的标高必须按图纸标注尺寸控制，误差不超过 10mm，标高不得超高。

（3）在安装前注意把所有的螺栓进行分类整理、分类堆放，选派专人进行管理。检查高强螺栓有没有受潮，表面是否有油污，表面受潮严重的应重新对高强螺栓进行检验，看表面磷化处理是否还有效，表面有油污的应擦干净。拼装前目测检查所有待拼零部件是否异常，润滑脂、油是否加注，毛刺等异物是否清除，若钢构件有变形在安装前要校正。

（4）检查吊杆上下两端的垫板、螺母是否上好，吊杆要顺直，禁止受横向剪切力作用，吊杆的张紧程度要求一致（在吊杆上油漆标记），吊杆两端伸出的长度要求足够长，PVC 套管要求套好，PVC套管两端要求密封好。

（5）液压油管的固定要便于设备转场时油管的拆装，与电缆的布置应充分考虑避让运动部件。

（6）主鼻梁底部的轨道在接头处如果存在错台（高差和侧向错位），在过孔移位时该部位走行到前辅助支腿托辊轮位置会因此震动和水平推力，这是非常危险的情况，严重时会出现重大事故发生，因此安装完毕一定要检查接头处轨道情况，存在错台时用砂轮机研磨修整。

（7）主梁、鼻梁在推进过程中必须涂刷黄油，避免因摩擦力过大将下方的硬塑板带出。

（8）移动模架需委托第三方检测方对主梁、鼻梁、挂梁等关键部位一级焊缝进行全检测，二级焊缝进行抽检 20%，对不合格的焊缝在拼装之前全部整改完毕。

（9）移动模架拼装完毕后，对终拧完毕的螺栓按节点数的 10% 进行抽查，且不应少于 10 个。如发现不符合规定的，应再扩大 1 倍检查，如仍有不合格者，则整个节点的高强度螺栓应重新施拧。

（10）移动模架首跨在曲线半径上时，桥台后方临时支架切忌平行桥台中轴线进行放线，否则移动模架鼻梁和前支腿位置会对不上。

（11）拼装前，需要做好详细的计划，确定明确的步骤，和厂家沟通确定发货顺序和构件最迟到场时间，以便现场组织管理。

（12）移动模架纵移推进过程中会给支架产生很大的反力，两侧临时支架应用槽钢连接成一个整体，并且临时支架混凝土基础应嵌入土中，增加整体稳定性。

（13）拼装完毕后需进行打开、折叠等步骤的试运行，提前发现各液压系统在运行过程中的问题。

（14）模架在安装过程中注意了解当地的天气预报情况，特别是在主框架没有完全形成之前，如果出现台风等恶劣天气，需要采用特殊措施确保模架的安全。

（15）中支腿支撑在承台上必须确保底部整平，必要时可垫厚橡胶带。

（16）拼装过程中应对中支腿进行测量监控，如有较大偏移应立即停止拼装，并查明原因，确认安全后方可继续施工。

（17）各构件加工制作完毕后需要在场内进行试拼装，厂家需要提供试拼装记录，并且还应提供钢结构施工记录资料、各液压系统的产品合格证等资料。

5　移动模架预压

在移动模架预压中，通过采用数字化模拟加载、预压工艺验证、全过程动态监控技术，验证模架安全性，取得模架的各种变形参数，模拟施工的全过程。

5.1　数字化模拟加载（图 12～图 14）

利用 CAD 软件工具，精确模拟加载，拟合混凝土浇筑顺序，并模拟各区域砂袋堆载数量和模拟分仓蓄水。使用 Ansys 软件对预压工况和混凝土浇筑工况进行受力分析对比。通过对加载参数不断调整，最终实现工艺试验与混凝土浇筑工况受力吻合。

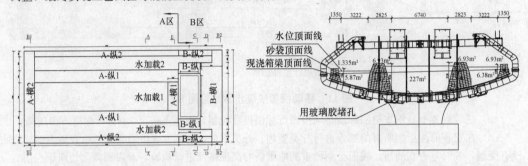

图 12　移动模架砂袋堆载顺序模拟图　　　图 13　移动模架砂袋堆载数量各区域模拟图

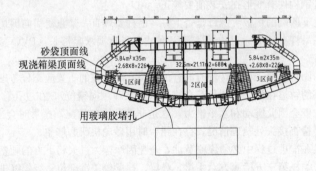

图 14　移动模架分仓蓄水模拟图

5.2　预压工艺验证（图 15）

在预压中根据箱梁结构特点，采取三仓六区复合加载法，采用 1.15 倍施工荷载按照三仓六区进行加载（图 16），利用 26000 个沙袋、1200t 水进行分区分仓，实现分步加载。

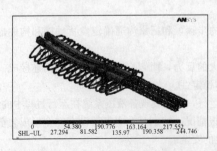
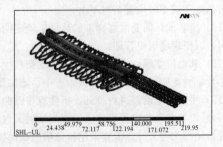

图 15　预压工况和浇筑工况对比分析图

图 16 三仓六区复合加载图

5.3 全过程动态监控 (图 17)

在预压过程中全方位地对关键部位进行测点布置，适时进行安全监控和安全预警，并对移动模架应力和变形进行监控量测。

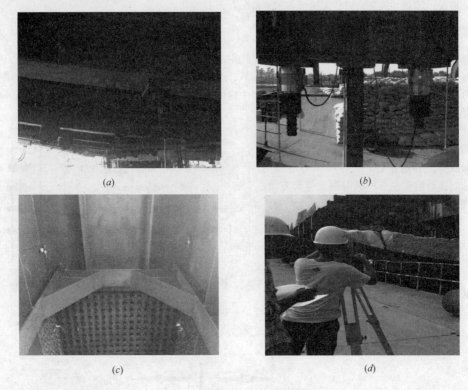

(a)   *(b)*

(c)   *(d)*

图 17 预压全过程动态监控图

5.4 预压过程中的注意事项

(1) 对压重应认真计量，误差控制在 ±2kg 范围内。

(2) 在加载过程中，要详细记录加载时间、吨位、位置，及时通知测量进行跟踪观测，并对移动模架进行检查，发现异常情况，应停止加载，及时分析原因，并采取相应措施。每级荷载加载完成并静止一定时间后，进行挠度观测，若实测值与理论值相差太大，分析原因后再确定下步方案。

(3) 加载时模拟混凝土浇筑顺序分级加载，应注意加载的对称性。

(4) 在加载试验过程中，应注意天气变化，如果下雨应用彩条布遮盖沙袋。

(5) 加载过程中，应锁定一切安全装置，在加载过程中时刻注意各支撑、各连接处变形情况，并做好相关记录。

(6) 如果加载的吨位没有达到设计加载荷载，且变形及应力大于设计变形及应力允许值，应停止加载试验，对其原因进行分析并采取相应的措施。

（7）堆载严禁局部堆积过高，必须随吊随时转移，否则局部荷载过大引起塑性变形。

（8）卸载后对模架所有螺栓、销轴等连接部位重新进行一次全面检查，根据实际情况对螺栓进行复拧，还要对模板及侧模支撑进行检查，看是否有变形。

（9）相关责任人做好预压荷载记录工作，统计每级荷载下砂袋和水加载的重量，并做好签字工作。

（10）砂袋堆载完毕后，在预压之前应用彩条布对每个部位进行严密覆盖，起到隔水的作用。

（11）对中支腿进行测量监控，如有较大偏移应立即停止加载（最大 10cm），并逐步卸载。

（12）检查顶升液压缸的液压表读数。（中支腿前后液压缸读数差不得超过 5MPa）

（13）查看每次加载过程中的主梁、挂梁变形情况，看是否和理论数据接近，并注意观察各部件之间的连接及焊缝情况。

（14）加载超过 60％以上，专人定时进主梁内部查看焊缝情况，看是否有脱焊现象，如有脱焊现象应立即进行卸载（观察油漆有无脱落和起皱情况）。

6 移动模架混凝土浇筑

移动模架根据其结构特点，混凝土在浇筑过程中需要解决错台、移动模架变形产生的裂缝、平衡浇筑等问题。采用对称叠合浇筑法（图18、图19），遵循弹性体系优先、非弹性体系后浇筑的原则，通过分区、分层、分段施工，最后浇筑端横梁和中横梁，使得整个连续梁结构最后才形成整体，有效地避免了模板持续变形产生的裂缝。

通过对梁端后锚固点主动设置预紧力，并且利用中小车进行临时支撑主梁，有效地减小了新旧混凝土处的错台。通过严格的对称浇筑，控制移动模架左右两侧混凝土浇筑方量，确保施工过程中移动模架受力平衡。

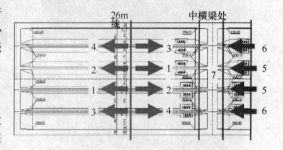

图 18　混凝土对称叠合浇筑法平面示意图

6.1　混凝土变形裂缝控制

混凝土纵向入模从混凝土重量中心的位置往两边分，最后浇筑端横梁和中横梁，使得整个连续梁结构最后才形成整体。根据混凝土浇筑方量、浇筑速度、混凝土初凝时间几个方面确定混凝土纵向浇筑分层及顺序。

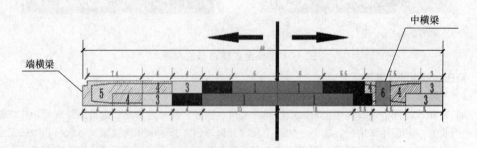

图 19　混凝土对称叠合浇筑法断面示意图

6.2　混凝土新旧混凝土结合处错台控制（图20～图23）

通过对梁端后锚固点主动设置预紧力，并且利用中小车进行临时支撑主梁，有效地减小了新旧混凝土处的错台。

6.3　混凝土浇筑过程中的注意事项

（1）混凝土浇筑前检查顶升千斤顶的电路和油路，检查备用电源。

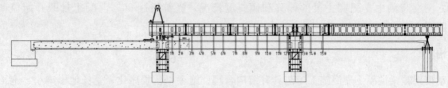

第一步：按照指定的立模标高进行立模，调整2#～3#挂梁并拉紧吊杆，确保底模后端与已浇筑梁底紧密贴合；(2#挂梁处需要在箱梁相对应位置开孔，后续节段直接在箱梁上预先埋设PVC管)。

图 20　混凝土新旧混凝土结合处错台控制示意图 1

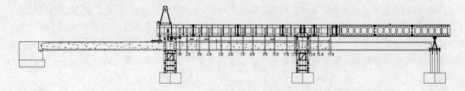

第二步：根据施工顺序，对称浇筑34m混凝土，剩余新旧混凝土结合处6m未浇筑。在浇筑过程中随时调整2#、3#、4#挂梁的吊杆预紧力，使模板贴合已浇筑箱梁悬臂端底面。

图 21　混凝土新旧混凝土结合处错台控制示意图 2

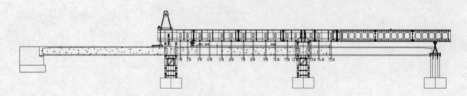

第三步：34m混凝土浇筑完毕后，在图示位置将中小车推进并顶紧支撑主梁，使主梁与现浇箱梁协同变形，减少变形；(在浇筑34m混凝土时，中小车不要顶紧主梁)。

图 22　混凝土新旧混凝土结合处错台控制示意图 3

第四步：浇筑剩余6m混凝土，浇筑过程中及时调整2#～4#挂梁吊杆，确保模板贴合紧密，减小错台。

图 23　混凝土新旧混凝土结合处错台控制示意图 4

（2）混凝土浇筑前检查外模的拼缝、螺栓紧固情况。

（3）混凝土浇筑前确保桥面上纵移、横移、开模液压缸处于回位状态。

（4）混凝土浇筑前检查中、后主支腿的垂直油缸是否锁定，是否不在最高位锁定。

（5）关注中支腿与承台接触处混凝土有无开裂等异常情况。

（6）旁站监测支点附近焊缝、构件变形情况（观察油漆有无脱落和起皱情况）。

（7）内模框架无位移挪动，内模撑杆的销轴无松脱或脱落、内模无漏浆情况。

（8）检查顶升液压缸的液压表读数（中支腿前后液压缸读数差超过 5MPa 要进行调整）。

（9）测量监测中支腿和主梁的偏移和倾斜度情况，浇筑超过 30％混凝土量即开始监测，每 100m³ 监测一次。

7 结语

移动模架箱梁混凝土现浇施工工艺具有结构合理、施工工艺程序化、受场地影响小、施工速度快、造价低等优点，必将会越来越受到各施工单位的青睐，有着很大的发展前景。本文以武四湖大桥施工为背景，介绍了移动模架选型及设计、移动模架制造与验收、移动模架拼装、移动模架预压、移动模架混凝土浇筑等多个方面，为今后类似工程施工提供了有益的借鉴。

参考文献：

[1] 崔占奎. 移动模架造桥机的设计及在郑州黄河公铁两用桥上的应用[J]. 施工技术，2011，03：18-22.

[2] 项贻强，张少锦，程晔，汪劲丰，景强，王立超. 移动模架施工技术的应用与研究创新[J]. 中外公路，2008，01：52-56.

[3] 刘宏刚，李军堂，张超福，周启辉. 桥梁施工移动模架安全问题及影响因素分析[J]. 世界桥梁，2014，03：60-64.

[4] GB 50017—2003. 钢结构设计规范[S]. 2004.

[5] JGJ 81—2002. 建筑钢结构焊接技术规程[S]. 2002.

[6] GB/T 50205—2001. 钢结构工程施工质量验收规范[S]. 2001.

[7] JGJ 82—2011. 钢结构高强度螺栓连接技术规程[S]. 2011.

型钢混凝土梁模板加固方案

杨道峰　覃云华　周晗霖

（中国建筑第五工程局有限公司，长沙　410004）

　　摘　要：基于普通的钢筋混凝土梁模板加固方法，本文主要介绍一种新型的型钢混凝土梁模板加固方案。通过在钢梁腹板上焊接均布的开孔钢板，来连接梁腰筋拉钩以及固定梁侧模板对拉螺杆。这样既保证了钢梁腰筋的有效拉结，梁侧模板的加固，同时避免了在钢梁腹板开孔造成的应力集中，保障了混凝土成型效果。

　　关键词：型钢梁；对拉螺杆；连接板；加固

1　背景

　　现有的混凝土型钢梁的结构加强加固一般采用直接在钢梁腹板开孔，然后通过开设在钢梁腹板上的孔洞直接对穿对拉螺杆的方式进行结构加强加固。上述混凝土型钢梁的结构加强加固方式虽然结构简单且易于操作，但是由于直接在钢梁腹板开孔，破坏了钢梁腹板原有的结构完整性，直接减小了钢梁的有效截面，进而降低了钢梁的受力性能，在同等条件下需要采用更大规格的钢梁，这将增加施工难度以及成本，否则将造成质量安全隐患以及后期成本费用的增加。

　　针对上述技术问题，本文提出一种能够对混凝土型钢梁进行结构加强的混凝土型钢梁加固结构。

2　施工方案

2.1　施工概况

　　本工程地下室 LG 层分布有大量型钢混凝土梁，钢梁尺寸大（最大钢梁尺寸达到 1.7m×2.4m，如图 1 所示，模板加固困难。如果采用普通的混凝土梁加固办法，需按照 450mm×450mm 间距在钢梁腹板开孔，对拉螺杆对穿。这种加固方案不仅加大了对拉螺杆对穿的施工难度，并且由于钢梁腹板的大量开孔，延长了钢梁的生产进度，增加了钢梁加工成本，降低了钢梁的结构性能。

2.2　施工方法

　　钢梁腹板开孔将造成质量安全隐患以及成本费用的增加。为保证钢梁腰筋的有效拉结以及梁模板对拉螺杆的加固，现在钢梁腹板焊接方形开孔钢板作为拉钩及对拉螺杆连接板。连接板规格（长宽厚）为 50mm×50mm×8mm，开孔大小 $\phi18$，布设间距同 $\phi16$ 对拉螺杆布设间距（450mm×450mm），连接板布置详图 2 所示。

2.3　施工流程（图 3～图 6）

　　连接板的定位需提前进行腹板画线定位，定位间距 450mm×450mm。定位线距钢梁翼缘及转换柱下支撑距离为 200mm。连接板焊接严格按照定位线位置焊接，并严格控制连接板焊接质量。腰筋拉钩挂在钢板开孔 $\phi18$ 处，对拉螺杆焊接在连接板侧面，保证对拉螺杆垂直于钢梁腹板。施工流程如图 7 所示：

2.4　现场施工情况

3　混凝土成型效果对比分析

　　采用普通加固方法加固截面尺寸较大型钢混凝土梁，易引起涨模爆模，造成混凝土成型尺寸偏差，混凝土方量及修补费用的增加。

　　普通加固方法造成梁侧模涨模如图 8 所示。

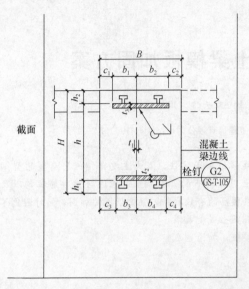

LG–XGL6
LG层
700×2400
2000(200、200)
$c_1=550(c_2=550)$
$b_1=300(b_2=300)$
$c_3=550(c_4=550)$
$b_3=300(b_4=300)$
$t_1=35$、$t_2=40$、$t_3=40$
G7
G6
G6
G3b
详梁配筋图
G8、G9

图 1   1700×2400 型钢梁大样图（mm）

图 2   连接板布置图

图 3   定位画线及连接板焊接

图 4   梁筋绑扎

图 5   拉钩及对拉螺杆设置

图 6   模板加固

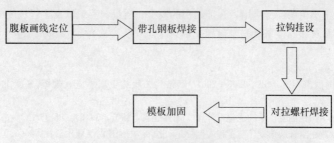

图7　施工流程图

图8　梁侧涨模效果图

新型加固方案型钢混凝土梁混凝土成型效果如图9所示。

图9　型钢混凝土梁混凝土成型效果

此种加固方案的优点主要有以下几个方面：

(1) 加快钢梁加工进度，减少钢梁加工成本；

(2) 保证梁腹板结构整体性，避免应力集中效应的产生；

(3) 减少梁腰筋挂设及对拉螺杆布置的施工难度；

(4) 加强了梁模板加固的整体性，减少混凝土浇筑过程中的扰动，保障混凝土成型效果。

4　结语

本加固方案通过采用在钢梁腹板上增设用于连接挂钩以及对拉螺杆的加固连接板，在保证钢梁腰筋的有效拉结以及钢梁模板对拉螺杆的加固的同时避免了在钢梁腹板上开孔，保证了混凝土型钢梁的结构要求以及钢梁模板的加固质量，保障了混凝土成型效果。此外在梁的加固过程中，需严格控制连接板的焊接质量以及对拉螺杆的焊接角度，减少施工难度。

随着型钢混凝土结构的广泛应用，为证结构的安全、质量、美观以及工程进度的更快进行，型钢结构的模板支撑体系及加固体系研究显得越发重要。

参考文献：

［1］ 中华人民共和国国家标准 . GB 50205—2001. 钢结构工程施工质量验收规范［S］. 北京：中国计划出版社，2001.

［2］ 高新艳，杜秀丽 . 型钢混凝土结构优化设计［J］. 山西建筑，2007，33(8)：98-99.

［3］ 周明杰 . 钢筋混凝土组合结构设计与工程应用［M］. 北京：中国建材工业出版社，2005.

两次法灌注桩后注浆施工技术

熊 辉

（湖南省第三工程有限公司，湘潭 411101）

摘 要： 在高层、超高层建筑以及桥梁的桩基施工中，对桩基的承载力要求越来越高，传统的钻孔灌注桩存在着桩底沉渣厚度对桩底承载力的影响以及桩周围泥比夹层对桩基摩擦力的影响等问题，严重影响了灌注桩的单桩承载力以及沉降量，为提高单桩承载力常采用扩大桩径、增大桩长或增加桩的根数的办法进行处理，从而增加了工程量，增大了工程造价和施工难度。根据工程实践，为解决上述问题，在灌注桩施工时采取后压浆技术进行解决，而在后压浆技术中，采用两次压浆技术比单次压浆技术对提高灌注桩单桩承载力和降低沉降量效果更为显著。

关键词： 两次法；灌注桩；后注浆

在高层和超高层以及桥梁工程的灌注桩施工中，由于桩底沉渣和桩周泥皮的问题，降低了灌注桩承载力，增大了灌注桩的沉降量。在工程实践中采用后注浆法提高单桩承载力较为经济，而与单次法后注浆相比，两次法后注浆对单桩承载力的提高更为显著，并且降低了水泥的用量，对减少资源消耗，降低碳排放量更为有利。

通过绿岛明珠项目桩基工程和众冠保障性住房项目桩基工程都为端承桩，桩基嵌入微风化岩层 1m 以上，设计上采用灌注桩后注浆施工工艺，以保证桩基的单桩承载力达到设计要求，通过工程实践，采用两次法灌注桩后注浆比单次后注浆取得的经济更好，既保证了工程质量又节约了工程成本。

1 施工特点

1.1 采用两次法灌注桩注浆施工技术，能从根本上解决桩底沉渣和桩周泥皮影响灌注桩混凝土浇筑质量、降低单桩承载力的技术难题，减少桩基的沉降量，确保桩基工程质量。

1.2 能大幅提高单桩承载力，有利于持力层的灵活选择，可缩短桩长或减少桩基数量，降低施工难度，从而降低工程造价。

1.3 桩底后注浆可采用管式单向注浆阀或花管式压浆喷头，与构造复杂的注浆预载箱、注浆囊、U形注浆管不同，为开敞式注浆，桩侧注浆是外置于桩土界面的弹性注浆管阀，可实现桩身无损注浆。注浆装置安装简便、成本较低、可靠性高，注浆机具轻巧、移动方便。

2 施工原理

2.1 两次法灌注桩桩底后注浆，就是利用钢筋笼底部和侧面预先埋设的注浆管，在成桩后 2～30 天内分两次用高压泵向桩底及桩周的沉渣、泥皮进行高压注浆。通过浆液对桩基底沉渣颗粒和孔隙以及桩周泥皮和孔隙进行渗入、劈裂、置换、填充、挤密、固结等物理化学作用，将桩底沉渣处理加固成复合地基，凝结成石体。压力浆液通过渗透、挤密、填充及固化作用，提高持力层的强度和变形模量，并形成扩大桩头，增加了桩端的承压面积。在注浆压力作用下，桩身自重使土体产生反向摩阻力，桩底土体经预压而提前完成部分压缩变形，可减少使用阶段的桩基沉降量。

2.2 因为水泥浆与桩底沉渣、泥皮凝结而成石体（即扩大桩头）属于脆性材料，如形成的石体（扩大桩头）超过材料的桩基刚性角范围，该范围之外的凝结石体（扩大桩头）对桩基的单桩承载力的提高不起作用。采用两次性桩底后注浆，可在第一次注浆后暂停一段时间，使泥浆在桩底先进行初步的渗入、置换、填充、挤密、固结等物理化学作用，使基底沉渣、泥皮、岩层裂缝的孔隙减小后，再进行第二次桩底后注浆，以避免浆液渗透过大、桩底形成过大的桩头造成材料和人工的浪费。

2.3 桩周泥皮和孔隙在压力浆液的渗透、置换、消除，对桩周土体进行劈裂、混合、挤密，化合。填充桩周土体间的间隙，提高桩侧与桩周土体的粘结力，从而大大提高桩的侧摩阻力。当浆液压力大于桩周土体的孔隙水压力时，浆液横向向桩周土体浆液渗透到桩周土体胶结后，又在桩周形成硬皮和脉状结石体，改善了桩与土体的咬合性能，增大了桩径，从而提高桩的侧摩阻力。

3 施工流程及操作要点

3.1 施工流程

施工准备→注浆管加工→安装注浆管→设备安装→浆液制备。

3.2 操作要点

3.2.1 施工准备

（1）施工图纸、施工方案已齐全。

（2）施工用水、用电已就绪。

（3）材料、设备已安排进场，并按要求进行材料复检和相关试验。

（4）施工人员技术及安全交底。

（5）确认搅拌机、注浆泵等设备工作状态良好，压力表已标定。

3.2.2 注浆管加工

注浆管应采用钢管，直径宜为25～32mm，钢管壁厚不小于3mm，导管之间接头应采用螺纹管套筒连接，不宜采用焊接接头。注浆导管下端与带逆止功能的单向阀门采用螺纹套筒连接。

3.2.3 注浆导管安装

（1）注浆导管应在桩基钢筋笼成形后，安装在钢筋笼内侧。对于直径800～1200mm的桩，沿钢筋笼圆周对称设两根后注浆导管，对于直径1400～1800mm的桩，沿钢筋笼圆周均设三根后注浆导管。

（2）导管长度宜在桩底部伸出钢筋笼不少于200mm，以利于单向注浆阀扎入沉渣或虚土层不小于150mm，上部高出桩顶约100mm。注浆喷头以安装具有逆止功能的单向阀为佳，亦可将导管底部制成花管式压浆喷头，沿高度方向布置四排，排距30mm，每排环向布置3～4个直径4～6mm注浆孔。

（3）导管的防护及就位：导管上端应用丝堵封严，注浆端的带孔花管应采用适宜的低强度材料或胶带纸密封，确保在设计压力下顺利打开。导管应安装在钢筋笼内侧，并与钢筋笼主筋绑扎固定或焊接，固定间距不大于2m，并设一道加强箍，每隔一箍设一道三角形加强支撑。钢筋笼长度在15m以内，导管应一次组拼固定，在钢筋笼上整体吊放，长度超过15m应随钢筋笼的分段拼接在孔口安装。钢筋笼应沉放到底，不得悬吊，下笼受阻时不得撞笼、墩笼、扭笼。

3.2.4 注浆设备安装

注浆设备主要包括浆液搅拌机、储浆桶、注浆泵、注浆软管等。在安装注浆设备时应选在基底平整、坚实的地方安放搅拌机、储浆桶和注浆泵。注浆设备安装应平稳、牢靠，且注浆泵离注浆桩位的水平距离以不超过30m且与未灌注混凝土的桩孔距不小于6m为宜。搅拌机、储浆桶、注浆泵可以组装在一起，从注浆泵出口采用高压软管与桩基上预埋的注浆导管孔口连接，接口采用卡箍套环连接。

3.2.5 浆液制备

（1）注浆液采用 P·O 42.4R 普通硅酸盐水泥，受潮结块或过期的水泥不得使用。根据地质条件选择浆液的水灰比，一般情况下先进行试配，初选浆液水灰比采用0.6，进行试桩。每轮次注浆先用0.6水灰比，然后逐渐减小水灰比，最后采用0.6水灰比进行二次注浆。水泥浆按水泥量的0.5％掺入 FDNZ-Z 减水剂。

（2）水泥浆应采用机械搅拌，浆液应拌合均匀，不能有明显的团粒或混有水泥结块、水泥袋等杂物。搅拌好的浆液通过过滤网（网眼不大于3mm）置于储浆桶中，并不断搅拌，以防泌水沉淀。搅拌后3h泌水率不超过3％，泌水应能在24h内重新被水泥浆全部吸收；浆液应有足够流动度。

3.2.6 两次注浆

（1）选择注浆桩位及注浆顺序。应在符合最佳注浆时间的前提下，按先深后浅的原则选择桩位，一个承台下的多根桩宜一次性连续注浆，群桩注浆宜先外围桩，后中间桩。大直径桩的桩底注浆应采用 2 根以上桩循环注浆，即先注第一根 A 管，再注第二根 A 管，然后依次注第一根 B 管，第二根 B 管，最后依次注第一根 C 管、第二根 C 管。注浆作业与成孔作业的直线距离不宜小于 10m。

（2）第一次注浆。先检查注浆管路畅通、高压软管与导管连接牢固并密封良好，安装测量桩顶抬升的百分表。第一次注浆作业宜成桩 2 天后开始，不宜迟于成桩 30 天后；对于桩群注浆，宜先外围后内部；桩底注浆应对同一根桩的各根注浆管依次实施注浆；注浆作业点距桩成孔作业点的距离不小宜于 10m。

注浆泵压力一般为数 2～3MPa，让浆液冲开注浆阀堵头，确认管路疏通、喷头打开后，即可转入正常注浆作业。为提高浆液渗透分布的均匀性和有效性，注浆速度宜慢不宜快，注浆流量宜小不宜大，一般按 30～50L/mim 控制，最大注浆流量不宜超过 75L/mim。开始先用 0.6 水灰比的水泥浆，然后逐渐减小水灰比，最后采用 0.5 水灰比的水泥泥浆进行灌浆压入水泥量达到设计用量的 70% 后即可终止第一次注浆。

（3）第二次注浆：第二次注浆在第一次注浆结束后 3h 即可进行，方法同第一次灌浆。桩端注浆终止注浆压力应根据土层性质及注浆点深度确定，对于风化岩、非饱和黏性土及粉土，注浆压力宜为 3～10MPa；对于饱和土层注浆压力宜为 1.2～4MPa，软土宜取低值，密实黏性土宜取高值。根据地质勘察资料、单桩承载力要求、类似工程的施工经验，注浆终止压力为 3.0MPa。第二次注浆压力可略高于第一次注浆压力。注浆流量按 15～30L/mim 控制，最大注浆流量不宜超过 45L/mim。

（4）终止注浆：注浆过程中对注浆量、注浆压力与桩身上抬进行"三控"，注浆结束前应按设计最大注浆压力稳压持荷 8mim。达到如下条件之一时可结束第二次灌浆。

① 压入水泥总量已达到设计用量的 100%，且注浆压力达到 3.0MPa；
② 二次压入水泥总用量已达到设计用量的 75%，且第二次注浆时，注浆压力＞3.0MPa。
③ 桩身上抬量超过 3mm。

4　施工质量控制

4.1　注浆导管制作与安装的质量控制

4.1.1　导管的材质应选用无缝钢管，每根导管两段所车的螺纹长度不小于 25mm，导管的连接采用螺纹套箍连接，必须牢靠。

4.1.2　导管必须安装在钢筋笼的内侧，并与钢筋笼一起吊装入孔。与钢筋笼主筋绑扎固定或焊接，固定间距不大于 2m，导管与钢筋笼焊接时不得焊穿导管，如有焊穿现象，必须更换。钢筋笼长度在 15m 以内，导管应一次组拼固定，在钢筋笼上整体吊放，长度超过 15m 应随钢筋笼的分段拼接在孔口安装。

4.1.3　导管下端的单向阀在安装后，吊装钢筋笼前，必须采用适宜的低强度材料或胶带纸密封，即要保证在注浆压力下顺利打开，又要保证在下钢筋笼和浇筑水下混凝土时不堵塞阀门。

4.1.4　导管制作时不得随意碰撞和碾压导管，导管随钢筋笼吊装时不得随意撞笼、墩笼、扭笼。

4.2　注浆喷头位置控制

导管安放时应将注浆喷头埋入沉渣或虚土中一定深度，既避免出浆口被水泥浆包裹，防止初始注浆就需高压冲裂，又可保证水泥浆充分加固桩底沉渣或虚土，还为浆液向桩底周边土层渗透提供充分条件。桩侧注浆喷头位置宜选在砂性土层，对桩侧摩阻力最小的薄弱部位的加固效果好。

4.3　注浆压力及速度控制

注浆过程中，宜优先采用低压、慢速注浆，让浆液在土层中均匀渗透和缓慢刺入，以得到最佳加固效果。只有浆液注入困难，才逐步提高注浆压力，最高注浆压力一般在终止注浆阶段使用。

5　安全措施

5.1　注浆前，应对注浆系统进行全面、细致的检查，注浆阀管及压力表等具体接头部位是否牢固，轧头是否拧紧，否则会引起脱管或堵管事故。

5.2 注浆时，人员要避开注浆管正面位置，以防注浆管被压力拔出伤人。

5.3 注浆人员严格执行注浆操作规程，佩带防护眼镜、乳胶手套，谨防浆液对人体造成伤害。注浆管路要牢靠，各螺丝的连接必须拧紧，以防脱出伤人。放浆时要注意安全，人员避开放浆阀门，防止高压浆液、高压水、砂等突然喷出伤人，时刻注意压力表变化情况，发现异常情况及时处理。

5.4 注浆作业时严禁施工人员和车辆碰撞、碾压高压软管。电动工具应安装漏电保护器。

5.5 成孔施工与注浆作业交叉进行时，应进行施工区域的安全间隔并保持足够的安全距离，防止浆液散失，确保注浆作业安全。

5.6 注浆结束后，要及时清理注浆设备，并进行检修。高压清水冲洗注浆软管时，对面严禁站人。

5.7 严格执行施工的用电管理制度，夜间施工必须有足够的照明，应使用低压电照明。

6 环保措施

6.1 施工工现场应立专用排污沟、集浆坑，防止管内余浆和冲洗污水乱流，对余浆、污水进行收集、沉淀后进行无害化处理。

6.2 施工现场进出场道路必须硬化，并出口大门处设置清洗池和沉淀池。

6.3 注意环境卫生，防止污染附近的环境。

6.4 保持机械的完好率，防止机油渗漏而造成污染。

6.5 施工废弃物及时回收、清理，保证施工现场的整洁。

7 效益分析

7.1 经济效益

7.1.1 桩底注浆的单桩极限承载力均大于未注浆的承载力，提高幅度在 30%～40%；桩侧、桩底同时注浆，单桩垂直承载力提高幅度更大，达到了 85%。采两次法后注浆施工技术比单次法节约水泥 5%～10%。，以完成一根 $\phi1000$ 的灌注桩的后注浆施工为例，平均每米桩成孔费用节约 22 元，具体如下：

两次法灌注桩后注浆与单次法后注浆经济效益分析

施工技术	桩长	施工天数	人工费	材料费	机械费	合计	平均每米成孔费用
两次法灌注桩后注浆施工	36m	1 天	400 元/日×2 人×1 天=800 元	水泥 22t×400 元/t=8800 元	150 元/天×1 天=150 元	9750 元	271 元/m
单次灌注桩后注浆施工	36m	1 天	400 元/日×2 人×1 天=800 元	水泥 24t×400 元/t=9600 元	150 元/天×1 天=150 元	10550 元	293 元/m

7.1.2 采用该技术注浆的桩基工程，柱下群桩方案时可减少桩基的数量，减小承台平面尺寸，优化承台选型；一桩一柱的大直径灌注桩方案，可减小灌注桩的直径，从而降低整个工程的造价。以一个十桩承台（10 根 $\phi1000$ 灌注桩）为例，群桩注浆后极限承载力可提高 30%～40%，那么十桩承台可以用八桩后注浆承台代替，节约两根桩的工程费用。平均节约（每根桩成孔费 280 元/m＋浇筑水下钢筋混凝土成桩费 920 元/m）×2－271 元/(m·根)×8 根=232 元/m。

7.2 社会效益

在相同的桩承载力的情况下，可减少桩基的直径，从而减少了桩基工程对社会资源的消耗，减少了碳排放量。在注浆压力的作用下，桩底桩侧土体提前完成部分压缩变形，减少使用阶段的桩基竖向变形沉降量约 30%，有利于控制建筑物的不均匀沉降。

8 应用实例

绿岛明珠花园一期项目由湖南省第三工程有限公司施工总承包，该工程于 2013 年 2 月开工，2015年 5 月竣工验收，该工程的灌注桩基础工程于 2013 年 2 月动工，于 2015 年 7 月完工，成功的应用了"两次法桩底后注浆施工技术"，该技术施工工艺先进、技术可靠，灌注桩均符合设计和规范要求，保证了施工质量、安全和进度，使施工成本 22 万元，在施工及验收过程中得到了各方的一致好评。

长沙滨江文化园音乐厅(1419座)声学要点概述

李小聪

(中国建筑第五工程局有限公司，长沙 41000)

摘 要： 随着建设社会主义文化强国这一宏伟目标的提出，我国各地陆续建设了一大批剧院类地标性的文化建筑，目前为止，有30多个城市新建了投资在亿元级别的大剧院，总投资超过一百亿元，而且每年新建剧院有近20座。据《中国质量报》调查统计：中华人民共和国成立以来，已建成的大剧院中，超过1/3的剧院不能满足专业演出需求，1/3的剧院存在较大的质量缺陷，仅1/3的剧院达到设计标准。主要有两个问题：一是功能缺陷，二是声学缺陷。长沙滨江文化园音乐厅1419座音乐厅自演出以来，声学效果受到各界的肯定，本文对其声学要点进行概述，旨在对工程建设进行总结，也期待为同类建筑起到借鉴作用。

关键词： 环境噪声控制；声学装饰；施工

1 项目概况

滨江文化园位于长沙新河三角洲，包括博物馆、规划展示馆、图书馆、音乐厅等建筑，其中音乐厅为滨江文化园的灵魂建筑。音乐厅设1419座、483座、298座音乐厅三个，其中1419座音乐厅设计为交响乐厅，能够满足大型交响乐团演出，演出时采用自然声、无扩散系统辅助。音乐厅平面基本为椭圆形，采用岛式舞台，舞台设置于椭圆一焦点处，观众席环抱舞台区，座椅呈"山谷梯形"式分散布置在舞台四周，平面布置图如图1所示。

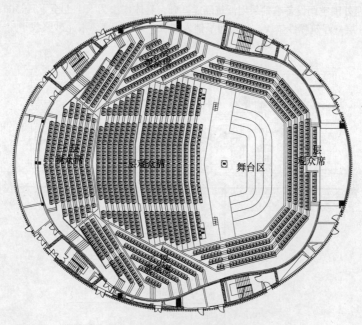

图1 1419音乐厅平面布置图

2　环境噪声控制

为防止演出时受到外部声音的干扰，设计施工从平面布局、建筑构造、装饰构造、空调系统等方面进行消声（隔声）处理。

2.1　平面布局（图2）

音乐厅整体平面呈椭圆形，演艺厅和观众厅呈马蹄形，置于椭圆形内部，外围由两道墙体包围，两道墙体之间形成空腔，能有效阻挡外部声音的干扰。

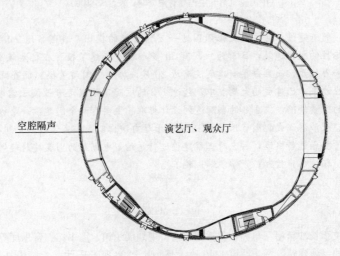

图2　1419座音乐厅空腔隔声布置

2.2　建筑构造、装饰构造

（1）1419座音乐厅内墙采用600mm厚加气混凝土砌块，外墙采用200mm厚加气混凝土砌块。

（2）1419座外围空调设备基础采用浮筑隔震基础，具体作法为（由上至下）：100厚钢筋混凝土板→塑料薄膜一层→浮筑弹性垫块，垫块间平铺岩棉板→20厚1：3水泥砂浆找平层→原结构地面。详见图3。

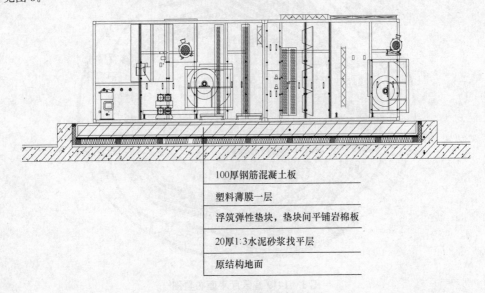

图3　空调设备构造图

（3）1419座音乐厅外墙外立面装饰采用2.5厚冲孔木纹铝单板（背贴吸音纸），铝单板与墙体距离140mm，形成一个吸声（隔声）空腔，空腔内填玻璃吸声棉。详见图4。

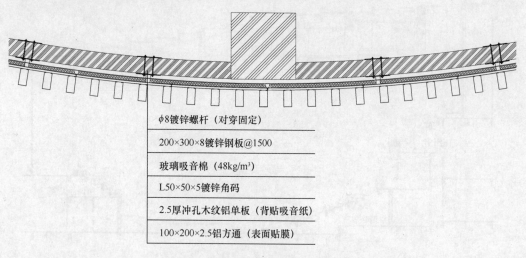

φ8镀锌螺杆（对穿固定）

200×300×8镀锌钢板@1500

玻璃吸音棉（48kg/m³）

L50×50×5镀锌角码

2.5厚冲孔木纹铝单板（背贴吸音纸）

100×200×2.5铝方通（表面贴膜）

图4　1419座音乐厅外墙外立面装饰做法图

（4）音乐厅共设14个出入口，出入口处设置声闸，即同一出口处在内、外墙各设一道柚木甲级木质防火隔音门，两道门之间进行吸音装饰，作法为：墙面采用木质条形吸音板（背后填充玻璃吸音棉），地面采用实木地板，顶棚采用石膏板。木质条形吸音板做法详见图5。

2.3　空调系统（图6）

1419座音乐厅内空间大，若采用风管直接供风的方式，则空调风管及出风口在风流的作用下产生声音将对演出产生干扰，因此，1419座音乐厅采用静压室降压静音处理后通过座椅下方分散的方式进行供风。1419座音乐厅座位下方共设5个空调静压室，装修做法：地面平铺木丝板、墙面、顶棚喷涂无机纤维吸音棉。

3　厅内声学装饰要点

在无扩散系统辅助下进行演出，需保证混响时间（RT）、强感指数（G）、明晰度（D）声学参量达到设计要求。1419座音乐厅内混响时间（RT）、强感指数（G）、明晰度（D）声学参量设计值分别为：2.0±0.1s、4～5.5dB、−4～0dB。

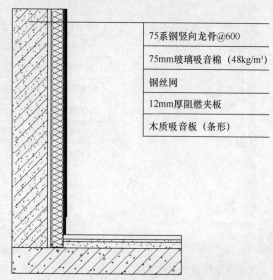

75系钢竖向龙骨@600

75mm玻璃吸音棉（48kg/m³）

钢丝网

12mm厚阻燃夹板

木质吸音板（条形）

图5　1419座音乐厅声闸处吸音墙面做法图

为保证1419座音乐厅内以上声学指标达到要求，一方面要加强声音传播途径中有效的声反射，使声能在建筑空间内均匀分布和扩散，如在厅堂音质设计中应保证各处观众席都有适当的响度。另一方面要采用各种吸声材料和吸声结构，以控制混响时间和规定的频率特性，防止回声和声能集中等现象。1419座音乐厅内声学主要体现在装饰构造方面。

3.1　内墙面、顶棚（图7）

1419座音乐厅内墙面、顶棚装饰设计充分考虑了交响乐团自然声演出要求、混响时间、空间体积、防止弧形墙声音聚焦等因素，墙面采用MLS凹凸型声音扩散玻璃纤维加强石膏板（GRG）内墙

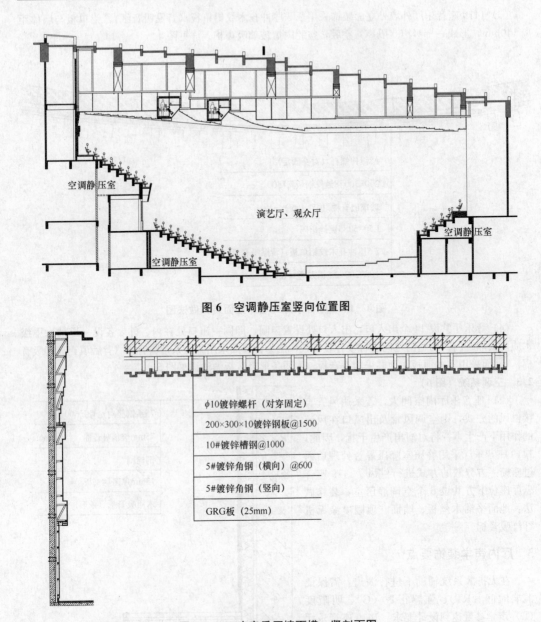

图 6　空调静压室竖向位置图

φ10镀锌螺杆（对穿固定）
200×300×10镀锌钢板@1500
10#镀锌槽钢@1000
5#镀锌角钢（横向）@600
5#镀锌角钢（竖向）
GRG板（25mm）

图 7　1419座音乐厅墙面横、竖剖面图

面，顶棚也采用玻璃纤维加强石膏板（GRG）顶棚。玻璃纤维加强石膏板（GRG）吸声量很小，面密度高，反射系数高，声能在墙面反射传播过程中不会大幅减弱。

墙面 GRG 板沿内墙干挂，墙面出砌体面距离 150～550mm 不等，GRG 面层板凹凸不平，凹、凸面宽 50～150mm 不等。

GRG 顶棚（图 8）设计为阶梯型，采用钢结构作为主体结构与 GRG 板转换层，GRG 与钢结构转换层采用螺杆、螺栓连接。

3.2　地面（图 9）

演奏台采用减震实木地板，架设木质龙骨，上下龙骨间垫设弹性垫块，面层铺设实木地板，观众区地面做法同声闸地板，均采用实木地板。

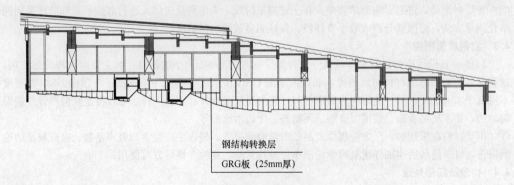

钢结构转换层

GRG板（25mm厚）

图8 1419座音乐厅顶棚图

实木地板

防潮发泡膜一层

毛地板（松木耐水胶合板）

弹性垫块@400

下层松木龙骨@400

找平垫块@400

防水地面（3m内地面平整度偏差5mm内）

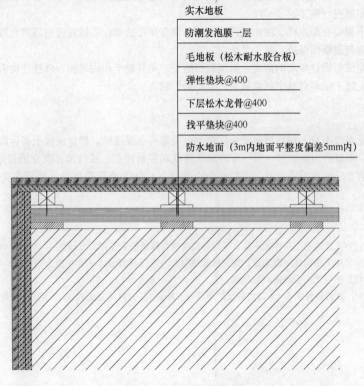

图9 演奏台地面做法图

4 声学施工要点

4.1 深化设计

深化设计重点解决施工前的设计细节，同时验证材料声学指标是否能满足要求。以1419座音乐厅GRG室内装饰为例，深化设计阶段进行1/10缩尺模型测试，测试发现原设计顶棚材料采用多层石膏板复合材料，其反射性能不足，因此深化设计阶段即将多层石膏板复合材料变更为GRG板。厅内装修前，采用三维扫描软件对土建结构进行扫描，并建立原设计内装饰BIM模型，将三维扫描的得到的模型与BIM模型进行对比，找出两个模型相冲突的地方，进行主体结构或装饰方案变更，并修改模型，将正确的模型和分割排版图发至生产厂家进行加工。

4.2 测量放线

1419座音乐厅呈椭圆形，观众厅呈马蹄形，施工时测量放线难度大，测量放线的准确度直接影响声音反射途径，进而影响声学效果。在土建施工阶段，采用测量机器人进行放线；装饰阶段采用网格化测量方法，将圆弧分割成数个直线段，保证测量放线的精确度。

4.3 材料质量把控

1419 座音乐厅声学材料大体可以分为两类：一类是吸声能力小的材料，其主要起声波反射作用，这类材料主要指标为材料的面密度，如厅内墙面 GRG 面密度不得低于 $50kg/m^2$，顶棚 GRG 面密度不得低于 $45kg/m^2$；另一类材料为吸声材料，其主要起吸收外部干扰声音、吸收特定频谱声音控制混响时间，如木质吸音板、玻璃吸音棉、无纺布、厅内木地板等。

声学材料在采购时，厂方应提供产品的声学检测报告，报告中应包含如吸声系数、吸声频谱的检测报告，材料进场后应抽样送至声学检测单位进行复检，复检合格后方可使用。

4.4 构造及细部处理

装饰面与土建结构常设计有一定空腔，在声学装饰中，有部分空腔是专门为处理声音而设计的，如薄板共振吸声体，其主要用于控制低频混响时间，其龙骨间距、空腔尺寸、材料收边等细部构造必须按照原设计图纸进行施工。

隔声结构不得留有漏声孔、漏声缝，墙面、吊顶有穿孔的部位需做好密封隔声处理，空隙应填充密实，添堵面应与装修面保持一致。

反声结构应按照设计要求的角度、弧度进行施工，尤其对于厅内墙面、顶棚结构需按照设计要求进行施工，防止施工误差对整个声学效果产生不利影响。

5 结语

声音看不见也摸不着，却是贯穿音乐厅全生命周期的主要指标，要保证这个指标能满足要求，一方面要保证一个很好的声响效果，另一方面要求降低和控制噪音。长沙滨江文化园音乐厅工程设计、施工坚持将声学要求摆在重要位置，把控各个声学要点，1419 座音乐厅投入使用来受到了各界的关注和肯定。

注：

1. 混响时间：声音已达稳态后停止声源，平均声能密度自原始值衰变到百万分之一（60dB）所需要的时间。

2. 强感指数：采用无指向性声源测量，为测量脉冲响应的声压暴露值（平方并积分的声压）与自由场中距离同一声源 10m 处测量响应之响应值的对数比值。

3. 明晰度 C80：混响过程中 80ms 以内的反射声能与 80ms 以后的声能之比的以 10 为底的对数再乘 10。

第四篇

建筑经济与工程项目管理

高层住宅主体施工现场消防安全管理

赵太平　欧金龙

（中国建筑第五工程局有限公司，长沙　410004）

摘　要： 高层建筑施工现场消防安全管理是一项系统性的工程，关系到建筑企业的可持续发展和现场施工人员的人身安全。实施科学有效的消防安全管理需要从落实消防安全责任制，做好消防安全宣传工作，从源头上杜绝火源，同时配备充足的消防用水和灭火器材等方面入手，以保障高层建筑施工现场的消防安全。

关建词： 高层住宅；消防安宅；铝合金模板；全钢爬架

社会经济的快速发展，促使了人们的生活水平和需求不断提高，尤其是对工作、生活、娱乐、环境等方面的要求越来越高，这给建筑业带来了更大的发展空间。我国建筑工程的规模越来越大，结构越来越复杂，给施工单位的施工和安全管理，尤其是消防安全管理带来了不小的挑战。

1　高层建筑施工现场消防安全特性分析

《高层民用建筑设计防火规范》中规定，高度超过了24m的公共建筑和10层及其以上的居住建筑就是高层建筑，高层建筑有工期长、承包单位多、用火用电多、高空作业、交叉施工多等特点。消防安全作为高层建设施工工作中的重要部分，具有以下特性。

1.1　施工工地现场的通透性强

主体施工阶段现场的通透性强，就会使得建筑的空气流通快，一旦发生火灾的话，蔓延的速度会很快，这给高层建设施工现场的消防安全带来较大的隐患。主体施工阶段的电梯井、楼梯间、各类管道井、变形缝、门窗缝、楼板预留孔洞、隔墙预留空洞等一般只进行简单安全防护封闭，使得高层建筑垂直、水平等方面的空气流通迅速。这样一来，一旦发生火灾的话，随着空气的流动，火势上下左右蔓延的速度很快，极有可能造成大面积火灾现象，严重影响了高层建筑施工现场的消防安全管理工作。

1.2　施工工地现场的引火源较多

在主体施工阶段，传统的木模会在拼装时进行切割，以达到构件要求的尺寸，但在切割过程中会产生锯木屑以及外架安全网多数项目达不到国家防火安全标准，如果对现场明火作业、工人抽烟不严格管理。极易产生火花，引起锯木屑等可燃物的燃烧，导致火灾事故，是高层建筑施工消防安全的有一大隐患。

1.3　施工工地的消防设施不完善

在高层建筑施工现场，一旦发生火灾事故时，就需要立即使用消防设施进行灭火，如干冰灭火器。但是现实是很多高层建筑施工现场的消防设施的配备往往滞后于工程建设，如室外的消火栓安装、消防水池的建设等，尤其是消防供水的不足，是高层建筑施工现场消防安全的主要弊端。高层建筑的消防用水不足时，消防员在进行灭火时的水压和水量就无法达到灭火的需求，加大了灭火的难度。在高层建筑施工后期的装修阶段中，建筑的内部结构复杂、堆放的可燃物和易燃物较多，发生火灾的概率较大，消防设备不完善的弊端就更为明显。

1.4　消防救援的空间狭小

高层建筑在施工阶段，工地四周存在施工设备作业场地布置、深基坑的开挖和建筑材料堆放等现象，占据了大量的施工现场空间，一旦发生火灾事故时，难以保证消防车的行驶畅通，影响了消防行动。

2 高层建筑施工现场消防安全管理措施探讨

2.1 明确职责，严格落实消防安全责任制

良好的制度保障是高层建筑施工现场消防安全管理工作的重要前提，在正式施工前，施工单位和建设单位要签订合理的安全合同，明确各职责的划分。同时要建立消防安全组织机构，设立专人负责高层建筑施工现场的消防安全工作。建立完善的责任制度，由总承包单位统一管理，各分包单位向总承包单位负责，遵循总承包单位对施工现场的消防安全管理措施，各阶层要逐级落实好责任制。

2.2 加大宣传，做好消防安全宣传工作

实施有效的高层建筑施工现场消防安全管理工作，除了要明确责任外，更重要的是要让施工现场的每一位职工对消防安全的认识、组织和措施都要合理到位。施工单位要加强对施工现场人员的消防安全知识、预防和处理措施的宣传，做好"群防群治"的基础宣传工作。首先，可以利用工地的宣传栏、宣传板、培训教育、参观展览、电视广播等形式进行宣传，构建高层建筑施工现场消防安全的"防火墙"。其次，实施专业的消防安全知识教育，包括了施工现场消防安全管理制度、施工现场重大火灾危险源和防火措施、施工现场临时消防设施的性能及这些消防设施的使用和维护、扑救和自救等方面的知识和技能。

2.3 使用新型模板、外爬架材料

（1）使用铝合金模板

铝合金模板是建设部推广使用的节能、环保产品，相对于传统作业的胶合模板，铝合金模板具有以下的特点：

利于环保，节约木材，保护森林，同时将施工现场的木材火灾危险源完全排除；模板可多次再利用，良好的表面成形；尺寸误差最小；杂物较少，易于堆放；施工产生的垃圾少，利于文明施工。

（2）使用全集成式升降钢爬架防护

随着我国建筑业的飞速发展，高层建筑及超高层建筑越来越多，建筑外脚手架的选择成为施工组织设计中的一件大事，施工除考虑施工工艺及安全防护的要求外，脚手架的安全性、经济性、节约性成为一个主要因素。全集成式升降钢爬架与传统脚手架相比，爬架材料用量少，使用成本低，且建筑物越高越经济。最重要的是，对于建筑防火而言，全集成式钢爬架为全钢材料，从根源上杜绝了火灾危险源，为建筑防火安全起到了至关重要的作用。

使用新型模板及外爬架将会使施工现场呈现零火灾危险源，确保施工项目的安全文明形象，同时极大地降低了工人在施工现场吸烟而造成的火灾隐患。

2.4 配备充足的消防用水和灭火器材

在高层建筑施工场地内要建设临时消防蓄水池，蓄水量要大于施工现场火灾延续时间内一次灭火的全部消防用水量，要有固定的水源。对施工高度超过了24m的高层建筑工程要设立临时竖向的消防立管，立管要有明显的分色标志，管口直径要大于100mm，竖向立管供水的水泵扬程要大于工程建筑物高度。楼层之间要设立消火栓接口以及大于25m长的消防水带等，在消火栓接口处要设立水龙头，在消防设施未启动前，不能拆除临时消防设施。

3 结束语

总之，高层建筑施工现场消防安全管理是一项系统性的工程，关系到建筑企业的可持续发展和现场施工人员的人身安全。实施科学有效的消防安全管理需要从落实消防安全责任制、做好消防安全宣传工作、使用新型材料、配备充足的消防用水和灭火器材等方面入手，以保障高层建筑施工现场的消防安全。

参考文献：

［1］ GB 50016—2014 建筑设计防火规范［S］；北京；中国计划出版社，2014.

［2］ 张梅红，赵建平. 超高层建筑防火设计问题探讨［J］. 消防科学与技术，2010, 29(3)：217-219.

［3］ 邵永强，王爱霞，项田龙. 高层建筑防火设计问题探讨［J］. Keji Zhifu Xiangdao, 2011(6)：201-201.

［4］ 葛良玉. 浅议高层建筑消防验收中的相关问题［J］. 科技创新导报，2007(23)：146-146.

浅析建筑项目现场施工管理

韩赤忠

（湖南省第六工程有限公司，长沙　410004）

摘　要：本文结合作者从事建筑工程项目管理经验，主要探讨加强现场施工管理的重要因素，切实提高工程质量，用更优的工作质量，更佳的工程质量来创造更好的经济效益。

关键词：现场施工；建筑项目；施工管理

前言

施工现场是建筑企业的主战场，是企业经济目标向物质成果转化的场所。加强现场管理是施工企业管理工作的重要方面。现场管理内容十分丰富，涵盖了场容、安全、防护、临时用电、机械、材料、环保、环境卫生、消防保卫等专业。规划合理、井然有序、文明安全的施工现场，将展示出企业的管理水平，从一个侧面反映出企业的素质。由于施工环境不同、工程规模各异以及社会对施工扰民问题日益关注等多方面原因，因而如何改进对施工现场的管理，仍是建筑施工企业急待解决的个重要课题。本人结合所在企业的工作实际，就此问题，谈几点认识。

1　优化施工现场管理原则、内容

从某种意义上说，现场管理优化水平代表了建筑企业的管理水平，也是施工企业生产经营建设的综合表现。因此，施工企业应该"内抓现场、外抓市场"，以市场促现场，用现场保市场，并在此基础上，不断优化现场管理。

1.1　优化现场施工管理的基本原则

1.1.1　经济效益原则

施工现场管理一定要克服只抓进度和质量，而不计算成本和市场，从而形成单纯的进度观和生产观。

1.1.2　科学合理原则

施工现场的各项工作都应该按照既科学又合理的原则办事，以期作到现场管理科学化，真正符合现代化生产的客观要求。

1.1.3　标准化、规范化原则

标准化、规范化是对施工现场的最基本管理要求。事实上，为了有效地进行施工生产活动，施工现场的诸多要素都必须坚决服从一个统一的意志，克服主观随意性。

1.2　优化现场施工管理主要内容

优化现场施工管理主要内容为施工作业管理、物资流通管理、施工质量管理以及现场整体管理的诊断和岗位责任制的职责落实等。通过对上述施工现场的主要管理内容的优化，来实现我们的优化目标。①以市场为导向，为用户提供最满意的建筑精品，全面完成各项生产任务。②尽力消除施工生产中的浪费现象，科学合理地组织作业，真正实现生产经营的高效率和高效益。③优化人力资源，不断提高全员思想素质和技术素质。④加强定额管理，降低物耗和能耗，减少物料压库占用资金的现象，不断降低成本。⑤优化现场协调作业，发挥其综合管理效益，有效控制现场投入，尽可能用最小投入换取最大的产出。⑥均衡组织施工作业，实现标准化作业管理。

2　优化施工现场管理的主要途径

（1）以人为中心，优化施工现场全员素质。优化施工现场的根本就在于坚持以人为中心的科学管理，千万百计地调动、激励全员的积极性、主动性和责任感，充分发挥其加盟现场管理的主体作用，重视员工思想素质和技术素质的提高。

（2）以班组为重点，优化企业现场管理组织。班组是建筑企业现场施工管理的保证。班组活动范围在现场，工作对象也在现场，所以我们要加强现场管理各项工作就无一例外地需要班组来实施。

（3）以技术经济指标为突破口，优化施工现场管理效益。质量和成本是企业生命，任何时候市场都会只钟情于质优价廉的产品，而这些需要严格现场管理来保证；否则，企业将难以开拓新的市场，从而影响去业市场占有率和经济效益。

3　搞好施工现场安全管理，细化管理环节

必须转变思想观念，提高对安全工作的重视程度，从企业长远发展的战略高度上正确认识和积极探索有效的管理手段，努力实现科学管理，以适应市场发展的要求。实施全面全过程安全文明管理还必须确立符合自身要求的安全管理模式，具体要做以下几点：①健全六个保证体系。从公司到项目部每一个施工现场，健全组织管理体系、监督检查保证体系、安全目标责任体系、技术保证体系、思想保证体系、政策制度体系。严格按照一标准五规范及安全文明工地管理规定。加强现场管理，优化文明施工专项方案，对脚手架工程、模板工程以及临时用电等重点工程制订相应的专项方案。②确保四个到位。在施工现场要保证思想观念到位，组织管理到位，管理措施到位，安全责任到位。③抓好三个落实，落实奖罚措施，落实测评结果，落实安技费用。抓文明安全管理还要从"严、细、实"上下工夫；对安全工作要严格管理，对"三违"现象要严肃处理；对存在的隐患要一查到底，细化各项工作环节；抓紧施工各个环节的控制，抓好班组建设，把安全措施落实到最基层。

4　做好工程施工、加强建筑质量管理

（1）科学的编制施工组织设计，切实达到指导施工的目的。

工程开工前要根据工程实际情况编制详细的施工组织设计，并将企业技术主管部门批准的单位工程组织设计报送监理工程师审核。对于重大或关键部位的施工，以及新技术新材料的使用，要提前一周提出具体的施工方案、施工技术保证措施，以及新技术新材料试验，鉴定证明材料呈报监理主管工程审批。

（2）严格按施工程序施工所有隐蔽工程记录，必须经监理工程师等有关验收单位签字认可，方可组织下道工序施工。

（3）建立高效灵敏的质量信息反馈系统。

以专职质检员、技术人员作为信息中心，负责搜集、整理和传递质量动态信息给项目经理部，项目经理部对异常情况迅速做出反应，并将新的指令信息传递给执行机构，调整施工部署，纠正偏差。形成一个反应迅速，畅通无阻的封闭式信息网。

5　建立和完善竞争、激励、约束、监督四大机制

5.1　建立竞争机制

自上而下广泛实行竞争上岗制度，按照"公平、公开、公正"原则。具体作用有：①促进机关作风的转变，提高了工作和办事效率；②激发了职工的学习热情；③提高了广大职工的劳动生产积极性，有效地促进了施工生产。

5.2　建立激励机制

从改革职工最关心的分配政策入手，彻底打破火锅饭，取消沿袭多年的档案工资制度，全面推行联产联责计酬工资分配办法。即实行两部工资法；第一部为承认历史差距部分，第二部为联产联责部分。将职工个人收入与施工产值、质量、安全、成本等指标挂钩。并实行在额定编制内"增人不增工资、减人不减工资"的规定，体现多劳多得。

5.3 建立约束机制

为了严格执法"，使各项规章制度切实发生效力，我们建立健全了各项奖惩制度。严格体现奖惩，促使人们严格按照技术标准和规范规程施工作业，促进了工程质量和文明施工水平的提高。

5.4 建立监督机制

围绕提高工程质量和企业经济效益这一中心，切实建立有效的项目管理监督机制。①建立混凝土施工计算机档案管理系统，加强对工程质量的过程控制。②进一步加强对劳动力、物资材料及机电设备的干预，建立三大市场；同时加强对人工费、材料费、设备和管理费四大成本的控制，发挥市场对施工资源配置的基础调节作用。

6 加大信息技术在现场施工管理中的应用

信息技术是企业利用科学方法对经营管理信息进行收集、储存、加工、处理，并辅助决策的技术的总称，而计算机技术是信息技术主要的、不可缺少的手段。使用计算机的现代化施工管理，不仅可以快速、有效、自动而有系统地储存、修改、查找及处理大量的信息，而且能够对施工过程中因受各种自然及人为因素的影响而发生的施工进度、质量、成本进行跟踪管理。计算机技术的应用反映了信息技术的应用水平，而信息技术的应用提高了施工管理的水平。

7 结束语

项目施工管理是全方位的，要求项目经营者对施工项目的质量、安全、监督、信息、优化施工等都要纳入正规化、标准化管理中去，这样才能使施工项目各项工作都有条不紊，顺利地进行。作为建筑工程项目管理者，应当在项目的实践中不断摸索，创造出一条施工管理的成功之路。

参考文献：

[1] 陆燕．浅析施工控制和管理[J]．经济师，2006，（3）.

[2] 蒋晓燕．工程理论与现场施工管理的巧妙结合[J]．河北建筑工程学院学报，2003，（3）.

[3] 卢水能．浅析施工项目质量与管理[J]．甘肃水利水电技术，2003，（3）.

地铁车站袖阀管注浆基底加固
施工及质量控制探讨

陈惠敏　赵　青

（长沙市市政工程有限责任公司，长沙　41001）

摘　要：结合长沙市 3 号线 1 标山塘站地基加固工程实践，主要介绍了在富水性好、透水性好地层袖阀管注浆施工的重点、难点和解决方案，为类似工程提供了可参考的施工经验。

关键词：地铁车站；袖阀管注浆；基坑水平止水；基底加固

1　工程概况

1.1　工程简介

（1）长沙市轨道交通 3 号线一期工程土建施工项目 SG-1 标段山塘站为地下两层局部三层岛式车站，车站外包总长 298.000m，车站顶板覆土厚度约 3～5.16m，基坑埋深 16.5～23.3m，采用明挖法施工，车站主体建筑面积 14685.3m²，附属建筑面积 48411.4m²。

（2）根据广东省地质物探工程勘察院提供的《长沙市轨道交通 3 号线一期工程 KC-1 标段详细勘察阶段岩土工程勘察报告》揭露，本工程基坑侧壁范围内结构底板位于冲积粗砂、砾砂、圆砾、卵石层中且地下水较丰富、水力影响大，分布范围较广，其中施工钻探孔揭露的结构底板以下砂卵层高 14.5～37.6m，基底下 16～22m 袖阀管注浆加固。

1.2　工程地质概况

基坑底为第四系砂土、碎石土层包括全新统、中更新统冲积粉砂、细砂、中砂、粗砂、砾砂、圆（角）砾、卵石。

（1）全新统冲积中砂〈1-10〉、粗砂〈1-11〉、砾砂〈1-12〉，一般为稍密～中密状，场地内零星分布，强度较低，在水压力作用下可形成流砂、涌砂，工程性状较差。本层主要位于隧道洞身、底板及底板以下，对地下隧道盾构法施工有一定影响，主要表现为对掌子面的稳定控制，防止喷涌。

（2）全新统冲积圆（角）砾〈1-13〉、卵石〈1-14〉，一般为中密状，局部为稍密状或密实状，场地内局部分布，强度中等，工程性状中等。本层主要为隧道开挖地层，次为隧道结构底板以下地层，对地下隧道盾构法施工影响较大，主要表现为粗颗粒对盾构刀具的磨损以及对隧道掌子面的稳定控制，防止喷涌。

（3）中更新统冲积粉砂〈3-3〉、细砂〈3-4〉、中砂〈3-5〉、粗砂〈3-6〉、砾砂〈3-7〉，一般为稍密～中密状，大部分在场地内零星分布，其中粗砂〈3-6〉分布较广泛，砾砂〈3-7〉局部分布，强度较低，在水压力作用下可形成流砂、涌砂，工程性状较差。本层主要位于基坑顶板、侧壁及底板，局部位于隧道顶、底板及洞身。对地下隧道盾构法施工有一定影响，主要表现为掌子面的稳定控制，防止喷涌；作为车站深基坑开挖，坑壁地层应进行支护及采取止水措施。

（4）中更新统冲积圆（角）砾〈3-8〉、卵石〈3-9〉，一般为中密～密实状，场地内分布较广泛，强度较高，工程性状较好。本层主要位于基坑顶板、侧壁及底板，局部位于隧道顶、底板及洞身。对地下隧道盾构法施工有一定影响，主要表现为掌子面的稳定控制，防止喷涌，以及粗颗粒对刀具的影响；作为车站深基坑开挖，坑壁地层应进行支护及采取止水措施。

2 施工工艺原理

2.1 通过高压注浆（灌浆）加固

使充填物被压渍、劈裂、挤压、水化、置换等物理充填和化学充填，达到封堵基地隔绝水源，并将填充物转变为具有一定强度的结石体，减小注浆区地层渗水系数及坑道开挖时的渗漏水量，并能固结软弱和松散岩体，使地层强度和自稳能力得到提高。

2.2 灌浆采用袖阀管（PVC花管）注浆加固法

袖阀管采用 $\phi76mm$ PVC管，袖阀管下到孔底面，在注浆段的管壁上钻花眼 $\phi6@300$ 作为出浆孔，外包橡皮箍作为单向阀，灌浆头由双塞系统止浆塞和灌浆芯组成（图1）。在袖阀管内插入双塞芯管，对基底粗砂、砾砂、圆砾、卵石层分层进行压力注浆，分层厚度为1.0m。

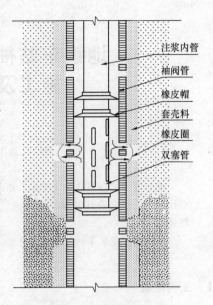

注浆内管
袖阀管
橡皮帽
套壳料
橡皮圈
双塞管

图1 注浆原理示意图

3 施工的重点、难点

3.1 施工重点

主要是保证加固体渗透系数满足设计要求，确保水平截渗及基地加固效果。

3.2 施工难点

通过注浆方案比选，在注浆压力与注浆量之间找到平衡点，以达到质量保证、成本可控。

4 施工情况分析

4.1 试验段施工（图2～图4）

图2 袖阀管开孔

图3 袖阀管注浆

（1）依据地勘报告、结合现场施工场地情况，试验段的选择以代表性为原则，选定试验区域车站底板以下均为粗砂、砾砂、圆砾、卵石。袖阀管注浆孔间距分别选取3种及以上不同孔距，推算扩散半径。

（2）控制注浆压力，结合袖阀管注浆设计参数，注浆孔水泥浆注浆压力为0.4～1.0MPa，注浆

图 4　袖阀管注浆完成地面恢复

压力从 0.4MPa 逐步提高，达到注浆终压 1.0MPa 并继续注浆 10min 以上，注浆量＜10L/min。

（3）控制注浆方量，根据地质勘察报告，认真分析加固体透水性、富水状态、基坑涌水量预测，推算孔隙率、选取填充系数。理论计算袖阀管每延米控制注浆量。

（4）拟定注浆方案，①加固体周边采用双液浆，中间孔为水泥浆；②加固体周边孔为双液浆，中间孔由下往上注浆，首段 1m 采用双液浆、其余采用水泥浆。

（5）拟定终孔标准，控制注浆压力和拟定注浆量，形成双控，达到其中一项条件，并且满足另一项条件要求的 80％时，即可暂定当前注浆孔达到终孔条件。

（6）试验检测，根据设计检测要求，在不同孔距、不同注浆方案加固区，随意选取且不少于 2 个检测孔，进行试验检查，计算加固体的渗透系数，反映注浆质量。

4.2　施工段现场控制

（1）根据设计图纸及试验段对不同孔距加固体的试验检测结论，推算扩散半径，确定施工孔距。

（2）水泥采用 42.5 级普通硅酸盐水泥；结合地勘报告砂卵层富水性好、透水性中等～强及试验段施工过程不断调整，施工段选取水灰比＝0.8、水泥-水玻璃双液浆初凝时间控制在 45s 左右。

（3）根据试验检查数据、试验段注浆压力、注浆量的双控措施，注浆方案采取加固体周边孔为双液浆，中间孔由下往上注浆，首段 1m 采用双液浆，其余采用水泥浆。同时通过试验检测渗透系数均满足设计要求，确保了注浆效果；注浆量相比最省，确保成本可控。

5　施工注意事项

5.1　钻工过程循环泥浆泄漏，多发生在砂卵层较厚且透水性强的地层，采用优质泥浆护壁，用 ϕ108mm 套管护孔，待孔内下入袖阀管并注入套壳料后，再将 ϕ108mm 套管提出孔外，及时注浆，并宜采用间隔跳孔、逐步约束、先下后上的注浆施工方法。

5.2　安装袖阀管、浇注套壳料施工顺序

（1）钻孔至设计深度并采用清水洗孔后，立即下入按注浆段配备的袖阀花管，下管时及时向管内加入清水，克服孔内浮力，顺畅下入至孔底。

（2）再将套壳料通过钻杆泵送至孔底，自下而上灌注套壳料至孔口溢出符合浓度要求的原浆液为止，再拔出套管。灌入套壳料需注意下列事项：

① 套壳料以膨润土为主，水泥为辅组成，主要用于封闭袖阀管与钻孔孔壁之间的环状空间，防止灌浆时浆液到处流窜，在橡胶套和止浆塞的作用下，迫使在灌浆段范围内挤破套壳料（即开环）而进入地层。

② 套壳料浇注的好坏是保证注浆成功与否的关键，它要求既能在一定的压力下，压开填料进行横向注浆，又能在高压注浆时，阻止浆液沿孔壁或管壁流出地表。套壳料要求其脆性较高，收缩性要

小，力学强度适宜，即要防止串浆又要兼顾开环。

③ 套壳料采用黏土和水泥配制，配比范围为水泥：黏土：水＝1：1.5：2，浆液比重约为1.5，粘度24～26s。

5.3 当注浆量超过该孔加固土体体积20％还未达到上述终注标准时，应及时分析原因，察看是否存在跑浆等问题，采取相应解决措施。及时了解注浆压力和流量变化情况并进行综合分析。

5.4 在注浆过程中孔间串浆、注浆压力长时间不上升

（1）孔间串浆，应调整注浆参数，适当减少注浆压力和速度，或者采取间歇注浆及进行跳孔注浆作业，跳孔距离加大等措施防止串浆发生。

（2）注浆压力长时间不上升（15min以上），应立即采取措施，防止浆液继续流失造成浪费。首先确定压力表是否正常，在压力表正常的情况下对该孔进行分段多次注浆，每次注浆时间间隔不低于2h。

6　结论

结合工程的实际情况，在地铁车站基底富水性好、透水性好的砂卵层进行袖阀管注浆基底加固，先深入分析地层结构，通过试验段施工成果，总结后续施工参数，指导本工程地基加固施工。采取加固体周边孔全段注双液浆、中间孔首段1m注双液浆，使加固体形成单向开口帷幕，水玻璃加速凝固有利于注浆质量、减少环境水影响、减少浆液流失，达到质量保证、成本可控的目的，为地基注浆加固提供了有益的经验。

参考文献：

[1] 中华人民共和国住房和城乡建设部. JGJ 79—2012. 建筑地基处理技术规范[S].

[2] 广东省地质物探工程勘察院. 长沙市轨道交通3号线一期工程KC-1标段详细勘察阶段山塘站及站后折返线补充岩土工程勘察报告[R].

[3] 中铁工程设计咨询集团有限公司. 车站主体围护结构基底加固手册[R].

关于市政工程安全生产管理的几点探讨

陈惠敏

（长沙市市政工程有限责任公司，长沙 41001）

摘 要：市政工程的迅猛发展，地下工程的不断涌现，机械化程度的不断加深对安全生产提出新的挑战。本文旨在针对市政工程特点，探讨"企业安全文化及体系、施工技术保证措施、项目安全督查检查"在市政工程的安全生产管理与应用。

关键词：安全生产；市政工程；安全体系；技术保证；监督检查

1 前言

随着城市地下管廊工程的局部试点、城市轨道交通工程的全面建设，我国正在进行历史上最大规模的市政工程建设，在未来相当长的一段时间内都将保持较快的增长速度。但由于市政工程多数在城市内施工，战线长、露天作业、交叉施工、交通和环境影响大，以及机械化程度的逐步加深、地下工程的全面推进，安全生产又将面临新形势。

2 市政工程的特点

2.1 作业场所多变、作业环境复杂

市政工程施工既有城市立交等高空作业，也有地铁等地下空间施工；既有跨河流的大桥施工，也有穿越河底的隧道工程；既有一次性作业，也有改造、整治等维护内容；既有主体工程，也有管线配套施工；既有郊区空旷的作业场面，也有市区交通拥堵地段的作业环境。因此，市政工程的作业环境有着相当程度的复杂性，这给安全管理提出了较高的要求。

2.2 作业难度大、影响面广

城市市政高架、桥梁项目施工，不仅存在高空作业，而且往往下方两侧道路作为车辆、行人的交通通道，通行不断，对脚手架安全、高空吊装等都产生较大影响；城市轨道交通及地下管廊，多在已通车的道路、已入住的小区地下及江河河床以下或附近施工，对基坑开挖、盾构穿行都产生较大的影响，安全事故一旦发生，往往可能伤及过往车辆、行人，导致周边建筑不均匀沉降、开裂等，影响面大，给社会带来一定损害。

2.3 作业方法多样性

由于地理条件、地质情况等的不同，即使是同一种作业项目，其施工作业方法也可能不同，这也导致了安全技术及安全管理上可能存在很大的不同，同时随着机械化程度的不断加深，施工用电、特种设备管理成为施工现场安全生产的其中一个重要的组成部分。

2.4 作业环境差

市政工程由于露天作业情况较多，受天气、温度影响较大，气候的变化往往会严重影响到施工和生产安全。此外，受交通的影响、城市居民出行的影响，不少市区工程本身存在着较大的交通安全隐患，工程本身连续性施工的要求与夜间施工防扰民的要求本身存在冲突，协调难度大。

2.5 流动性大、专业化程度不高

市政工程具有单位工程分散，工期短等特点。也就更加体现了各作业队的"临时"性，同时作业队本身人员流动也较大，使得专业化程度不高。因此，在施工现场，从管理到具体的施工过程中，都有临时的观念在作梗。

3 建立施工企业安全文化及体系

建立施工企业安全文化及体系是安全生产管理的基础，必须在组织上建立起完整的生产安全保障体系，还要在意识形态领域加强安全文化的建设，以此形成施工企业的安全管理思想和安全文化氛围。

3.1 安全文化建设

安全文化着眼于造就人的品格与提高人的素质，通过各种形式的思想教育、道德建设、榜样示范等，在施工企业成员的灵魂深处产生一种振奋人心的力量，把自己的事业与企业的振兴结合起来，建立起正确的价值观、人生观，以促使施工企业全体成员形成良好的职业道德。制定施工企业的安全方针和安全目标，明确各职能部门在安全文化建设中的具体职责，并要做好宣传动员、督促检查、总结评价等各项工作。

3.2 安全体系建设

施工企业要建立起一整套针对思想教育、安全管理、生活管理、劳务人员、管理人员等的规章制度，既安全教育培训体系、安全制度约束体系、安全机构保障体系、安全考核激励体系。使所有人员的工作、生活行为有章可循，使考核、督促有据可依。制度的建立，不仅能成为全体成员的行为准则，而且应是激励成员前进的动力。这些制度应该具有法规性，需不折不扣地执行；应该具有针对性，紧扣管理对象、工作范围；应该具有可操作性，定性定量相宜，并要具有连贯性，易于贯彻执行。

4 贯彻施工技术保证措施

贯彻施工技术保证措施是安全生产管理的支撑，引起安全事故的直接原因可分为两类，即物的不安全状态和人的不安全行为。通过技术方案结合现场作业场所、作业难度、作业方法、作业环境及作业队伍采取不同的施工保障措施，规避风险、提高警惕。

4.1 技术保证措施制定

市政工程的特点决定了施工生产中的安全技术涉及面广泛，需要解决的问题多样。技术保证就是要在对施工要求与安排、施工环境、技术设计、监控管理的要求以及相关事故研究的基础上，项目部针对可能存在的事故要素（不安全状态、不安全行为、起因物、致害物和伤害方式等），通过整理、分析、评价，建立起适应安全生产管理要求的、科学的技术保证措施，以控制或消除施工生产过程中的意外情况发生，杜绝重大安全意外事故和伤亡事故，避免或减少一般安全意外事故和轻伤事故，最大限度地确保建筑施工中人员和财产的安全。

4.2 技术保证措施贯彻

在贯彻实施安全技术措施时，要认真进行安全技术措施的交底；安全设施、防护装置实施应列入施工任务单，责任落实到班组个人，并实行验收制度；加强对安全技术措施实施情况的检查，并建立与之匹配的奖惩制度。对于大型体或大面积、结构复杂的重点工程，除在施工组织总设计中编制安全技术总体措施外，还应编制单位工程或分部分项工程安全技术措施，详细制定有关安全方面的防护要求，并结合现场情况及要求开展专家论证。

5 强化项目安全督查检查

强化项目安全督查检查是安全生产管理的关键，监督、检查、指导项目的安全生产执行情况，确保安全指令的顺利下达，安全措施落实以及安全防护设施的到位，将安全隐患抑制在萌芽状态。

通过周检、月检、不定期检查结合施工企业、监理、业主的各项检查考核、总结，发现问题采取"定人、定时、定措施"的管理措施，及时消灭安全隐患，实现 PDCA 循环，提高项目各一线作业人员、管理人员安全生产管理水平，加强企业的安全管理，最终实现杜绝或减少安全事故的发生，为项目的顺利开展、企业的生产经营和生存与发展奠定良好的基础。

6　结语

要确保工程安全生产，建立施工企业安全文化及体系、贯彻施工技术保证措施、强化项目安全督查检查，均必不可少。改善各层级的安全管理水平，提高全体成员的综合素质，提升全体成员的行为水准，把安全生产管理贯彻到项目管理的每一个环节，使施工过程中发生事故的可能性减小到最低限度，从而实现安全生产、打造精品工程。

参考文献：

[1]　杜天良，李建军. 建设工程项目现场施工与安全管理[J]. 建筑安全，2011.

[2]　石新梅. 浅谈加强施工现场安全管理和施工安全技术措施[J]. 中国城市经济，2011.

[3]　龚小军. 市政工程施工质量管理中存在的问题和对策[J]. 中国新技术新产品，2010.

[4]　林百彰. 浅谈城市市政工程建设与管理[J]. 价值工程，2010.

[5]　顾世阳. 浅谈市政公用工程的安全管理现状及对策[J]. 城市建设理论研究，2011.

[6]　钟轶. 市政公用工程现场管理问题及对策[J]. 城市建设理论研究，2012.

论企业安全质量标准化建设与管理

郑智洪

（湖南东方红建设集团有限公司，长沙 410217）

摘 要：安全质量标准化建设是一项长期性、基础性、日常性工作，要坚持不懈、持之以恒地开展下去，从而构建起扎实的安全生产环境，实现稳定的安全生产新局面，真正达到本质安全型建筑企业。

关键词：安全质量；标准化

2004 年，国务院《关于进一步加强安全生产工作的决定》提出，要把安全质量标准化作为加强安全生产的一项重要基础性工作，在全国所有工矿、商贸、交通运输、建筑施工等企业推广。湖南省住建厅于 2007 年下发了《建筑施工企业施工安全质量标准化工作导则》湘建建（2007）331 号文件，全面部署了建筑施工安全质量标准化工作，明确了指导思想，确定了工作目标，提出了具体措施。我司严格按照要求，结合实际情况，积极推进建筑施工安全质量标准化工作。从多方面、多层次、多角度对安全质量标准化建设进行完善，形成了一套行之有效的管理模式，取得了一定的效果，有力推动了建筑施工安全质量标准化工作的开展。

1 统一思想、深刻认识推行安全质量标准化建设的意义

（1）实行施工现场安全标准化是实行安全生产的治本措施，是强化安全管理和安全技术的有效途径。标准化从人的角度来说，是以标准规范每个管理人员和操作人员的行为，约束人的不安全行为。从物质角度看，标准化是一种技术准则，消除物的不安全状态，建立良好的生产秩序和创造安全的生产环境。

（2）标准化是强化基础管理的有效手段。它通过各项管理标准和工作标准的实施，将安全生产的基本要求落实到基层，扎根于施工班组，提高劳务队伍操作人员安全素质。同时标准化也是对施工现场的安全检查，进行安全评价的衡量依据。特别是在推行项目承包责任制中，既是对安全指标的具体要求，也是对项目承包制考核和考核指标的主要内容之一。

（3）标准化的实施可以增强劳务队伍操作人员的安全意识和提高施工现场本质安全程度，实现系统安全，同时促进现代化安全管理，达到强化管理，落实责任，消灭违章，减少伤亡事故的目的。

（4）建筑安全质量标准化的实施有利于增强企业员工的凝聚力和集体使命感。标准化文明施工是一项科学的现代化的基础性管理工作，而在管理和生产中起主导、决定性作用的无疑是人，企业中的人不仅仅是单纯意义上的个体，更需要强调集体主义、群体意识。个人形象的好坏直接影响到整个企业的形象，只有调动起各岗位人员的主人翁积极性，充分发挥其才能，用共同的智慧、集体的力量才能创造出精品优良工程。

（5）建筑安全质量标准化的实施是施工企业各项管理水平的综合反映，贯穿于施工全过程，通过对施工现场中的安全防护、临时用电、机械设备、技术、消防保卫、场容、场貌、卫生、环保、材料等各个方面管理，创造良好的施工环境和施工秩序，促进安全生产，加快施工进度，保证工程质量，降低工程成本，最终提高企业的经济效益和社会效益。

（6）建筑安全质量标准化的实施是企业争取客户认同的重要手段，企业想要在竞争中立于不败之地，并能更好地发展、壮大，就要拿出像样的产品，而建筑产品是现场生产的，施工现场成了企业的对外窗口。标准化文明施工建立了良好的施工环境与施工秩序，不仅能得到建设单位的信赖和认可，而且能提高企业知名度和市场竞争力。

2　以人为本，建立全员参与的安全质量标准化工作机制

我们坚持以人为本的管理理念，通过多种形式，充分调动全体员工积极参与标准化建设。我们认为：不论是"标准化"工地建设，还是现场安全防护，目的都是为了给职工提供安全、健康、适宜的工作环境和生活环境。只有让广大职工理解并积极参加到标准化建设中来，形成全员参与，人人关心的局面，标准化工作才能达到目的，收到实效。因此，我们创新思路，大胆探索，初步建立了全员参与的项目标准化工作机制，赋予施工现场的关键岗位人员新的职责和任务，实行以项目经理为核心，施工人员提供技术支持，安全员组织安全生产，质检员进行量化验收，有关人员分工负责，形成了一种人人懂标准，人人讲标准，上标准岗，干标准活得良好氛围，使全体员工积极参与到标准化建设和安全管理工作中来，充分调动了大家的积极性和主动性，形成了全员参与、齐抓共管的局面。

3　周密部署，全方面掀起创建安全质量标准化工地的热潮

（1）细化技术标准，完善保障制度

在标准化建设过程中，我司结合多年来的管理经验，并对所有在建项目进行专题调研，针对实际情况，制定了一系列的制度、措施，为公司标准化工作的开展提供了制度保障。如2010年下半年我司下发了《湖南东方红建设集团有限公司安全质量标准化建设实施方案》、《湖南东方红建设集团有限公司安全质量标准化图册》、《湖南东方红建设集团有限公司安全质量标准化管理手册》等一系列技术手册，从安全管理、文明施工、各类脚手架、模板工程、三宝四口、施工用电、物料提升机、外用电梯、塔吊、施工机具等设计施工安全的主要环节做出了详细的技术要求和检查规定，把《建筑施工安全检查标准》（JGJ 59—2011）中得具体规定进行细化和量化，并作为各项目部安全质量标准化考核验收的依据，确保安全质量标准工作落到实处。

（2）考核全程覆盖，打造样板工地

我司在推进安全质量标准化工作中，通过加强考核，提高了各项目部做好这项工作的主动性和积极性。一是严格考核：通过近几年来我司创建湖南省文明示范工地的经验，建立了《湖南东方红建设集团有限公司施工现场安全质量标准化考核制度》对不合格的项目，除了通报批评外，将会对其项目及项目负责人纳入公司差别化管理重点对象；二是考核过程全覆盖：我们针对各个项目的特点，在开工前将与项目经理和执行经理签订目标管理责任书，将管理目标层层落实，并结合省阶段性达标考核的要求进行全过程的监管，对项目的安全管理尽量做到横向到边、纵向到底；三是发挥典型引路的作用，公司每年度都会选择基础较好的工地，严格按照标化工地要求，打造样板工地，2009年我司上海城三期项目召开了长沙市安全质量标准化现场会，通过样板先行、典型示范，有力地推动了标准化工地建设。

（3）加大科技投入，提高监管效能

在标准化工地建设中，注重加大科技投入，有力地促进了施工现场安全管理水平的提高。一是逐步实现安全防护设施标准化、工具化、定型化，如工具式电梯井安全防护门、标准配电箱、具有企业特色的工地大门、标识、标牌和安全通道等，不仅美观，而且易于安装，利于管理，还可以重复利用，避免了材料的浪费；二是利用信息技术提高监管效能，我司于2009年自行研发了施工现场远程监控系统，基本实现项目可视化管理，该系统可同时对多个施工现场进行全过程、全方位的实时监控，可实现与施工现场的直接对话及时发现施工现场存在的问题，有针对性的进行指导和管理，持续改进现场管理。通过这一系统的实施，实现了监管方式的跨越，有效的解决了监管人员不足的问题，形成了施工现场，公司、主管部门三位一体、高度联动、实时监控的有效管理体系。

（4）注重教育培训，提高人员素质

在标准化工地建设过程中，通过加强安全教育培训，增强从业人员安全生产意识，提高了现场作业人员的安全生产技能，为建筑施工安全生产稳定好转奠定了坚实的基础。我司所有在建项目均已在施工现场建立了业余学校，组织农民工在休息期间参加安全生产知识教育培训，提高农民工安全生产意识和安全技能。我司质安部制作了6大伤害动画片，很直观的提醒教育施工人员在施工中应注

意的安全事项和要避免的不安全行为，以及发生事故的严重后果等，这种安全教育培训方式的直观化、影像化、知识化、效果十分明显，工人们普遍乐于接受，达到了安全教育培训的预期目的。

4 营造氛围，全面提升安全质量标准化管理水平

我司在安全质量标准化的推进过程中尤其注意安全文化的建设，培养职工在安全生产过程中得的爱岗敬业精神，通过安全教育培训和其它措施，把法规要求、技术规范、操作规程、纪律约束、岗位安全责任等融合于岗位生产活动的全过程，使各项安全生产管理制度固化于制、企业的安全理念、安全价值观固化于心，安全生产基本设施、安全生产基本条件固话于形，另一方面项目部紧扣"以人为本、安全第一"的安全生产活动主题，开展了形式多样的安全文化宣传教育活动，在施工现场，设置了安全文化墙，张挂各类安全生产挂图、宣传版画和宣传标语，设立了不锈钢宣传橱窗和任务宣传栏，按规定挂设各种安全标识、安全警示牌，营造浓厚的安全文化氛围，激发了全体员工的积极性和工作热情，此外项目部各个班组开展各种活动，激发大家"比学赶帮超"的工作热情，另一方面，层层召开各类人员会议，组织学习传达集团公司安全工作会议，标准化工作动员会议精神以及各级领导的重要讲话，加强各类人员的安全教育，充分利用班前会、调度会、周例会广泛开展学习标准化标准及考核办法没事各类人员增强了标准化工作的责任意识、创新意识和危机意识，牢固树立了"管理规范化、工作精细化、安全本质化、质量标准化"的理念，为实现全过程、全方位的标准化奠定了坚实的基础。

总之，安全质量标准化建设作为建筑行业的一项长期性、基础性、日常性工作，要坚持不懈、持之以恒地开展下去，从而构建起扎实的安全生产环境，实现稳定的安全生产新局面，真正达到本质安全型建筑企业。标准化工作只有起点没有终点，我们将借鉴先进经验，坚持开拓创新、求真务实、坚持动态管理，不断提高标准化工作水平，为进一步推动标准化工作，谱写和谐企业新篇章而继续努力。

浅析钢结构施工质量控制的要点

童 义

（湖南东方红建设集团有限公司，长沙 410217）

摘　要： 本文针对目前钢结构工程质量不稳定，总结分析了钢结构事故发生的一般原因，为提高钢构工程的施工质量水平，避免质量引起的结构安全事故的发生。本文根据作者亲自负责参建的项目，结合目前行业研究的成果，谈谈钢构质量控制的一般性问题，以此共同探讨钢构工程的质量控制。

关键词： 钢结构；事故；质量控制

随着我国社会经济的快速发展，尤其是"十八大"提出的目标是到 2020 年全面建成小康社会，在持续多年两位数的高速经济增长阶段，各地市纷纷成立大型经济开发区，而开发区中钢构建筑基本占到 80％以上，钢结构的强度高、自重轻、塑性及韧性好、抗震性能优越、工业装配化程度高、综合经济效益显著、造型美观等众多优点，为各工业园项目建筑类型的不二选择，应用于各个领域的工业厂房、办公楼筑的总量和增量都在大幅度上升。而材料技术的发展，我国钢产量、质量及材料工艺的日新月异，更助推了钢构的广泛应用，似与混凝土结构一争天下之势。

然后，近来，钢结构体系在我国工程建筑的总量也不断扩大，其质量控制不到位引起的质量安全事故随着钢构项目总量的上升，质量事故造成的影响越来越大。2008 年 1 月底冰冻期间，一个位于望城开发区的大型钢结构厂房工程项目，发生了四起边跨垮塌事故，本人作为事故分析组成员，参与了事故鉴定报告的拟定，发现其首要原因为钢构的安装质量不到位。因此加强钢结构工程质量控制，切实保证钢结构工程质量安全显得尤为重要。

1　钢结构事故类型及原因分析

排除钢结构先天性的材料缺陷外，在钢结构的设计、制作、安装、使用阶段，均存在一系列的问题，导致发生事故的隐患。引用前苏联建筑学家对近百起钢结构事故的统计分析，得出的统计数据见表 1。

表 1　不同阶段的事故原因统计表

事故原因	百分比		
	统计 1	统计 2	统计 3
设计原因	18	33	28
制造原因	38	23	31
安装原因	22	30	31
使用原因	22	14	10

分析该统计表，可以得出其中制造和按照原因引起的钢结构质量事故占 60％。现就制造和安装方面的因素，结合具体工程的特点，概括钢结构施工质量控制中容易出现的问题有如下方面。

2　柱脚的制作安装

预埋地脚螺栓与混凝土短柱边距离过近，位置不正，高矮不一。在钢屋架吊装时，经常不可避免地产生一些侧向外力，而将柱顶部混凝土压碎或拉崩。在预埋螺栓时，钢柱侧边螺栓不能过于靠边，加强加密区箍筋必须保证，应与柱边留有足够的距离。同时，混凝土短柱要保证达到设计强度后，方可组织钢屋架的吊装工作。

往往容易遗忘抗剪槽的留设和抗剪件的设置。柱脚锚栓按承受拉力设计，计算时不考虑锚栓承受水平力。若未设置抗剪件，所有由侧向风荷载、水平地震荷载、吊车水平荷载等产生的柱底剪力，几乎都有柱脚锚栓承担，从而破坏柱脚锚栓。柱脚锚栓的固定螺栓应为双螺栓加垫片，实际安装过程中，经常遗漏，导致螺栓紧固过程中因应力释放回弹，引起位置偏差产生受力不均衡，积累到使用阶段产生过大变形、倾斜而失稳。柱脚底板与混凝土柱间空隙过小，使得灌浆料难以填入或填实。一般二次灌料空隙为 50mm，施工班组经常性地忽略灌浆的重要性，产生空洞、不密实、不均匀、收缩空隙等。地脚螺栓位置不准确。为了方便刚架吊装就位，在现场对底板进行二次打孔，任意加热切割，破坏了柱子底板的原金属应力分部及涂层，使原本光滑的螺栓孔产生缺口，应力集中该缺口易扩散破坏，使得柱脚固定不牢，锚栓最小边（端）距亦不能满足规范要求。

3 梁、柱的制作、连接与安装

（1）制作材料的选定错误

① 钢材用错

钢构用钢材主要有碳素结构钢 Q235 钢，低合金钢 16Mn 钢（Q345 钢）、15MnV 钢等，其中 Q235 钢共分 A、B、C、D 四个等级。无锡地区设计常采用 Q235B 钢，该种钢保证了常温下的冲击韧性要求，适用于包括有吊车梁的钢结构厂房，但在实际工程质量检查中，我们常常会发现工程参与者只简单地认为是 Q235 钢就行了，所以常有采用不符设计要求的 Q235A 钢的情况，实际上该钢号只保证抗拉强度、屈服强度、延伸率和冷弯性能，不保证冲击韧性，而且因含碳量高而可焊性较差，对于吊车梁等承受动载的构件，必须保证钢材具有冲击韧性。另外，若设计单位仅在设计图上标明 Q235 钢，而未注明等级，则在图纸会审时必须明确。

② 焊条用错

Q235 钢同 Q345 钢连接，错误地采用 E50 系列，这种情况在设计无要求时常会产生。常人的习惯性思维是，高强与低强钢材之间的连接，应采用适合高强钢的焊条或焊剂，事实恰恰相反，不同钢材之间的焊接，从连接的韧性和经济方面考虑，应选用适合低材质的焊条、焊剂，只要能保证最终的焊缝强度同母材强度等强即行。通常，对于 Q235 钢来说，焊条应选用 E43 系列，对于 Q345 钢，应选用 E50 系列。对此，我们必须认识到用错焊条相当于用错钢材，所以，对焊条的选用，必须慎重。

（2）制作和拼装的要点

① 多跨门式钢架中柱按摇摆柱设计，而实际工程却把中柱与斜梁焊死，致使实际构造与设计计算简图不符，造成工程事故。所以，安装要严格按照设计图纸施作。

翼缘板与加厚或加宽连接板对接焊缝时，未按要求做成倾斜度的过渡。对接焊缝连接处，若焊件的宽度或厚度不同，且在同一侧相差 4mm 以上者，应分别在宽度或厚度方向从一侧或两侧做成坡度不大于 1∶2.5（1∶4）的斜角。

端板连接面制作粗糙，切割不平整，或与梁柱翼缘板焊接时控制不当，使端板翘曲变形，造成端板间接触面不吻合，连接螺栓不得力，从而满足不了该节点抗弯受拉、抗剪等结构性能。

② 钢架梁柱拼接时，把翼缘板和腹板的拼接接头放在同一截面上，造成工程隐患。拼接接头时，翼缘板和腹板的接头一定要按规定错开。

刚架梁柱构件承受集中荷载的位置未设置对应的加劲肋，容易造成结构构件局部受压失稳。

③ 连接高强螺栓不符合《钢结构用扭剪型高强度螺栓连接的技术条件》或《钢结构用高强度大六角头螺栓、大六角头螺母、垫圈型式尺寸与技术条件》的相关规定。高强螺栓拧紧分初拧、终拧，对大型节点还应增加复拧。拧紧应在同一天完成，切勿遗忘终拧。一定要在结构安装完成后，对所有的连接螺栓应逐一检查，以防漏拧或松动。高强螺栓连接面未按设计图纸要求进行处理，使得抗滑移系数不能满足该节点处抗剪要求。必须按照设计要求的连接面抗滑移系数去处理。

④ 屋架梁拼装顺序，应先安装靠近山墙的有柱间支撑的两榀钢屋架，而后安装其它刚架。头两榀刚架安装完毕后，应在两榀刚架间将水平系杆、檩条及柱间支撑、屋面水平支撑、隔撑全部装好，安装完成后应利用柱间支撑及屋面水平支撑调整构件的垂直度及水平度，待调整正确后方可锁定支撑，而后安装其它钢屋架。

4 檩条、支撑等构件的制作安装

（1）隔撑孔径大小的控制。为了安装方便，随意增大、加长檩条或檩托板的螺栓孔径。檩条不仅仅是支撑屋面板或悬挂墙面板的构件，而且也是刚架梁柱隔撑设置的支撑体，设置一定数量的隔撑可减少刚架平面外的计算长度，有效地保证了刚架的平面外整体稳定性。若檩条或檩托板孔径过大过长，隔撑就失去了应有的作用。

（2）连接檩条用的斜拉杆安装注意要点。连接 C 型或 Z 型檩条的斜拉杆，是保证檩条抵抗倾斜、扭转变形的关键，在实际施工安装过程中，往往忽略，随意紧固，这样导致檩条安装的垂直不够，一旦屋面荷载传递至檩条时，檩条倾斜扭转变形，发生失稳，接下来连续失稳，导致屋面塌陷。应在施工中重点保证檩条的拉杆平衡紧固，确保檩条铅垂于屋架梁，并两侧平衡受拉，确保强度与刚度的平衡，避免强度远远未到而因失稳导致破坏。

（3）檩条的安装注意要点

所用檩条仅用电镀，造成工程尚未完工，檩条早已生锈。檩条宜采用热镀锌带钢压制而成的檩条，且保证一定的镀锌量。檩条的安装位置不同，其设计考虑的厚度、强度或者截面高度均有可能变化，在实际安装中，施工班组往往忽略，采用一刀切形式进行安装，当遇到屋面荷载较大，对于厂房山墙侧、伸缩缝侧的边跨，因只有一端连续檩条，一端独立无连续，该边跨檩条变形较大，产生失稳而塌陷。本人所参与鉴定的钢构事故中，有一起其中关键原因之一就是边跨檩条的设计厚度为 3.0 厚的 275mm 高 Z 型檩条，而在事故后进行检查，发现有部分檩条厚度不符合要求，将中间位置连续檩条区域 2.5mm 厚的 Z 型檩条安装在边跨区域，无法满足设计要求的 3.0mm 厚，在 2008 年极端冰冻天气导致屋面荷载较大的情况下，产生失稳后屋面塌陷。

（4）不尊重设计要求，随意调整做法导致的问题

因墙面开设门洞，擅自将柱间垂直支撑一端或两端移位。同一区域的柱间支撑、屋面水平支撑与刚架形成纵向稳定体系，若随意移动位置将会破坏其稳定体系。

有时为了节省钢材和人工，将檩条和墙梁用钢板支托的侧向加劲肋取消，这将影响檩条的抗扭刚度和墙梁受力的可靠性。故不得任意取消设计图纸的一些做法。

5 屋面板安装注意的要点

如果擅自增加屋面荷载，原设计未考虑吊顶或设备管道等悬挂荷载，而施工中却任意增加吊顶等悬挂荷载，从而导致钢梁挠度过大或坍塌。所以不得擅自增加设计范围以外的荷载。屋面板未按要求设置，将固定式改为浮动式，使檩条侧向失稳。往往设计檩条时，会考虑屋面压型钢板与冷弯型钢檩条牢固连接，能可靠地阻止檩条侧向失稳并起到提高整体刚性的作用。

综上所述，钢结构质量控制的方方面面，最后归结到一个细节控制，细节往往决定成败，总结上述的各方面对钢结构工程质量的影响，只有在项目实施过程中逐一控制到位，才能最大程度地确保一个好的质量结果。

浅析基坑支护方式相关质量进度安全控制

朱吉新

（湖南东方红建设集团有限公司，长沙 410217）

摘 要：本文通过本人担任项目经理的四个大中型建设项目（均带地下室基坑支护），主要研究建筑施工过程中基坑支护与地基加固的质量、进度、安全控制。首先研究的是建筑工程中基坑支护与加固的类型。由于施工中所处的地域环境各不行同，因此针对不同的地质和环境设计了不同形式进行支护方式。近六年施工过的支护结构有高压旋喷桩支护、冠梁支护、排桩支护、土钉墙。在基坑支护中我们应特别注重质量、安全、进度等的控制，确保文明施工，创造优质工程。

关键词：基坑支付方式；质量；进度；安全控制

1 基坑支护常用的支护方法

基坑支付方式：挡土桩支护、挡土板支护、分段支护、喷射混凝土支护、桩板式支护、木板桩支护、钢板桩和钢管矢板支护、钢筋混凝土板桩支护、地下连续墙支护等，本人涉及施工的有高压旋喷桩支护、冠梁支护、排桩支护、土钉墙。

2 基坑支护的类型及其特点和适用范围

2.1 深层搅拌水泥土围护墙

深层搅拌水泥土围护墙是采用深层搅拌机就地将土和输入的水泥浆强行搅拌，形成连续搭接的水泥土柱状加固体挡墙。水泥土围护墙优点：由于一般坑内无支撑，便于机械化快速挖土；具有挡土、止水的双重功能；一般情况下较经济；施工中无振动、无噪音、污染少、挤土轻微，因此在闹市区内施工更显出优越性。水泥土围护墙的缺点：首先是位移相对较大，尤其在基坑长度大时，为此可采取中间加墩、起拱等措施以限制过大的位移；其次是厚度较大，只有在红线位置和周围环境允许时才能采用，而且在水泥土搅拌桩施工时要注意防止影响周围环境。

2.2 高压旋喷桩

高压旋喷桩所用的材料亦为水泥浆，它是利用高压经过旋转的喷嘴将水泥浆喷入土层与土体混合形成水泥土加固体，相互搭接形成排桩，用来挡土和止水。高压旋喷桩的施工费用要高于深层搅拌水泥土桩，但其施工设备结构紧凑、体积小、机动性强、占地少，并且施工机具的振动很小，噪音也较低，不会对周围建筑物带来振动的影响和产生噪音等公害，它可用于空间较小处，但施工中有大量泥浆排出，容易引起污染。对于地下水流速过大的地层，无填充物的岩溶地段永冻土和对水泥有严重腐蚀的土质，由于喷射的浆液无法在注浆管周围凝固，均不宜采用该法。

2.3 槽钢钢板桩

这是一种简易的钢板桩围护墙，由槽钢正反扣搭接或并排组成。槽钢长 6～8m，型号由计算确定。其特点为：槽钢具有良好的耐久性，基坑施工完毕回填土后可将槽钢拔出回收再次使用；施工方便，工期短；不能挡水和土中的细小颗粒，在地下水位高的地区需采取隔水或降水措施；抗弯能力较弱，多用于深度≤4m的较浅基坑或沟槽，顶部宜设置一道支撑或拉锚；支护刚度小，开挖后变形较大。

2.4 钢筋混凝土板桩

钢筋混凝土板桩具有施工简单、现场作业周期短等特点，曾在基坑中广泛应用，但由于钢筋混凝土板桩的施打一般采用锤击方法，振动与噪音大，同时沉桩过程中挤土也较为严重，在城市工程中受到一定限制。此外，其制作一般在工厂预制，再运至工地，成本较灌注桩等略高。但由于其截面形状及配筋对板桩受力较为合理并且可根据需要设计，目前已可制作厚度较大（如厚度达500mm以上）的板桩，并有液压静力沉桩设备，故在基坑工程中仍是支护板墙的一种使用形式。

2.5　钻孔灌注桩

钻孔灌注桩围护墙是排桩式中应用最多的一种，在我国得到广泛的应用。其多用于坑深7～15m的基坑工程，在我国北方土质较好地区已有8～9m的臂桩围护墙。钻孔灌注桩支护墙体的特点有：施工时无振动、无噪音等环境公害，无挤土现象，对周围环境影响小；墙身强度高，刚度大，支护稳定性好，变形小；当工程桩也为灌注桩时，可以同步施工，从而施工有利于组织、方便、工期短；桩间缝隙易造成水土流失，特别是在高水位软黏土质地区，需根据工程条件采取注浆、水泥搅拌桩、旋喷桩等施工措施以解决挡水问题；适用于软黏土质和砂土地区，但是在砂砾层和卵石中施工困难应该慎用；桩与桩之间主要通过桩顶冠梁和围檩连成整体，因而相对整体性较差，当在重要地区，特殊工程及开挖深度很大的基坑中应用时需要特别慎重。

2.6　地下连续墙

通常连续墙的厚度为600mm、800mm、1000mm，也有厚达1200mm的，但较少使用。地下连续墙刚度大，止水效果好，是支护结构中最强的支护型式，适用于地质条件差和复杂，基坑深度大，周边环境要求较高的基坑，但是造价较高，施工要求专用设备。

2.7　土钉墙

土钉墙是一种边坡稳定式的支护，其作用与被动的具备挡土作用的上述围护墙不同，它是起主动嵌固作用，增加边坡的稳定性，使基坑开挖后坡面保持稳定。土钉墙主要用于土质较好地区，我国华北和华东北部一带应用较多，目前我国南方地区亦有应用，有的已用于坑深10m以上的基坑，稳定可靠、施工简便且工期短、效果较好、经济性好，在土质较好地区应积极推广。

2.8　SMW工法

SMW工法亦称劲性水泥土搅拌桩法，即在水泥土桩内插入H型钢等（多数为H型钢，亦有插入拉森式钢板桩、钢管等），将承受荷载与防渗挡水结合起来，使之成为同时具有受力与抗渗两种功能的支护结构的围护墙。SMW支护结构的支护特点主要为：施工时基本无噪音，对周围环境影响小；结构强度可靠，凡是适合应用水泥土搅拌桩的场合都可使用，特别适合于以黏土和粉细砂为主的松软地层；挡水防渗性能好，不必另设挡水帷幕；可以配合多道支撑应用于较深的基坑；此工法在一定条件下可代替作为地下围护的地下连续墙，在费用上如果能够采取一定施工措施成功回收H型钢等受拉材料，则大大低于地下连续墙，因而具有较大发展前景。

3　目前基坑支护施工中存在的主要问题

3.1　边坡修理不达标

在深基坑施工中经常存在挖多或挖少的现象，这都是由于施工管理人员管理的不到位以及机械操作手的操作水平等多种因素的影响，使得机械开挖后的边坡表面的平整度和顺直度不规则，而人工修理时又由于条件的限制不可能作深度挖掘，故经常性的会出现挡土支护后出现超挖和欠挖现象。这是深基坑支护工程施工中较为常见的不足之处。

3.2　施工过程与施工设计的差别大

在深基坑中需要支护施工时，会用到深层搅拌桩，但其水泥掺量会不够，这就影响水泥土的支护强度，进而使得水泥土发生裂缝，另外，在实际施工中，偷工减料的现象也时常发生，深基坑挖土设计中常常对挖土程序有所要求来减少支护变形，并进行图纸交底，而实际施工中往往不管这些框框，抢进度，图局部效益，这往往就会造成偷工减料现象的发生。深基坑开挖是一个空间问题。传统的深基坑支护结构的设计是按平面应变问题处理的。在未能进行空间处理之前而需按平面应变假设设计时，支护结构的构造要适当调整，以适应开挖空间效应的要求。这点在设计与实际施工时相差较大，也需要引起高度的重视。

3.3　土层开挖和边坡支护不配套

当土方开挖技术含量较低时，组织管理也相对容易。而挡土支护的技术含量较高，施工组织和管理都比土方开挖复杂。所以在实际的施工过程中，大型的工程一般都是由专业的施工队伍来完成的，而且绝大部分都是两个平行的合同。这样，在施工过程中协调管理的难度大，土方施工单位抢进度，拖延工期，开挖顺序较乱，特别是雨期施工，甚至不顾挡土支护施工所需要工作面，留给支护施工的操作面几乎是无法操作，时间上也无法去完成支护工作，对属于岩土工程的地下施工项目，资质限制不严格，基坑支护工程转手承包较为普遍，一些施工单位不具备技术条件，为了追求利润而随意修改工程设计，降低安全度。现场管理混乱，以致出现险情，未做到信息化施工和动态化管理，这也是深基坑支护施工中常见的问题之一。

4　基坑施工控制的意义

4.1　基坑工程质量控制

随着城市建设突飞猛进的高速发展，高层建筑不断涌现，基坑开挖越来越深，基坑周边的地质环境越来越复杂，周边建筑物、道路及地下设施越来越密集，基坑边坡的稳定性，直接威胁周边建筑物、道路、地下室及施工人员的安全。如果基坑边坡一旦失稳，将会造成巨大的人员及财产损失，对社会安定造成重大影响。因此对基坑边坡的稳定性必须引起有关部门及人员的高度重视。这正是基坑工程的重中之重。因此在基坑施工过程中我们要加强管理，避免出现严重的质量问题，这样给人们提供的建筑才有安全感，一个建筑质量的好坏直接影响人们的生命与财产，因此，施工中我们要加强对基础工程的控制，确保工程质量。

4.2　基坑工程进度控制

（1）高度重视工程项目实施前的准备工作。工程项目施工准备是施工生产的重要组成部分，认真做好施工前的技术准备、物质准备等工作，对合理供应资源、加快施工进度、提高工程质量、确保施工安全等方面都发挥着重要作用。

（2）按照项目合同工期要求，编制施工进度计划，计划是控制的前提，没有计划，就谈不上控制。编制施工进度计划，就是确定一个控制工期的计划值，并制定出保证计划实现的有效措施，保证计划合同工期的完成。在编制施工进度计划时，应重点考虑以下几方面：所动用的人力和施工设备是否能满足完成计划工程量的需要；基本工作程序是否合理、实用；施工设备是否配套，规模和技术状态是否良好；如何规划运输通道；工人的操作水平如何；工作空间分析；是否预留足够的清理现场的时间；材料、劳动力的供应计划是否符合进度计划的要求等。

（3）工程项目进度计划的贯彻。检查各层次的计划，形成严密的计划保证系统；层层签订承包合同或下达施工任务书；计划全面交底，发动群众实施计划。

（4）工程项目进度计划的实施。为了保证施工进度计划的实施，必须着重抓好以下几项工作：一是建立各层次的计划，形成计划保证系统。工程项目的所有施工进度计划都是围绕一个总任务而编制的，在贯彻执行时应当首先检查是否协调一致，计划目标是否互相衔接，是否组成一个计划实施的保证体系。二是做好计划交底，全面实施计划。项目经理、施工队和作业班组之间分别签订承包合同，在计划实施前要进行计划交底工作，按计划目标明确规定合同工期，相互承担的经济责任、权限和利益，保证项目阶段各项任务目标以及时间进度的实现。三是做好施工过程中的协调工作。施工过程中的协调是组织施工中各阶段、环节、专业和工种的互相配合，以及进度调整的指挥核心。

（5）跟踪检查项目施工进度计划在工程项目的实施进程中，为了进行进度控制，应经常地、定期地跟踪检查施工实际进度情况。一是跟踪检查施工实际进度。这是项目施工进度控制的关键，其目的是收集实际进度的有关数据。检查和收集资料一般采用绘制进度报表或定期召开进度工作汇报会的方式。为保证汇报资料的准确性，进度控制工作人员要经常到现场看工程项目的实际进度。二是整理统计检查数据。收集到的工程项目实际进度数据，要按计划控制的工作项目进行统计，形成与计划进度具有可比性的数据。三是对比实际进度与计划进度。将收集的资料整理和统计成具有与计划进度可比性的数据后，用工程项目实际进度与计划进度的比较方法进行比较。常用方法有横道图比较法、

S 型曲线比较法、"香蕉"型曲线比较法、前锋线比较法和列表比较法等。通过比较观察实际进度与计划进度是否一致，若不一致要及时加以调整。

5　基坑支护安全控制意义

5.1　深基坑支护结构破坏屡见不鲜，破坏形式多种多样，常发生的主要有：坑内土体塌方和滑坡、支护结构产生位移破坏、坑底土体管涌、流沙、支撑破坏等。

5.2　基坑边坡土体受到破坏：这种破坏往往导致围护结构位移、坑周构筑物沉降倾斜，更严重者甚至使基坑附近的建筑产生开裂，后果十分严重。

5.3　支护结构受到破坏：也就是支护结构构件的强度不够，从而发生破坏，或是支护结构的位移过大，使基坑周边的建筑物产生了沉降位移，增加了支护结构上作用的土压力，从而使结构的构件发生破坏。

5.4　支护结构渗漏水产生的破坏：从而引起坑外的土体流失，使得基坑施工范围外的建筑物的地基土发生流失，其建筑物产生沉降，发生破坏。其主要原因有在勘察的阶段没有探明地下水的分布、支护结构的帷幕不密实或接缝未处理引起渗漏水或降水措施不合理、未充分排除土层内地下等原因产生的。

5.5　坑底土体管涌和流沙：含水砂层中的基坑支护结构，在基坑开挖过程中，板桩墙内外形成水头差，当动水压的渗流速度超过临界流速或水梯度超过临界梯度时，就会引起管涌及流沙现象。基坑底部和墙体外面大量的沙随地下水涌入基坑，导致地面塌陷，同时使墙体产生过大位移，引起整个支护系统崩塌。有时开挖面下有薄不透水层，薄不透水层下是一层有承压水头的沙层，当薄不透水层抵挡不住水头压力，在渗流作用下被切割成小块脱离原位，也会造成支护结构的崩塌破坏。

5.6　由此看来基坑支护的安全控制不可小视，基坑支护做得好坏直接与人们的生命相联系，一个国家建筑的稳固是保证国家发展的前提之一，它关系着一个社会的长治久安，所以，施工中我们要加强基坑支护的安全控制。

6　基坑支护的施工过程控制

6.1　钻孔灌注桩的施工控制

（1）孔斜的控制

① 钻具要保持垂直度、刚度、同心度，钻头须具有保径装置，钻机就位必须准确平稳，确保机座处在稳固的地坪上。开钻前，为防止钻孔倾斜，首先钻机在轨上移行就位后，调整钻机转盘的水平，保持钻塔天车转盘中心、桩孔中心在同一铅垂线上。

② 当钻孔深度较深，桩径较小时，开孔时大钩要求吊紧，保持泥浆泵量、轻压慢转，钻头在吊紧状态下钻进。

③ 施工时，每班应利用水平管或水准仪至少校核转盘、钻机水平一次，发现钻机倾斜时应及时采取纠正措施。

（2）坍孔的控制

桩基施工过程中一旦发生坍孔，轻则影响成孔进度，严重时直接影响工程质量和整个工程的进度，给工程带来巨大的经济损失。施工时应采取如下措施防止坍孔：

① 合理安排施工顺序，做到跳孔施工，防止相邻孔施工过程中的泥浆串孔。相邻桩施工须距 4 倍桩径以上或间隔 36h 以上。

② 在不同的地层采用合理的转速和转压，减少由此对孔壁稳定性产生的影响。

③ 为防止水头压力不足而导致孔壁失稳坍塌，施工过程中应注意确保护筒内水头不低于地表。

（3）缩径与糊钻的控制

在钻进时，易发生缩径、糊钻现象，应采取一些相应的预防措施：

① 改进钻头结构，调整刀具的角度、高度，提高钻头的切削能力，提高排渣能力，从而提高钻进效率。

② 在保证孔壁稳定的前提下，在易糊钻的地层钻进时，调整泥浆性能、钻进参数等措施以减少糊钻。

③ 改进钻进操作方法，可以采取每钻完一根钻杆，上下串拉和重新扫孔防止缩径。

④ 在易缩径的地层中钻进时，可适当抬高水头高度以及增大泥浆的粘度和比重的方法来增加泥浆对孔壁的压力，减少缩径。保证钻头的有效直径满足设计直径。钻孔灌注桩施工结束后，挖土，破桩、做冠梁支护。

6.2 冠梁的施工控制

（1）钢筋绑扎的控制

① 绑扎前应清点数量、类型、型号、直径，并对其位置进行测放后方可进行绑扎。

② 钢筋绑扎须严格按照设计文件和施工图进行。

③ 钢筋绑扎前，应清理干净冠梁空间的杂物，若在施工缝处施工，还应把接缝处钢筋调直。

④ 钢筋的交叉点必须绑扎牢固，不得出现变形和松脱现象。

⑤ 钢筋接头可用焊接或绑扎方式，单面焊接接头长度不少于 $10d$；双面焊接接头长度不少于 $5d$；焊接接头搭接面积百分率不得超过 50%。绑扎接头的搭接长度不少于 $35d$，搭接处的中心及两端须分别用钢丝扎牢，绑扎接头宜相互错开，其搭接面积百分率不得超过 50%。

⑥ 在绑扎钢筋接头时，一定要把接头先行绑好，然后再和其它钢筋绑扎。

⑦ 箍筋应与受力钢筋垂直设置，箍筋弯钩叠合处，应沿受力钢筋方向错开设置。

⑧ 钢筋绑扎必须牢固稳定，不得变形松脱。

⑨ 钢筋绑扎完成后先由项目部质检人员进行自检，在自检合格后报监理单位验收，经验收合格后方可进行下道工序施工。

（3）模板支立的控制

① 模板支架要具有足够的承载力、刚度和稳定性，能可靠地承受新浇筑的混凝土的侧压力及施工中产生的荷载。

② 模板接缝不漏浆，模板安装前应均匀、充分地涂刷脱模剂。

③ 制作垫块，安装时以保证主筋净保护层满足设计要求。

（4）混凝土浇筑的控制

① 混凝土浇捣前，施工现场应先做好各项准备工作，机械设备、照明设备等应事先检查，保证完好符合要求，模板内的垃圾和杂物要清理干净。

② 混凝土搅拌车进场后，应严把混凝土质量关。检查坍落度、可泵性是否符合要求，应及时进行调整，必要时作退货处理。

③ 振动器的操作要做到"快插慢拔"，混凝土浇捣应分点振捣，宜先振捣料口处混凝土，形成自然流淌坡度，然后进行全面振捣，严格控制振捣时间、移动间距、插入深度，严禁采用振动钢筋、模板方法来振实混凝土。

④ 在混凝土浇筑前清理干净模板内杂物，混凝土振捣采用插入式振捣器，振捣间距约为 50cm，以混凝土表面泛浆，无大量汽泡产生为止，严防混凝土振捣不足或在一处过振而发生跑模现象。

⑤ 冠梁与钢筋混凝土支撑节点同时施工，分段分批浇筑，接头处新老混凝土接合面按施工缝要求凿毛处理，并将浇筑完预留钢筋上的残留混凝土及时清理干净，且其接头位置留在冠梁上。

（5）拆模、养护的控制

混凝土达到规定强度时，方可进行模板拆除，拆除模板时，需按程序进行，禁止用大锤敲击，防止混凝土面出现裂纹。同时应在浇筑完毕后的 12h 以内对混凝土加以覆盖并保湿养护。混凝土强度达到 $1.2N/mm^2$ 前，不得在其上踩踏或安装模板及支架。

加强混凝土质量控制，避免出现混凝土出现以下质量通病：①蜂窝：原因是混凝土一次下料过厚，振捣不实或漏振，钢筋较密而混凝土坍落度过小或石子过大，模板有缝隙使砂浆从下部涌出而造成。②露筋：原因是钢筋垫块位移、间距过大、漏放、钢筋紧贴模板造成露筋，或梁、板底部振捣不实，也可能出现露筋。③麻面：拆模过早或模板表面漏刷隔离剂或模板湿润不够，构件表面混凝土易粘附在模板上造成麻面脱皮。④孔洞：原因是钢筋较密的部位混凝土被卡，未经振捣就继续浇筑上层混凝土。⑤缝隙与夹渣层：施工缝处杂物清理不净或未浇底浆等原因，易造成缝隙、夹渣层。

6.3　高压旋喷桩的施工控制

（1）高压喷射注浆的施工细节

① 钻孔：首先把钻机对准孔位，用水平尺掌握机身水平，垫稳、垫牢、垫平机架。控制孔位偏差不大于 1～2cm。钻进过程要记录完整，终孔要经值班技术人员认可，不得擅自终孔。严格控制孔斜，孔斜率控制在 1‰ 以内，以两孔间所形成的防渗凝结体保证结合，不留孔隙为准则。孔深大于15m 的，每钻进 3～5m 测量一次，发现孔斜率超过规定应随时纠正。

② 下喷射管：将喷射管下放到设计深度，将喷嘴对准喷射方向不偏斜是关键。为防止喷嘴堵塞，可采用边低压送气、浆，边下管的方法，或临时加防护措施，如包扎塑料布或胶布等。

③ 喷射灌浆：当喷射管下到设计深度后，送入符合要求的气、浆，喷射 1min 左右后按设定速度提升钻头，边提升边喷浆，喷射灌浆开始后，值班施工人员及技术人员必须时刻注意检查注浆的流量、气量、压力以及旋转、提升速度等参数是否符合设计要求，并且随时做好记录。

④ 清洗：当喷射完毕，停止施工时间较长时，应及时将各管路冲洗干净，不得留有残渣，以防堵塞，尤其是喷浆系统更为重要。必须反复冲洗，直到管路中出现清水为止。通过试验，调整工艺参数，使其成桩质量更优。

（2）技术、质量保证措施

① 测量自然地面标高，确定桩顶及桩底标高，并在钻杆上做出相应标记，以保证标高、桩长的控制、方便机长操作。施工中应严格控制钻机平整，钻机搭设应垂直，定位应准确，钻孔位置与设计位置偏差不得大于 50mm。

② 高压旋喷桩加固时，桩施工提升速度一般为 15～25cm/min，不宜大于 25cm/min，注浆管分段提升的搭接长度不宜小于 100mm。

③ 现场测定实际使用水灰比，并严格控制水灰比，确保成桩质量。严格计量工作，根据设计掺量计算每根桩水泥用量，严格按计算用量下料，误差应控制在 3% 以内，根据设计掺量计算水泥用量。同一根桩内不得使用不同品种水泥，保证水泥浆液质量。

④ 选用合格原材料，不得使用受潮、结块的水泥。灰浆搅拌时间不应少于 2min，保证搅拌均匀，避免灰浆离析。

⑤ 高压旋喷桩施工时，须先将四周的一排桩先行施工，将加固区形成封闭圈严格使用骨料斗和过滤网，防止堵塞旋喷钻机的高压喷射孔。

⑥ 在高压喷射注浆过程出现压力骤减、上升或冒浆等异常情况，应查明原因并及时采取措施。在喷浆过程中，往往有一定数量的颗粒，随着一部分浆液沿着注浆孔冒出地面，通过对冒浆的观察，及时了解地层状况、旋喷的大致效果和旋喷参数的合理性。根据以往经验，冒浆（内有土颗粒、水及水泥）量小于注浆量的 20% 属于正常，超过 20% 或完全冒浆时，必须及时查出原因并采取如下相应的措施：提高喷射压力；适当减少喷嘴压力；加快提升和旋转速度；查明地层是否有孔洞等。根据现场情况测定下沉和提升速度，并严格进行控制。成桩喷浆提升中严禁断浆。如意外断浆必须重新下钻至停浆面以下 0.5m 处重新成桩施工。

（3）质量控制要点

① 喷桩施工顺序采用按序施工方式，连续施工。

② 正式施工前，各机械必须试运转，待各机械性能稳定，参数符合设计要求后方可施工。

③ 钻机塔架必须安放稳定，导孔垂直度满足设计要求；钻孔过程中遇到的异常现象必须准确记录，须经技术人员同意后方可终止钻孔。空压机、高压水泵施工参数必须满足设计要求。当压力出现骤然下降或上升现象时，必须停机检查原因，排除故障后方可恢复工作。

④ 水、气、浆输送管线必须密封和畅通，如出现泄漏或堵塞，必须立即排除。

⑤ 严格按照配合比制备浆液，搅拌时间不少于 2min，经过滤后方可使用，且必须在 4h 内用完。

⑥ 喷射时气、浆各部分操作人员要密切配合，特别是送浆人员和孔口操作人员要保持联络，一

且发现问题立即通知旋喷机操作工停止提升，排除故障后方可继续提升。

⑦ 喷射达到设计高程后，即停止喷射，提出注浆管移开旋喷机，开始制浆或用废浆回灌孔内，直至孔口浆液不再下沉为止。

⑧ 应准确、及时、完整地做好各项施工记录。记录内容包括桩号、桩长、下管深度、开喷时间、终喷时间、中断喷射的原因、时间和深度等。

⑨ 深度保证：通过注浆管长度控制并填写记录。桩体成型保证：根据试桩参数及土层选定流量、压力及提升速度控制。

7　结论

总之，基坑支护是地下工程建筑的关键工作，加强基坑控制，不可忽视每一环节，注重过程控制，保证施工的质量、安全、进度等，才能将地下工程和基础工程乃至整个单位工程项目的建设顺利开展。

参考文献：

[1] GB 50202—2002 建筑地基基础工程施工质量验收规范[S].

[2] GB 50204—2015 混凝土结构工程施工质量验收规范[S].

[3] GJ79—2012 建筑地基处理技术规范[S].

跳仓法在筏基混凝土施工质量控制中的运用

谷芸娟

（湖南省第五工程有限公司，株洲　412000）

摘　要：文章先对后浇带的施工方法存在的不足进行分析，在本文中结合具体工程的筏基混凝土工程，在具体的实际操作展中体现出了跳仓法的施工优点。由此可体现出跳仓法对解决大体积筏基混凝土工程中，对于混凝土的收缩应力或者水热作用而导致的裂缝问题起着很大的作用。同时也为大体积混凝土的连接浇筑施工提供了一种十分有效的解决途径。

关键词：筏基；跳仓法；施工工艺；质量控制

1　工程概述

某项目位于洛阳市西区，总建筑面积 59920.15m²。工程地下一层为商业卖场，局部为设备用房和车库及战时人防物资库等。地上部分为三个单体工程，其中 1♯楼为商住楼，建筑高度为 97m，建筑面积 32347.27m²。地基采用组合型复合地基，基础为筏板基础，基础面积为 16810m²。

2　大体积混凝土浇筑方法的比较

根据相关规范规定：超长、超宽的筏基应该要设置永久性的伸缩缝或者采用后浇带施工方法进行施工。为避免伸缩缝易渗漏的缺点，常使用设置后浇带的施工方法。但伴随着技术的进步，有些工程中则开始使用膨胀剂等补偿收缩方法，最近刚出现的跳仓法施工也是一种十分有效的技术。

2.1　后浇带施工技术的不足

（1）在此次工程中，原来根据计算的后浇带需要穿过 2m 厚的基础。由于在实际的具体施工过程中，地面、基础面都设置有较为密集的双向配筋。因此，如果按照原来的计划进行，极有可能在施工中导致两侧的混凝土在后期不能处理干净，使新老混凝土的粘结强度不能保持一致，极容易出现开裂；于此同时，由于在施工过程中还会加入一些特殊的外加剂，导致后浇带的混凝土在后期的收缩受到比较大的影响，易出现"一缝变二缝"的现象。

（2）此次工程施工中，在后浇带划分完成后，发现各块的混凝土量仍然很大。其中，最大块的面积达到了 4465m³，最小则达到了 1411m³，这样导致块体的温差比较大，水化热较高，以致形成内部的裂缝，在很大程度上会影响到了工程的施工质量。

（3）在地下一层的梁和板、侧墙的后浇带浇筑过程中，需要保留 40～45d，然后才能对现场进行封闭。封闭前的后浇带比较容易漏泥、漏水或掉入杂物等，这样直接影响到地下室与其它工序的顺利进行，影响整体地下室的结构，导致延长工期。

2.2　后浇带与微膨胀剂补偿收缩法存在的不足

在后浇带、侧墙与地板中加入适量微膨胀剂可以用来对收缩的进行补偿，但是微膨胀剂在补偿中需要供给大量的水，直接提高了工程造价。

2.3　跳仓法的优点

（1）由于仓块施工时间间隔较短的特点，施工缝处杂物垃圾也会少很多，也易清理。实际施工中，可将原来的后浇带分割的"大块"再次分割，成为更小的"小块"，然后对"小块"使用跳仓法。这样的施工方法的优点是可以让"小块"释放出自身存在的收缩变形约束，避免因施工阶段产生的收缩应力比材料的抗拉应力强而导致裂缝的产生。如此经过 7～10d 后，就可将两部分合龙连为整体了，混凝土的自身抗拉应变就可以够抵抗降温或者收缩作用，裂缝就被有效控制住。

（2）仓间分隔的合理程度直接导致跳仓法施工是否成功，所以为确保工程质量，一般可以将模板、混凝土、侧墙钢筋等分隔为"小块"，然后再进行分仓式的流水施工，这样大大缩短了工期，结构施工进度计划也达到了业主的工期要求。

3 跳仓法施工工艺基本原则

3.1 仓块大小选取

仓块应当尽可能地小。在此次工程项目中，首先按照设计施工的图纸进行现场的校验确认，得到基础筏板的长宽尺寸数据。按照所得数据，最后将基础筏板划分成为 6 个仓块。其中浇筑量为 2050m³ 的大仓块有 3 个，1800m³ 的 1 个，浇筑量为 850m³ 的则有 2 个。施工中，在受力相对小的位置留设相应的分仓缝，为施工提供便利。运用这样的分仓方法可以使工程质量得到保证，同时也便于施工流水作业。

3.2 混凝土浇筑的时间

仓间混凝土浇筑的时间要尽可能得长。在这次工程中，筏板基础被分成了 6 块，为了防止跳仓板块的混凝土发生变形，必须要保证浇筑混凝土的时间间隔大于 8d，这样才能保证其后期收缩应力能够承受混凝土拉伸。

3.3 水泥用量

水泥的用量应尽可能少。为有效降低混凝土的水化热，同时要减少混凝土的水泥用量，在考虑相关设计的规范后，决定以强度等级为 C30 的水泥替代设计的 C35 水泥，同时在混凝土中掺加矿渣粉、粉煤灰等，最终降低了单方混凝土的水泥用量。

3.4 混凝土的养护

尽早进行混凝土的养护工作。冬季施工有利于基础底板。但是，为避免新浇混凝土表面因为温度变化而失水过多，应当在混凝土初凝至终凝这段时间内覆盖上麻袋或者塑料膜，并且还需喷必要的水来进行保湿和保温。控制好浇筑基础的降温速率，将里表的温度差控制在一个合理范围，这是一项关系到施工质量的工作。每天的温度下降速率应控制在 2℃～3℃，里表上午温度差应不大于 25℃，养护时间必须要达到 14d 才能保证上述要求。养护时间的长短对于降低里表的温度差，增强混凝土的抗拉强度都十分重要的影响，也能有效地防止混凝土裂缝的扩张。

4 跳仓法施工技术与质量控制

4.1 原材料的选取与混凝土混合比例的确定

在考虑当地的水泥供应情况，以及结合考察泵送混凝土的试配情况，最后决定使用 52.5 级硅酸盐水泥参杂 Ⅱ 级粉煤灰、FDN25R 外加剂和 S95 级矿渣粉并且取消了膨胀类外加剂。在施工的搅拌过程中，必须严格按照标准对混凝土的原材料的质量和施工工艺进行控制，以保证最终的混凝土强度。经过多次试配最终选择的混凝土技术参数指标为：水胶比≤0.150；用水量≤180kg；砂率 39%～41%；砂含泥量≤2%；碎石含泥量≤1.0%。最终所确定施工的配合比见表 1。

表 1　C30（p8）混凝土配合比　　　　　　　　（kg/m³）

水泥	S95 矿渣粉	中砂	粉煤灰	碎石	水	外加剂
175	70	742	112	1058	176	7.2

4.2 混凝土浇筑与养护

地下室底板、顶板混凝土二次抹面后，立即用塑料薄膜覆盖保湿养护，待混凝土强度＞1.2MPa 后可上人作业。使用振捣技术，对混凝土的密实度有了明确保证，在表面完成压浆后进行扫毛，尽可能地把表面微小的裂缝封闭起来。混凝土的养护过程中，要认真检查混凝土的表面养护效果当遮盖不全或局部浇水养护不足时，会造成混凝土的表面泛白或出现细小干缩裂缝。此时应立即覆盖，充分浇水，加强养护，并延长浇水日期进行补救。

5　结语

　　文章根据实际工程中遇到的各种情况，对筏基大体积混凝土跳仓法施工的具体使用方法进行了讨论。认为跳仓法在提高工程质量与缩短施工时间方面都有着很大的作用。如何在实际应用中发挥跳仓法的这些特点应成为施工人员首要考虑的问题。而仓块应当尽可能小，仓间混凝土的浇筑时间应尽可能长，水泥用量应尽可能少，混凝土的养护应尽早进行，这些对于最大程度发挥跳仓法优点有着重要的作用。

参考文献：

［1］　陈锟．地下室底板大体积混凝土施工技术及质量控制［J］．中国科技博览，2009．

［2］　高芳胜，杨琳，尤立峰．跳仓法施工新技术［J］．建筑技术，2011，42(5)：431-435.

［3］　王铁梦．工程结构裂缝控制——抗与放的设计原则及其在跳仓法施工中的应用［M］．北京：中国建筑工业出版社，2002．

浅谈 BIM 技术在安装工程
项目成本管控上的应用

杜彬彬

（湖南六建机电安装有限责任公司，长沙　410000）

摘　要：本文主要介绍了运用 BIM 技术在安装工程项目的落地，改变传统的项目管理模式与方法，达到对实体项目进行成本管理与控制的目的，规避项目运行过程中可能出现的风险，以加强项目的创效盈利能力，增加企业的核心竞争力。

关键词：成本控制；信息管理；BIM 技术

1　前言

改革开放三十多年来，作为传统行业的安装企业跟随改革红利大多经过了从无到有、从小到大、从弱到强的强劲快速发展。然而，由于安装行业准入门槛较低，安装企业数量庞大，行业间的竞争激烈，特别是低价恶性竞争愈演愈烈，由此带来的工程项目质量不过关、工期不保障、安全不到位等问题较为突出。特别是 2015 年以来，国家宏观经济增速的放缓、房地产市场的饱和，传统的安装行业面临着生存与发展的巨大压力，从企业层面的调结构、改模式、走出去等一系列战略措施，到项目层面的改管理、重效益、低风险等一系列具体要求，行业内都在寻找一条适合自身的生存与发展之道。企业要生存要发展，归根到底就是要盈利、要创效，盈利大致上又有两条途径，一是增加体量，即承揽更多的工程任务，二是提高效益，即提高单个项目的效益率。在当前经济形势下通过第一种途径来提高盈利对于绝大多数企业来说比较困难。通过第二种途径来提高盈利水平无非就是提高项目的管理水平，提高项目运行过程中成本的控制与风险的防范能力。BIM 技术作为一个很好的管理工具可以用来改变传统的项目管理方式，在项目运行过程中为决策者管理者提供各种实时数据与信息，以便决策者管理者做出正确的选择与判断，从而提高项目的管理水平，达到项目盈利创效的目的。

2　BIM 技术在工程项目的落地及实施

BIM 技术要发挥它的作用，首要的就是实现 BIM 技术在项目的落地，2015 年湖南政府也出台了相关指导性意见，推动 BIM 技术在项目上的应用及落地，其目的也是为了推动 BIM 技术应用的成果化。BIM 技术在项目的落地实施主要分为三个阶段：准备阶段、实施阶段、总结阶段。

（1）准备阶段

该阶段主要包括成立项目 BIM 工作团队，为项目 BIM 工作开展创造条件包含软硬件条件、工作场地环境条件，明确团队成员工作分工及岗位职责，确定各阶段性应用成果目标及要求，制定团队成员激励机制及培训学习方法。

（2）实施阶段

该阶段是 BIM 应用的最重要的阶段，包括 BIM 模型的建立与维护，建筑信息数据的整合分析，基于分析结果得出的管理意见。

（3）总结阶段

该阶段主要是通过总结项目 BIM 运用过程中的应用经验，建立项目级的 BIM 应用标准体系。

3　BIM 技术在项目成本管控中的应用分析

安装专业在工程项目实施过程中更多的是扮演分包从属的角色，其在工程建设中的地位不如土建专业，往往受到土建专业的制约，利润空间被不断压缩，同时安装专业基本上是进场最早，退场最晚的专业，工期周期长，管理费用高，这使得安装企业在项目中的创效能力进一步下降。要想提高项目的创效能力还是得从自身出发，改变传统的项目管理模式，不再仅仅依靠个人的经验管理项目，而是结合科学的数据分析来给管理者提供判断的依据。

一个项目在实施过程中的成本控制是一个项目能否盈利以及利润最大化的重要因素，安装工程项目制约成本的因素又有很多，比如管理水平、进度工期、采购计划、材料利用、劳动力安排、质量安全、工艺方法、风险防控等等。在项目中使用 BIM 技术的目的就是要提高项目的管理水平，从而将项目的成本控制在合理的范围，以达到减少项目成本、降低项目风险、实现项目利润最大化的目标。在这里，结合 BIM 技术在项目应用的经验谈几点 BIM 技术在项目成本控制方面的应用。

（1）进度调整，减少工期

在项目的成本控制中，进度工期是影响成本的一个重大因素，而安装专业的进度工期往往受土建专业进度工期的影响，即使在项目前可能做了一份很详细的进度计划表，但项目实施起来后基本上可能就用不上了，这时候往往是被牵着鼻子走，失去了主动性。利用 BIM 技术，将实际进度与计划进度进行比对，分析影响进度的原因，合理调整安装工作面，同时进行 BIM 施工进度模拟，对提前或滞后工作进行合理安排，避免某项滞后工作影响后续工作的开展，从而减少项目的总工期。

（2）合理安排劳动力，避免窝工

随着社会劳动力成本的不断上涨，项目的人力成本也是水涨船高，在项目的成本预算中，人工费在预算定额中经常是处于亏损的状态。如何控制好人力成本，是一个项目创效能力高低的重要因素，也体现了一个项目团队的管理水平。在项目的实施过程中，对于劳动力的管理，应该是一种动态管理。在以往的项目管理中，劳动力的管理可能更多的是一种粗放式的管理，单凭经验放置一定数量的劳动力，过程中也很少变动，经常出现忙不赢、没事干的局面。利用 BIM 技术就是要将劳动力流动起来，实现动态管理，通过 BIM 管理平台分析工程进度、阶段性材料使用量、安装工作面，分阶段性做好劳动力计划，尽量做到人人有事干，人人不加班，这样既能避免因劳动力安排不合理所造成的窝工停工现象，又能避免因抢工加班所造成的工程质量安全问题。

（3）优化采购计划，实现零库存

采购环节是项目在成本控制中非常重要而又往往容易被忽视的地方，有些管理者在采购环节往往只注重价格，而忽视了数量计划的重要性。在采购环节中，有很多材料商都会采用现款一个价、期款一个价的销售方式，而现款单价比期款单价一般能低 5 到 10 个百分点，材料款又占到一个项目总价的 50％至 60％不等，这时每个阶段的采购计划就显得尤为重要。利用 BIM 模型导出各施工阶段工程量，考虑合理的材料损耗量，分批制定采购计划，计划一批，采购一批，使用一批，尽量做到零库存。这样既能保证项目资金的流动性，又能减少项目材料采购总成本。

（4）加强材料管理，做到零浪费

加强材料管理对项目的成本控制同样重要，材料管理的原则是少总量、低损耗、零浪费。少总量即在保证系统功能的前提下采用合理经济的布线方案，利用 BIM 软件的三维可视化及工序模拟功能，对各专业管线进行综合优化，选择既经济又可行的布线方案，提高安装精度，避免返工，减少材料的总使用量。低损耗即减少安装过程中的材料损耗，利用 BIM 软件的管道分段编号等功能，出管道加工图、断面图、装配图，对管道加工进行工厂化、预制化，减少过程中损耗。零浪费即要求实时安装与虚拟安装的一致性。比如，某班组在对某一楼层进行排水管道安装时，领取 PVC 管道 DN110 共计150 米，管道配件若干，而 BIM 模型中该楼层所需 PVC 管道 DN110 只有 120 米，这时，施工员要对施工现场与模型进行对比，找到出现材料用量差别的原因，避免后续楼层安装过程中出现同样的问题，真正做到零浪费。

（5）合理利用项目资金，做到零风险

项目成本控制的核心是项目资金的管理。项目管理过程中对资金的管理一般实行收支两条线的制度。但在实际的工程管理中常常会出现超支的现象，而管理者对资金的使用情况往往是个笼统的概念或者就是简单的财务记录，资金风险较大。BIM 中文名叫建筑信息模型，其侧重点在于信息，项目资金使用情况就是一个重要的信息，利用 BIM 管理平台将其与模型衔接起来，进行预算成本、目标成本、实际成本的三算对比。分析三算对比结果作为项目资金的使用依据，合理安排资金用途，减少项目资金所带来的项目风险。

4　结语

项目的成本控制是一个项目管理水平的体现，而项目管理水平的高低在很大程度上决定了项目盈利创效的能力。改变传统的项目管理模式并不容易，BIM 技术作为一个技术手段确实能提高项目的管理水平，但我们也应注意到目前还没有哪一个 BIM 软件能兼容所有的建筑信息，各个 BIM 软件之间的信息交换标准也不统一，这也需要我们将 BIM 技术实现在项目的落地，在实际应用中积累经验。

参考文献：

［1］ 张树捷. BIM 在工程造价管理中的应用研究［J］. 建筑经济，2012(02)：20-24.

［2］ 何关培. BIM 总论［M］. 北京：中国建筑工业出版社，2011.

［3］ 何晨琛，王晓鸣，吴晶霞，赵国超. 基于 BIM 的建设项目进度控制研究［J］. 建筑经济，2015(02)：33-35.

自然环境对建筑装饰施工质量的影响研究

黄 伟 杨 靖 何 益

（中建五局装饰幕墙有限公司，长沙 410000）

摘　要：随着我国科技不断迅猛发展，房地产行业也不得不加快科技创新的步伐，地暖、空调等成熟技术已经在建筑工程中得到广泛应用，以此来摆脱自然环境对建筑工程的束缚，人们几乎忘记了自然环境对建筑工程的重要性，也因此产生许多的工程质量问题，现在我们就以神木艺术中心项目为例来研究自然环境对建筑装饰施工质量的影响。

关键词：自然环境；建筑装饰；施工质量

1　工程概况（图1、图2）

神木县少年宫（新村艺术中心）位于陕西省榆林市神木县神木新村，中央景观大道以北，滨河路以西，纬二十路以南，开源路以东，交通十分便利；神木县位于黄河中游长城沿线陕西省的北端属干旱半干旱季风气候寒暑剧烈气候干燥降水偏少且年际变化大；本工程为一栋以剧院功能为主，同时涵盖了电影院、展厅、配套商业等多种类型的观演类综合建筑。主体为现浇钢筋混凝土框架—剪力墙结构，外壳为钢网架结构地上 5 层，地下 2 层；总建设面积为 $32959m^2$，其中地上建筑面积 $24162m^2$，地下建筑面积 $8797m^2$。

图 1　建筑效果图

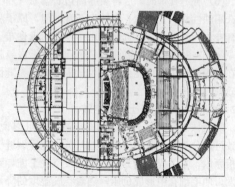

图 2　一层平面图

2　神木县近55年气候特诊及变化分析

根据神木县 1957～2011 年气温、降水、相对湿度、日照时度等气象观测资料，分析神木县季候特征及变化规律，结果表明，年平均气温呈上升趋势，四季中冬季气温升高趋势最显著；年降水量呈缓慢下降趋势，年际变化较大，年内分布不均匀，主要集中在 5～9 月，降水量主要分布在 200～600mm；日照充足，年日照时数呈下降趋势；降水偏少，空气湿度低，气候以干旱为主。

3　神木县艺术中心项目装饰施工过程中质量损失原因分析

3.1　石膏板吊顶开裂

在建筑涂料使用过程中，我们往往只追求涂料本身质量如何，而忽略了自然环境施工条件对建筑涂装质量的影响。

本工程于 2015 年 9 月开始进行石膏板吊顶施工，11 月进入吊顶腻子施工，12 月份完成吊顶乳胶漆施工，次年 2 月份发现，吊顶多处开裂，经系统分析产生裂缝原因：在正常情况下，环境温度对防水石膏板的罩面质量，即对其线性膨胀和收缩的影响并不明显，但是空气的湿度则对板材的胀缩影响很大。在湿度较大的环境里进行施工，吊顶的石膏板会吸收较多水分，尽管其板缝经嵌缝处理后已达到平整严密，但当环境湿度下降，板材内的水份释放出来并出现线性收缩，因而会使吊顶面产生裂纹。9～10 月份，神木县正处于雨季，空气湿度大，石膏板含水率高，11 月份进入冬季施工后，室内空气干燥，加上室内空调供暖温度较高，石膏板及腻子中水分散失快，体积收缩，导致吊顶沿板缝处拉裂产生裂缝。

3.1.1　预防措施

为了保证施工质量，防水石膏板的安装和嵌缝应避免在湿度较大的天气内进行，或者考虑用玻璃纤维网格胶带取代穿孔牛皮纸带，以保证嵌缝的固结质量；石膏板面乳胶漆施工，如果湿度较大，会使粘贴纸的水溶性胶料失效，而且会拖延涂料的干燥时间。为此，石膏板的装饰工作，应尽量安排在湿度较为适宜的环境进行；对石膏板、木龙骨、夹板类等容易受潮的材料，在运输过程中应防止雨淋，在堆放时，要堆放整齐，下面应垫木板，并与墙壁保持一定距离，而且要用塑料等遮盖物进行遮盖；室内气温低于 5 摄氏度时，不应做吊顶施工；如吊顶跨度较大，应适当留置伸缩缝，一般每隔12m 留置一道伸缩缝为宜。

3.1.2　解决方案

（1）因在冬期施工，室内温度变化引起的裂缝，修补此裂缝应选择在第二年气温回升，或室内温度基本达到恒温时，裂缝不再继续扩大时，再进行补缝处理。

（2）因空气湿涨干缩引起的开裂，应在室内湿度相对稳定，其他湿作业完成后，再进行补缝处理。

（3）补缝处理时，应将裂缝周边石膏板全部切开，切缝一般 5mm 左右，填补此纸面石膏板缝，可选用油性熟石膏补缝、水性生石膏补缝，原子灰补缝，弹性嵌缝腻子补缝、各石膏板厂配套的粘性石膏补缝，贴缝胶带可选用医用布卷、的确良布条，带纤维纸带，玻纤网格带及打孔纸带（牛皮纸）。

（4）在补缝施工时需注意两个问题：①嵌缝腻子补缝，尽量让其干透后，再贴缝带。②嵌缝腻子在干燥过程中，可能会出现少量干缩和干裂缝情况后，建议在贴缝带前复补腻子一遍，待其干后用细砂纸打磨平整。

3.2　水泥砂浆及混凝土开裂空鼓

墙面抹灰及混凝土砌体结构空鼓开裂可以说是建筑工程施工中的通病，分析裂缝产生的原因，大致可以分为温度收缩裂缝、地基沉降差异裂缝、受力裂缝及干缩裂缝等几种类型。经过现场勘察，分析原因，本工程裂缝为温度变化及空气干缩导致。混凝土在空气中硬化时，其中的水分更容易逐渐蒸发，使毛细孔中形成负压，随着空气湿度的降低，负压逐渐增大，产生收缩力，当收缩受限制产生的拉应力超过其本身的抗拉强度时混凝土就会开裂而产生干缩裂缝。此类裂缝，无方向性，裂缝较细为 0.1～0.3mm。平常我们看到的有些面层空鼓的斜裂缝，往往也是由于墙体面层空鼓、水泥干缩引起的。

3.2.1　预防措施

对黏土砖砌筑的墙体，在与梁柱交接处挂钢丝网，对混凝土空心砌块，加气混凝土等墙体，应满挂钢丝网，所有砌体材料砌筑前都应用水湿透，在水泥砂浆搅拌时加 2％杜拉纤维。抹灰时按要求分层施工，每层不能太厚，且应压实，并注意浇水养护。

3.2.2　解决方案

（1）嵌缝填补法。将裂缝两侧抹灰凿掉，并清理干净，采用 M10 聚合水泥砂浆，（掺入 107 胶），用勾缝刀、抹子、刮刀等工具将砂浆填入缝内，然后重新抹灰，经过一段时间后，填严的裂缝还会开裂，但一般要比原来小许多，可用白胶泥填补，最终可以从外观上消除裂缝。

（2）在墙体单侧或两侧加钢筋网加固法。先将墙体的抹灰铲去，刷洗干净，用 U 形钢筋按一定的间距钉入砖缝，以固定钢筋网，再用 M10 水泥砂浆分层抹平。这种方法通常用于对裂缝大于 1mm 的贯通裂缝的处理。

（3）剔缝埋入钢筋法。在裂缝处每隔 5 皮砖剔开一道砖缝，每边长 50cm，深 5cm，各埋入 1φ6 钢筋，钢筋端部加直钩，钩子深入砖墙裂缝中，用 M10 水泥砂浆灌缝。采用此法应注意不要在墙体的两侧剔同一条缝，且必须在加固好一面、砂浆达到一定强度后再处理另一面，防止因扰动而降低砂浆强度，另应注意浇水养护。

（4）在墙面裂缝填充完成，腻子施工前，应在原裂缝处贴医用布卷、的确良布条或带纤维纸带，待其干燥，确认无新的裂缝后再满刮腻子。

3.3　木板收缩，板缝变宽

热胀冷缩的道理相信大家都知道，在装修施工中，热胀冷缩可是有很大的影响，特别是对于木工来说，冬季，气候寒冷，木材含水率一般高，当气温回升，水分散失后，木板会产生收缩，从而产生板材变形、板缝变宽、脱胶等质量问题。

3.3.1　预防措施

遵照热涨冷缩的道理，冬季进行木板施工的时候，需要留出 2mm 的伸缩缝，以免造成增温时起鼓、悬空；做家具的时候需要留出 0.1mm 左右的接口缝，避免变形；门框与门的缝隙一般是 3～4mm；一般木板施工前，木龙骨、夹板类等容易受潮的材料，在运输过程中应防止雨淋，在堆放时，要堆放整齐，下面应垫木板，并与墙壁保持一定距离，而且要用塑料等遮盖物进行遮盖，并在室内放置 5～7d 后再进行安装施工。

3.3.2　解决方案

装饰板材安装后因热胀冷缩或空气湿涨干缩引起的变形，裂缝，一般没有较好的处理方法，只能进行二次修补，在室内气温及空气湿度相对稳定后，再进行打蜡、补漆、磨平、压光，尽量保证装饰板的整体平整度及外观效果。

4　总结

从本工程实例可以看出，自然环境对于建筑装饰工程施工质量的影响非常大，人类暂时还没有能力去改变气候，所以在装饰工程施工过程中只能以防为主，本次课题研究的目的就是为了提醒装饰施工单位在施工过程中应注意自然环境的因素，合理安排工序，提前预防，避免因此产生的质量损失。

参考文献：
[1]　吴胜勇. 神木县近 55 年气候特诊及变化分析[R].
[2]　黄天杰. 自然环境施工条件对建筑涂装质量影响研究[R].
[3]　马平. "气候环境"对海南地区室内装饰工程影响的研究[R].
[4]　神木县新村艺术大厦效果图及施工平面图.

BIM 技术在风管预制组合中的应用

田华 刘钊 田浪

(中建五局工业设备安装有限公司，长沙 410004)

摘　要：预制加工技术是机电安装行业提倡的一种先进安装模式，作为衡量一个机电施工企业先进程度的重要指标，逐渐受到各施工企业的青睐。采用 BIM 技术与风管预制加工生产线相结合的方式进行风管工程建设，提高了预制加工图的精度和制作效率，加深了风管预制加工的工厂化程度，从而进一步提升了风管预制加工的安装质量、缩短了工期、节约了成本，提高了施工企业的技术和管理水平，为预制加工技术的发展提供了一个全新的方向。

关键词：BIM；施工模型；预制加工图；预制加工；组合安装

制造行业目前的生产效率极高，其关键原因之一是利用数字化数据模型实现了制造方法的工厂化、自动化。同样，BIM 技术结合工厂化预制加工也能够提高建筑行业的生产效率。通过 BIM 模型与数字化制造系统的结合，建筑行业也可以采用类似的方法来实现建筑施工流程的自动化。建筑中的许多构件可以进行工厂化预制加工，然后用于建筑施工现场，装配到建筑中（例如门窗、风管、管道、桥架和电气母线等构件)[1]。预制地点可设立在异地工厂或者施工现场周边的特设加工区域。

我司在长沙梅溪湖国际文化中心项目中将 BIM 技术延伸应用到预制加工中，采用 BIM 技术与风管预制加工组合安装相结合的方式进行工程建设，为预制加工的发展提供了一个新的方向。在提高预制加工精确度的同时，减少了现场加工工作量，为加快施工进度、提高施工的质量提供有力保证，为本项目的顺利完工提供了有利的帮助。其总体流程为首先用 BIM 技术进行深化设计，其次用深化设计的成果施工模型制作出预制加工图及清单，再次根据预制加工图及清单进行预制加工，最后将预制件运到现场根据施工模型的定位进行组合安装。现以长沙梅溪湖艺术中心项目为例来介绍 BIM 技术在风管预制组合中的应用。

1　运用 BIM 技术进行深化设计

长沙梅溪湖国际文化艺术中心位于国家级长沙湘江新区，总投资 28 亿元，总用地面积 10 万 m^2，总建筑面积 12 万 m^2，包括 4.8 万 m^2 的大剧院和 4.5 万 m^2 的艺术馆两大主体功能。大剧院由 1800座的主演出厅和 500 座的多功能小剧场组成；艺术馆由 9 个展厅组成，展厅面积达 1 万 m^2，能承接世界一流的大型歌剧、舞剧、交响乐等高雅艺术表演，建成后将成为湖南省规模最大、功能最全、全国领先、国际一流的国际文化艺术中心。我司为此项目的机电总承包商。本工程体量大，工期紧张，图纸存在较多问题，深化难度大；专业系统多，专业交叉施工协调难度大；建筑建构呈异形，机电管线分布密集，施工难度大；工程为长沙市重点项目及争创鲁班奖项目，对施工质量要求高。为了解决上述难题，我司采用 BIM 技术来进行深化设计及施工管理，项目部在深化设计阶段即对项目进行了全方位的建模，管线综合深化设计以 BIM 技术为基础，建模范围覆盖整个项目，这为新技术的应用提供了条件。并充分挖掘 BIM 技术的价值，将 BIM 技术拓展到工厂化预制中去，取得了较好的效果。

在制作风管构件预制加工图之前，必须利用 BIM 技术对建筑、结构、电气、暖通、给排水、消防、弱电等各专业的管线设备建模并进行管线综合平衡深化设计，以发现"错、漏、碰、缺"等设计问题及各专业碰撞的地方，及时进行协调，直到消除所有问题及碰撞为止。此步工作不能只停留在模型及图纸层面上，一定要到施工现场进行比较核对并根据现场情况修正模型，空对空的图纸层面的深化设计，不考虑现场实际偏差，工厂化预制很容易造成较大的材料浪费，此步工作是工厂化预制的关键所在。减少甚至杜绝返工是工厂化预制的前提和基础，如果工厂化预制完成后，预制的半成品运送到了现场，才发现与实际情况不符，那工厂化预制就毫无意义可言。因此，要想将工厂化预制工作做好，前期管线综合及现场核对工作非常重要[2]。

运用 BIM 技术进行深化设计的流程如图 1 所示：

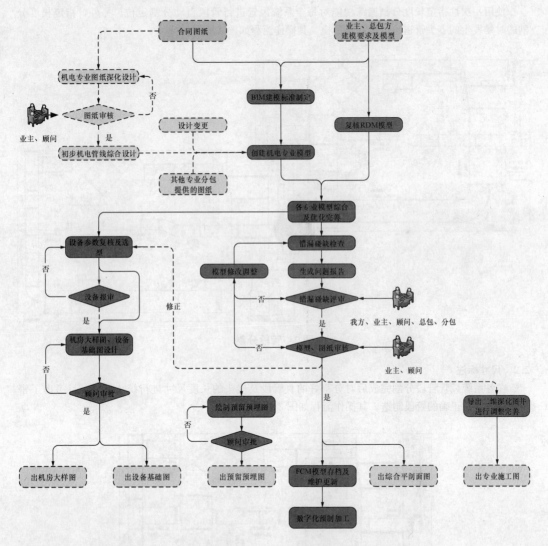

图 1　深化设计流程图

2　预制加工图的制作

风管预制加工是指预先在建立风系统施工模型的时候就将施工所需的风管材质、壁厚、类型等一些参数输入到模型当中，然后将模型根据现场实际情况进行调整，待模型调整到与现场一致的时候再进行附件定位、管道划分、尺寸标注、管段编号，最后将风管材质、壁厚、法兰类型、形状和长度等信息汇总成一张完整的预制加工图或 CAM 数据，将图纸或 CAM 数据送到工厂里面进行风管的预制加工，等实际施工时将预制好的风管送到现场安装。

　　CADEWA Real 是专门为建筑机电设备专业开发的设计软件及 BIM 软件，在操控难易度、模型的详细程度、专业化程度、二维出图效果、与 CAD 的兼容性、材料统计清单、预制加工的支持、对计算机性能要求等方面都要优于 Revit。用 CADEWA Real 可进行水、暖、电和建筑结构等各专业的设计、建模及综合，且综合平衡好的模型可以自动进行管段分割、尺寸标注、管段编号最后导出预制加工图及材料清单。

2.1　管段分割

　　使用一次性指定长度分割追踪功能对每个系统风管进行管段自动分割定位。另外，指定长度分割的时候发生的零头管道也可以调整更换。其操作流程如图 2 所示。

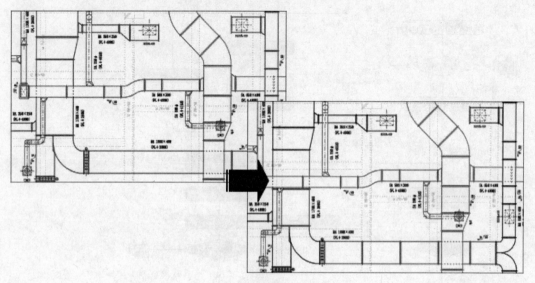

图 2　管段分割

2.2　尺寸标注

　　在各系统风管管段分割完成后对分割好的直管段及接头的长度尺寸进行统一标注，且考虑了密封填料厚度的正确的管段制造。其操作流程如图 3 所示。

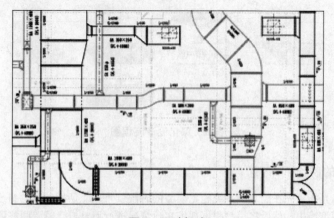

图 3　尺寸标注

2.3　管段编号

对分段及标注好的风管系统进行自动编号，同样的部件可以编一个编号，也可以选择同样部件编不同编号。其操作流程如图4所示。

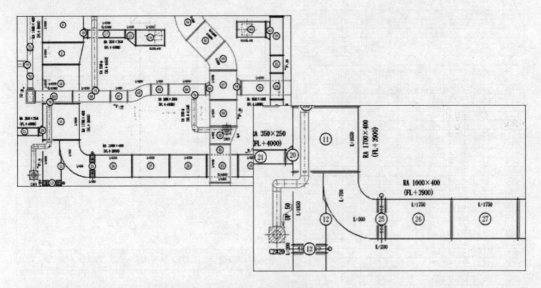

图4　管段编号

2.4　制作预制加工清单及等离子链接文件

在对风管施工模型进行管段分割、尺寸标注、管段编号后就可以利用软件自身的功能自动输出功预制件、采购件清单和等离子链接文件。其操作流程如图5所示。

图5　从施工模型导出预制加工清单和CAM数据

（1）输出预制件、采购件清单

软件自动按各种设定对应输出需预制加工的直管、弯管等加工清单和需另外购买成品的采购件清单。

预制件清单：直管清单（图6）、弯头等异形管件清单（图7）、面积总计清单、法兰、加固、导流片清单、支吊架清单等。

采购件清单：风阀清单、帆布清单、消音弯头清单、消音器清单、铝箔软管清单、静压箱清单、铁丝网清单、其他购入物品清单、辅材清单等。

（2）输出等离子链接文件

软件自动输出直管、曲管部件等的等离子连接文件，将等离子链接文件输入 DUCTCAM 进行等离子切割。

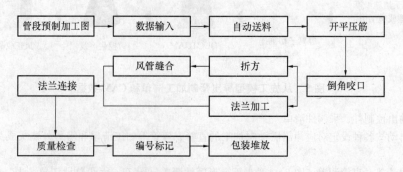

图 6　直管加工清单　　　　　　　　　　　图 7　异形管加工清单

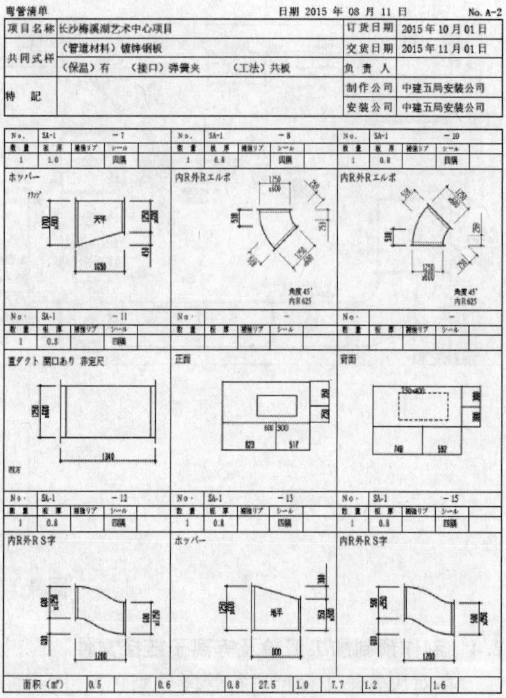

3　风管预制加工过程（图 8~图 10）

风管预制加工清单和等离子链接文件制作完成后工厂就可以开始进行风管段的预制加工，风管的预制加工可以通过将 CAM 数据输入风管自动生产线生成半成品管线，也可以通过将风管预制加工图给工人手工生产，各项目可以根据自身条件选择合适的加工方式。其加工流程图如图 8 所示：

```
┌──────────┐   ┌──────────┐   ┌──────────┐   ┌──────────┐
│管段预制加工图│→│ 数据输入 │→│ 自动送料 │→│ 开平压筋 │
└──────────┘   └──────────┘   └──────────┘   └──────────┘
                                                    │
         ┌──────────┐   ┌──────────┐              │
         │ 风管缝合 │←│  折方   │              │
         └──────────┘   └──────────┘              │
              ↑                                    │
  ┌──────────┐        ┌──────────┐   ┌──────────┐
  │ 法兰连接 │        │ 法兰加工 │→│ 倒角咬口 │
  └──────────┘        └──────────┘   └──────────┘
       │
  ┌──────────┐   ┌──────────┐   ┌──────────┐
  │ 质量检查 │→│ 编号标记 │→│ 包装堆放 │
  └──────────┘   └──────────┘   └──────────┘
```

图 8　风管预制加工流程图

在长沙梅溪湖国际文化艺术中心项目上，我们采用的是风管自动生产线的方式进行风管的自动化加工，最大程度的提升自动化水平。风管的加工及制作分工应按流水作业法进行分工，即在加工场安排对风管加工技术精通的技术工人，专门从事风管的加工制作，施工员对加工人员进行制作交底，风管加工工人按要求制作风管并检验直到合格，并对已做好符合要求的风管进行标识、保存。

图9　自动送料　　　　　　　　　　　图10　自动折方

4　风管组合安装过程

在施工现场具备作业面后，由施工管理人员利用 BIM 技术向专门安装风管的工人进行风管安装可视化技术交底，同时将带有管段编号的施工图纸发放给作业工人，将制作完成带有编号的风管预制段搬运至施工现场按编号逐一进行组合安装。并以 BIM 模型和 3D 施工图代替传统二维图纸指导现场施工，可以避免现场人员由于图纸误读引起施工出错。施工过程中，作业工人可以清晰的了解每个预制管段的安装位置、标高状况，从而进行精确定位安装，非常好的控制了施工质量。安装时可以将几段相邻编号的风管在地面拼装成一个长段后用液压升降平台整体提升至相应的标高安装固定，这样可以极大的提高安装效率。

风管组合安装按下列程序进行（图11～图13）：

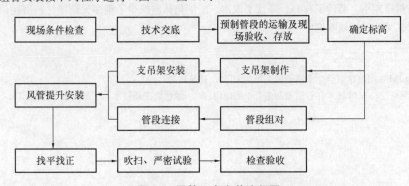

图11　风管组合安装流程图

图12　整体提升　　　　　　　　　　图13　风管连接

5　风管预制加工优势

通过基于 BIM 的数字化工厂预制加工，可以自动完成风管构件的预制，对工程质量安全及经济效益等几方面有如下优点：

（1）提升了工程质量。预制加工工厂因为采用流水化作业、标准化生产，构件的下料、加工、拼装均在固定区域内进行，施工条件比现场好，不受环境和天气的影响，方便质量的管控。同时又最大限度地采用机械，由机械加工代替人工作业，人为误差大幅降低，加工产品规格统一、外形美观，提高了产品质量，并减少对技术工人的依赖。

（2）缩短了施工工期。工厂化预制将部分施工任务搬离了施工现场，在现场机电工作面还没有的时候预制即可提前开始。并且机器生产效率远远高于人工制作，传统需要熟练工人加工一天的风管量在工厂仅需要不到一小时就可以完成，施工现场的工人只需要完成组合拼装即可。对于工期紧、任务重的机电安装工程，工期和人工投入都大幅降低。

（3）减少了安全事故。加工场地的转移，施工现场只进行安装，大幅度减少现场的动火、高空和交叉作业，从源头降低安全事故的发生。

（4）节约了现场场地。工厂化预制将大部分施工任务搬离了施工现场或固定在施工现场的某个区域，现场无须设置大面积加工场地，可以减少加工场地对现场的占用。很多项目因场地狭小无法提供加工场地，要求承包方必须在场外工厂加工好后运到项目现场进行安装，所以工厂化预制加工可以较好的解决这个要求中的技术质量难题。

（5）降低了材料损耗。首先，可大量减少风管铁皮在施工现场的损耗，施工时各专业人员众多，施工单位众多，施工人员组成复杂，风管及铁皮变形现象不时出现，而预制好的风管直接拉来现场进行安装，相对来说材料经过人为损坏就少得多。其次，在预制加工厂内，构件集中加工，自始至终由数字化设备负责下料，做到"量体裁衣"，避免了大材小用等铁皮浪费现象。做到合理使用和管理材料，边角余料损耗小，节约了材料，降低了成本。工厂化预制减少了很多无谓的材料损耗，尤其是在各施工单位交叉施工的高峰期。

参考文献：

[1]　过俊. BIM 在国内建筑全生命周期的典型应用[J]. 建筑技艺，2011(1).

[2]　田华，易志忠. BIM 技术在管道预制组合中的应用[A]. 绿色施工新技术与工程管理[C]. 2013.

论混凝土空心楼盖施工质量控制

曾　鹏

（中国建筑第五工程局有限公司，长沙　410004）

摘　要： 现浇混凝土方箱空心楼盖是一种在混凝土楼板中按规则放置方箱的新型空心楼盖。该类型楼盖整体性强，抗震性好，自重轻，综合造价低，能够满足建筑大跨度、大开间的要求，具有广阔的发展空间和应用前景，随着社会的发展，空心楼盖的理论和设计越来越完善，因而在现场实际应用中越来越多，而基于空心楼盖本身施工工艺的特殊性，务必针对其各道工序采取相应的措施，将影响到现场的施工进度和施工质量。严重的则会出现混凝土开裂现象，影响建筑的使用功能，同时对施工单位造成大量的维修费用。

关键词： 空心楼盖

1　工程概述

常平珠宝文化产业中心项目，位于东莞市常平镇上坑村环常北路南侧，东侧毗邻已修建的居民房及厂房，东南侧为上坑工业大道，西侧为东征路，交通较为便利。

本工程由 10 栋 8/13/14/15 层厂房（3～4♯、6～8♯、10♯、12～15♯楼）、1 栋三层的厂房（9♯楼）、1 栋 1 层污水处理站（11♯楼）及 16♯地下室组成，地下室一层，地下室面积达 4.6 万 m²，总建筑面积约 27 万平米。

本工程采用框架－剪力墙结构，基础采用预应力管桩。

2　空心楼盖设计说明（图1）

本工程 16 号地下室顶板消防车道部位为空心楼盖，混凝土强度等级为 C35P6，无梁楼盖板厚为 450mm，其中上翼缘厚 120mm，下翼缘厚 80mm，填充箱体之间密肋宽 100mm，框架暗梁尺寸为 800mm×450mm，内模截面为 500mm×500mm×250mm，柱帽截面 2400mm×2400mm×850mm，柱最大跨度为 8100mm×8400mm。（图1所示）混凝土保护层厚度暗梁 30mm，板 20mm。

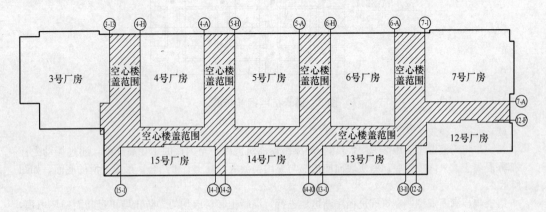

图1　空心楼盖分布范围平面图

3　研究目标

针对空心楼盖施工工艺要求、方箱固定措施、抗浮措施、上下层混凝土厚度控制、混凝土浇筑等，寻求更加科学、合理、有效的施工方式，综合考虑施工的各项因素，使得空心楼盖的施工质量达到设计、甲方的要求，避免不必要的质量损失。

4　方案策划

（1）抗浮措施

空心楼盖施工工艺中，芯模及钢筋的抗浮成为空心楼盖施工需要解决的首要问题，经过项目多方调研以及多次进行方案商讨，最终敲定本项目采取的抗浮措施。

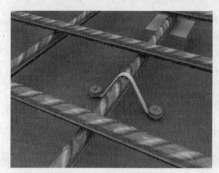

① 板底钢筋抗浮

在板底钢筋与模板之间采用铁片和自攻螺钉拉结作为抗浮点，其纵横间距为肋与肋相交处均设置抗浮点（图 2 所示）。

② 芯模抗浮

为了确保芯模固定质量，防止其在混凝土浇筑过程产生上浮及水平位移，在每个填充箱体上部布设纵横方向通长抗浮钢筋，其中纵向为 2φ10，横向 1φ10，抗浮钢筋压住填充箱体，通过 16♯铁丝把通长抗浮钢筋与板底筋连接固定，形成整体抗浮，其间距为 600mm 设置。如图 3 所示。

图 2　抗浮点拉结大样

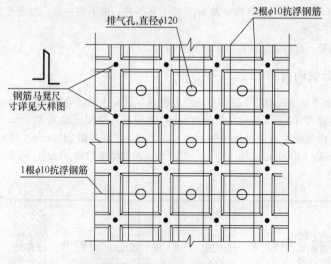

图 3　通长抗浮钢筋布设

（2）混凝土浇筑

第一步将内模湿水后用 2～3 台专用振动棒振动浇筑混凝土至内模的 1/3 高度处，通过振动先让一部分混凝土渗入内模弧底，密实底面使板筋与充内模渗入混凝土有机结合，形成光滑的底面，如图 4 所示。

第二步再满灌成型，浇筑推进循序渐进地进行，混凝土卸料应均匀，防止堆积过高而损坏内模，振捣混凝土时应采用直径为 φ30～φ50 的振动棒，利用振动的作用范围，使混凝土挤进内模底部，保证底部混凝土砂浆渗入和内模部的密实，如图 5 所示。浇筑上部混凝土时，振动时间应控制在 15s 内，杜绝因振动时间太长导致改变水灰比。

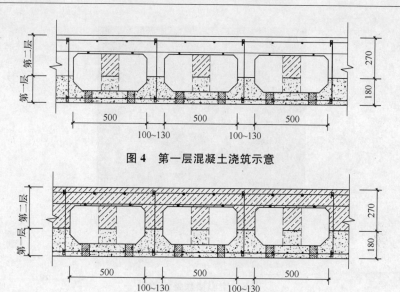

图 4　第一层混凝土浇筑示意

图 5　第二层混凝土浇筑示意

5　现场施工情况总结

以 5-1、5-2、5-3 区地下室顶板为样板区，全程记录空心楼盖区域的各道工序施工，从板底钢筋绑扎到抗浮点设置，到薄壁方箱布置和抗浮措施，再到板面钢筋绑扎、上下层钢筋拉结点设置，最后的混凝土浇筑方式、养护等一系列的工序，做好详细的记录，对施工过程中发现的问题，及时予以纠正。在样板区施工过程中发现，现场的抗浮措施设置按照策划要求进行，未发现有上浮或者侧移现象。但是后期施工发现，混凝土坍落度不能参照一般结构板面混凝土的 160mm，因芯模吸水严重，导致混凝土坍损过大，流动性变差，经拆模后观察的情况来看，板底出现有孔洞现象，混凝土无法填充下翼缘。在找出症结所在后，将空心楼盖混凝土坍落度调整为 200mm，而后浇筑的空心楼盖板面，混凝土浇筑较为顺利，工效大大提高。

值得一提的是，在混凝土浇筑过程中，需要对每个芯模周边进行充分振捣，否则，无法使得混凝土完全填满下翼缘，容易出现孔洞、混凝土不密实等质量缺陷。

施工过程如图 6～图 8 所示：

图 6　抗浮点设置

图 7　抗浮钢筋设置

图 8　空心楼盖整体效果

6　结束语

　　本次课题研究，为公司及建筑行业对于空心楼盖的施工积累了经验，本项目通过对现浇混凝土空心楼盖施工质量的研究，为业界同仁进行了案例展示，更好地让业主或者监理单位了解空心楼盖的施工工艺，在空心楼盖应用日渐广泛的今天，为类似工程的施工提供了宝贵经验。

浅谈项目施工科技创效

郜江俊

（中国建筑第五工程局有限公司，长沙 410004）

摘　要：在建筑行业，项目是施工企业的效益源泉，其创效能力对企业的发展具有至关重要的作用，是企业市场竞争力的体现。所以，项目每个工作线条在首先保证安全、质量、工期、环保等要求的情况下，都必须进行创效工作，项目的效益才会有保障，企业才会有更大的利润。本文将从施工项目技术线条工作的角度，分析和讨论科技创效工作如何开展。

关键词：技术管理；技术创新；加计扣除

随着我国经济的快速发展，城市化进程明显加快，使得建筑市场发生了显著的变化。近几年，虽然建筑工地全国遍地开花，一座座高楼拔地而起，施工企业的年产值大幅上升，但施工企业的利润率在不断下降。由于建设单位对工程造价控制越来越严格，施工企业的数量和规模不断的增长，建筑市场竞争异常激烈，施工企业低于成本价中标的项目比比皆是，这就对我们项目的创效能力提出了更高的要求。

科技创效是项目技术部门牵头进行的创效工作，更多地表现为施工技术创效，还有利用国家、地方的政策优惠进行创效，是项目技术部门的重点工作。科技创效可以理解为科学技术创造综合效益，包括经济效益和社会效益。经济效益体现在用较少的钱办同样的事，乃至办较多的事；社会效益体现在用一样的钱实现更广泛的积极作用，包括扩大知名度、促进行业总体进步、缩短工期、提高性能、提高管理水平、保证安全、保护环境等诸多方面。

施工企业的科技创效工作可以从技术管理、技术创新、优惠政策三个方面开展。

1　技术管理创效

项目技术线条的基础工作是技术管理工作，技术管理的准备工作是熟悉招投标文件、合同条款和设计图纸，这是技术管理创效的前提和必要条件。项目技术人员首先必须对本项目的招投标文件和总分包合同条款非常熟悉（包括工程量清单等），熟知本项目的施工范围、质量标准、工期要求等；其次熟悉设计图纸，充分理解建设单位的需求，知道哪些工作内容在合同规定施工范围内，哪些约定不明确，哪些没有约定，然后分类处理，从中寻找技术创效点。

项目技术管理工作包含了图纸、施组、方案、交底、复核、测量、试验、资料等工作，其中设计图纸管理和施组方案的优化是技术管理创效的重点工作。

1.1　设计图纸管理

设计图纸管理包括设计变更和图纸优化。项目技术部门应加强与设计院的沟通，设计变更必须建立在双方共赢的基础上进行，比如对建设单位，能缩短工期、确保工程质量、更好的实现使用功能，对施工单位，能降低施工难度、有助于施工安全、取得更好的经济效益，这是设计变更与图纸优化的目的。

工程量清单报价往往采取不平衡报价，施工开始后，某些报价偏低的项目施工单位一般要通过变更降低工程量或者变更报价较高的项目重新认价，某些报价较高的项目施工单位可通过变更适当增加工程量，将利润最大化。例如，在某办公楼项目中，砌体工程报价为亏损项目，项目技术部门在研究建筑使用功能的基础上，通过设计变更降低部分砌体工程量，减少亏损即为创效。图纸优化应包括项目各个专业，目的是解决设计图纸不详细、建筑与结构矛盾、施工难度大、质量隐患等问题，避免因图纸问题影响工程质量、工期。

例如，某项目室外防水原设计为聚合物改性沥青聚酯胎防水卷材，面层为花岗岩，此做法花岗岩被车辆碾压时极易空鼓，项目提出变更为JS水泥基渗透结晶型防水涂料，获得建设单位同意，不仅保证了工程质量，而且重新认价后经济效益比变更前有所增加。

1.2 施组方案优化

施工组织设计和施工方案的优化工作是项目技术创效的重要手段，一个好的施工方案往往能降低施工成本，带来很大的经济效益。因工程项目具有唯一性，同一个施工方案在不同的项目实施，其效果不一定相同，所以项目技术人员在制定施工方案时，应结合项目现场实际情况，对施工方案进行优化，确定经济可行的施工方案。

例如，在二次结构施工中，砌体构造柱施工比较麻烦，在编制砌体工程施工方案时，可对构造柱的布置进行优化，减少不必要的构造柱，提高施工效率。

2 技术创新创效

在工程实践中，技术创新与创效一般总是相伴而行。随着科学的进步与发展，建筑行业施工技术水平不断创新提高，可通过新技术应用和新技术研发来实现技术创新创效。

2.1 新技术应用

新技术应用包括新技术、新工艺、新材料、新设备技术"四新技术"应用，代表了先进技术与生产力，是建筑业从劳动力密集型向技术性转变的象征。住房和城乡建设部发布的《建筑业十项新技术》为新技术发展指引了方向，国家核心期刊有众多新技术应用介绍，项目技术人员应积极学习，加强与同行的新技术应用交流。在项目进场前，项目技术人员应做好新技术应用计划，确定适用于本项目的新技术进行应用，为项目节约成本，创造效益。

例如，目前在建筑业应用较多的新技术有：新型液压爬模、附着式升降脚手架、装配式工具、LED照明技术、BIM技术等。

2.2 新技术研发

建筑设计新颖，结构设计复杂，设计要求高，安全隐患多，给项目带来很大的施工难度，这就对我们的施工技术提出了更高的要求。针对项目遇到的情况，项目可组织技术人员甚至高校、科研单位进行新技术的研发，投入一部分研发经费，更安全、更经济、更好的完成施工任务。

例如，外脚手架引起的生产事故数量较多，某项目为确保外脚手架在施工过程中的安全，联合高校攻克了外脚手架安全管理的技术难题，开发了《施工项目外脚手架工程物联网智能监控系统》，为项目的施工安全提供了保障，取得的一定的社会效益。

3 优惠政策创效

根据国家税务总局《关于印发（企业研究开发费用税前扣除管理办法（试行））的通知》（国税发【2008】116号）以及科技部、财政部、税务总局《关于完善研究开发费用税前加计扣除政策的通知》（财税【2015】119号）等文件规定，企业为开发新技术、新产品、新工艺发生的研究开发费用，未形成无形资产计入当期损益的，在按照规定据实扣除的基础上，按照研究开发费用的50％加计扣除；形成无形资产的，按照无形资产成本的150％摊销。

例如，某项目开发了《施工项目外脚手架工程物联网智能监控系统》，发生了50万元的研发费用，这部分费用是可以做研发费用加计扣除的。未形成无形资产计入当期损益的，按照研究开发费用的50％加计扣除，那么，项目就可以少交所得税 $50 \times 50\% \times 25\% = 6.25$ 万元。

做好项目研发费用加计扣除工作，企业还可以根据《高新技术企业管理办法》申报高新技术企业，高新技术企业可按15％的优惠税率缴纳企业所得税，减免10％的企业所得税，这对项目和企业来说，是最大的创效点。

4 结语

项目创效工作是一项系统性的工作，需要全体项目管理人员的共同努力与配合。项目技术人员应针对项目合同条款、管理特点、行业技术发展等方面，提前做好科技创效策划，采取相应的措施，与其它部门相互配合，最终做好项目科技创效工作。

新建铁路上跨既有线施工安全控制分析与方法

刘 灿 张 程 杨培诚 虞志钢

（中国建筑第五工程局有限公司，长沙 410004）

摘 要： 既有线施工是新建铁路在已经营运的铁路线上方施工，在既有线施工中，安全风险管理难度大，要保证营业线的绝对安全，本文就施工过程中的安全控制分析与方法做相关论述。

关键词： 既有线施工；安全控制；铁路工程

1 引言

上跨既有线铁路施工的连续梁，其施工工艺通常为悬臂施工，主要桥梁施工设备为挂篮。因连续梁上跨既有线铁路，新建桥梁与既有线铁路空间位置的关系，新建桥梁投影在既有线位置上的梁体施工与既有线供电系统接触网属于"圆柱体"型施工，上部桥梁梁体施工对投影面下可能有部分物体下坠至既有线铁路轨道或者供电系统的接触网，这样就给既有线铁路运营带来了极大的安全隐患，为了确保既有线铁路运营的绝对安全，必须保证新建桥梁工程施工过程中无任何坠物掉落至既有线铁路上。

在新建桥梁施工过程中，吊装作业频繁，零星材料较多，在操作过程中不可预见性因素较多，挂篮在行走中也属于动态施工，这就需要底部封闭平台解决上述防坠落问题。另外，既有线铁路供电系统接触网属于高压电路，新建桥梁在上部施工过程中需要做好绝缘措施，绝缘材料的选择要通过高压电路与上部施工平台间的垂直高度计算分析确定。由于连续梁大多数为变截面结构，在施工过程中还要调整挂篮底部平台与接触网高压电线之间的高度，这就要求底部平台悬吊系统在施工过程中可随时调整高度。

2 工程概况

重庆至贵阳铁路扩能改造工程 YQZQ-9 标水庄组双线大桥上跨既有线川渝铁路，跨径组合为 （36＋56＋36）m 连续梁，由于中跨上跨既有线川渝铁路，施工难度大，安全风险高，施工组织管理要求高。本文通过对水庄组双线大桥（36＋56＋36）连续梁上跨既有川黔线施工场所进行危险源识别和风险评价，提出和制定施工安全防护措施、施工方案，有效规避、控制、防范施工安全风险，预防因施工原因造成对既有铁路的影响，防止相关事故的发生，同时确保施工作业人员自身安全，杜绝等级安全生产事故的发生。

3 主要施工方案简介及施工安全控制重点

3.1 主要施工方案简介

连续梁 0♯ 段采用三角牛腿托架作为支撑，顶部采用型钢及方木搭设平台安装模板进行梁段混凝土施工。其它节段安装封闭封闭挂篮向两端对称悬灌施工梁段；边跨直线段、中跨合拢段采用封闭挂篮外侧模及底模两侧悬吊施工。其中，既有川黔线的悬灌段施工时，安全防护采用与封闭挂篮一体的全封闭防护棚，全封闭防护棚包括防护平台、周边防护网及封闭挂篮上顶横梁和梁面防护，同时，在既有线中心各5m范围内封闭挂篮行走时，在天窗点内执行。

3.2 施工安全控制重点

（1）临近既有川黔线施工安全及施工作业人员、车辆交通安全；

（2）临近既有川黔线工程机械施工安全以及人员安全；

（3）上跨既有川黔线施工安全；

（4）高空作业以及塔吊的高空起吊施工安全；

（5）模板的锚固及模板移动的施工安全；

（6）封闭挂篮的锚固及封闭挂篮的行走施工安全；

（7）合拢段托架施工安全。

4　危险源识别及风险评价

根据《铁路桥梁安全评估指南》、《桥梁设计施工有关标准补充规定》及《铁路桥梁作业要点手册》的有关内容、及实施性施工组织设计，建立本项目桥梁工程风险指标体系。为了更加全面细致地识别出本桥上跨既有川黔线全封闭封闭挂篮施工存在的风险，分为施工管理、施工准备、施工过程三个大部分进行危险源的识别和风险评价。

施工管理主要针对桥梁施工安全技术操作规程有关规定进行，包括安全管理制度的建立、专项方案和专项施工方案的编制审批、安全培训、安全检查实施、安全协议签订、施工计划的申报、协调会的召开、配合单位的到场、应急预案的编制等进行危险源识别。施工准备主要针对安全培训、专项施工方案的编制审批、托架、封闭封闭挂篮的设计、检算、拼装预压等准备等进行危险源识别。

施工过程部分根据不同的施工内容和工作按施工工序划分，对每道工序存在的危险源进行识别，主要的施工内容有 0 号块支架搭设及预压、0 号块混凝土施工、封闭挂篮预压及行走施工、各节段混凝土施工、预应力张拉及注浆、梁体线形监控、跨越既有川黔线防护、临近既有川黔线施工防护措施。危险评价结合以往上跨既有线悬臂现浇施工事故发生原因、危险源发生的机率，事故发生后的严重程度、社会影响程度，结合铁道部《铁路建设工程安全风险管理暂行办法》（铁建设〔2010〕162号）规定，对项目水庄组双线大桥上跨既有线连续梁施工场所的危险源和可能造成伤亡事故的危险源进行了危险评价，评价结果确定为高、中、低三个级别。

5　风险事件的应对措施

根据项目评估出的危险源等级一览表中，对危险源项目，特别是等级较高的危险源项目制定了控制措施，使其等级降低（甚至消除）。水庄组双线大桥连续梁上跨既有川黔铁路施工必须建立和完善各项安全管理制度。高风险工序或作业必须编制施工方案或安全专项施工方案并经路局批准，作业时必须按方案要求做好防护或要点作业。施工要点程序必须严格执行路局"八不准"制度，即：施工计划未经审批不准施工；未按规定签订施工安全协议书不准施工；没有合格的施工负责人不准施工；没有经过培训并考试合格的人员不准施工；没有召开施工协调会、没有准备好必需、充分的施工料具及其它准备工作的不准施工；不登记要点不准施工；配合单位人员不到位不准施工；没有制订安全应急措施不准施工。中度风险和低度风险必须严格执行营业线施工各项安全管理规定和营业线施工安全管理措施。

5.1　总体安全管理措施

在既有线施工中，施工企业要牢固树立"既有线施工无小事"的理念，施工现场的布置符合防火、防洪、防雷电等安全规定及文明施工的要求。施工现场的生产、生活办公用房、仓库、材料堆放场、修理场按批准的总平面布置图进行布置。现场道路平整、坚实、保持畅通，危险地点悬挂安全标志和符合安全规定的标牌，施工现场设置大幅安全标语。施工现场的临时用电严格按照《施工现场临时用电安全技术规范》的规定执行。施工中发现危及地面建筑物或有危险品时立即停止施工，待处理完毕后方可施工。从事高处作业及起重作业等特殊作业人员，各种机械的操作人员及机动车辆驾驶人员，必须经过劳动安全管理部门专业培训并考试取得《安全操作合格证》后，方准持证独立操作。施工现场设立安全标志。

5.2　组织制度措施

在既有线安全控制中，项目经理部坚持做到"五同时"：在计划、布置、检查、总结、评比生产工作的同时，要计划、布置、检查、评比安全工作。坚持做到"三同时"：在新建工程中，安全设施要同时设计、同时施工、同时投产。坚持班前安全教育制度。坚持工前讲安全、工中检查安全、工后评比安全的"三工制"活动，做到预防为主，防治结合。实行各项施工安全岗位责任制，明确责任。施工班组与作业队签订安全责任状。积极建设安全标准化工地，加强现场管理，强化现场作业控制。施工场地布局合理、道路标准、排水畅通。坚持定期施工安全检查制度。采用群众与专业相结合、普遍与重点相结合、自查与互查相结合、上下结合的方法进行检查。对检查发现的问题，逐条分类整理，认真研究，落实人员，逐级负责，限期整改。对危及人身安全的问题或隐患，在未解决前采取保证安全的监控措施。

5.3　生产技术措施

高空坠物是既有线施工的主要风险源，针对高空坠物，水庄组大桥采取封闭挂篮施工（封闭挂篮图见图一），封闭挂篮承重结构经设计检算，所有吊装机具，钢丝绳等经常进行检查，保证有足够的强度和安全系数。高空作业，系牢安全绳，戴好安全帽，确保结构物和人身安全。上岗前进行技术考核，合格后方可操作。上人梯脚手架搭设牢固稳定，上层施工机具安设稳固。严禁重叠作业。所有起重设备、电器设备、运输设备、高压电线路等加强保养、检查，使其保持良好的工作状态并具有完备的安全装置，严格按操作规程作业。

6　施工过程效果评价

历时 180 天的施工生产，根据施工的进展对实行动态跟踪管理，定期反馈，发现问题及时与相关单位进行沟通，不断完善处理措施，水庄组大桥很好的控制了安全风险，直至桥梁合龙，无一例安全事故发生。

要控制好营业线施工安全，营业线施工施工要点作业的施工必须严格遵守铁路局营业线施工"八不准"制度，施工时严格按方案及批复组织施工。施工单位必须全面梳理各时间段内的作业范围，确保与设备管理单位在各时间段都签订完成了安全协议和上报施工计划、监管计划。对于吊装必须对吊点进行优化和试吊，确保不顶点和损坏铁路设备。

参考文献：

[1]　刘利生．谈加强铁路建设营业线施工安全管理[J]．石家庄铁路职业技术学院学，2010(3).

后　记

　　《绿色建筑施工与管理》一书反映的是湖南省建筑施工企业一年来在推行绿色建筑施工中取得的最新成果和积累的丰富经验，可供广大建筑科技工作者及大专院校有关专业师生参考与借鉴。

　　本书在编著与出版过程中，在湖南省住房与城乡建设厅、湖南省土木建筑学会的大力支持下，得到湖南建工集团、中建五局、中建五局三公司、五矿二十三冶集团、湖南省第一工程有限公司、湖南立信建材实业有限公司和中南大学、湖南大学、长沙理工大学以及中国建材工业出版社等有关专家、学者、教授的大力支持与帮助，并参阅国内相关专业的文献资料，在此，一并致以衷心的感谢。

　　由于本书编著时间仓促和学术水平有限，特别是绿色建筑施工科学与工程正在不断的发展与完善之中，书中如有错误，敬请读者批评指正。

主编

2016 年 4 月